U0321731

"十三五"普通高等教育本科部委级规划教材

运筹学

OPERATIONS RESEARCH

朱九龙　高　晶/主　编

中国纺织出版社

国家一级出版社
全国百佳图书出版单位

内 容 提 要

本书系统介绍了运筹学的基本理论与应用方法，内容涵盖线性规划、对偶理论、整数规划、目标规划、运输问题、网络模型及决策分析等，相关部分都有案例分析及 WinQSB 软件介绍，同时每章都附有课后习题和参考答案，便于读者进一步学习。

本书可用做经济管理类专业本科生教材，也可作为其他相关专业的参考用书。

图书在版编目（CIP）数据

运筹学 / 朱九龙，高晶主编. -- 北京：中国纺织出版社，2019.10

"十三五"普通高等教育本科部委级规划教材

ISBN 978-7-5180-4156-5

Ⅰ. ①运… Ⅱ. ①朱…②高… Ⅲ. ①运筹学—高等学校—教材 Ⅳ. ①O22

中国版本图书馆 CIP 数据核字（2017）第 240125 号

策划编辑：刘 丹 责任校对：江思飞 责任印制：储志伟

中国纺织出版社出版发行

地址：北京市朝阳区百子湾东里 A407 号楼 邮政编码：100124

销售电话：010—67004422 传真：010—87155801

http://www.c-textilep.com

E-mail：faxing@c-textilep.com

中国纺织出版社天猫旗舰店

官方微博 http://weibo.com/2119887771

三河市宏盛印务有限公司印刷 各地新华书店经销

2019 年 10 月第 1 版第 1 次印刷

开本：710×1000 1/16 印张：23

字数：591 千字 定价：49.80 元

高等院校"十三五"部委级规划教材

前 言 *Preface*

　　运筹学是 20 世纪 40 年代开始形成的一门新兴应用科学，它采用数学方法分析和解决各种领域中的优化问题，求得合理利用各种资源的方案，从而为决策者提供科学决策的依据。运筹学在自然科学、社会科学、工程技术生产实践、经济建设及现代化管理中均有着重要的意义。随着科学技术和社会经济建设的不断发展，运筹学也得到快速的发展和广泛的应用。运筹学理论体系中的线性规划、对偶理论、运输问题、目标规划、整数规划、图论、网络规划以及决策分析等内容已经成为经济管理类本、专科生所应具备的专业理论基础知识。本书根据经济管理类本科生知识结构的需要，系统地介绍了上述内容的基本理论及应用方法，并详细介绍了它们在实践中的应用案例。

　　本教材编写组的所有老师已有近十年的运筹学教学和科研工作经历，在长期的教学实践中，大家感觉到对于高等院校的本科、专科学生而言，应该着重了解和掌握运筹学解决实际问题的理论和方法，提高实际应用能力。事实上，现在许多运筹学的计算求解软件均比较成熟和完善，在实际工作中已得到了广泛的应用。对于绝大多数普通高等院校的学生而言，他们今后主要从事应用型工作，所以应该让他们更多地掌握运筹学建模的方法与技巧，并能够利用相应运筹学软件求解问题。基于以上考虑，编写组遵循由理论到实践的原则，精心设计和编写了此教材。

　　全书编写分工如下：朱九龙对本书的编写工作做总体指导，高晶编写第一、五、六、十一章，牛满萍编写第二和第三章，赵俊卿编写第七和第九章，胡雪松编写第四和第十章，邵曦编写第八章，全书由高晶统稿、审核。

　　由于编者水平有限、时间仓促，书中难免有不妥之处，敬请广大读者批评指正。

朱九龙

2019.1

目 录 *Contents*

第 1 章
运筹学概论

运筹学（Operational Research）诞生于第二次世界大战期间，是由于反法西斯战争的需要发展起来的一门新兴学科。它的研究对象是人类对各种资源的运用及策划活动，研究目的在于了解和发现这种运用及筹划活动的基本规律，以便发挥有限资源的最大效益，来达到全局最优的目标。强调研究过程的完整性、强调理论与实践的结合是运筹学研究的两个重要特点。它的应用范围遍及工农业生产、经济管理、科学技术、国防事业等各方面。运筹学的研究方法显示出各学科研究方法的综合，构建数学模型是运筹学中最主要的方法。

1.1 运筹学发展简史

朴素的运筹思想在中国古代历史发展中源远流长。公元前六世纪的著作《孙子兵法》研究如何筹划兵力以争取全局胜利，是我国古代军事运筹思想最早的典籍。同一时期，我国创造的轮作制、间作制与绿肥制等先进的耕作技术暗含了现代运筹学中二阶段决策问题的雏形。

总之，统筹、多阶段决策、多目标优化、合理运输、选址问题、都市规划、资源综合利用等运筹思想方法屡见不鲜，但很少有人从数学的角度将这些运筹思想和方法提升。

西方国家的科学家一方面试图从朴素的运筹问题和运筹思想中发展新的数学内涵，另一方面又试图利用已经建立的数学概念和方法解决实际问题。

1736 年，欧拉用图论思想成功地解决了哥尼斯堡七桥问题。

1738 年，贝努利首次提出了效用的概念，并以此作为决策的标准。

1777 年，布冯发现了用随机投针试验来计算的方法，这是随机模拟方法（蒙特卡洛法）最古老的试验。

1896 年，帕累托首次从数学角度提出多目标优化问题，引进了帕累托最优的概念。

1909 年，丹麦电话工程师埃尔朗利用概率论，开展了关于电话局中继线数目的话务理论的研究，开创了排队论研究的先河。

1912 年，策梅洛首次用数学方法来研究博弈问题。

现代运筹的思想萌芽于第一次世界大战时期，这段时间人们开始用数学的方法探讨各种运筹问题，只是由于资料有限、人力及经费不足的原因限制了运筹研究的深度。

库存论模型的最早应用，源于 1915 年哈里斯对商业库存问题的研究。

1916 年，兰彻斯特开展了关于战争中兵力部署的理论，这是现代军事运筹最早提出的战争模型。

1921 年，博雷尔引进了对策论中最优策略的概念，对某些对策问题证明了最优策略的存在。

1926 年，博鲁夫卡最早发现了拟阵与组合优化算法之间的关系。

1928 年，冯·诺依曼提出了二人零和博弈的一般理论。

1932 年，威布尔研究了维修问题和替换问题，这是可靠性数学理论最早的工作。

1939 年，康托罗维奇开创性地提出线性规划，并根据此模型研究了工业生产资源的合理利用和计划等问题，为此在 1975 年获得了诺贝尔经济学奖。上述这些先驱性的成就对运筹学的发展有着深远的影响。

现代运筹学的真正形成是在 20 世纪第二次世界大战期间，并因其在军事作战方面的大量成功运用而得到蓬勃发展。1935~1938 年被视作运筹学基本概念酝酿期。英国为了正确运用新研制的雷达系统来对付德国飞机的空袭，在皇家空军中组织了一批科学家，进行新战术试验和战术效率的研究，并取得了满意的效果。他们把自己从事的这种工作叫作 "Operational Research"（我国翻译成 "运筹学"）。"二战" 期间，英、美在军队中成立了一些专门小组，开展了对护航舰队保护商船队的编队问题的研究，以及当船队遭受德国潜艇攻击时，如何使船队损失最少的问题的研究。研究了反潜深水炸弹的合理爆炸深度后，使德国潜艇被摧毁数增加到 400%。研究了船只在受敌机攻击时，大船应急速转向和小船应缓慢转向的逃避方法，结果使船只在受敌机攻击时，中弹数由 47% 降到 29%。当时研究和解决的问题都是短期的和战术性的。由于在二次大战中的成功运用，运筹学在英国、美国受到高度重视，并立即被运用到战后经济重建和发展中。第二次世界大战后，在英、美军队中相继成立了更为正式的运筹研究组织。战后的运筹学主要在以下两方面得到了发展：其一是运筹学的方法论，形成了运筹学的许多分支；其二是由于计算机的迅猛发展和广泛应用，使得运筹学的方法论能成功地解决管理中的决策问题，成为广大管理者进行有效管理和最优决策的常用工具。

1949 年，美国成立了著名的兰德公司，与此同时，许多运筹学工作者逐步从军方转移到政府及产业部门进行研究。在新的、更宽阔的环境中，运筹学的理论和应用研究得到了蓬勃的发展。随之产生的理论成果主要有线性规划、整数规划、图论、网络流、几何规划、非线性规划、大型规划、最优控制理论等，同时也为欧美等国创造了巨大的社会财富。

最早建立运筹学会的国家是英国 (1948 年)，接着是美国 (1952 年)、法国 (1956 年)、日本和印度 (1957 年) 等。到 2005 年，国际上已有 48 个国家和地区建立了运筹学会或类似的组织。我国的运筹学会成立在 1980 年。1959 年英、美、法三国的运筹学会发起成立了国际运筹学联合会 (IFORS)，以后各国的运筹学会纷纷加入，我国于 1982 年加入该会。

中国的第一个运筹学研究小组是在钱学森、许国志先生的推动下于 1956 年在中国科学院力学研究所成立的。1957 年开始应用于建筑业和纺织业，从 1958 年开始，在交通运输、工业、农业、水利建设、邮电等方面皆有使用；尤其是在运输方面，应用的范围涉及物资调运、装卸到调度等。1958 年，我国建立了专门的运筹学研究室，但由于在应用单纯形法解决粮食合理运输问题时遇到了困难，于是运筹学工作者创立了运输问题的 "图上作业法"，而管梅谷教授则提出了 "中国邮路问题" 模型的解法。可想而知，运筹学从一开始就被理解为与工程有着密切联系的学科。1959 年，第二个运筹学部门在中国科学院数学研究所成立。力学所小组与数学所小组于 1960 年合并成为数学研究所的一个研究室，当时，其主要研究方向为：排队论、非线性规划和图论，还有人专门研究运输理论、动态规划和经济分析。20 世纪 50 年代后期，运筹学在中国的应用主要集中在运输问题上，一个典型的例子是 "打麦场的选址问题"，使用运筹学的结果是大大节省了人力资源。

20 世纪 60 年代以来被认为是运筹学迅速发展和开始普及的时期。此阶段的特点是运筹学进一步细分为各个分支，专业学术团体的迅速增多，更多期刊的创办，运筹学书籍的大量出版以及更多学校将运筹学课程纳入教学计划之中。第三代电子数字计算机的出现，促使运筹学得以用来研究一些大型复杂系统，如城市交通、环境污染、国民经济计划等。运筹学被广泛应用于政府机构、国有部门、企业界。至 1963 年，应用运筹学的行业已有飞机和导弹制造、玻璃、金属、矿业、包装、造纸、炼油、照相器材、印刷和出版、纺织、烟草业、运输、木材加工、餐饮业和民意调查等。很多大型企业都设有自己的专业运筹队伍和小组，例如 ICI、NCB、United Stell、English Electric、BISRA、Unilever 等。至 1970 年，运筹学几乎已经渗透到所有的政府部门和机构。1976 年以后，我国国防科学技术大学为湖南常德地区研制了社会经济 10 年规划，所用的主要工具就是运筹学。

中国运筹学学会还负责组织及管理亚太地区运筹学研究中心的日常学术活动，已组织过四次国际学术会议并出版了四本论文集，受到了国内外学术界的青睐。近年来，中国运筹学工作者继续坚持把运筹学研究与经济建设等重大问题紧密结合起来。例如：大连市经济发展计划的制订、兰州铁路局铁路运输的优化安排、中外合资经营项目经济评价、国家若干重大工程的综合风险分析等，我国运筹学者都发挥了极大的作用。

经过 50 多年的发展，运筹学已成为一个门类齐全、理论完善、有着重要应用前景的学科。运筹学不仅是我国各高等院校，特别是各管理类专业的必修课程，而且运筹学的方法在农林、交通运输、建筑、机械、冶金、石油化工、水利、邮电、纺织、企业管理、大型科研项目、教育、医疗卫生等部门，也正在得到应用推广。

21 世纪是一个伟大的时代，机遇与挑战并存，中国运筹学学会将在中国科协的指导下，团结广大运筹学工作者，继续创造宽松、和谐和团结的学术气氛，群策群力，为我国社会经济的发展做出应有的贡献。

1.2 运筹学的性质和特点

运筹学是一门应用科学，至今还没有统一且确切的定义。莫斯（P.M.Morse）和金博尔（G.E.Kimball）曾对运筹学下的定义是："为决策机构在对其控制下业务活动进行决策时，提供以数量化为基础的科学方法。"它首先强调的是科学方法，这含义不单是某种研究方法的分散和偶然的应用，而是可用于整个一类问题上，并能够传授和有组织地活动。它强调以量化为基础，必然要用数学。但任何决策都包含定量和定性两个方面，而定性方面又不能简单用数字表示，如政治、社会等因素，只有综合多种因素的决策才是全面的。运筹学工作者的职责是为决策者提供可以量化方面的分析，指出那些定性的因素。另一个定义是："运筹学是一门应用科学，它广泛应用现有的科学技术知识和数学方法，解决实际中提出的专门问题，为决策者选择最优决策提供定量依据。"这定义表明运筹学具有多学科交叉的特点，如综合运用经济学、心理学、物理学、化学中的一些方法。运筹学强调最优决策，"最"是过分理想了，在实际生活中往往用次优、满意等概念代替最优。《中国企业管理百科全书》（1984 年版）中的定义是："运筹学是应用分析、实验、量化的方法，对经济管理系统中人力、物力、财力等资源进行统筹安排，为决策者提供有依据的最优方案，以实现最有效的管理。"定义表明运筹学是应用系统的、科学的、数学分析的方法，通过建立和求解数学模型，在有限资源的条件下，计算和比较各个方案可能获得的经济效果，以协助管理人员做出最优的决策选择。或者说，运筹学是运用数学方法来研究人类从事各种活动中处理事物的数量化规律，使有限的人、材、物、时、空、信息等资源得到充分和合理的利用，以期获得尽可能满意的经济和社会效益的科学。

就其理论和应用意义来归纳，运筹学具有以下特点：

（1）运筹学是一门定量化决策科学。它是运用数学手段以寻求解决问题的最优方案，正因为如此，我国早期引进和从事这一科学的先驱者多为数学家。

（2）运筹学研究问题是从整体观念出发。运筹学研究不是对各子系统的决策行为孤立评价，而是把相互影响和制约的各个方面作为一个统一体，在承认系统内部按职能分工的前提下，从系统整体利益出发，使系统的总效益最大。

（3）运筹学是多种学科的综合性科学。由于管理系统涉及很多方面，所以运筹学研究中所涉及的问题必然是多学科性的。运筹学研究中要吸收其他学科专家的最新成果，经多学科的协调配合，提出问题，探索解决问题的最佳途径。

（4）运筹学研究问题应用模型技术。运筹学研究是通过建立所研究系统的数学模型，进行定量分析的。而实际的系统往往是很复杂的，运筹学总是以科学的态度，从诸多因素中抽象其本质因素建立模型，用各种手段对模型求解并加以检验，最后为决策者提出最优决策方案。

为了有效地应用运筹学，前英国运筹学学会会长托姆林森提出六条原则：

（1）合伙原则：是指运筹学工作者要和各方人士，尤其是同实际部门工作者合作。

（2）催化原则：在多学科共同解决某问题时，要引导人们改变一些常规的看法。

（3）互相渗透原则：要求多部门彼此渗透地考虑问题，而不是局限于本部门。

（4）独立原则：在研究问题时，不应被某人或某部门的特殊政策所左右，应独立从事工作。

（5）宽容原则：解决问题的思路要宽，方法要多，而不是局限于某种特定的方法。

（6）平衡原则：要考虑各种矛盾的平衡、关系的平衡。

1.3 运筹学应用的工作步骤

运筹学作为一门用来解决实际问题的学科，在处理千差万别的各种问题中，一般有以下几个步骤：

（1）分析情况，确认问题：运筹学分析的第一步是分析问题和提出问题，它是从对现有系统的详细分析开始的，通过分析找到影响系统的最主要的问题。另外，通过分析，还要明确系统或组织的主要目标，找出系统的主要变量和参数，弄清它们的变化范围、相互关系以及对目标的影响。问题提出后，还要分析解决该问题的可能性和可行性。一般需要进行以下分析：

①技术可行性分析——有没有现成的运筹学方法可以用来解决存在的问题；

②经济可行性分析——研究的成本是多少，需要投入什么样的资源，预期效果如何；

③操作可行性分析——研究的人员和组织是否落实，各方面的配合如何，研究能否顺利进行。

通过以上分析，可对研究的困难程度，可能发生的成本，可能获得的成功和收益做到心中有数，使研究的目的更加明确。

（2）抓住本质，建立模型：模型是对实际问题的抽象概括和严格的逻辑表达，是对各变量关系的描述，是正确研制、成功解决问题的关键。而运筹学面对的问题和现象常常是非常复杂的，难以用一个数学模型或模拟模型原原本本地表示出来，这时要抓住问题的本质或起决定性作用的主要因素，作大胆的假设，用一个简单的模型去刻画系统和过程。这个模型一定要反映系统和过程的主要特征。要尽可能包含系统的各种信息资料、各种要素以及它们之间的关系。所以，建立起模型后，还需要实际数据对它作反复的检验和修正，直到确信它是实际系统和过程的一个有效代表为止。

一个典型的模型包括以下组成部分：

① 一组需要通过求解模型确定的决策变量；

② 一个反映决策目标的目标函数；

③ 一组反映系统复杂逻辑和约束关系的约束方程；

④ 模型要使用的各种参数。

简单的模型可以用一般的数学公式表示，复杂的模型由于必须借助于计算机求解，还必须表达为相应的计算机程序。

（3）模型求解，检验评价：模型建成之后，它所依赖的理论和假设条件的合理性以及模型结构的正确性都要通过试验进行检验。通过对模型的试验求解，人们可以发现模型的结构和逻辑错误，并通过一个反馈环节退回到模型建立和修改阶段，有时甚至还需要退回到系统分析阶段。模型结构和逻辑上的问题解决之后，通过收集数据、数据处理、模型生成、模型求解等过程得到了模型的解，解可以是最优解、次优解、满意解，解的精度要求可由决策者提出。值得强调的是，由于模型和实际之间存在的差异，模型的最优解并不一定是真实问题的最优解。只有模型相当准确地反映实际问题时，该解才是趋于实际最优解的近似。

（4）决策实施，反馈控制：运筹学分析的最后一步是获取分析的结果并将之付诸实施。运筹学研究的最终目的是要提高被研究系统的效率，因此，这一步也是最重要的一步。绝不能把运筹学分析的结果理解为仅仅是一个或一组最优解，它也包括了获得这些解的方法和步骤以及支持这些结果的管理理论和方法。通过分析，要使管理人员与运筹学分析人员对问题取得共识，并使管理人员了解分析的全过程，掌握分析的方法和理论，并能独立完成日常的分析工作，这样才能保证研究分析成果的真正实施。

整个过程可用图 1-1 表示。

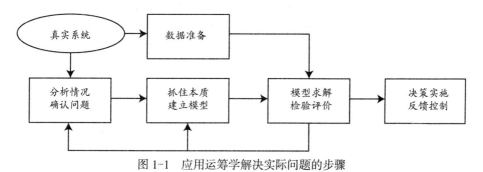

图 1-1　应用运筹学解决实际问题的步骤

1.4　运筹学模型

运筹学在解决问题时，按研究对象不同可构造各种不同的模型。模型是研究者对客观现实经过思维抽象后用文字、图表、符号、关系式以及实体模样描述所认识到的客观对象。模型的有关参数和关系式较容易改变，这样有助于问题的分析和研究，利用模型可以进行一定的预测、灵敏度分析等。

模型有三种基本形式：形象模型、模拟模型、符号或数学模型。目前用得最多的是符号或数学模型。建造模型是一种创造性劳动，成功的模型往往是科学和艺术的结晶，建模的方法和思路有以下五种：

（1）直接分析法：按研究者对问题内在机理的认识直接建出模型。运筹学中已有不少现存的模型，如线性规划模型、投入产出模型、排队模型、存储模型、决策和对策模型等。

（2）类比法：有些问题可以用不同方法建立模型，而这些模型的结构性质是类似的，这就可以互相类比。如物理学中的机械系统、气体动力学系统、水力学系统、热力学系统和电学系统之间就有不少彼此类同的现象。甚至有些经济、社会系统也可以用物理系统来类比。在分析一些经济、社会问题时，不同国家之间有时也可以找出某些类比的现象。

（3）数据分析法：对有些问题的机理尚未了解清楚，若能搜集到与此问题密切相关的大量数据，或通过某些试验获得大量数据，这就可以用统计分析法建模。

（4）试验分析法：当有些问题的机理不清，又不能做大量试验来获取数据时，只能通过局部试验的数据加上分析来建模。

（5）构想法：当有些问题机理不清，又缺少数据，又不能做试验来获取数据时，如一些社会、经济、军事问题，人们只能在已有的知识、经验和某些研究的基础上，对于将来可能发生的情况给出逻辑上合理的设想和描述，然后用已有的方法来建模，并不断修正完善，直到满意为止。

一般数学形式可用下列表达式描述：

目标的评价准则　$U = f(x_i, y_j, \xi_k)$

约束条件　$G(x_i, y_j, \xi_k) \geqslant 0$

其中：x_i 为可控变量；

　　　y_j 为已知参数；

　　　ξ_k 为随机因素。

目标的评价准则一般要求达到最佳（最大或最小）、适中、满意等。准则可以是单一的，也可以是多个的。约束条件可以没有，也可以有多个。当 G 是等式时，即为平衡条件。当模型中无随机因素时，称它为确定性模型，否则为随机模型。随机模型的评价准则可用期望值，也可用方差，还可以用某种概率分布表示。当可控变量只取离散值时，称为离散模型，否则称为连续模型。也可按使用的数学工具将模型分为：代数方程模型、微分方程模型、概率统计模型、逻辑模型等。若用求解方法来命名时，有直接最优化模型、数字模拟模型、启发式模型。也有按用途来命名的：如分配模型、运输模型、更新模型、排队模型、存储模型等。还可用研究对象来命名：如能源模型、教育模型、军事对策模型、宏观经济模型等。

1.5 运筹学的应用

在介绍运筹学简史时已提到，运筹学在早期的应用主要在军事领域，第二次世界大战后运筹学的应用转向民用，这里只对某些重要领域给予简述。

（1）市场营销。主要应用在广告预算和媒介选择、竞争性定价、新产品开发、销售计划的制订等方面。如美国杜邦公司在 20 世纪 50 年代起就非常重视将运筹学用于研究如何做好广告、产品定价和新产品的引入。通用电气公司对某些市场进行模拟研究。

（2）生产计划。在总体计划方面主要用于总体确定生产、存储和劳动力的配合等计划，以适应波动的需求计划，用线性规划和模拟方法等。如巴基斯坦某一重型制造厂用线性规划安排生产计划，节省了 10% 的生产费用。还可用于生产作业计划、日程表的编排等。此外，还有在合理下料、配料问题、物料管理等方面的应用。

（3）库存管理。主要应用于多种物资库存量的管理，确定某些设备的能力或容量，如停车场的大小、新增发电设备的容量大小、电子计算机的内存量、合理的水库容量等。美国某机器制造公司应用存储论后，节省了 18% 的费用。目前国外新动向是将库存理论同计算机的物资管理信息系统相结合。如美国西电公司，从 1971 年起用 5 年时间建立了"西电物资管理系统"，使公司节省了大量的物资存储费用和运费，而且减少了管理人员。

（4）运输问题。主要涉及空运、水运、公路运输、铁路运输、管道运输和场内运输。空运问题涉及飞行航班和飞行机组人员服务时间安排等。为此在国际运筹学协会中设置有航空组，专门研究空运中运筹学问题。水运有船舶航运计划、港口装卸设备的配置和船到港后的运行安排。公路运输除了汽车调度计划外，还有公路网的设计与分析，市内公共汽车路线的选择和行车时间表的安排，出租汽车的调度和停车场的设立。铁路运输方面的应用就更多了。

（5）财政和会计。这里涉及预算、贷款、成本分析、定价、投资、证券管理、现金管理等。用得较多的方法是：统计分析、数学规划、决策分析。此外，还有盈亏点分析法、价值分析法等。

（6）人事管理。这里涉及六个方面。首先是人员的获得和需求估计；其次是人才的开发，即进行教育和训练；第三是人员的分配，主要是各种指派问题；第四是各类人员的合理利用问题；第五是人才的评价，其中有如何测定一个人对组织、社会的贡献；第六是薪资和津贴的确定等。

（7）设备维修、更新和可靠度、项目选择和评价。如电力系统的可靠度分析、核能电厂的可靠度以及风险评估等。

（8）工程优化设计。在土木、建筑、水利、信息、电子、电机、光学、机械、环境和化工等领域皆有应用。

（9）计算机和信息系统。可将运筹学用于计算机的内存分配，研究不同排队规则对磁盘工作性能的影响。有人利用整数规划寻找满足一组需求文件的寻找次序，利用图论、数学规划等方法研究计算机信息系统的自动设计。

（10）城市管理。包括各种紧急服务系统的设计和运用。如消防队、救火站、救护车、警车等分布点的设立。美国曾用排队论方法来确定纽约市紧急电话站的值班人数。加拿大曾研究一城市的警车的配置和负责范围，出事故后警车应走的路线等。此外，诸如城市垃圾的清扫、搬运和处理；城市供水和污水处理系统的规划等。

1.6 运筹学发展展望

关于运筹学将往哪个方向发展，从 20 世纪 70 年代起就在西方运筹学界引起过争论，至今还没有一个统一的结论，这里提出某些运筹学界的观点，供大家在进一步学习和研究时参考。

美国前运筹学会主席邦德（S.Bonder）认为，运筹学应在三个领域发展：运筹学应用、运筹科学、运筹数学，并强调在协调发展的同时重点发展前两者。事实上运筹数学在 20 世纪 70 年代已经形成了一个强有力的分支，对问题的数学描述已相当完善，这是一件好事。正是这一点使不少运筹学界的前辈认为，有些专家钻进运筹数学的深处，却忘掉了运筹学的原有特色，忽视了对多学科的横向交叉联系和解决实际问题的研究。近几年来出现一种新的批评，指出有些人只迷恋于数学模型的精巧、复杂化，使用高深的数学工具，而不善于处理面临的大量新的不易解决的实际问题。现代运筹学工作者面临的大量新问题是：经济、技术、社会、生态和政治因素交叉于一体的复杂系统。所以从 20 世纪 70 年代末至 80 年代初，不少运筹学家提出：要注意研究大系统，注意与系统分析相结合。美国科学院国际开发署写了一本书，其书名就把系统分析和运筹学并列。有的运筹学家提出了"要从运筹学到系统分析"的报告。由于研究新问题的时间范围有可能很长，因此必须与未来学紧密结合起来。由于面临的问题大多是涉及技术、经济、社会、心理等综合因素的研究，在运筹学中除了常用的数学方法，还引入了一些非数学的方法和理论。曾在 20 世纪 50 年代写过"运筹学的数学方法"的美国运筹学家沙旦（T.L.Saaty），在 20 世纪 70 年代末期提出了层次分析法（AHP），他认为过去过分强调细巧的数学模型，可是它很难解决那些非结构性的复杂问题。而往往用看起来是简单和粗糙的方法，加上决策者的正确判断，却能解决实际问题。这可以看作是解决非结构问题的一个尝试。针对这种状况，切克兰特（P.B.Check land）从方法论上对此进行了划分。他把传统的运筹学方法称为硬系统思考，认为它适合解决那种结构明确的系统、战术及技术问题，而对于结构不明确的，有人参与活动的系统就要采用软系统思考的方法，相应的一些概念和方法都应有所变化，如将过分理想化的"最优解"换成"满意解"。过去把求得的"解"看作精确的、不能变的凝固的东西，而现在要以"易变性"的理念看待所得的"解"，以适应系统的不断变化。解决问题的过程是决策者和分析者发挥其创造性的过程，这就是进入 20 世纪 70 年代以来人们越来越对人机对话的算法感兴趣的原因。在 20 世纪 80 年代中一些重要的与运筹学有关的国际会议中，大多数认为决策支持系统是使运筹学发展的一个好机会。20 世纪 90 年代和 21 世纪初期出现了两个很重要的趋势：一个是软运筹学崛起。主要发源地是在英国。1989 年英国运筹学学会开了一个会议，后来罗森汉特（J.Rosenhead）主编了一本论文集，被称为软运筹学的"圣经"。里面提到不少新的属于软运筹学的方法。如软系统方法论（SSM：Checkland）、战略假设表面化与检验（SAST：Mason & Mitroff）、战略选择（SC：Friend）、问题结构法（PSM：Bryant & Rosehead）、超对策（hypergame：Benett）、亚对策（Metagame：Howard）、战略选择发展与分析（SODA：Eden）、生存系统模型（VSM：Beer）、对话式计划（IP：Ackoff）、批判式系统启发（CSH：Ulrich）等。2001 年该书出版修订，增加了很多实例。另一个趋势是与优化有关的，即软计算。这种方法不追求严格最优，提倡局域启发式思路，并借用来自生物学、物理学和其他学科的思想来解寻优方法。其中最为著名的有遗传算法（GA：Holland）、模拟退火（SA：Metropolis）、神经网络（NN）、模糊逻辑（FL：Zadeh）、进化计算（EC）、禁忌算法（TS）、蚁群优化（ACO：Dorigo）等。目前国际上已有世界软计算协会，2004 年召开了第 9 届国际会议。但都是在网络上开会，并且有杂志：《应用软计算》（*Applied Soft Computing*）。此外在一些老的分支方面，如线性规划也出现了新的亮点，如内点法；图论中出现无标度网络（scale-free network）等。总之，运筹学还在不断发展中，新的思想、观点和方法不断出现。本书作为一本教材，所提供的一些运筹学思想和方法都是基本的，是作为学习运筹学的读者必须掌握的知识。

第2章
线性规划

本章内容简介

　　线性规划是运筹学中发展最早、理论与计算方法最成熟的一个重要分支，应用十分广泛。本章首先通过几个应用实例，引出线性规划问题并建立其数学模型，介绍简单情形下的几何解法——图解法，然后介绍线性规划的标准型以及线性规划的一些基本概念，讨论单纯形法的解题思路以及运用单纯形法列表求解线性规划问题，最后介绍案例分析及运用软件WinQSB解线性规划问题。通过本章的学习要求学生理解线性规划模型的标准形式，并会将一般形式转化为标准形式；熟练掌握线性规划问题的图解法；理解并掌握单纯形法的解题思路，熟练准确地运用单纯形法列表求解线性规划问题。

教学建议

　　掌握线性规划的数学模型的标准型，掌握线性规划的图解法及几何意义，了解单纯形法原理，熟练掌握单纯形法的求解步骤，能运用大 M 法与两阶段法求解线性规划问题，熟练掌握线性规划几种解的性质及判定定理。了解单纯形法的迭代原理。

本章重点

　　线性规划问题建模，解的性质，单纯形法求解线性规划问题。

本章难点

　　线性规划问题建模，理解单纯形法原理。

2.1　数学模型

　　线性规划的英文名称"Linear Programming"，简称 LP，是运筹学的重要分支，早在 1823 年法国数学家傅立叶（Fourier）就提出了与线性规划有关的问题。1939 年苏联的经济学家康托洛维奇和美国的希奇柯克（F.L.Hitchcock）等人就在生产组织管理和制订交通运输方案方面，首先研究和应用了线性规划方法，当时提出了"乘数解法"；1947 年美国数学家丹兹格（G.B.Dantzig）提出了线性规划的一般数学模型和求解线性规划问题的单纯形法（Simplex Method），并且将这类问题称作 Linear Programming，为线性规划的理论与计算奠定了基础。特别是随着计算机处理能力的提高，更使线性规划得以迅速地发展，已发展成为一门成熟的理论，从解决技术问题的最优化设计到工业、农业、商业、交通运输业、军事、经济计划和管理决策等各种领域，线性规划已成为现代科学管理的主要手段之一。

在生产实践中，线性规划是解决以下两类优化问题常用的方法：一是如何运用现有的资源（如人力、机器、原材料等）安排生产，使产值最大或利润最高；二是对于给定的任务，如何统筹安排以便消耗最少的资源。而建立线性规划数学模型则是用线性规划解决问题时最基本的步骤。在经营管理中如何有效地利用现有的人力、物力和财力来完成更多的任务，或在预定的任务目标下，如何耗用最少的人力、物力、财力去实现。此类统筹规划的问题需要用数学语言来表达。

线性规划的模型组成由 4 部分组成：①决策变量：可控因素。②目标函数：*MAX/MIN*。③约束条件：限制条件。④变量取值限制。

建立线性规划数学模型步骤：

第一步：假设变量，根据问题的具体目标来选取适当的变量即确定决策变量。决策变量是模型要决定的未知量，也是模型最重要的参数，确定合适的决策变量是能否成功建立数学模型的关键。

第二步：建立目标函数。通过变量的函数形式（即目标函数）来表达出该问题的目标，目标函数是根据假设变量而建立的实现目标的函数表达式。目标函数决定线性规划问题的优化方向，是线性规划模型的重要组成部分。

第三步：根据假设变量列出约束条件。约束条件是用来描述决策变量受到各种限制的等式或者不等式。

第四步：变量取值限制：一般情况下，决策变量只取正值（非负值）。模型中的变量具有非负约束。

例 2-1 生产计划问题

某企业计划生产两种产品 I 和 II。这些产品分别要在设备 A、B 以及调试工序的不同设备上加工。按工艺资料规定，单件产品在不同设备上加工所需要的台时如表 2-1 所示，企业决策者应如何安排生产计划，使企业总的利润最大？

表 2-1 单件产品在不同设备上加工所需要的台时

产品 设备	产品 I	产品 II	有效台时
设备A 设备B 调试工序	0 6 1	5 2 1	15时 24时 5时
利润(元)	2	1	

解：第一步：假设变量。

设 x_1、x_2 分别为产品 I 和产品 II 的产量。

第二步：建立目标函数。本题有一个追求目标即获取最大利润，因此根据题意可写出目标函数 z 为相应的生产计划企业可以获得的总利润，即生产 I 和 II 两种产品的产量分别为 x_1、x_2 时企业总的利润：$\max z = 2x_1 + x_2$

第三步：根据假设变量列出约束条件。

根据题意，两种产品 I 和 II 在设备 A、B 以及调试工序的不同设备上加工所需要台时有相应限制。

两种产品Ⅰ和Ⅱ在设备 A、B 以及调试工序的不同设备上加工所需要的有效台时分别不能超过 15、24、5，因此约束条件为

$$5x_2 \leqslant 15$$
$$6x_1 + 2x_2 \leqslant 24$$
$$x_1 + x_2 \leqslant 5$$

第四步：变量取值限制

$$x_1, x_2 \geqslant 0$$

综上所述，例 2-1 问题用数学模型描述为

$$\max z = 2x_1 + x_2$$
$$s.t. \begin{cases} 5x_2 \leqslant 15 \\ 6x_1 + 2x_2 \leqslant 24 \\ x_1 + x_2 \leqslant 5 \\ x_1, x_2 \geqslant 0 \end{cases}$$

注：本题中的 max 是英文单词 "*maximize*" 的缩写，含义为 "最大化"；"*s.t.*" 是 "*subject to*" 的缩写，表示 "满足于……"。因此上述数学模型的含义是：在给定的条件限制下，求使得目标函数 z 达到最大的 x_1，x_2 的取值。

例 2-2　运输问题

设有两个砖厂 A_1，A_2。其产量分别为 23 万块和 27 万块。它们的砖供应 3 个工地 B_1、B_2、B_3。其需要量分别为 17 万块、18 万块和 15 万块。而自各产地到各工地的运价列表如表 2-2 所示。

表 2-2　自各产地到各工地的运价

工地 砖厂	B_1	B_2	B_3
A_1	50	60	70
A_2	60	110	160

[其中运价为（元 / 万块）]，问如何调运，才能使总运费最省？

解：设 x_{ij} 表示由砖厂 A_i 运往工地 B_j 的砖的数量（单位：万块）（$i=1,2$；$j=1,2,3$），则有表 2-3。

表 2-3　自各产地到各工地的砖的数量

工地 砖厂	B_1	B_2	B_3	产量（万块）
A_1	x_{11}	x_{12}	x_{13}	23
A_2	x_{21}	x_{22}	x_{23}	27
需要量（万块）	17	18	15	50

根据题意，总费用最省的目标函数为

$$\min z = 50x_{11} + 60x_{12} + 70x_{13} + 60x_{21} + 110x_{22} + 160x_{23}$$

由砖厂 A_1、A_2 运往三个工地砖的总数应分别为 A_1 产量 23 万块、A_2 的产量 27 万块，即

$$x_{11}+x_{12}+x_{13}=23$$
$$x_{21}+x_{22}+x_{23}=27$$

两个砖厂运往 B_1、B_2、B_3 工地的砖的数量分别等于 B_1、B_2、B_3 的需要量 17 万块、18 万块、15 万块，即

$$x_{11}+x_{21}=17$$
$$x_{12}+x_{22}=18$$
$$x_{13}+x_{23}=15$$

调运方案就是求满足所有约束条件的 $x_{11},x_{12},x_{13},x_{21},x_{22},x_{23}$ 一组变量的非负值，即

$$x_{11},x_{12},x_{13},x_{21},x_{22},x_{23}\geqslant 0$$

综上所述，例 2-2 问题用数学模型可描述为

$$\min z = 50x_{11}+60x_{12}+70x_{13}+60x_{21}+110x_{22}+160x_{23}$$

$$s.t.\begin{cases} x_{11}+x_{12}+x_{13}=23 \\ x_{21}+x_{22}+x_{23}=27 \\ x_{11}+x_{21}=17 \\ x_{12}+x_{22}=18 \\ x_{13}+x_{23}=15 \\ x_{11},x_{12},x_{13},x_{21},x_{22},x_{23}\geqslant 0 \end{cases}$$

从以上两例可以看出，数学建模的共同特征是：

（1）定义一组决策变量 $(x_1,x_2,\cdots,x_n)$，这一组决策变量的值就代表一个具体方案。

（2）用决策变量的线性函数形式写出目标函数，确定最大化或最小化目标。

（3）用一组决策变量的等式或不等式表示解决问题的过程中必须遵循的约束条件。

（4）决策变量的取值一般都是非负且连续的。

建模思路简而言之：确定决策变量，写出目标函数，找出约束条件。决策变量取值满足以上条件的数学模型称为线性规划的数学模型。其一般形式为

$$\max(\min)z=c_1x_1+c_2x_2+\cdots+c_nx_n$$

$$s.t.\begin{cases} a_{11}x_1+a_{12}x_2+\cdots+a_{1n}x_n\leqslant(=\geqslant)b_1 \\ a_{21}x_1+a_{22}x_2+\cdots+a_{2n}x_n\leqslant(=\geqslant)b_2 \\ \cdots \\ a_{m1}x_1+a_{m2}x_2+\cdots+a_{mn}x_n\leqslant(=\geqslant)b_m \\ x_1,x_2,\cdots,x_n\geqslant 0 \end{cases} \qquad (2\text{-}1)$$

在线性规划的数学模型中，$a_{ij},b_i,c_j(i=1,2,\cdots,m;j=1,2,\cdots,n)$ 均为已知常数，a_{ij} 称为工艺或技术系数，b_i 称为限额系数或资源限制，c_j 为价值系数；变量 $x_1,x_2,\cdots,x_n$ 称为决策变量，式（2-1）称为目标函数；式（2-2）、式（2-3）称为约束条件；式（2-3）也称为变量的非负约束条件。

线性规划的数学模型可以表示为下列简洁的形式

$$\max(\min)\ z=\sum_{j=1}^{n}c_jx_j$$

$$s.t.\begin{cases} \sum_{j=1}^{n}a_{ij}x_j\leqslant(=\geqslant)b_i,\quad(i=1,2,\cdots,m) \\ x_{ij}\geqslant 0 \end{cases} \qquad (2\text{-}2)$$

2.2 图解法

当一个线性规划模型中只含有两个决策变量时，可以用图解法求解，即通过在二维平面上作图的方法来求解。图解法只适用于求解两个变量的线性规划问题，它不是线性规划问题的通用算法。

2.2.1 图解法的步骤

利用图解法求解两个决策变量的线性问题，求解步骤如下：

（1）在平面上画出直角坐标系。

（2）根据线性规划模型的全部约束条件作图求出可行域。

（3）做出目标函数等值线。

（4）确定使目标函数最优的移动方向。

（5）平移目标函数的等值线，与可行域相交的顶点，即为线性规划问题的最优解。

例 2-3　用图解法求解

$$\max z = 50x_1 + 100x_2$$

$$s.t.\begin{cases} x_1 + x_2 \leqslant 300 \\ 2x_1 + x_2 \leqslant 400 \\ x_2 \leqslant 250 \\ x_1 \geqslant 0 \\ x_2 \geqslant 0 \end{cases}$$

解：根据线性规划模型图解法的基本步骤，作图如下：

①建立平面直角坐标系。以变量 x_1 为横坐标轴，x_2 为纵坐标轴作平面直角坐标系，并适当选取单位坐标长度。

②将全部约束条件用图 2-1 表示，找出可行域。由于 x_1，$x_2 \geqslant 0$，即变量只能在第一象限取值；约束条件 $x_1 + x_2 \leqslant 300$ 代表以 $x_1 + x_2 = 300$ 为边界的左下方的半平面；约束条件 $2x_1 + x_2 \leqslant 400$ 代表以 $2x_1 + x_2 = 400$ 为边界的左下方的半平面；约束条件 $x_2 \leqslant 250$ 代表的是以直线 $x_2 = 250$ 为边界的下方的半平面。综合以上全部约束条件的交集，可以得到此线性规划模型所有约束条件的解组成的区域为图 2-1 中阴影部分。这部分称为线性规划模型解的可行域。

③做出目标函数线，并确定目标函数移动的方向。对于目标函数 $\max z = 50x_1 + 100x_2$ 而言，z 是待定的值。随着 z 的变化，目标函数 $z = 50x_1 + 100x_2$ 是以 z 为参数，斜率为 2 的一簇平行线。当 z 值由小变大时，直线 $z = 50x_1 + 100x_2$ 沿其法线方向向右上方移动，即离坐标原点越远的直线，z 值越大。

④寻找线性规划模型的最优解。因最优解是线性规划模型可行域中使目标函数值达到最优的点，因此 x_1，x_2 的取值范围只能从阴影部分去寻找。从图 2-2 中可以看出，当代表目标函数的那条直线由坐标原点开始向右上方移动时，z 的值逐渐增大，一直移动到当目标函数直线与约束条件包围成阴影部分相切时为止，切点就是最优解的点。本例题中目标函数直线与阴影部分的切点是 B，该点坐标为（50，250），于是可得：$z = 27500$。

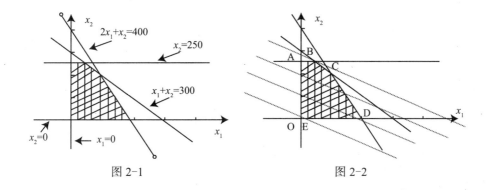

图 2-1　　　　　　　　　　　　　图 2-2

2.2.2　线性规划的几种可能结果

例 2-3 中用图解法得到的最优解是唯一的，然而通常线性规划问题求解时还可能出现其他可能的结果。下面举例用图解法对线性规划问题求解的几种可能结果进行简要说明。

（1）唯一最优解：例 2-3 得到的最优解（50，250）就是唯一最优解。

（2）无穷多最优解：例 2-4 目标函数 $\max z = 3x_1 + x_2$。（其可行域如图 2-3 所示）

$$s.t.\begin{cases} 5x_2 \leqslant 15 \\ 6x_1 + 2x_2 \leqslant 24 \\ x_1 + x_2 \leqslant 5 \\ x_1,\ x_2 \geqslant 0 \end{cases}$$

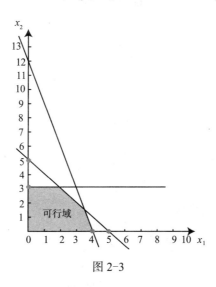

图 2-3

则目标函数的直线族的斜率恰好与约束条件 $3x_1 + x_2 \leqslant 12$ 的边界直线的斜率相同，即目标函数的直线族与约束条件 $3x_1 + x_2 \leqslant 12$ 的边界直线平行。当目标函数向优化方向移动时，与线性规划可行域相切的不是一个点，而变成了与线段相切。此时线段上的任一点都将会使目标函数 z 取最大值，即该线性规划问题存在无穷多最优解，也称为有多重解。

（3）无界解：例 2-5 存在以下线性规划模型：

$$\max z = 2x_1 + x_2 \text{（其可行域如图2-4所示）}$$
$$s.t. \begin{cases} x_2 \leqslant 3 \\ x_1, \ x_2 \geqslant 0 \end{cases}$$

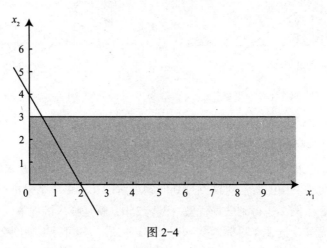

图 2-4

则由图解法的求解步骤容易得到此线性规划模型的可行域为无界，即目标函数 z 的取值可无穷大。

（4）无解或无可行解：例 2-6 考察如下线性规划模型：

$$\max z = 2x_1 + x_2 \text{（其可行域如图2-5所示）}$$
$$s.t. \begin{cases} x_1 + x_2 \leqslant 2 \\ x_1 + x_2 \geqslant 3 \\ x_1, \ x_2 \geqslant 0 \end{cases}$$

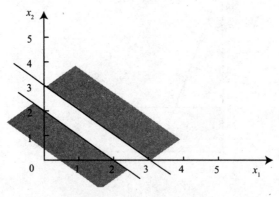

图 2-5　例 2-6 的可行域

根据图解法的基本步骤可以得知此线性规划模型的约束条件不存在公共区域，即约束条件相互矛盾，不存在可行域，因而此线性规划问题无可行解。

2.2.3　图解法总结

图解法虽然只适用于具有两个决策变量的线性规划问题，但它的解题思路和几何上直观得到的一些概念判断，对于后面章节求解一般线性规划问题的单纯形法有很大启示。

（1）线性规划问题求解的基本依据是：线性规划问题的最优解总能在可行域的顶点中寻

找。寻找线性问题的最优解只需比较有限个顶点处的目标函数值。

（2）线性规划问题求解时可能出现四种结果：唯一最优解、无穷多最优解、无界解和无解或无可行解。

（3）如果某一线性规划问题有最优解或者可行解，则其可行域一定是一个凸多边形。而且可以按照如下思路求解：先找可行域中的一个顶点，计算顶点处的目标函数值，然后判别是否有其他顶点处的目标函数值比这个顶点处的目标函数值更大或更小，如有，转到新的顶点，重复上述过程，直到找不到使目标函数值更大（或更小）的新顶点为止。

2.3 线性规划的标准型

2.3.1 线性规划的标准型形式

由于线性规划问题的目标函数和约束条件在内容和形式上的差别，线性规划问题可以有多种表达式。例如，线性规划模型中目标函数有可能要求"最大化"，也有可能求"最小化"；每一个函数约束都有可能有"$\leqslant$，$<$，$\geqslant$，$>$，$=$"等五种情况；决策变量可能是非负，也有可能无要求等。由于线性规划模型形式多样化会给线性规划模型的研究带来很多不便，因此将规定具有以下特点的线性规划模型称为线性规划模型的标准型：①目标函数最大。②约束条件都为等式。③决策变量非负。④资源限量非负。

因此，根据线性规划模型的一般特点，线性规划模型的标准型为

$$\max z = c_1 x_1 + c_2 x_2 + \cdots + c_n x_n$$

$$s.t. \begin{cases} a_{11}x_1 + a_{12}x_2 + \cdots + a_{1n}x_n = b_1 \\ a_{21}x_1 + a_{22}x_2 + \cdots + a_{2n}x_n = b_2 \\ \qquad\qquad \cdots \\ a_{m1}x_1 + a_{m2}x_2 + \cdots + a_{mn}x_n = b_m \\ x_1, x_2, \cdots, x_n \geqslant 0 \end{cases} \tag{2-3}$$

上式（2-3）中 $b_1, b_2, \cdots, b_m \geqslant 0$，否则将方程式两边同乘以（-1），将右端常数化为非负数。线性规划问题的标准型还可以用以下形式来表示。

（1）标准型的简写形式

$$\max z = \sum_{j=1}^{n} c_j x_j$$

$$s.t. \begin{cases} \sum_{j=1}^{n} a_{ij}x_j = b_i, & i = 1, 2, \cdots, m \\ x_j \geqslant 0, & j = 1, 2, \cdots, n \end{cases} \tag{2-4}$$

（2）标准型向量形式

$$\max z = CX$$

$$s.t. \begin{cases} \sum_{j=1}^{n} P_j x_j = b \\ X \geqslant 0 \end{cases} \tag{2-5}$$

其中，C 为价值向量；X 为决策变量向量；P_j 为变量 x_j 的系数列向量；b 为资源向量。它们分别表示为

$$C = (c_1, c_2, \cdots, c_n); X = \begin{pmatrix} x_1 \\ x_2 \\ \vdots \\ x_n \end{pmatrix}; P_j = \begin{pmatrix} a_{1j} \\ a_{2j} \\ \vdots \\ a_{mi} \end{pmatrix}; b = \begin{pmatrix} b_1 \\ b_2 \\ \vdots \\ b_m \end{pmatrix}; 0 = \begin{pmatrix} 0 \\ 0 \\ \vdots \\ 0 \end{pmatrix}$$

（3）矩阵形式

$$\max z = CX$$
$$s.t. \begin{cases} AX = b \\ X \geqslant 0 \end{cases} \tag{2-6}$$

其中，A 称为约束条件的 $m \times n$ 维系数矩阵，一般 $m < n$；m，$n > 0$。

$$A = (P_1 \quad P_2 \quad \cdots \quad P_n) = \begin{pmatrix} a_{11} & a_{12} & \cdots & a_{1n} \\ \vdots & \vdots & \vdots & \vdots \\ a_{m1} & a_{m2} & \cdots & a_{mn} \end{pmatrix}$$

（4）标准型的集合形式

$$\max z = \left\{ CX \,|\, AX = b, X \geqslant 0 \right\} \tag{2-7}$$

2.3.2 线性规划模型的标准化步骤

根据线性规划模型标准型特点，将非标准型的线性规划模型转化为标准型，一般要经过以下步骤：

（1）目标函数最大化：

① 线性规划模型的目标函数是求最大值，即 $\max z = CX$，则已达到标准型的要求。

② 如果目标函数是求极小值，即 $\max z = CX$ 时，可以令 $z' = -z$，通过这种变换使得线性规划模型的目标函数达到标准型的要求，即 $\max z' = -CX$。

（2）约束条件等式化：对于每一个约束条件而言，若已满足约束条件为等式，显然已满足标准型的要求。

若约束条件为不等式，有两种情况：

① 当约束条件为"$\geqslant$"时，在其左边减去一个非负的变量，将不等式变成等式，这种变量称为剩余变量。

② 当约束条件为"$\leqslant$"时，在其左边加上一个非负的变量，将不等式变成等式，这种变量称为松弛变量。

剩余变量和松弛变量在实际问题中分别表示超出和未被充分利用的资源数，均未转化为价值和利润，故它们在目标函数里的系数定为零。

（3）资源限量非负：资源限量即常量 $b_i \leqslant 0$，则可通过约束方程两边乘以（-1）转化为标准型即可。

（4）决策变量非负化：在线性规划模型中，决策变量不满足非负的情况有以下几种，其转化为标准型方法如下：

① 若决策变量中存在 $x_k \leqslant 0$，则可令 $x_k' = -x_k$，而用 x_k' 取代 x_k，且满足 $x_k' \geqslant 0$。

② 如果某变量 x_k 为无约束变量，即变量 x_k 取大于等于 0 或者小于等于 0 皆可，为了满足标准型对变量的非负要求可令 $x_k = x_k' - x_k''$，其中 $x_k' \geqslant 0$，$x_k'' \geqslant 0$，将其代入模型即可。

例 2-7

$$\max z = x_1 + 2x_2 + 3x_3$$

$$s.t. \begin{cases} -2x_1 + x_2 + x_3 \leqslant 9 \\ -3x_1 + x_2 + 2x_3 \geqslant 4 \\ 4x_1 - 2x_2 - 3x_3 = -6 \\ x_1 \geqslant 0, x_2 \geqslant 0, x_3 取值无约束 \end{cases}$$

解：本题可以用以下几个步骤求解：

①目标函数求最小，因此需将目标函数最大化，令 $z' = -z$，并将目标函数中各变量的系数均变成其相反数，从而将目标函数转化为 $\max z'$。题中目标函数：$\max z = x_1 + 2x_2 + 3x_3$，令 $z' = -z$ 得：$\max z' = x_1 - 2x_2 - 3x_3$。

②再看约束条件，如是 $\leqslant$，则加上松弛变量变成 $=$；如是 $\geqslant$，则减去剩余变量变成 $=$。（2-5）中第一条约束：$-2x_1 + x_2 + x_3 \leqslant 9$ 加上松弛变量 $-2x_1 + x_2 + x_3 + x_4 = 9$ 变成约束条件等式；（2-5）中第二条约束：$-3x_1 + x_2 + 2x_3 \geqslant 4$ 减去剩余变量得：$-3x_1 + x_2 + 2x_3 - x_5 = 4$

③再看资源限量（右端项）。由于 $b_i < 0$，两端同乘（-1），右端项非负，则（2-5）中第三个约束：$4x_1 - 2x_2 - 3x_3 = -6$，两端同乘（-1）：$-4x_1 + 2x_2 + 3x_3 = 6$

④再看决策变量。如 $x \leqslant 0$，令 $x' = x$，则：$x' \geqslant 0$；x 无约束，令 $x = x' - x''$，$x' \geqslant 0$，$x'' \geqslant 0$，本题中决策变量：$x_1 \leqslant 0$，x_3 无约束，因此令 $x_1' = -x_1$，$x_1' \geqslant 0$；$x_3 = x_3' - x_3''$，$x_3' \geqslant 0, x_3'' \geqslant 0$。

以上步骤整理得

$$\max z' = x_1' - 2x_2 - 3x_3' + 3x_3'' + 0x_4 + 0x_5$$

$$s.t. \begin{cases} 2x_1' + x_2 + x_3' - x_3'' + x_4 = 9 \\ 3x_1' + x_2 + 2x_3' - 2x_3'' - x_5 = 4 \\ 4x_1' + 2x_2 + 3x_3' - 3x_3'' = 6 \\ x_1', x_2, x_3', x_3'', x_4, x_5 \geqslant 0 \end{cases}$$

变换后的模型符合标准型的所有要求。

例 2-8 数学模型化为标准型

$$\max z = 2x_1 + x_2$$

$$s.t. \begin{cases} 5x_2 \leqslant 15 \\ 6x_1 + 2x_2 \leqslant 24 \\ x_1 + x_2 \leqslant 5 \\ x_1, x_2 \geqslant 0 \end{cases}$$

解：在各不等式中分别加上一个松弛变量 x_3，x_4，x_5，使不等式变为等式。则模型的标准型为

$$\max z = 2x_1 + x_2 + 0x_3 + 0x_4 + 0x_5$$

$$s.t. \begin{cases} 5x_2 + x_3 = 15 \\ 6x_1 + 2x_2 + x_4 = 24 \\ x_1 + x_2 + x_5 = 5 \\ x_1, x_2, x_3, x_4, x_5 \geqslant 0 \end{cases}$$

例 2-9

$$\max z = x_1 - 2x_2 + x_3$$

$$s.t. \begin{cases} x_1 + x_2 + x_3 \leqslant 12 \\ 2x_1 + x_2 - x_3 \leqslant 6 \\ -x_1 + 3x_2 \leqslant 9 \\ x_1, x_2, x_3 \geqslant 0 \end{cases}$$

解：

$$\max z = x_1 - 2x_2 + x_3 + 0x_4 + 0x_5 + 0x_6$$

$$s.t. \begin{cases} x_1 + x_2 + x_3 + x_4 = 12 \\ 2x_1 + x_2 - x_3 + x_5 = 6 \\ -x_1 + 3x_2 + x_6 = 9 \\ x_1, x_2, x_3, x_4, x_5, x_6 \geqslant 0 \end{cases}$$

例 2-10

$$\max z = 3x_1 - x_2 - x_3$$

$$s.t. \begin{cases} x_1 - 2x_2 + x_3 \leqslant 11 \\ -4x_1 + x_2 + 2x_3 \geqslant 3 \\ -2x_1 + x_3 = 1 \\ x_1, x_2, x_3 \geqslant 0 \end{cases}$$

解：

$$\max z = 3x_1 - x_2 - x_3 + 0x_4 + 0x_5$$

$$s.t. \begin{cases} x_1 - 2x_2 + x_3 + x_4 = 11 \\ -4x_1 + x_2 + 2x_3 - x_5 = 3 \\ -2x_1 + x_3 = 1 \\ x_1, x_2, x_3, x_4, x_5 \geqslant 0 \end{cases}$$

2.4 线性规划的有关概念

2.4.1 线性规划问题解的概念

线性规划的标准型为

$$\max z = c_1 x_1 + c_2 x_2 + \cdots + c_n x_n$$

$$s.t. \begin{cases} a_{11}x_1 + a_{12}x_2 + \cdots + a_{1n}x_n = b_1 \\ a_{21}x_1 + a_{22}x_2 + \cdots + a_{2n}x_n = b_2 \\ \cdots \\ a_{m1}x_1 + a_{m2}x_2 + \cdots + a_{mn}x_n = b_m \\ x_1, x_2, \cdots x_n \geqslant 0 \end{cases} \qquad (2\text{-}8)$$

标准型的简写形式

$$\max z = \sum_{j=1}^{n} c_j x_j$$

$$s.t. \begin{cases} \displaystyle\sum_{j=1}^{n} a_{ij} x_j = b_i \quad, \quad i = 1, 2, \cdots, m \\ x_j \geqslant 0 \quad, \qquad j = 1, 2, \cdots, n \end{cases} \qquad (2\text{-}9)$$

（1）可行解：满足以上线性规划约束条件 $\sum_{j=1}^{n}a_{ij}x_j=b_i$ 和 $x_j\geq 0$ 的解 $x=(x_1,\ x_2,\ \cdots,\ x_n)^T$ 称为线性规划问题的可行解；而全部可行解的集合称为可行域。

（2）最优解：使线性规划模型中目标函数 $\max z=\sum_{j=1}^{n}c_jx_j$ 达到最大值的可行解称为线性规划问题的最优解。

（3）线性规划的基：设 A 是约束方程组 $\sum_{j=1}^{n}a_{ij}x_j=b_i$ 的 $m\times n$ 阶系数矩阵（设 $m>n$），其秩为 m，B 是 A 中的一个 $m\times m$ 阶的满秩子矩阵（$|B|\neq 0$ 的非奇异子矩阵），称 B 是线性规划问题的一个基。

不失一般性，设

$$B=\begin{pmatrix} a_{11} & \cdots & a_{1m} \\ \vdots & \ddots & \vdots \\ a_{m1} & \cdots & a_{mm} \end{pmatrix}=\left(P_1,\cdots P_j\cdots,P_m\right)$$

组成基矩阵的 m 个列向量称为基向量，即 P_j（$j=1,\ 2,\ \cdots,\ m$）为基向量，其余（$n-m$）个向量称为非基向量；与 m 个基向量相对应的 m 个变量称为基变量，其余的（$n-m$）个变量则称为非基变量，也就是说与基向量 P_j 相应的变量 x_j（$j=1,\ 2,\ \cdots,\ m$）为基变量，除基变量以外的变量称为非基变量。显然，基变量随着基的变化而改变，当基被确定后，基变量和非基变量也随之确定了。

（4）基本解：在约束方程组 $\sum_{j=1}^{n}a_{ij}x_j=b_i$ 中，令 $x_{m+1}=x_{m+2}=\cdots=x_n=0$，即：所有的（$n-m$）个非基变量为零，再对余下的 m 个基变量求解，所得到的约束方程组的解称为基本解。

设 $B=(P_1,\ P_2,\ \cdots,\ P_m)$ 为线性规划的一个基，于是 x_i（$i=1,\ 2,\ \cdots,\ m$）为基变量，x_j（$j=m+1,\ m+2,\ \cdots,\ n$）为非基变量，现令非基变量 $x_{m+1}=x_{m+2}=\cdots=x_n=0$，此时方程组有 m 个方程、m 个未知数，又因为 $|B|\neq 0$，据克莱姆法则，对于

$$s.t.\begin{cases} a_{11}x_1+a_{12}x_2+\cdots+a_{1n}x_n=b_1 \\ a_{21}x_1+a_{22}x_2+\cdots+a_{2n}x_n=b_2 \\ \cdots \\ a_{m1}x_1+a_{m2}x_2+\cdots+a_{mn}x_n=b_m \end{cases} \qquad (2\text{-}10)$$

可以求出唯一解 $x_B=(x_1,\ x_2,\ \cdots,\ x_m)^T$，则向量 $x=(x_1,\ x_2,\ \cdots x_m,\ \cdots,\ 0)^T$ 就是对应于基 B 的基本解。

（5）基可行解：满足非负条件的基本解称为基可行解，对应于基可行解的基称为可行基。

显然，基可行解既是基本解，又是可行解。因为基的数目最多为 C_n^m 个，又由于基本解与基一一对应，故基本解的数目亦不多于 C_n^m 个。一般情况下，基可行解的数目要少于基本解的数目。

例 2-11 找出下述线性规划问题的全部基解，指出其中的基可行解，并确定最优解。

$$\max z=2x_1+3x_2+x_3$$

$$s.t.\begin{cases} x_1+x_3=5 \\ x_1+2x_2+x_4=10 \\ x_2+x_5=4 \\ x_j\geq 0, j=1,2,\cdots,5 \end{cases}$$

解：约束方程组的系数矩阵为

$$A = (P_1, P_2, P_3, P_4, P_5) = \begin{pmatrix} 1 & 0 & 1 & 0 & 0 \\ 1 & 2 & 0 & 1 & 0 \\ 0 & 1 & 0 & 0 & 1 \end{pmatrix}$$

从约束方程组中可以看到 x_3，x_4，x_5 的系数列向量分别为

$$P_3 = \begin{pmatrix} 1 \\ 0 \\ 0 \end{pmatrix}, P_4 = \begin{pmatrix} 0 \\ 1 \\ 0 \end{pmatrix}, P_5 = \begin{pmatrix} 0 \\ 0 \\ 1 \end{pmatrix}$$

是线性独立的，且（P_3，P_4，P_5）是一个单位矩阵，因此（P_3，P_4，P_5）向量构成一个基，即

$$B = (P_3, P_4, P_5) = \begin{pmatrix} 1 & 0 & 0 \\ 0 & 1 & 0 \\ 0 & 0 & 1 \end{pmatrix}$$

对应于 B 的变量 x_3，x_4，x_5 为基变量，而 x_1，x_2 为非基变量。从约束方程中可以得到

$$\begin{cases} x_3 = 5 - x_1 \\ x_4 = 10 - x_1 - 2x_2 \\ x_5 = 4 - x_2 \end{cases}$$

把上式代入目标函数 $\max z = 2x_1 + 3x_2 + x_3$ 得到

$$z = x_1 + 3x_2 + 5$$

令非基变量 $x_1 = x_2 = 0$，便得到 $z = 5$，这时得到一个初始基可行解为

$$X_1 = (0, 0, 5, 10, 4)^T$$

这个基可行解表示：当变量 x_1，x_2 取值均为零时，此时目标函数的值为 5。

同理，可得出下面该线性规划的全部基解见表 2-4。

表 2-4 例 2-11 线性规划的全部基解

序号	x_1	x_2	x_3	x_4	x_5	z	是否基可行解
1	0	0	5	10	4	5	是
2	0	4	5	2	0	17	是
3	5	0	0	5	4	10	是
4	0	5	5	0	-1	20	否
5	10	0	-5	0	4	15	否
6	5	2.5	0	0	1.5	17.5	是
7	5	4	0	-3	0	22	否
8	2	4	3	0	0	19*	是

注：标记 * 的为最优解，$z^* = 19$ 是最优解。

2.4.2 线性规划问题的几何意义

（1）基本概念：

①凸集：设 K 是 n 维欧氏空间的一点集，若 $\forall X^{(1)} \in K$, $X^{(2)} \in K$ 的连线上的所有点 $\alpha X^{(1)}+(1-\alpha) X^{(2)} \in K$, $0 \leqslant \alpha \leqslant 1$，则称 K 为凸集。

②顶点：设 K 是凸集，$X \in K$；若 X 不能用不同的两点 $X^{(1)} \in K$ 和 $X^{(2)} \in K$ 的线性组合表示为 $X = \alpha X^{(1)}+(1-\alpha) X^{(2)}$，$(0 \leqslant \alpha \leqslant 1)$ 则称 X 为 K 的一个顶点（或极点）。

（2）几个定理：

定理 1 若线性规划问题存在可行解，则问题的可行域是凸集。

引理 线性规划问题的可行解为基可行解的充要条件是 X 的正分量所对应的系数列向量是线性独立的。

定理 2 线性规划问题的基可行解 X 对应线性规划问题可行域（凸集）的顶点。

定理 3 若线性规划问题有最优解，一定存在一个基可行解是最优解。

（3）几点结论：

①可行域若有界则是凸集，也可能是无界域。

②每个基可行解对应可行域的一个顶点。

③可行域有有限多个顶点。

④如果有最优解，必在某个顶点上得到。

（4）线性规划问题解之间的关系归纳：当最优解唯一时，最优解也是基最优解；当最优解不唯一时，最优解不一定是基最优解。如图 2-6 所示：箭尾的解一定是箭头的解，反之不一定成立。

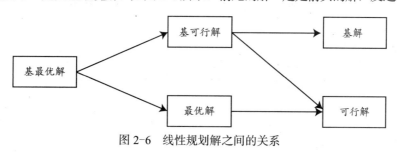

图 2-6 线性规划解之间的关系

2.5 单纯形法

单纯形法（Simplex Method）是先求出一个初始基可行解并判断它是否最优，若不是最优，再换一个基本可行解并判断，直到得出最优解或无最优解。这是一种逐步逼近最优解的迭代方法。普通单纯形法是最基本最简单的一种方法。它假定标准型系数矩阵 A 中可以观察得到一个可行基（通常是一个单位矩阵或 m 个线性无关的单位向量组成的矩阵），可以通过解线性方程组求得基本可行解。单纯形法包括普通单纯形法和后面要介绍的大 M 单纯形法、两阶段单纯形法及对偶单纯形法等。

2.5.1 普通单纯形法

单纯形法的迭代思路：第一步：构造初始可行基；第二步：求出一个基可行解（顶点）；第三步：最优性检验，判断是否最优；第四步：基变换，转第二步，保证目标函数值最优。

根据单纯形的基本原理，可将单纯形法的计算步骤归纳如下：

第一步：找出初始可行基，确定初始可行解，建立初始单纯形表。

若线性规划问题

$$\max z = \sum_{j=1}^{n} c_j x_j$$

$$s.t. \begin{cases} \sum_{j=1}^{n} P_j x_j = b \\ x_j \geqslant 0, \quad j=1,2,\cdots,n \end{cases} \tag{2-11}$$

从 P_j（$j=1$，2，$\cdots$，n）中一般能直接观察到一个由单位矩阵构成的初始可行基 $|B| \neq 0$，其中

$$B = (P_1, P_2, \cdots, P_m) = \begin{pmatrix} 1 & 0 & \cdots & 0 \\ 0 & 1 & \cdots & 0 \\ \vdots & \vdots & & \vdots \\ 0 & 0 & \cdots & 1 \end{pmatrix} \tag{2-12}$$

当所有约束条件均为"≤"形式的不等式时，可以利用化为标准型的方法，在每个约束条件的左端加上一个松弛变量，这些松弛变量的系数矩阵即为单位矩阵；对所有约束条件均为"≥"形式的不等式，若不存在单位矩阵，就采用人造基方法，即对不等式约束的左端减去一个非负的剩余变量后，再加上一个非负的人工变量；对于等式约束只需再加上一个非负的人工变量，总能得到一个单位矩阵。关于人造基方法将在本章 2.5.3 单纯形法的进一步讨论中讨论。

式（2-12）中，P_1，P_1，$\cdots P_m$ 为基向量，同其对应的变量 x_1，x_2，$\cdots$，x_m 为基变量，模型中其他变量 x_{m+1}，x_{m+2}，$\cdots$，x_n 为非基变量。在式子（2-11）的第一个约束条件 $\sum_{j=1}^{n} P_j x_j = b$ 中令所有非基变量等于零，即可得到一个解

$$X = (x_1, x_2, \cdots x_m, x_{m+1}, \cdots x_n)^T = (b_1, b_2, \cdots b_m, 0, \cdots, 0)^T$$

因有 $b > 0$，因此 X 满足式（2-11）的第二个约束条件 $x_j \geqslant 0$（$j=1$，2，$\cdots$，n），是一个基可行解。

为检验一个基可行解是否最优，需要将其目标函数值与相邻基可行解（称两个基可行解称为相邻的，如果它们之间变换且仅变换一个基变量）的目标函数值进行比较。为了书写规范和便于计算，对单纯形法的计算设计了一种专门表格，称为单纯形表。迭代计算中每找出一个新的基可行解时，就重画一张单纯形表。含初始基可行解的单纯形表称为初始单纯形表，含最优解的单纯形表称为最终单纯形表，如表 2-5 所示。

表 2-5

	$C_j \rightarrow$		c_1		c_m	$\cdots$	c_{m+1}	c_n	θ_i
C_B	X_B	b	x_1	$\cdots$	x_m	$\cdots$	x_{m+1}	x_n	
c_1	x_1	b_1	1	$\cdots$	0	$\cdots$	$a_{1,m+1}$	a_{1n}	θ_1
c_2	x_2	b_2	0	$\cdots$	0	$\cdots$	$a_{2,m+1}$	a_{2n}	θ_2
$\cdots$	$\cdots$	$\cdots$	$\cdots$	$\cdots$	$\cdots$	$\cdots$	$\cdots$	$\cdots$	$\cdots$
c_m	x_m	b_m	0	$\cdots$	1	$a_{m,m+1}$	$\cdots$	a_{mn}	θ_m
	z	$\sum_{i=1}^{m} c_i b_i$	0	$\cdots$	0	$c_{m+1} - \sum_{i=1}^{m} c_i a_{i,m+1}$	$\cdots$	$c_n - \sum_{i=1}^{m} c_i a_{in}$	

X_B 列中填入基变量，这里是 x_1，x_2，…，x_m；

C_B 列中填入基变量的价值系数，这里是 c_1，c_2，…，c_m，它们随基变量的改变而改变，并与基变量相对应；

b 列中填入约束方程组右端的常数；

c_j 行中填入全部基变量的价值系数 c_1，c_2，…，c_m；

θ_i 列中的数字是在确定换入变量后，按 θ 规则计算的相应的 θ 值；

最后一行称为检验数，对应各非基变量 x_j 的检验数是

$$c_j - \sum_{i=1}^{m} c_i a_{ij} \quad 即 c_j - z_j = \sigma_j \,(j = m+1，\cdots，n)。$$

第二步：检查对应于非基变量的检验数 $\sigma_j = c_j - \sum_{i=1}^{m} c_i a_{ij}$，对最大化问题，若 $\sigma_j \leqslant 0$，$j = m+1，\cdots，n$（对最小化问题，若 $\sigma_j \geqslant 0$，$j = m+1，\cdots，n$），则已得到最优解；否则，转入下一步。

第三步：在最大化问题中，对 $\sigma_j > 0$（在最小化问题中，对 $\sigma_j < 0$），$j = m+1，\cdots，n$ 中，若有某个 σ_k 对应 x_k 的系数列向量 $P_k \leqslant 0$（显然 $m+1 \leqslant k \leqslant n$），则此问题无最优解，停止计算；否则，转入下一步。

第四步：进行基变换。

①换入变量的确定采取 σ 规则。只要有检验数 $\sigma_j > 0$，对应的变量 x_j 就可作为换入变量，当有一个以上的检验数大于零时，一般从中找出最大的一个 σ_k，即：

$\sigma_k = \max\limits_j \left\{ \sigma_j \,\big|\, \sigma_j < 0 \right\}$，于是其对应的变量 x_k 作为换入变量。

②换出变量的确定采取 θ 规则。当换入变量 x_k 选定后，为保证约束方程组 $x_i + a'_{ik} x_k = b'_i$ $(i = 1, 2, \cdots, m)$ 中，x_k 由零增值后，x_i 仍非负，要求：$x_i = b'_i - a'_{ik} x_k \geqslant 0$。

当 $a'_{ik} \leqslant 0$ 时，显然对 x_k 无增值限制；而当 $a'_{ik} > 0$ 时，要求 $x_k \leqslant \dfrac{b'_i}{a'_{ik}}$。

所以，x_k 的最大增值量为：$\theta = \min\limits_i \left\{ \dfrac{b'_i}{a'_{ik}} \,\Big|\, a'_{ik} > 0 \right\} = \dfrac{b'_i}{a'_{ik}}$。

则选定 x_i 为换出变量。上式称为最小比值判定法，也称 θ 规则。当有一个以上的 x_i 可以换出时，可选择下标较大者。a'_{ik} 为主元素，x_i 所在行为主元行，x_i 所在列为主元列。

第五步：换基迭代。对一个非基变量入基，一个基变量出基，以得到新的基本可行解的运算，称为换基迭代，或称旋转运算。

变量 x_k，x_i 的系数列向量分别为

$$P_k = \begin{pmatrix} a_{1k} \\ a_{2k} \\ \vdots \\ a_{ik} \\ \vdots \\ a_{mk} \end{pmatrix}; \quad P_l = \begin{pmatrix} 0 \\ \vdots \\ 1 \\ 0 \\ \vdots \\ 0 \end{pmatrix} \leftarrow 第\, l\, 个分量$$

为了使 x_k 与 x_i 对换，应把 P_k 变为单位向量，可以通过以下系数矩阵的增广矩阵进行初等变换来实现

$$\begin{pmatrix} 1 & & & a_{1,m+1} & \cdots & a_{1k} & \cdots & a_{1n} & b_1 \\ & \ddots & & \vdots & & \vdots & & \vdots & \vdots \\ & & 1 & a_{l,m+1} & & a_{lk} & & a_{ln} & b_l \\ & & & \ddots & & \vdots & & \vdots & \vdots \\ & & & 1 & a_{m,m+1} & & a_{mk} & \cdots & a_{mn} & b_m \end{pmatrix} \qquad (2\text{-}13)$$

变换按下列步骤进行：

①将增广矩阵（2-13）中第 l 行除以 a_{lk}，得到

$$\left(0,\cdots,0,\frac{1}{a_{lk}},0,\cdots,0,\frac{a_{l,m+1}}{a_{lk}},\cdots,1,\cdots,\frac{a_{ln}}{a_{lk}}\middle|\frac{b_l}{a_{lk}}\right) \qquad (2\text{-}14)$$

②将式（2-13）中 x_k 列的各元素，除 a_{lk} 变换为 1 外，其他都变换为零。其他行的变换是将式（2-14）乘以 $a_{ik}(i \neq l)$ 后，从式（2-13）的第 i 行减去，得到新的第 i 行。即

$$\left(0,\cdots,0,-\frac{a_{ik}}{a_{lk}},0,\cdots,0,a_{i,m+1}-\frac{a_{l,m+1}}{a_{lk}}a_{ik},\cdots,0,\cdots,a_{in}-\frac{a_{ln}}{a_{lk}}a_{ik}\middle|b_i-\frac{b_l}{a_{lk}}a_{ik}\right) \qquad (2\text{-}15)$$

由此可得到变换后系数矩阵各元素的变换关系式

$$a'_{ij}=\begin{cases} a_{ij}-\dfrac{a_{lj}}{a_{lk}}a_{ik}(i \neq l) \\ \dfrac{a_{lj}}{a_{lk}}(i=l) \end{cases} \qquad (2\text{-}16)$$

$$b'_i=\begin{cases} b_i-\dfrac{a_{ik}}{a_{lk}}b_l(i \neq l) \\ \dfrac{b_l}{a_{lk}}(i=l) \end{cases} \qquad (2\text{-}17)$$

③经过初等变换后的新增广矩阵为

$$\begin{pmatrix} 1 & \cdots & -a_{1k}/a_{lk} & \cdots & 0 & a'_{1,m+1} & \cdots & 0 & \cdots & a'_{1n} & b'_1 \\ \vdots & & \vdots & & \vdots & \vdots & & \vdots & & \vdots & \vdots \\ 0 & \cdots & 1/a_{lk} & \cdots & 0 & a'_{l,m+1} & \cdots & 1 & \cdots & a'_{ln} & b'_l \\ \vdots & & \vdots & & \vdots & \vdots & & \vdots & & \vdots & \vdots \\ 0 & \cdots & -a_{mk}/a_{lk} & \cdots & 1 & a'_{m,m+1} & \cdots & 0 & \cdots & a'_{mn} & b'_m \end{pmatrix} \qquad (2\text{-}18)$$

这样，经过换基迭代，把变量 x_k 的系数列向量 P_k 变为单位向量，同时得到新的单纯形表。

第六步：由式（2-18）可见，x_1，x_2，…，x_k，…，x_m 的系数列向量构成 $m \times m$ 阶的单位矩阵，它是可行基。当非基变量 x_{m+1}，…，x_l，…，x_n 为零时，就得到一个可行解 $X^{(1)}$ 为：

$X^{(1)}=(b'_1,\cdots,b'_{l-1},0,b'_{l+1},\cdots,b'_m,0,\cdots,b'_k,0,\cdots,0)^T$。

第七步：重复第二步～第五步，直到计算结束为止。

2.5.2　线性规划解的判别定理归纳

由于线性规划问题的求解结果可能出现唯一最优解、无穷多最优解、无界解和无可行解

四种情况，为此需建立对解的判别准则。一般情况下，经过迭代后，有

$$x_i = b_i' - \sum_{j=m+1}^{n} a_{ij}'x_j (i=1,2,\cdots,m) \tag{2-19}$$

将上式带入目标函数 $\max z = \sum_{}^{} c_j x_j$ 可得

$$z = \sum_{i=1}^{m} c_i b_i' \sum_{j=m+1}^{n} (c_j - \sum_{i=1}^{m} c_i a_{ij}')x_j \tag{2-20}$$

再令 $\sigma_j = c_j - z_j (j=m+1, m+2, \cdots, n)$，带入 $z = \sum_{i=1}^{m} c_i b_i' + \sum_{j=m+1}^{n} (c_j - \sum_{i=1}^{m} c_i a_{ij}')x_j$ 可得

$$z = z_0 + \sum_{j=m+1}^{n} \sigma_j x_j \tag{2-21}$$

由于判别基可行解是否为最优解，是看其对应的目标函数中非基变量 x_j 前的系数 σ_j 是否均满足 $\sigma_j \leqslant 0$（$j=m+1$，$\cdots$，n），因而将 σ_j 称为检验数。根据 σ_j 判别各种解的准则包括以下几个方面。

（1）最优解及唯一解的判别准则。若 $X^{(0)} = (b_1', b_2', \cdots, b_m', 0, \cdots, 0)^T$ 为基可行解，且对于一切 $j=m+1$，$\cdots$，n，有 $\delta_j \leqslant 0$，则 $X^{(0)}$ 为最优解。如果对于一切 $j=m+1$，$\cdots$，n，均有 $\sigma_j < 0$，则 $X^{(0)}$ 为唯一解。

（2）无穷多最优解的判别准则。若 $X^{(0)} = (b_1', b_2', \cdots, b_m', 0, \cdots, 0)^T$ 为一个基可行解，对于一切 $j=m+1$，$\cdots$，n，有 $\delta_j \leqslant 0$，且又存在某个非基变量 x_{m+k} 的检验数 $\delta_{m+k} = 0$，则该线性规划问题存在无穷多最优解。

（3）无界解的判别准则。若 $X^{(0)} = (b_1', b_2', \cdots, b_m', 0, \cdots, 0)^T$ 为一基可行解，至少有一个非基变量 x_{m+k} 的 $\delta_{m+k} > 0$，且其对应非基变量的所有系数 $a_{i,m+k}' \leqslant 0$，$i=1$，2，$\cdots$，m，则该线性规划问题具有无界解。

（4）无可行解的判别准则。

无可行解的判别准则见后面本章 2.5.3 单纯形法的进一步讨论。

以上讨论都是针对标准型，即求目标函数最大化进行的。如果问题是求目标函数最小化时，一种处理方法是将 $\min z$ 转换为 $\max (-z)$，以上四条关于解的判别准则对 $\max (-z)$ 仍然适用。另一方法是直接考虑最小化问题，但须注意上述第一、第二条准则中的最优条件应改为 $\delta_j \geqslant 0$（$j=m+1$，$\cdots$，n）；第三条准则中，应将 $\delta_{m+k} > 0$ 改为 $\delta_{m+k} < 0$ 即可。

例 2-12　用单纯形法求解以下线性规划问题

$$\max z = x_1 - 2x_2 + x_3$$

$$s.t. \begin{cases} x_1 + x_2 + x_3 \leqslant 12 \\ 2x_1 + x_2 - x_3 \leqslant 6 \\ -x_1 + 3x_2 \leqslant 9 \\ x_1, x_2, x_3 \geqslant 0 \end{cases}$$

解：化为标准型，加入松弛变量 x_4，x_5，x_6 作为基变量，则标准型为

$$\max z = x_1 - 2x_2 + x_3 + 0x_4 + 0x_5 + 0x_6$$

$$s.t. \begin{cases} x_1 + x_2 + x_3 + x_4 = 12 \\ 2x_1 + x_2 - x_3 + x_5 = 6 \\ -x_1 + 3x_2 + x_6 = 9 \\ x_1, x_2, x_3, x_4, x_5, x_6 \geqslant 0 \end{cases}$$

x_4，x_5，x_6 对应的单位矩阵为基。这就得到一个初始基可行解 $X^{(0)}$ 为

$$X^{(0)} = (0, 0, 0, 12, 6, 9)^T$$

将有关数字填入表中，得到初始单纯形表，见表 2-6。

在表 2-6 中左上角的 c_j 表示目标函数中各变量的价值系数，在 C_B 列中填入初始基变量的价值系数，它们都是 0，检验数行各非基变量的检验数分别为

$$\delta_1 = c_1 - z_1 = 1 - [0 \times 1 + 0 \times 2 + 0 \times (-1)] = 1$$
$$\delta_2 = c_2 - z_2 = -2 - (0 \times 1 + 0 \times 1 + 0 \times 3) = -2$$
$$\delta_3 = c_3 - z_3 = 1 - [0 \times 1 + 0 \times (-1) + 0 \times 0] = 1$$

表 2-6 初始单纯形表

$C_j \rightarrow$			1	-2	1	0	0	0	θ_i
C_B	X_B	b	x_1	x_2	x_3	x_4	x_5	x_6	
0	x_4	12	1	1	1	1	0	0	12
0	x_5	6	2	1	-1	0	1	0	3
0	x_6	9	-1	3	0	0	0	1	—
	δ_j		1	-2	1	0	0	0	

（1）因检验数 $\delta_1 > 0$，$\delta_3 > 0$，且 P_1，P_2 有正分量存在，转入下一步。

（2）由于 $\max(\sigma_1, \sigma_2) = \max(1, 1) = 1$，根据勃朗特法则，本题选择用 x_1 作为换入变量。

计算得：$\theta = \min\limits_{i} \left\{ \dfrac{b_i'}{a_{i1}'} \middle| a_{i1}' > 0 \right\} = \min(12/1, 6/2, -) = 3$

（3）因为 3 对应的 x_5 这一行，所以选择 x_5 为换出变量。x_1 所在列和 x_5 所在行交叉处的 2 为主元素。

（4）以 2 为主元素进行迭代元素，即将 x_1 变换为 $(0, 1, 0)^T$。在 X_B 列中用 x_1 替换 x_5，得到新表 2-7。

表 2-7

$C_j \rightarrow$			1	-2	1	0	0	0	θ
C_B	X_B	b	x_1	x_2	x_3	x_4	x_5	x_6	
0	x_4	9	0	1/2	3/2	1	-1/2	0	6
1	x_1	3	1	1/2	-1/2	0	1/2	0	—
0	x_6	12	0	7/2	-1/2	0	1/2	1	—
	δ_j		0	-5/2	3/2	0	-1/2	0	

b 列的数字分别为：$x_4=9$，$x_1=3$，$x_6=12$

于是得到新的可行解 $X^{(1)}$ 为：

$X^{(1)}=$（3，0，0，9，0，12）^{T}，目标函数取值 $z=3$

（5）检查表 2-7 中所有的 δ_j，因为 δ_1，δ_3 都大于零，又由于 x_1 已是换入变量，因此选择 x_3 作为换入变量换入，重复（2）～（4）的步骤，x_3 换入，x_4 换出。得到表 2-8。

表 2-8

$C_j \rightarrow$			1	-2	1	0	0	0	θ
C_B	X_B	b	x_1	x_2	x_3	x_4	x_5	x_6	
0	x_3	6	0	1/3	1	2/3	-1/3	0	
1	x_1	6	1	2/3	0	1/3	1/3	0	
0	x_6	15	0	11/3	0	1/3	1/3	1	
	δ_j		0	-3	0	-1	0	0	

（6）表 2-8 最后一行的所有检验数都已为负或 0，这表示目标函数已不可能再增大，于是得到最优解 X^* 为：$X^*=$（6，0，6，0，0，15）^{T}，目标函数值 $z^*=12$。

2.5.3 单纯形法的进一步讨论

前面所举的单纯形法的例子中，化为标准型后约束条件的系数矩阵中含有单位矩阵，以此作初始基，使求初始基可行解和建立初始单纯形表都十分方便。但对所有约束条件是"≥"形式的不等式及等式约束情况，添加松弛变量后，尚不能构造单位矩阵，这时，可采用人造基方法，即对不等式约束减去一个非负的剩余变量后，再加上一个非负的人工变量；对于等式约束直接加上一个非负的人工变量，总能得到一个单位矩阵，此即为人工变量法。

例 2-13 线性规划问题化为标准型时，若约束条件的系数矩阵中不存在单位矩阵，如何构造初始可行基？

$$\max z = c_1x_1 + c_2x_2 + \cdots + c_nx_n$$
$$s.t.\begin{cases} a_{11}x_1 + a_{12}x_2 + \cdots + a_{1n}x_n = b_1 \\ a_{21}x_1 + a_{22}x_2 + \cdots + a_{2n}x_n = b_2 \\ \cdots \\ a_{m1}x_1 + a_{m2}x_2 + \cdots + a_{mn}x_n = b_m \\ x_1, x_2, \cdots, x_n \geq 0 \end{cases} \quad (2-22)$$

线性规划问题化为标准形时，若约束条件的系数矩阵中不存在单位矩阵，添加人工变量，即分别给每一个约束方程加入人工变量 x_{n+1}，x_{n+2}，…，x_{n+m}，得到

$$\max z = c_1x_1 + c_2x_2 + \cdots + c_nx_n$$
$$s.t.\begin{cases} a_{11}x_1 + a_{12}x_2 + \cdots + a_{1n}x_n + x_{n+1} = b_1 \\ a_{21}x_1 + a_{22}x_2 + \cdots + a_{2n}x_n + x_{n+2} = b_2 \\ \cdots \\ a_{m1}x_1 + a_{m2}x_2 + \cdots + a_{mn}x_n + x_{n+m} = b_m \\ x_1, x_2, \cdots, x_{n+m} \geq 0 \end{cases} \quad (2-23)$$

以 x_{n+1}，x_{n+2}，…，x_{n+m} 为基变量，可以得到一个 $m \times m$ 阶的单位矩阵，令非基变量 x_1，

x_2，$\cdots$，x_n 为零，便可以得到一个初始基可行解 $X^{(0)}$ 为

$$X^{(0)}=(0,\ 0,\ \cdots,\ 0,\ b_1,\ b_2,\ \cdots,\ b_m)^T$$

由于人工变量是后加入原约束条件中的虚拟变量，要求将它们从基变量中逐个替换出来。若经过基的变换，基变量中不再含有非零的人工变量，这表示原问题有解；若在最终单纯形表中当所有 $\delta_j \leqslant 0$ 时，而在其中还有某个非零人工变量，这表示原问题无可行解。

1. 大 M 法

在一个线性规划问题的约束条件中加进人工变量后，要求人工变量对目标函数取值不产生影响，为此对最大化问题需假定人工变量在目标函数中的系数为"$-M$"（M 为任意大的正数）（对最小化问题需假定人工变量的系数为"M"）。这样目标函数要实现最大化时，必须要把人工变量从基变量中换出，否则目标函数不可能实现最大化。迭代中若某一人工变量已变为非基变量，即可在单纯形表中将它所在列消去，不再参与以后运算。

$$\max z = c_1x_1 + c_2x_2 + \cdots + c_nx_n - Mx_{n+1} - Mx_{n+2} - \cdots - Mx_{n+m}$$

$$s.t.\begin{cases} a_{11}x_1 + a_{12}x_2 + \cdots + a_{1n}x_n + x_{n+1} = b_1 \\ a_{21}x_1 + a_{22}x_2 + \cdots + a_{2n}x_n + x_{n+2} = b_2 \\ \qquad\qquad\cdots \\ a_{m1}x_1 + a_{m2}x_2 + \cdots + a_{mn}x_n + x_{n+m} = b_m \\ x_1, x_2, \cdots x_{n+m} \geqslant 0 \end{cases} \qquad (2\text{-}24)$$

例 2-14 试用大 M 法求解线性规划问题

$$\max z = 3x_1 - x_2 - x_3$$

$$s.t.\begin{cases} x_1 - 2x_2 + x_3 \leqslant 11 \\ -4x_1 + x_2 + 2x_3 \geqslant 3 \\ -2x_1 + x_3 = 1 \\ x_1, x_2, x_3 \geqslant 0 \end{cases}$$

解：① 首先化为标准型，在约束条件中加入松弛变量 x_4，剩余变量 x_5。

$$\max z = 3x_1 - x_2 - x_3 + 0x_4 + 0x_5$$

$$s.t.\begin{cases} x_1 - 2x_2 + x_3 + x_4 = 11 \\ -4x_1 + x_2 + 2x_3 - x_5 = 3 \\ -2x_1 + x_3 = 1 \\ x_1, x_2, x_3, x_4, x_5 \geqslant 0 \end{cases}$$

系数矩阵中很难找到初始可行基。

② 添加人工变量 x_6，x_7，构造初始可行基。

$$\max z = 3x_1 - x_2 - x_3 + 0x_4 + 0x_5 - Mx_6 - Mx_7$$

$$s.t.\begin{cases} x_1 - 2x_2 + x_3 + x_4 = 11 \\ -4x_1 + x_2 + 2x_3 - x_5 + x_6 = 3 \\ -2x_1 + x_3 + x_7 = 1 \\ x_1, x_2, x_3, x_4, x_5, x_6, x_7 \geqslant 0 \end{cases}$$

其中 M 为任意大的正数。

求解结果出现所有检验数非正 $\delta_j \leqslant 0$，若基变量中含非零人工变量，则无可行解；否则，有最优解。

用单纯形法进行计算时，见表 2-9，本例是求 max，所以用所有 $c_j - z_j \leqslant 0$ 来判别目标函数是否实现了最大化。

③ 列初始单纯形表如表 2-9 所示。

表 2-9　初始单纯形表

$C_j \rightarrow$			3	-1	-1	0	0	-M	-M	
C_B	X_B	b	x_1	x_2	x_3	x_4	x_5	x_6	x_7	θ
0	x_4	11	1	-2	1	1	0	0	0	11
$-M$	x_6	3	-4	1	2	0	-1	1	0	$\frac{3}{2}$
$-M$	x_7	1	-2	0	1	0	0	0	1	1
	δ_j		3-6M	-1+M	-1+3M	0	-M	0	0	
0	x_4	10	3	-2	0	1	0	0	-1	—
$-M$	x_6	1	0	1	0	0	-1	1	-2	1
-1	x_3	1	-2	0	1	0	0	0	1	—
	δ_j		1	-1+M	0	0	-M	0	-3M+1	
0	x_4	12	3	0	0	1	-2	2	-5	4
-1	x_2	1	0	1	0	0	-1	1	-2	—
-1	x_3	1	-2	0	1	0	0	0	1	—
	δ_j		1	0	0	0	-1	-M+1	-M-1	
3	x_1	4	1	0	0	1/3	-2/3	2/3	-5/3	
-1	x_2	1	0	1	0	0	-1	1	-2	
-1	x_3	9	0	0	1	2/3	-4/3	4/3	-7/3	
	δ_j		0	0	0	-1/3	-1/3	$-M+\frac{1}{3}$	$-M+\frac{2}{3}$	

表 2-9 最终表明已得到最优解是：

$$X^* = (4,\ 1,\ 9,\ 0,\ 0,\ 0,\ 0)^T$$

目标函数　　　　$z^* = 12 - 1 - 9 = 2$

2. 两阶段法

下面介绍求解加入人工变量的线性规划问题的两阶段法。

第一阶段：不考虑原问题是否存在基可行解，给原线性规划问题加入人工变量，并构造仅含人工变量的目标函数，并要求其实现最小化。

$$\min \omega = x_{n+1} + x_{n+2} + \cdots + x_{n+m} + 0x_1 + \cdots + \cdots + 0x_n$$

$$s.t. \begin{cases} a_{11}x_1 + a_{12}x_2 + \cdots + a_{1n}x_n + x_{n+1} & = b_1 \\ a_{21}x_1 + a_{22}x_2 + \cdots + a_{2n}x_n \quad + x_{n+2} & = b_2 \\ \quad\quad\quad\quad \cdots \\ a_{m1}x_1 + a_{m2}x_2 + \cdots + a_{mn}x_n \quad\quad + x_{n+m} & = b_m \\ x_1, x_2, \cdots, x_{n+m} \geqslant 0 \end{cases} \quad (2\text{-}25)$$

然后用单纯形法求解上述模型，若得到 $\omega=0$，则说明原问题存在基可行解，可以进行第二阶段计算。否则原问题无可行解，应停止计算。

第二阶段：将一阶段得到的最终表，除去人工变量。将目标函数行的系数，换成原问题的目标函数系数，作为第二阶段的初始表。

例 2-15 试用两阶段法求解下列线性规划问题

$$\min z = -3x_1 + x_2 + x_3$$

$$s.t.\begin{cases} x_1 - 2x_2 + x_3 \leqslant 11 \\ -4x_1 + x_2 + 2x_3 \geqslant 3 \\ -2x_1 + x_3 = 1 \\ x_1, x_2, x_3 \geqslant 0 \end{cases}$$

解：① 先在上述线性规划问题的约束方程中添加人工变量，给出第一阶段的数学模型为

$$\min \omega = x_6 + x_7$$

$$s.t.\begin{cases} x_1 - 2x_2 + x_3 + x_4 = 11 \\ -4x_1 + x_2 + 2x_3 - x_5 + x_6 = 3 \\ -2x_1 + x_3 + x_7 = 1 \\ x_1, x_2, x_3, x_4, x_5, x_6, x_7 \geqslant 0 \end{cases}$$

这里 x_6，x_7 是人工变量。用单纯形法求解，见表 2-10。第一阶段求得的结果是 $\omega=0$，得到最优解 $x^* = (0, 1, 1, 12, 0, 0, 0)^T$。

因人工变量 $x_6=x_7=0$，所以 $(0, 1, 1, 12, 0)^T$ 是这线性规划问题的基可行解。于是可以进行第二阶段运算。将第一阶段的最终表中的人工变量 x_6，x_7 的列删除，并在变量 x_1，x_2，x_3 处的 c_j 处填入原问题的目标函数的系数。进行第二阶段计算，见表 2-11。

表 2-10

C_j			0	0	0	0	0	1	1	
C_B	X_B	b	x_1	x_2	x_3	x_4	x_5	x_6	x_7	θ
0	x_4	11	1	-2	1	1	0	0	0	11
1	x_6	3	-4	1	2	0	-1	1	0	$\frac{3}{2}$
1	x_7	1	-2	0	1	0	0	0	1	1
	δ_j		6	-1	-3	0	1	0	0	
0	x_4	10	3	-2	0	1	0	0	-1	—
1	x_6	1	0	1	0	0	-1	1	-2	1
0	x_3	1	-2	0	1	0	0	0	1	—
	δ_j		0	-1	0	0	1	0	3	
0	x_4	12	3	0	0	1	-2	2	-5	
0	x_2	1	0	1	0	0	-1	1	-2	
0	x_3	1	0	0	0	0	0	1	1	

$X^* = (0, 1, 1, 12, 0, 0, 0)^T$，$\omega = 0$。$X^* = (0, 1, 1, 12, 0)^T$ 是原线性规划问题的基可行解。

② 将第一阶段最终表中的人工变量取消，填入原问题的目标函数的系数，进行第二阶段计算。

表 2-11

	C_j		-3	1	1	0	0	
C_B	X_B	b	x_1	x_2	x_3	x_4	x_5	θ
0	x_4	12	3	0	0	1	-2	4
1	x_2	1	0	1	0	0	-1	—
1	x_3	1	-2	0	1	0	0	—
	δ_j		-1	0	0	0	1	
-3	x_1	4	1	0	0	1/3	$-2/3$	
1	x_2	1	0	1	0	0	-1	
1	x_3	9	0	0	1	2/3	$-4/3$	
	δ_j		0	0	0	1/3	1/3	

从表中可得到最优解为 $X^* = (4, 1, 9, 0, 0)^T$ 目标函数值 $z = -2$。

总结：当第一阶段的最优解中的基变量不含人工变量时，得到原线性规划问题的一个基可行解，第二阶段就以此为基础对原目标函数求最优解；当第一阶段的最优解不等于 0 时，说明还有不为 0 的人工变量是基变量，则原问题无可行解。

3. 单纯形法计算中的几个问题

① 退化解问题：单纯形法计算中用 θ 规则确定换出变量时，有时存在两个以上相同的最小比值，这样在下一次迭代中就有一个或几个基变量等于零，这时就会出现退化解。这时换出变量 $x_l = 0$，迭代后目标函数值不变。这就有可能从某个基开始，经过若干次迭代后又回到了原来的基，也就是说，单纯形法出现了循环，从而导致计算程序失败。

尽管计算过程的循环现象极少出现，但还是有可能的，那么如何解决这个问题呢？先后有人提出了"摄动法""辞典序法"等方法。1974 年由勃兰特提出了一种简便的规则，简称勃兰特法则。勃兰特法则规定：对最大化问题而言，在每一步迭代时，按照下列步骤进行：

第一步，选择换入变量。选取 $\delta_j > 0 (1 \leqslant j \leqslant n)$ 中下标最小的检验数 δ_k 所对应的非基变量 x_k 作为换入变量。即若 $k = \min\limits_{j} \left\{ j \mid \delta_j > 0, 1 \leqslant j \leqslant n \right\}$，则选择 x_k 作为换入变量。

第二步，选择换出变量。当按 θ 规则计算比值时，若存在几个 b'_r / a'_{rk} 同时达到最小时，就选其中下标最小的那个基变量 x_l 作为换出变量。即若 $l = \min\limits_{r} \left\{ r \mid \dfrac{b'_r}{a'_{rk}} = \min \left\{ \dfrac{b'_i}{a'_{ik}} \mid a'_{ik} > 0, 1 \leqslant i \leqslant m \right\} \right\}$，则选择 x_l 作为换出变量。

勃兰特从理论上证明，在单纯形法迭代中，使用这两条规则确定换入和换出变量，不会产生循环。勃兰特法的特点是简单易行，但是，由于它只考虑最小下标，而不考虑目标函数值下降的快慢，因此具体计算时，它的迭代次数一般要比原来的单纯形法多。尽管如此，这一方法在理论上还是很有价值的，因而受到重视。

② 无可行解的判别：本章上一节已经给出了唯一最优解、无穷多最优解和无界解的判别准则，在学习了人工变量法之后，就可以给出无可行解的判别准则。

无可行解的判别准则：当线性规划问题中添加人工变量后，用人工变量法求解，如果迭代到某单纯形表已满足所有非基变量的 $\delta_j \leqslant 0$，但基变量中仍含有非零的人工变量，则该线性规划问题无可行解。

③ 检验数的表示方式。本书以 $\max z = Cx$；$Ax = b$；$x \geqslant 0$ 为标准型，以 $\delta_j = c_j - z_j \leqslant 0$，$j = 1$，$2$，$\cdots$，$n$ 为最优解的判别准则。除此之外，还有其他表达形式。为了避免混淆，现将几种情况归纳如下：

设 x_1，x_2，$\cdots$，x_m 为约束方程的基变量，于是可得

$$x_i = b_i - \sum_{i=m+1}^{n} a_{ij} x_j \, (i = 1, 2, \cdots, m)$$

将上式代入目标函数后，可有两种表达形式

$$z = \sum_{i=1}^{m} c_i b_i + \sum_{j=m+1}^{n} (c_j - \sum_{i=1}^{m} c_i a_{ij}) x_j \quad = z_0 + \sum_{j=m+1}^{n} (c_j - z_j) x_j \qquad (2\text{-}26)$$

或 $$z = \sum_{i=1}^{m} c_i b_i - \sum_{j=m+1}^{n} (\sum_{i=1}^{m} c_i a_{ij} - c_j) x_j \quad = z_0 - \sum_{j=m+1}^{n} (z_j - c_j) x_j \qquad (2\text{-}27)$$

要求目标函数实现最大化时，若用式（2-26）来分析，就得到 $c_j - z_j \leqslant 0$（$j = 1$，2，$\cdots$，n）的判别准则。若用式（2-27）来分析，就得到 $z_j - c_j \geqslant 0$（$j = 1$，2，$\cdots$，n）的判别准则。

同样，在要求目标函数实现最小化时，可用式（2-26）或式（2-27）来分析，这时分别用 $c_j - z_j \geqslant 0$ 或 $z_j - c_j \leqslant 0$（$j = 1$，2，$\cdots$，n）来判别目标函数已达到最小。现将检验数的几种判别形式汇总于表 2-12。

表 2-12　检验数的判别形式

检验数 ＼ 标准型	$\max z = CX$ $AX = b$，$X \geqslant 0$	$\max z = CX$
$c_j - z_j$	$\leqslant 0$	$\geqslant 0$
$z_j - c_j$	$\geqslant 0$	$\leqslant 0$

4. 单纯形法小结

① 根据实际问题给出的数学模型，进行标准化，见表 2-13。

分别以每个约束条件中的松弛变量或人工变量为基变量，列出初始单纯形表。

② 对目标函数求 max 的线性问题，用单纯形法计算步骤的框图见图 2-7。

表 2-13

变量	$x_j \geqslant 0$		不需要处理
	$x_j \leqslant 0$		令 $x'_j = -x_j$；$x'_j \geqslant 0$
	x_j 无约束		令 $x'_j = x'_j - x''_j$；x'_j，$x''_j \geqslant 0$
约束条件	b≥		不需要处理
	b<		约束条件两端同乘-1
	≤		加松弛变量 x_{si}
	=		加人工变量 x_{ai}
	≥		减去剩余（松弛）变量 x_{si}，加人工变量 x_{ai}
目标函数	max z		不需要处理
	min z		令 $z' = -z$，求 max z'
	松弛变量 x_{si}		0
加入变量的系数	人工变量 x_{ai}		-M

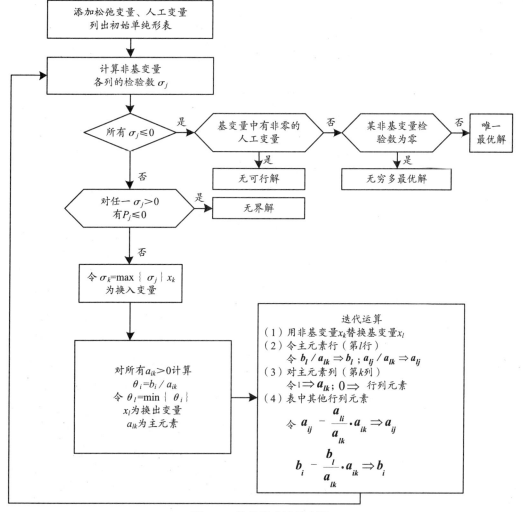

图 2-7　单纯形法计算步骤

2.6 案例分析及 WinQSB 软件应用

QSB 是 Quantitative Systems for Business 的缩写，WinQSB 是 QSB 在 Windows 操作系统下运行的版本，WinQSB 是一种含有大量运筹学模型的教学软件，该软件可应用于求解和计算运筹学中非大型问题。

2.6.1 WinQSB 操作简介

（1）安装与启动：安装 WinQSB 软件后，在系统程序中自动生成 WinQSB 应用程序，WinQSB 共有 19 个子程序（图 2-8），分别用于解决运筹学不同方面的问题（表 2-14），用户可根据不同的问题选择子程序。

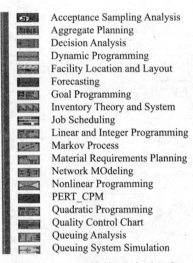

图 2-8　WinQSB 的 19 个子程序

表 2-14　WinQSB 子程序的含义

序号	程序	缩写、文件名	名称	应用范围
1	Acceptance Sampling	ASA	抽样分析	各种抽样分析、抽样方案设计、假设分析
2	Aggregate Planning	AP	综合计划编制	复杂的整体综合生产计划的编制方法，将问题归结到求解线性规划模型或运输模型
3	Decision Analysis	DA	决策分析	确定型与风险型决策、贝叶斯决策、决策树、二人零和博弈、蒙特卡罗模拟
4	Dynamic Programming	DP	动态规划	最短路问题、背包问题、生产与存储问题
5	Facility Location and Layout	FLL	设备场地布局	设备场地设计、功能布局、线路均衡布局
6	Forecasting	FC	预测与线性回归	简单平均、移动平均、加权移动平均、线性趋势移动平均、指数平滑、多元线性回归、Holt-Winters 季节迭加与乘积算法

序号	程序	缩写、文件名	名称	应用范围
7	Goal Programming	GP	目标规划与整数线性目标规划	多目标线性规划、线性目标规划，变量可以取整、连续、0-1或无限制
8	Inventory Theory and Systems	ITS	存储论与存储控制系统	经济订货批量、批量折扣、单时期随机模型、多时期动态存储模型、存储控制系统（各种存储策略）
9	Job Scheduling	JOB	作业调度/编制工作进度表	机器加工排序、流水线车间加工排序
10	Linear and Integer Programming	LP-ILP	线性规划和整数线性规划	线性规划、整数规划、对偶、灵敏度分析、参数分析
11	MarKov Process	MKP	马尔可夫过程	转移概率、稳态概率
12	Material Requirements Planning	MRP	物料需求计划	物料需求计划的编制、成本核算
13	Network Modeling	Net	网络模型	运输、指派、最大流、货郎担、最短路、最小支撑等问题
14	NonLinear Programming	NLP	非线性规划	有（无）条件约束、目标函数或约束条件非线性、目标函数与约束条件都非线性规划的求解与分析
15	PERT-CPM（Project Scheduling）	PERT-CPM	网络计划	关键路径法、计划评审技术、网络的优化、工程完工时间模拟、绘制甘特图与网络图
16	Quadratic Programming	QP	二次规划	求解线性约束、目标函数是二次型的一种非线性规划问题，变量可以取整数
17	Quality Control Charts	QCC	质量管理控制图	建立各种质量控制图和质量分析
18	Queuing Analysis	QA	排队分析	各种排队模型的求解与性能分析、15种分布模型求解、灵敏度分析、服务能力分析、成本分析
19	Queuing System Simulation	QSS	排队系统模拟	到达和服务时间分布未知、一般排队系统模拟计算

（2）与一般的 Windows 的应用程序操作相同，进入某个子程序后，比如打开 Linear and Integer programming，运行后出现启动窗口如图 2-9 所示。

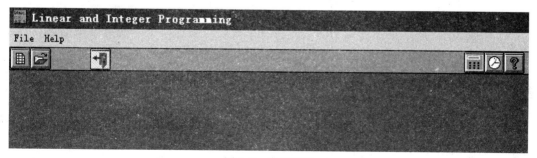

图 2-9　启动窗口

（3）如图 2-10 建立新问题或者打开已有的数据文件，输入数据窗口见图 2-11。

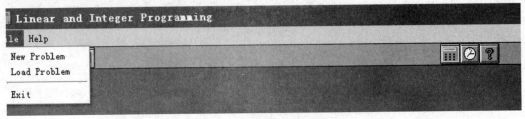

图 2-10　新建 / 打开窗口

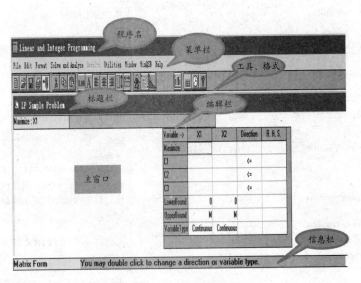

图 2-11　输入窗口

2.6.2　与 Office 文档交换数据

（1）从 Excel 或 Word 文档中复制数据到 WinQSB：Excel 或 Word 电子表中的数据可以复制到 WinQSB 中，方法如下：首先选中要复制电子表中单元格的数据，点击复制或者按"Ctrl+C"键，然后再在 WinQSB 的电子表格编辑状态下选中要粘贴的单元格，点击粘贴或按"Ctrl+V"键完成复制。

注意：粘贴过程与在电子表中有所区别，在 WinQSB 中选中的单元格应与电子表中选中的单元格（行列数）相同，否则只能复制部分数据。

（2）将 WinQSB 数据、计算结果复制到 Office 文档：先清空剪贴板，选中 WinQSB 表格中要复制的单元格，点击 Edit → Copy，然后粘贴到 Excel 或 Word 文档中。

将 WinQSB 计算结果复制到 Office 文档的方法：问题求解后，先清空剪贴板，点击 File → Copy to clipboard 就将结果复制到剪贴板中。

（3）如何保存计算结果：问题求解后，点击 File → Save as，系统以文本格式（*.txt）保存结果，用户可以编辑文本文件，然后复制到 Office 文档中。

今后章节中会有 WinQSB 软件更详细的操作。

2.6.3　运用 WinQSB 求解线性规划问题

安装 WinQSB 软件后，在系统程序中自动生成 WinQSB 应用子程序，用户可以根据不同的问题选择相应的子程序进行求解。求解线性规划问题采用子程序"Linear and Integer Programming"。下面结合例题介绍 WinQSB 求解线性规划问题的操作步骤及应用。

例 2-16　用 WinQSB 求解下列线性规划问题

$$\min z = 4000x_1 + 3000x_2$$

$$s.t.\begin{cases}100x_1 + 200x_2 \geqslant 12000 \\ 300x_1 + 400x_2 \geqslant 20000 \\ 200x_1 + 100x_2 \geqslant 15000 \\ x_1, x_2 \geqslant 0\end{cases}$$

解：WinQSB 软件求解的线性规划问题不必化为标准型，约束不等式可以在输入数据时直接输入，对于单个决策变量的约束，例如非负约束或无约束等，可以直接通过修改系统变量类型即可（≥，≤和＝通过鼠标点击切换）。

第一步：启动子程序"Linear and Integer Programming"。

点击"开始"→"程序"—"WinQSB"→"Linear and Integer Programming"，如图 2-12 所示。

图 2-12　Linear and Integer Programming 窗口

第二步：建立新问题。

如图 2-13 所示，选择"File"→"New Program"。出现如图 2-14 所示问题选项输入界面。

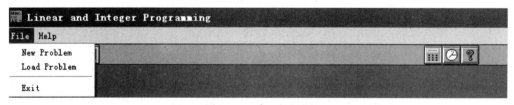

图 2-13　建立新问题

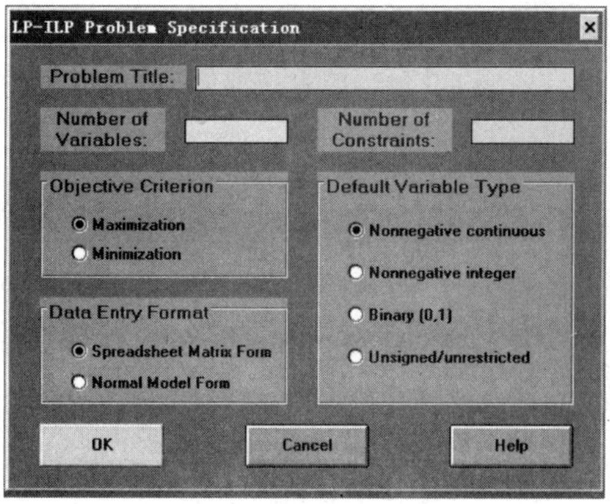

图 2-14　问题选项输入窗口

问题题头（Problem Title）：没有可不输入。

决策变量数（Number of Variables）：本例中有两个决策变量，填入 2；

约束条件数（Number of Constraints）：本例中不计非负约束共有 3 个约束条件，填入 3；

目标函数准则（Objective Criterion）：本例目标函数选最小化（Minimization）；

数据输入格式（Data Entry Format）：一般选择矩阵式电子表格式（Spreadsheet Matrix Form），另一个选项为自由格式输入标准模式（Normal Model Form）；

变量类型（Default Variable Type）：一共有以下四个选项。

非负连续变量选择第 1 个单选按钮（Nonnegative continuous）；

非负整型变量选择第 2 个单选按钮（Nonnegative integer）；

二进制变量选择第 3 个按钮（Binary[0，1]）；

自由变量选择第 4 个按钮（Unsigned/unrestricted）。如图 2-15 所示，本例中选非负连续变量。

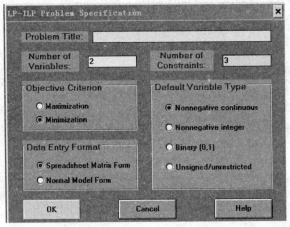

图 2-15

第三步：输入数据，点击"OK"，见图 2-16。

Variable -->	X1	X2	Direction	R. H. S.
Minimize				
C1			>=	
C2			>=	
C3			>=	
LowerBound	0	0		
UpperBound	M	M		
VariableType	Continuous	Continuous		

图 2-16

生成表格并输入数据，见图表 2-17。

Variable -->	X1	X2	Direction	R. H. S.
Minimize	4000	3000		
C1	100	200	>=	12000
C2	300	400	>=	20000
C3	200	100	>=	15000
LowerBound	0	0		
UpperBound	M	M		
VariableType	Continuous	Continuous		

图 2-17

系统默认变量名为 X_1，X_2，…，X_n，约束条件名为 C_1，C_2，…，C_n。

在表中第 1 列输入价值系数；第 2 ~ 3 列 X_1，X_2 列对应输入约束方程系数，"Direction"。

列输入约束符，"R.H.S"列输入右端项；第 6 行输入变量下限，第 7 行输入变量上限，由于之前选择变量类型为非负连续变量，因此默认变量下限为 0，变量上限为 M，这里 M 表示正无穷大；第 8 行为变量类型，可以通过双击修改。

第四步：求解。点击"Solve and Analyze"菜单，下拉菜单中有三个选项：求解但不显示迭代过程"Solve the problem"、求解并显示迭代过程"Solve and Display Steps"及图解法"Graphic Method"显示单纯形法迭代步骤，选择"Simplex Iteration"直到最终单纯形表。

若选择"Solve the Problem"，显示如图 2-18 所示。

图 2-18

点确定，生成如图 2-19 所示运行结果。

22:34:45		Friday	March	10	2017		
Decision Variable	Solution Value	Unit Cost or Profit c[j]	Total Contribution	Reduced Cost	Basis Status	Allowable Min. c[j]	Allowable Max. c[j]
1 X1	60.0000	4,000.0000	240,000.0000	0	basic	1,500.0000	6,000.0000
2 X2	30.0000	3,000.0000	90,000.0000	0	basic	2,000.0000	8,000.0000
Objective	Function	(Min.) =	330,000.0000				
Constraint	Left Hand Side	Direction	Right Hand Side	Slack or Surplus	Shadow Price	Allowable Min. RHS	Allowable Max. RHS
1 C1	12,000.0000	>=	12,000.0000	0	6.6667	7,500.0000	30,000.0000
2 C2	30,000.0000	>=	20,000.0000	10,000.0000	0	-M	30,000.0000
3 C3	15,000.0000	>=	15,000.0000	0	16.6667	6,000.0000	24,000.0000

图 2-19

决策变量（Decision Variable）：X_1，X_2。

最优解（Solution Value）：$X_1=60$，$X_2=30$。

价值系数（Unit Cost or Profit C[j]）：$C_1=4000$，$C_2=3000$。

最优函数值（Total Contribution）：X_1 贡献 240000，X_2 贡献 90000，共计 330000。

检验数（Reduced Cost）：0，0。即当变量增加一个单位时，目标函数值的改变量。

价值系数的允许最小值（Allowable Max. C[j]）：价值系数在此范围变动时，最优解不变。

约束条件（Constraint）：C_1，C_2，C_3。

左端取值（Left Hand Side）：1200，30000，15000。

右端取值（Right Hand Side）：1200，20000，15000。

松弛变量或剩余变量的取值（Slack or Surplus）：该值等于约束左端与约束右端之差。为0表示资源已达到限制值，大于0表示未达到限制值。

影子价格（Shadow Price）：6.6667，0，16.6667，即为对偶问题的最优解。

约束右端允许最小值（Allowable Min. RHS）和允许最大值（Allowable Max. RHS）：表示约束右端在此范围变化时最优解不变。

第五步：结果显示及分析。点击菜单栏"Results"，存在最优解时，下拉菜单有①～⑨九个选项，无最优解时有⑩和⑪两个选项（图 2-20）。

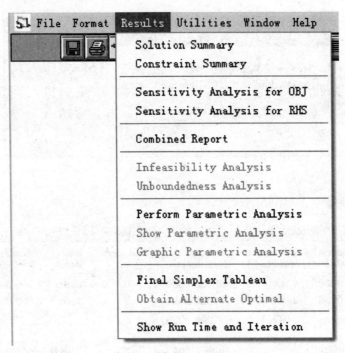

图 2-20

① 只显示最优解（Solution Summary）。

② 约束条件结果（Constraint Summary），比较约束条件两端的值。

③ 对价值系数进行灵敏度分析（Sensitivity Analysis of OBJ）。

④ 对约束条件右端常数项进行灵敏度分析（Sensitivity Analysis of RHS）。

⑤ 详细结果报告（Combined Report）。

⑥ 不可行性分析（Infeasibility Analysis）。

⑦ 无界性分析（Unboundedness Analysis）。

⑧ 参数分析（Perform Parametric Analysis）。

⑨ 最终单纯形表（Final Simplex Tableau）。

⑩ 另一个基本最优解（Obtain Alternate Optimal），存在无穷多最优解时，系统给出另一个基本最优解。

⑪ 显示运行时间以及迭代次数（Show Run Time and Iteration）。

WinQSB 软件中常用术语见表 2-15。

表 2-15　WinQSB 软件中常用术语

常用术语	含义
Alternative solution exists	存在替代解，有多重解
Basic and nonbasic variable	基变量和非基变量
Basis	基
Basis status	基变量状态，提示是否为基变量
Branch-and-bound method	分支定界法
C_j-Z_j	检验数
Combined report	组合报告
Constraint summary	约束条件摘要
Constraint	约束条件
Constraint direction	约束方向
Constraint variable	约束状态
Decision variable	决策变量
Dual problem	对偶问题
Entering variable	入基（进基）变量
Feasible area	可行域
Feasible solution	可行解
Infeasible	不可行
Infeasible analysis	不可行性分析
Leaving variable	出基变量
Left-hand side	左端常数
Lower or upper bound	下界或上界
Minimum and maximum allowable C_j	最优解不变时，价值系数允许变化范围
Minimum and maximum allowable RHS	最优基不变时，资源限量允许变化范围
Objective function	目标函数
Optimal solution	最优解
Parametric analysis	参数分析
Range and slope of parametric analysis	参数分析的区间和斜率
Reduced cost	约简成本（价值）、检验数，即当非基变量增加一个单位时目标函数的改变量
Range of feasibility	可行区间
Range of optimality	最优区间

续表

常用术语	含义
Relaxed problem	松弛问题
Relaxed optimum	松弛最优
Right-hand side	右端常数
Sensitivity analysis of OBJ coefficients	目标函数系数的灵敏度分析
Sensitivity analysis of Right-hand side	右端常数的灵敏度分析
Shadow price	影子价格
Simplex method	单纯形法
Slack，surplus or attificial variable	松弛变量、剩余变量或人工变量
Solution summary	最优解摘要
Subtract (Add) more than this from A(i，j)	减少（增加）约束系数、调整工艺系数
Total contribution	总体贡献、目标函数的值
Unbounded solution	无界解
Unbounded	无界

 习 题

1. 以下集合中，哪些是凸集，哪些不是凸集？

（1）$\{(x_1,x_2)|x_1+x_2\leqslant 1\}$

（2）$\{(x_1,x_2,x_3)|x_1+x_2\leqslant 1,x_1-x_3\leqslant 2\}$

（3）$\{(x_1,x_2)|x_1-x_2=0\}$

（4）$\{(x_1,x_2,x_3)|x_1\geqslant x_2,x_1+x_2+x_3\leqslant 6\}$

（5）$\{(x_1,x_2)|x_1=1,|x_2|\leqslant 4\}$

（6）$\{(x_1,x_2,x_3)|x_3=|x_2|,x_1\leqslant 4\}$

2. 求以下不等式组所定义的多面体的所有极点。

（1）$\begin{cases} x_1+x_2+x_3\leqslant 5 \\ -x_1+x_2+2x_3\leqslant 6 \\ x_1,\ x_2,\ x_3\geqslant 0 \end{cases}$

（2）$\begin{cases} x_1+x_2+x_3\leqslant 1 \\ -x_1+2x_2\leqslant 4 \\ x_1,\ x_2,\ x_3\geqslant 0 \end{cases}$

3. 用图解法求解以下线性规划问题。

$$\max z = x_1 + 3x_2$$

（1）$s.t.\begin{cases} x_1 + x_2 \leqslant 10 \\ -2x_1 + 2x_2 \leqslant 12 \\ x_1 \leqslant 7 \\ x_1 ,\ x_2 \geqslant 0 \end{cases}$

$$\max z = x_1 - 3x_2$$

（2）$s.t.\begin{cases} 2x_1 - x_2 \leqslant 4 \\ x_1 + x_2 \geqslant 3 \\ x_2 \leqslant 5 \\ x_1 \leqslant 4 \\ x_1 ,\ x_2 \geqslant 0 \end{cases}$

$$\max z = x_1 + 3x_2$$

（3）$s.t.\begin{cases} x_1 + x_2 \geqslant 4 \\ 2x_1 + x_2 \geqslant 4 \\ x_1 ,\ x_2 \geqslant 0 \end{cases}$

4. 在下面的线性规划问题中找出满足约束条件的所有基解。指出哪些是基础可行解，并代入目标函数，确定哪一个是最优解。

$$\max z = 2x_1 + x_2 - x_3$$

$$s.t.\begin{cases} x_1 + x_2 + 2x_3 \leqslant 6 \\ x_1 + 4x_2 - x_3 \leqslant 4 \\ x_1 ,\ x_2 ,\ x_3 \geqslant 0 \end{cases}$$

5. 对于以下约束

$$\begin{cases} x_1 + 2x_2 \leqslant 6 \\ x_1 - x_2 \leqslant 4 \\ x_2 \leqslant 2 \\ x_1 ,\ x_2 \leqslant 0 \end{cases}$$

（1）画出该可行域，并求出各极点的坐标。

（2）从原点开始，从一个基础可行解移到下一个"相邻的"基础可行解，指出每一次迭代，哪个是变量进基，哪个变量离基。

6. 用单纯形原理求解以下线性规划问题。

$$\max z = 3x_1 + 2x_2$$

$$\begin{cases} 2x_1 - 3x_2 \leqslant 3 \\ -x_1 + x_2 \leqslant 5 \\ x_1 ,\ x_2 \geqslant 0 \end{cases}$$

7. 已知（x_1，x_2，x_3）=（4，0，4）是以下线性规划的一个基础可行解，以这个基为初始可行基，求解这个线性规划问题。

$$\max z = x_1 - 2x_2$$

$$s.t. \begin{cases} 3x_1 + 4x_2 = 12 \\ 2x_1 - x_2 = 12 \\ x_1,\ x_2 \geqslant 0 \end{cases}$$

8. 用单纯形表求解以下线性规划问题。

（1）
$$\max z = x_1 - 2x_2 + x_3$$
$$s.t. \begin{cases} x_1 + x_2 + x_3 \leqslant 12 \\ 2x_1 + x_2 - x_3 \leqslant 6 \\ -x_1 + 3x_2 \leqslant 9 \\ x_1,\ x_2,\ x_3 \geqslant 0 \end{cases}$$

（2）
$$\min z = -2x_1 - x_2 + 3x_3 - 5x_4$$
$$s.t. \begin{cases} x_1 + 2x_2 + 4x_3 - x_4 \leqslant 6 \\ 2x_1 + 3x_2 - x_3 + x_4 \leqslant 12 \\ x_1 + x_3 + x_4 \leqslant 4 \\ x_1,\ x_2,\ x_3,\ x_4 \geqslant 0 \end{cases}$$

（3）
$$\min z = 3x_1 - x_2$$
$$s.t. \begin{cases} -x_1 - 3x_2 \geqslant -3 \\ -2x_1 + 3x_2 \geqslant -6 \\ 2x_1 + x_2 \leqslant 8 \\ 4x_1 - x_2 \leqslant 16 \\ x_1,\ x_2 \geqslant 0 \end{cases}$$

9. 用两阶段法求解以下线性规划问题。

（1）
$$\min z = x_1 + 3x_2 + 4x_3$$
$$s.t. \begin{cases} 3x_1 + 2x_2 \leqslant 13 \\ x_2 + 3x_3 \leqslant 17 \\ 2x_1 + x_2 + x_3 = 13 \\ x_1,\ x_2,\ x_3 \geqslant 0 \end{cases}$$

（2）
$$\max z = 2x_1 - x_2 + x_3$$
$$s.t. \begin{cases} x_1 + x_2 - 2x_3 \leqslant 8 \\ 4x_1 - x_2 + x_3 \leqslant 2 \\ 2x_1 + 3x_2 - x_3 \geqslant 4 \\ x_1,\ x_2,\ x_3 \geqslant 0 \end{cases}$$

（3）
$$\min z = x_1 + 3x_2 - x_3$$
$$s.t. \begin{cases} x_1 + x_2 + x_3 \geqslant 3 \\ -x_1 + 2x_2 \geqslant 2 \\ -x_1 + 5x_2 + x_3 \leqslant 4 \\ x_1,\ x_2,\ x_3 \geqslant 0 \end{cases}$$

第3章
线性规划的对偶理论

 **本章内容简介**

上一章讨论了一般线性规划的建模与求解问题。本章将对线性规划问题进行更为深入的研究。对偶理论是线性规划理论的重要内容之一。任何一个线性规划问题都存在一个伴生的线性规划问题，称之为原线性规划问题的对偶问题。通过本章的学习，要求学生了解对偶问题的经济背景和对应规律，理解几个主要对偶定理的意义，熟练掌握对偶单纯形法和灵敏度分析的基本方法。

教学建议

熟练掌握原问题与对偶问题的转化关系（记忆转化关系表或用对称形式推导）；熟练掌握单纯形法的矩阵描述；掌握对偶问题的几条基本性质；熟练掌握影子价格的经济意义；能运用对偶单纯形法求解线性规划问题；熟练掌握灵敏度分析，包括 a，b，c 和增加约束条件的变化。

本章重点

根据原问题写出对偶问题；能通过单纯形法的矩阵描述，从单纯形表求原问题和对偶问题的最优解；灵敏度分析中，分析各系数在什么范围内变化，最优解不变或各系数变化后，最优解是否改变。

本章难点

对偶问题的 6 个要点：线性规划的对偶问题、单纯形法的矩阵描述、线性规划的对偶理论、影子价格、对偶单纯形法、灵敏度分析。

3.1 对偶线性规划模型

3.1.1 对偶问题的提出

例 3-1 某企业计划生产两种产品 Ⅰ 和 Ⅱ。这些产品分别要在设备 A、B 以及调试工序的不同设备上加工。按工艺资料规定，单件产品在不同设备上加工所需要的台时如表 3-1 所示，企业决策者应如何安排生产计划，使企业总的利润最大？

表 3-1

设备＼产品	产品 I	产品 II	有效台时
设备A	0	5	15时
设备B	6	2	24时
调试工序	1	1	5时
c_j利润（元）	2	1	

解：这是一个在有限资源的条件下，求使利润最大的生产计划安排问题，假设产品 I 产量为 x_1，产品 II 产量为 x_2，依题意可写出数学模型如下：

$$\max z = 2x_1 + x_2$$

$$s.t. \begin{cases} 5x_2 \leqslant 15 \\ 6x_1 + 2x_2 \leqslant 24 \\ x_1 + x_2 \leqslant 5 \\ x_1, x_2 \geqslant 0 \end{cases}$$

现在从另一个角度来考虑企业的决策问题。收购方提出要求：收购某企业的资源，付出多少代价才能使某企业愿意放弃生产活动出让自己的资源呢？也就是假如企业自己不生产产品，而将现有的资源转让或出租给其他企业，那么资源的转让价格是多少才合理？价格太高对方不接受，价格太低本单位利润又太少，从而合理的价格应是对方用最少的资金购买本企业的全部资源，而本企业所获得的利润不应低于自己用于生产时所获得的利润，即本企业考虑：出让代价应不低于同等数量的资源自己生产的利润。这一决策问题可用下列线性规划数学模型来表示。

设：y_1 元／时，y_2 元／时，y_3 元／时分别表示出租单位设备 A、B 以及自己调试工序的出租收入。

某企业能接受的条件：出让代价应不低于同等数量的资源自己生产的利润。一方面单位产品 I 资源出租收入不低于 2 元；另一方面单位产品 II 资源出租收入不低于 1 元。

即需要满足

$$6y_2 + y_3 \geqslant 2$$
$$5y_1 + 2y_2 + y_3 \geqslant 1$$

收购方的意愿

$$\min \omega = 15y_1 + 24y_2 + 5y_3$$

因此从收购方角度建立如下线性规划问题

$$\min \omega = 15y_1 + 24y_2 + 5y_3$$

$$s.t. \begin{cases} 6y_2 + y_3 \geqslant 2 \\ 5y_1 + 2y_2 + y_3 \geqslant 1 \\ y_1, y_2, y_3 \geqslant 0 \end{cases}$$

这是一个线性规划数学模型，称这一线性规划问题是前面生产计划问题的对偶线性规划问题或对偶问题（Dual Problem，DP）。生产计划的线性规划问题称为原始线性规划问题或原问题。

原问题：$\max z = 2x_1 + x_2$

$$s.t.\begin{cases} 5x_2 \leqslant 15 \\ 6x_1 + 2x_2 \leqslant 24 \\ x_1 + x_2 \leqslant 5 \\ x_1, x_2 \geqslant 0 \end{cases}$$ 中有 3 个约束，2 个变量，原问题的价值向量：$C = (c_1,\ c_2) = (2,\ 1)$，

系数矩阵：$A = (a_{ij}) = \begin{pmatrix} 0 & 5 \\ 6 & 2 \\ 1 & 1 \end{pmatrix}$ 资源向量：$b = \begin{pmatrix} b_1 \\ b_2 \\ b_3 \end{pmatrix} = \begin{pmatrix} 15 \\ 24 \\ 5 \end{pmatrix}$，

原问题的解向量：$X = \begin{pmatrix} x_1 \\ x_2 \end{pmatrix}$

对偶问题：$\min \omega = 15y_1 + 24y_2 + 5y_3$

$$s.t.\begin{cases} 6y_2 + y_3 \geqslant 2 \\ 5y_1 + 2y_2 + y_3 \geqslant 1 \\ y_1, y_2, y_3 \geqslant 0 \end{cases}$$ 中有 2 个约束，3 个变量

对偶问题的决策变量 $Y = (y_1,\ y_2,\ y_3)$，从例 3-1 可以看出，原问题的参数矩阵 C，A 和 b 分别转置后就是对偶问题的资源限量、工艺系数和价值系数。

3.1.2　对偶问题的定义

一般情况下，对于任何一个线性规划问题都有一个与之相对应的对偶问题。原问题与对偶问题的一般形式为如下。

原问题（线性规划）：$\max z = c_1x_1 + c_2x_2 + \cdots + c_nx_n$

$$s.t.\begin{cases} a_{11}x_1 + a_{12}x_2 + \cdots + a_{1n}x_n \leqslant b_1 \\ a_{21}x_1 + a_{22}x_2 + \cdots + a_{2n}x_n \leqslant b_2 \\ \cdots \\ a_{m1}x_1 + a_{m2}x_2 + \cdots + a_{mn}x_n \leqslant b_m \\ x_1, x_2, \cdots, x_n \geqslant 0 \end{cases}$$

对偶问题：$\min \omega = b_1y_1 + b_2y_2 + \cdots + b_my_m$

$$s.t.\begin{cases} a_{11}y_1 + a_{21}y_2 + \cdots + a_{m1}y_m \geqslant c_1 \\ a_{12}y_1 + a_{22}y_2 + \cdots + a_{m2}y_m \geqslant c_2 \\ \cdots \\ a_{1n}y_1 + a_{2n}y_2 + \cdots + a_{mn}y_m \geqslant c_n \\ y_i \geqslant 0,\ i = 1, 2, \cdots, m \end{cases}$$

线性规划及其对偶问题的矩阵形式为：

原问题：　　　　　　　　　　对偶问题：

$\max z = CX$ 　　$\Leftrightarrow$　　 $\min \omega = Yb$

$$s.t.\begin{cases} AX \leqslant b \\ X \geqslant 0 \end{cases} \qquad s.t.\begin{cases} YA \geqslant C \\ Y \geqslant 0 \end{cases}$$

其中 $X=(x_1,\ x_1,\ \cdots,\ x_n)^T$，$Y=(y_1,\ y_1,\ \cdots,\ y_n)$，$C=(c_1,\ c_1,\ \cdots,\ c_n)$ $b=(b_1,\ b_1,\ \cdots,$ $b_m)^T$，A 为 $m\times n$ 矩阵。

由此可知，如果 A，C，b 已知，就可以写出相应的对偶问题。

3.1.3 原问题与对偶问题的对应关系

例 3-2 写出该线性规划问题的对偶问题

$$\min z = 2x_1 + 5x_2 + \frac{1}{2}x_3$$

$$s.t.\begin{cases} x_1 + 2x_2 + \frac{1}{2}x_3 \geqslant 3 \\ x_2 + 3x_3 \geqslant 9 \\ x_1, x_2, x_3 \geqslant 0 \end{cases}$$

解：其对偶问题为

$$\max \omega = 3y_1 + 9y_2$$

$$s.t.\begin{cases} y_1 \leqslant 2 \\ 2y_1 + y_2 \leqslant 5 \\ \frac{1}{2}y_1 + 3y_2 \leqslant \frac{1}{2} \\ y_1, y_2 \geqslant 0 \end{cases}$$

例 3-3 用矩阵形式求下列线性规划问题的对偶问题

$$\max z = 3x_1 + 9x_2$$

$$s.t.\begin{cases} x_1 \leqslant 2 \\ 2x_1 + x_2 \leqslant 5 \\ \frac{1}{2}x_1 + 3x_2 \leqslant \frac{1}{2} \\ x_1, x_2 \geqslant 0 \end{cases}$$

解：其系数矩阵分别为

$$A = \begin{pmatrix} 1 & 0 \\ 2 & 1 \\ \frac{1}{2} & 3 \end{pmatrix},\quad C = (3,9),\quad b = \begin{pmatrix} 2 \\ 5 \\ \frac{1}{2} \end{pmatrix}$$

相对应的对偶问题是

$$\min \omega = b^T Y^T = \begin{pmatrix} 2 & 5 & \frac{1}{2} \end{pmatrix}\begin{pmatrix} y_1 \\ y_2 \\ y_3 \end{pmatrix}$$

$$A^T Y^T = \begin{pmatrix} 1 & 2 & \frac{1}{2} \\ 0 & 1 & 3 \end{pmatrix}\begin{pmatrix} y_1 \\ y_2 \\ y_3 \end{pmatrix} \geqslant \begin{pmatrix} 3 \\ 9 \end{pmatrix}$$

即

$$\min \omega = 2y_1 + 5y_2 + \frac{1}{2}y_3$$

$$s.t. \begin{cases} y_1 + 2y_2 + \dfrac{1}{2}y_3 \geqslant 3 \\ y_2 + 3y_3 \geqslant 9 \\ y_1, y_2, y_3 \geqslant 0 \end{cases}$$

将上述互为对偶的两个问题进行比较，可以初步得出原问题与其对偶问题的一般对应规则。

原问题　　　　　　　　　　　对偶问题

$\max z = CX$　　　$\Leftrightarrow$　　　$\min \omega = Yb$

$$s.t. \begin{cases} AX \leqslant b \\ X \geqslant 0 \end{cases}$$　　　　　$$s.t. \begin{cases} YA \geqslant C \\ Y \geqslant 0 \end{cases}$$

特点：

（1）若原问题是求目标函数的最大值 max，则其对偶问题是求目标函数的最小值 min。

（2）若约束条件中原问题为"$\leqslant$"，则在其对偶问题中为"$\geqslant$"。

（3）原问题中的目标函数的系数对应其对偶问题中约束条件的右端项。

（4）原问题中约束条件的个数 m 等于其对偶问题中决策变量 y_i 的个数。

（5）变量都是非负限制。

原问题与其对偶问题形式上的对应关系，可用表 3-2 直观地表示。

表 3-2　原问题与对偶问题形式上的对应关系

max / min	x_1	x_2	...	x_n	线性规划问题→
y_1	a_{11}	a_{12}	...	a_{1n}	$\leqslant b_1$
y_2	a_{21}	a_{22}	...	a_{2n}	$\leqslant b_2$
⋮	⋮	⋮	⋮	⋮	⋮
y_m	a_{m1}	a_{m2}	...	a_{mn}	$\leqslant b_m$
对偶问题↓	$\geqslant$	$\geqslant$	$\geqslant$	$\geqslant$	
	c_1	c_2	...	c_n	

3.1.4　对偶关系

（1）对称形式的对偶。对称形式下两个互为对偶线性规划问题的数学模型的矩阵表示形式为：原问题和对偶问题只含有不等式约束。

情形一：标准形式

原问题　　　　　　　　　　　对偶问题

$\max z = CX$　　　$\Leftrightarrow$　　　$\min \omega = Yb$

$$s.t. \begin{cases} AX \leqslant b \\ X \geqslant 0 \end{cases}$$　　　　　$$s.t. \begin{cases} YA \geqslant C \\ Y \geqslant 0 \end{cases}$$

情形二：

原问题   对偶问题

$\max z=CX$ $\Leftrightarrow$ $\min \omega=Yb$

$s.t. \begin{cases} AX \geqslant b \\ X \geqslant 0 \end{cases}$ $s.t. \begin{cases} YA \geqslant C \\ Y \leqslant 0 \end{cases}$

证明方法：原问题

$$\max z=CX$$

$$s.t. \begin{cases} AX \geqslant b \\ X \geqslant 0 \end{cases}$$

将原问题化为标准对称型

$$\max z=CX$$

$$s.t. \begin{cases} -AX \leqslant -b \\ X \geqslant 0 \end{cases}$$

根据标准对称型写出对偶

$$\min \omega = -Y'b$$

$$s.t. \begin{cases} -Y'A \geqslant C \\ Y' \geqslant 0 \end{cases}$$

令 $Y = -Y'$

$$\min \omega=Yb$$

$$s.t. \begin{cases} YA \geqslant C \\ Y \leqslant 0 \end{cases}$$

（2）非对称形式的对偶问题。若原线性规划问题为标准形式，可得非对称形式下两个互为对偶线性规划问题的矩阵表示为：原问题的约束是等式。

原问题   对偶问题

$\max z=CX$ $\Leftrightarrow$ $\min \omega=Yb$

$s.t. \begin{cases} AX = b \\ X \geqslant 0 \end{cases}$ $s.t. \begin{cases} YA \geqslant C \\ Y无约束 \end{cases}$

证明：推导过程

$$\max z=CX$$

$$s.t. \begin{cases} AX \geqslant b \\ AX \leqslant b \\ X \geqslant 0 \end{cases}$$

$$\Rightarrow \max z=CX$$

$$s.t. \begin{cases} \begin{pmatrix} A \\ -A \end{pmatrix} X \leqslant \begin{pmatrix} b \\ -b \end{pmatrix} \\ X \geqslant 0 \end{cases}$$

$$\Rightarrow \min \omega = (Y_1, Y_2) \cdot \begin{pmatrix} b \\ -b \end{pmatrix}$$

$$s.t. \begin{cases} (Y_1, Y_2) \cdot \begin{pmatrix} A \\ -A \end{pmatrix} \geq C \\ Y_1 \geq 0, Y_2 \geq 0 \end{cases}$$

$$\min \omega = (Y_1 - Y_2) \cdot b$$

$$\Rightarrow s.t. \begin{cases} (Y_1 - Y_2) \cdot A \geq C \\ Y_1 \geq 0, Y_2 \geq 0 \end{cases}$$

令：$Y = Y_1 - Y_2$，得对偶问题为

$$\min \omega = Yb$$

$$s.t. \begin{cases} YA \geq C \\ Y \text{无约束} \end{cases}$$

类似的，可以推出当原线性规划问题中存在自由变量时，该变量所对应的对偶问题的约束条件为等式约束。

综上所述，原问题与对偶问题之间的对应关系可表示为表 3-3。

表 3-3

目标函数 $\max z$		目标函数 $\min \omega$
n 个约束 约束 $\leq$ 约束 $\geq$ 约束 $=$	$\Rightarrow$	n 个变量 变量 ≥ 0 变量 ≤ 0 自由变量
m 个变量 变量 ≥ 0 变量 ≤ 0 自由变量	$\Leftarrow$	m 个约束 约束 $\geq$ 约束 $\leq$ 约束 $=$
目标函数的价值向量 约束条件的资源向量		约束条件的资源向量 目标函数的价值向量

口诀：大化小，约束让变量反号，变量让约束同号；小化大，变量让约束反号，约束让变量同号。

例 3-4　试求下述问题的对偶问题

$$\max z = 10x_1 + 8x_2 + 6x_3$$

$$s.t. \begin{cases} x_1 + 2x_2 \geq 3 \\ x_1 + x_3 \leq 2 \\ -3x_1 + 2x_2 + x_3 \leq -4 \\ x_1 - x_2 + x_3 = 1 \\ x_1 \geq 0, x_2 \leq 0, x_3 \text{无约束} \end{cases}$$

解：由表 3-3 可知，其对偶问题如下

$$\min \omega = 3y_1 + 2y_2 - 4y_3 + y_4$$

$$s.t. \begin{cases} y_1 + y_2 - 3y_3 + y_4 \geqslant 10 \\ 2y_1 + 2y_3 - y_4 \leqslant 8 \\ y_2 + y_3 + y_4 = 6 \\ y_1 \leqslant 0; y_2, y_3 \geqslant 0; y_4 \text{无约束} \end{cases}$$

3.2 对偶问题的性质

3.2.1 对偶性质

（1）对称定理：对偶问题的对偶是原问题。

证明：设：原问题　　　　　对偶问题

$$\max z = CX \quad \Leftrightarrow \quad \min \omega = Yb$$

$$s.t. \begin{cases} AX \leqslant b \\ X \geqslant 0 \end{cases} \qquad s.t. \begin{cases} YA \geqslant C \\ Y \geqslant 0 \end{cases}$$

将对偶问题两边同时取负号，得

$$\min (-\omega) = -Yb$$

$$s.t. \begin{cases} -YA \leqslant -C \\ Y \geqslant 0 \end{cases}$$

根据对称标准形

$$\min (-\omega') = -CX$$

$$s.t. \begin{cases} -AX \geqslant -b \\ X \geqslant 0 \end{cases}$$

令 $z = -\omega$

$$\max \omega' = \max z = CX$$

$$s.t. \begin{cases} AX \leqslant b \\ X \geqslant 0 \end{cases}$$

（2）弱对偶性定理：若 $\bar{X}$ 是原问题的可行解，$\bar{Y}$ 是对偶问题的可行解，则有它们的目标函数 $C\bar{X} \leqslant \bar{Y}b$。

证明：因为 $\bar{X}$ 是原问题的可行解，则有

$$A\bar{X} \leqslant b \text{ 且 } \bar{X} \geqslant 0$$

又因为 $\bar{Y}$ 是对偶问题的可行解，则有

$$\bar{Y}A \geqslant C \text{ 且 } \bar{Y} \geqslant 0$$

$A\bar{X} \leqslant b$ 两边同时左乘 $\bar{Y} \geqslant 0$，得：

$$A\bar{X} \leqslant b \Rightarrow \bar{Y}A\bar{X} \leqslant \bar{Y}b$$

$\bar{Y}A \geqslant C$ 两边同时右乘 $\bar{X} \geqslant 0$，得：

$$\bar{Y}A \geqslant C \Rightarrow \bar{Y}A\bar{X} \geqslant C\bar{X}$$

因此可得：$C\bar{X} \leqslant \bar{Y}A\bar{X} \leqslant \bar{Y}b$，即：

$$C\bar{X} \leqslant \bar{Y}b$$

从弱对偶性 $C\bar{X} \leqslant \bar{Y}b$ 可得到以下重要结论：

①极大化问题（原问题）的任一可行解所对应的目标函数值是对偶问题最优目标函数值的下界。

②极小化问题（对偶问题）的任一可行解所对应的目标函数值是原问题最优目标函数的上界。

③若原问题可行，但其目标函数值无界，则对偶问题无可行解。

④若对偶问题可行，但其目标函数值无界，则原问题无可行解。

⑤若原问题有可行解而其对偶问题无可行解，则原问题目标函数值无界。

⑥若原问题无可行解，则其对偶问题具有无界解或无可行解。

（3）最优性定理：若 X^* 是原问题的可行解，Y^* 是对偶问题的可行解，且有 $CX^*=Y^*b$，则 x^*，Y^* 分别是原问题和对偶问题的最优解。

证明：因为原问题的任一可行解 $\overline{X}$ 均满足

$$C\overline{X} \leqslant Y^*b$$

又因 $CX^*=Y^*b$，所以 $C\overline{X} \leqslant CX^*$

则 X^* 为原问题的最优解，反过来可知：Y^* 也是对偶问题的最优解。

（4）对偶定理（强对偶性）：若原问题有最优解，那么对偶问题也有最优解，且两者的目标函数值相等。

证明：设 X^* 是原问题的最优解，B 为最优基，则其对应的基 B 的检验数为

$$\delta=C-C_BB^{-1}A \leqslant 0$$

因为 $Y^*=C_BB^{-1}$，所以 $Y^*A \geqslant C$

即 Y^* 是对偶问题的可行解，则

$$\omega=Y^*b=C_BB^{-1}b \quad x^*=B^{-1}b \Rightarrow z=Cx^*=C_BB^{-1}b$$

所以 $Cx^*=C_BB^{-1}b=Y^*b$

所以根据最优性定理可知，Y^* 是对偶问题的最优解。

（5）兼容性定理：原问题的检验数对应其对偶问题的一个基本解，其对应关系见表 3-4。

表 3-4

X_B	X_N	X_S
0	$-(C_N-C_BB^{-1}N)$	C_BB^{-1}
Y_{S1}	Y_{S2}	Y

证明：将原问题化为标准型

$$\max z = CX+0X_S$$
$$s.t.\begin{cases} AX+X_S=b \\ X,X_S \geqslant 0 \end{cases}$$

设 B 是原问题的任一可行基，对应的基本可行解 $X=(X_B,\ 0)^T$，相应的检验数为

$$\delta = (C,0)-C_BB^{-1}(A,E)=(C_B,C_N,0)-C_BB^{-1}(B,N,E)$$
$$=(0,C_N-C_BB^{-1}N,-C_BB^{-1})$$

对偶问题的约束条件展开为

$$\begin{cases} Y(B,N) \geqslant C \\ Y \geqslant 0 \end{cases}$$

标准化为

$$\begin{cases} YB - Y_{S1} = C_B \\ YN - Y_{S2} = C_N \\ Y, Y_{S1}, Y_{S2} \geqslant 0 \end{cases}$$

Y_{S1}，Y_{S2} 分别是对应于 X_B，X_N 的对偶问题的松弛变量。

令 $Y_{S1}=0$，$Y_{S2}=-(C_N-C_B B^{-1}N)$，$Y=C_B B^{-1}$，易证它们满足对偶问题的约束条件，从而为对偶问题的一个基本解。

从上述性质中可以看出，原问题与对偶问题的解一般有三种情况：①原问题或者对偶问题有有限最优解，则对应的对偶问题或者原问题有有限最优解。②原问题或者对偶问题有无界解，则对应的对偶问题或者原问题无可行解。③原问题和对偶问题两个均无可行解。

原问题与对偶问题所有可能的解的组合见表 3-5。

表 3-5

原问题 \ 对偶问题	最优解	无界解	无可行解
最优解	√	×	×
无界解	×	×	√
无可行解	×	√	√

注："×"表示不可能发生的情况，"√"表示可能发生的情况。

例 3-5　已知原问题

$$\max z = x_1 + 2x_2$$
$$s.t. \begin{cases} -2x_1 + 2x_2 + 3x_3 \leqslant 6 \\ -3x_1 + x_2 - x_3 \leqslant 5 \\ x_1, x_2, x_3 \geqslant 0 \end{cases}$$

试用对偶理论证明上述问题无最优解。

证明：首先观察到该原问题存在可行解，如 $X=(0,0,0)^T$，其对偶问题为

$$\min \omega = 6y_1 + 5y_2$$
$$s.t. \begin{cases} -2y_1 - 3y_2 \geqslant 1 \\ 2y_1 + y_2 \geqslant 2 \\ 3y_1 - y_2 \geqslant 0 \\ y_1, y_2 \geqslant 0 \end{cases}$$

因为 y_1，$y_2 \geqslant 0$，由第一个约束条件可知，对偶问题无可行解，从而原问题无最优解。

（6）互补松弛性定理：若 $\hat{X}$，$\hat{Y}$ 分别是原问题与对偶问题的可行解，X_S，Y_S 分别为原问题与对偶问题的松弛变量向量，则：$\hat{Y}X_S=0$，$Y_S X=0 \Leftrightarrow X$，$\hat{Y}$ 为最优解。

证明：设原问题与对偶问题的标准型是

原问题　　　　　　　　⇔　　　对偶问题

$\max z=CX$　　　　　　　　　$\min \omega=Yb$

$s.t. \begin{cases} AX+X_S=b \\ X, X_S \geqslant 0 \end{cases}$　　　　$s.t. \begin{cases} YA+Y_S=C \\ Y, Y_S \geqslant 0 \end{cases}$

将对偶问题中的 $YA-Y_S=C$ 代入原问题的目标函数；将原问题的 $AX-X_S=b$ 代入对偶问题的目标函数，得

$$z=(YA-Y_S)X=YAX-Y_SX$$
$$\omega=Y(AX+X_S)=YAX+YX_S$$

若 $Y_S\hat{X}=0$，$\hat{Y}X_S=0$；则

$$\omega=\hat{Y}b=\hat{Y}A\hat{X}=C\hat{X}=z$$

由最优性质，可知 $\hat{X}$，$\hat{Y}$ 是最优解。

又若 $\hat{X}$，$\hat{Y}$ 分别是原问题和对偶问题的最优解，根据最优性质有：$C\hat{X}=\hat{Y}b$

$$z=C\hat{X}=(\hat{Y}A-Y_S)\hat{X}=\hat{Y}A\hat{X}-Y_S\hat{X}$$
$$\omega=\hat{Y}b=\hat{Y}(A\hat{X}+X_S)=\hat{Y}A\hat{X}+\hat{Y}X_S$$

由于 $z=\omega$，因此有 $Y_S\hat{X}=\hat{Y}X_S=0$。

互补松弛性定理给出了原问题和对偶问题最优解分量间的关系，由此可知当已知两个互为对偶问题之一的最优解时，可根据该定理求出另一个问题的最优解。

例 3-6　已知线性规划问题

$$\min \omega=2x_1+3x_2+5x_3+2x_4+3x_5$$
$$s.t.\begin{cases} x_1+x_2+2x_3+x_4+3x_5\geqslant4 \\ 2x_1-x_2+3x_3+x_4+x_5\geqslant3 \\ x_j\geqslant0,\ j=1,\ 2,\ 3,\ 4,5 \end{cases}$$

已知其对偶问题的最优解为 $y_1^*=\dfrac{4}{5}$，$y_1^*=\dfrac{3}{5}$，$z=5$。试用互补松弛性定理确定原问题的最优解。

解：先写出它的对偶问题为

$$\max z=4y_1+3y_2$$
$$\begin{cases} y_1+2y_2\leqslant2 \\ y_1-y_2\leqslant3 \\ 2y_1+3y_2\leqslant5 \\ y_1+y_2\leqslant2 \\ 3y_1+y_2\leqslant3 \\ y_1,\ y_2\leqslant0 \end{cases}$$

由于 y_1^*，$y_1^*>0$，应用互补松弛性定理可知，原问题的两个约束为等号约束，再将 $y_1^*=\dfrac{4}{5}$，$y_1^*=\dfrac{3}{5}$ 代入上式的约束等式中，得

$$y_{s1}=0,\ y_{s2}>0,\ y_{s3}>0,\ y_{s4}>0,\ y_{s5}=0$$

由互补松弛性，可知 $Y_Sx^*=0\Leftrightarrow y_{si}x_i^*=0$

因为 y_{s2}，y_{s3}，$y_{s4}>0$，所以 $x_2^*=x_3^*=x_4^*=0$

因为 $y_{s1}=0$，$y_{s5}=0$，所以 $x_1^*>x_5^*>0$

由题可知

$$y_1^*=\frac{4}{5},\ y_2^*=\frac{3}{5}>0$$

由互补松弛性

$$Y^* X_S = 0 \Leftrightarrow y_i^* x_{si} = 0$$
$$所以 x_{s1} = x_{s2} = 0$$

原问题

$$\min \omega = 2x_1 + 3x_2 + 5x_3 + 2x_4 + 3x_5$$
$$s.t. \begin{cases} x_1 + x_2 + 2x_3 + x_4 + 3x_5 \geqslant 4 \\ 2x_2 - x_2 + 3x_3 + x_4 + x_5 \geqslant 3 \\ x_j \geqslant 0, \ j = 1, 2, 3, 4, 5 \end{cases}$$

化成标准型后得

$$\min \omega = 2x_1 + 3x_2 + 5x_3 + 2x_4 + 3x_5$$
$$s.t. \begin{cases} x_1 + x_2 + 2x_3 + x_4 + 3x_5 - x_{s1} = 4 \\ 2x_2 - x_2 + 3x_3 + x_4 + x_5 - x_{s2} = 3 \\ x_j \geqslant 0, \ j = 1, 2, 3, 4, 5 \end{cases}$$

又因为 $x_{s1} = y_{s2} = 0$，所以有

$$\min \omega = 2x_1 + 3x_2 + 5x_3 + 2x_4 + 3x_5$$
$$s.t. \begin{cases} x_1 + x_2 + 2x_3 + x_4 + 3x_5 = 4 \\ 2x_2 - x_2 + 3x_3 + x_4 + x_5 = 3 \\ x_j \geqslant 0, \ j = 1, 2, 3, 4, 5 \end{cases}$$

$$因为 x_2^* = x_3^* = x_4^* = 0$$

因此化简为

$$\begin{cases} x_1^* + 3x_5^* = 4 \\ 2x_1^* + x_5^* = 3 \end{cases} \Rightarrow \begin{cases} x_1^* = 1 \\ x_5^* = 1 \end{cases}$$

因此原问题的最优解为 $x^* = (1, 0, 0, 0, 1)^T$；$\omega^* = 5$。

说明：在线性规划问题的最优解中，如果对应某一约束条件的对偶变量值为非零，则该约束条件为严格等式；反之如果约束条件取严格不等式，则其对应的对偶变量一定为零。

3.2.2 单纯形法的矩阵描述

（1）单纯形法的矩阵描述。

设线性规划问题

$$\max z = CX$$
$$s.t. \begin{cases} AX = b \\ X \geqslant 0 \end{cases}$$

不妨设基为 $\quad B = (P_1, \ P_2, \ \cdots, \ P_m)$
则

$$A = (P_1, \ P_2, \ \cdots, \ P_n) = (B \ \vdots \ N)$$

设 $N = (P_{m+1}, \ \cdots, \ P_n)$；$\quad X = (X_B, \ X_N)$；$\quad C = (C_B, \ C_N)$

约束方程组

$$AX = b \Rightarrow (B, N)\begin{pmatrix} X_B \\ X_N \end{pmatrix}$$

$$= BX_B + NX_N = b$$

两边同乘

$$B^{-1} \Rightarrow X_B = B^{-1}(b - NX_N) = B^{-1}b - B^{-1}NX_N$$

当前基可行解

$$X_B = B^{-1}b - B^{-1}NX_N$$

将 $X_B = B^{-1}b$ 代入目标函数，则

$$z = (C_B, C_N)\begin{pmatrix} X_B \\ X_N \end{pmatrix} = C_B X_B + C_N X_N$$

$$C_B B^{-1}b + (C_N - C_B B^{-1}N)X_N$$

令 $X_N = 0$，得当前目标值 $z_0 = C_B B^{-1}b$。

检验数

$$\sigma_N = C_N - C_B B^{-1}N = (c_{m+1}, \cdots, c_n) - C_B (B^{-1}P_{m+1}, \cdots, B^{-1}P_n)$$

所以当前非基变量对应的检验数为

$$\sigma_{m+1} = c_{m+1} - C_B B^{-1}P_{m+1}$$
$$\vdots \qquad \vdots$$
$$\sigma_n = c_n - C_B B^{-1}P_n$$

其中 $B^{-1}P_j$ 为当前 x_j 对应的系数列。

线性规划问题可以等价写成

$$\max z = C_B B^{-1}b + (C_N - C_B B^{-1}N)X_N$$

$$s.t. \begin{cases} X_B + B^{-1}NX_N = B^{-1}b \\ X_B \geq 0, X_N \geq 0 \end{cases}$$

此形式为线性规划对应于基 B 的典型形式（典式），其中 B 是指每次迭代后的基变量，$C_B B^{-1}$ 叫作单纯形乘子。

矩阵描述时的常用公式

$$\begin{cases} X_B = B^{-1}b, & \text{基可行解} \\ N = B^{-1}N, & \text{非基变量矩阵} \\ \sigma_N = C_N - C_B B^{-1}N, & \text{检验数} \\ z_0 = C_B B^{-1}b, & \text{当前目标函数值} \end{cases}$$

当已知一个线性规划的可行基 B 时，先求出 B^{-1}，再用这些运算公式可得到单纯形法所要求的结果。

（2）单纯形法（迭代）计算的矩阵描述。

线性规划问题

$$\max z = CX$$

$$s.t. \begin{cases} AX \leq b \\ X \geq 0 \end{cases}$$

第一步化为标准型，引入松弛变量 X_s

$$\max z = CX + 0X_S$$
$$s.t. \begin{cases} AX + IX_S = b \\ X \geqslant 0, X_S \geqslant 0 \end{cases}$$

不妨设基为

$$B = (P_1, \ P_2, \ \cdots, \ P_m)$$

则

$$A = (P_1, \ P_2, \ \cdots, \ P_n) = (B \vdots N)$$

设

$$N = (P_{m+1}, \ \cdots, \ P_n) \ ; \quad X = (X_B, \ X_N) \ ; \quad C = (C_B, \ C_N)$$

因此标准型为

$$\max z = C_B X_B + C_N X_N + 0X_S$$
$$s.t. \begin{cases} BX_B + NX_N + IX_S = b \\ X_B, X_N, X_S \geqslant 0 \end{cases}$$

I 是初始可行基。表 3-6 为初始单纯形表，将 X_B 迭代成基变量如表 3-7 所示。

表 3-6　初始单纯形表

价值系数→			C_B	C_N	0
基变量的价值系数	基变量	等式右边RHS	X_B	X_N	X_S
0	X_S	b	B	N	I
检验数			C_B	C_N	0

表 3-7　将 X_B 迭代成基变量

价值系数→			C_B	C_N	0
基变量的价值系数	基变量	等式右边RHS	X_B	X_N	X_S
C_B	X_B	b	B	N	I
检验数			C_B	C_N	0

将 $[b \quad B \quad N \quad I]$ 同乘以 B^{-1}，得表 3-8。

表 3-8　迭代后的单纯形表

价值系数→			C_B	C_N	0
基变量的价值系数	基变量	等式右边RHS	X_B	X_N	X_S
C_B	X_B	$B^{-1}b$	I	$B^{-1}N$	$B^{-1}I$
检验数			0	$C_N - C_B B^{-1}N$	$-C_B B^{-1}$

则如表 3-9 所示，当前目标函数值 $z_0 = C_B B^{-1}b$；$B^{-1}b$ 是当前基可行解；0，$C_N - C_B B^{-1}N$，$-C_B B^{-1}$ 为当前检验数。

表 3-9

价值系数→			C_B	C_N	0
基变量的价值系数	基变量	等式右边RHS	X_B	X_N	X_S
C_B	X_B	$B^{-1}b$	$B^{-1}B$	$B^{-1}N$	B^{-1}
$z_0=C_BB^{-1}b$			0	$C_N-C_BB^{-1}N$	$-C_BB^{-1}$

考虑：如表 3-9 已达到最优，则检验数应满足什么条件？

所有检验数都应小于等于 0，即

$$C_N-C_BB^{-1}N \leqslant 0$$
$$-C_BB^{-1} \leqslant 0$$

又因为基变量的检验数可写成 $C_B-C_BI=0$

不妨设基为

$$B=\begin{pmatrix} P_1, & P_2, & \cdots, & P_m \end{pmatrix}$$

则

$$A=\begin{pmatrix} P_1, & P_2, & \cdots, & P_n \end{pmatrix}=\begin{pmatrix} B & \vdots & N \end{pmatrix}$$

设

$$N=\begin{pmatrix} P_{m+1}, & \cdots, & P_n \end{pmatrix}；X=\begin{pmatrix} X_B, & X_N \end{pmatrix}；C=\begin{pmatrix} C_B, & C_N \end{pmatrix}$$

则可将检验数统一写为

$$C-C_BB^{-1}A \leqslant 0$$
$$-C_BB^{-1} \leqslant 0$$

再令 $Y=C_BB^{-1}$，得

$$\begin{matrix} C-YA \leqslant 0 \\ -Y \leqslant 0 \end{matrix}，即 \begin{matrix} YA \geqslant C \\ Y \geqslant 0 \end{matrix}$$

当前目标函数

$$Z_0=C_BB^{-1}b=Yb \Rightarrow \min\omega=Yb$$

$$s.t.\begin{cases} YA \geqslant C \\ Y \geqslant 0 \end{cases}$$

从上述推导可看出，检验数行的相反数恰好是其对偶问题的一个可行解。

例 3-7　原问题　　　　　　　　　　　对偶问题

$$\max z=2x_1+3x_2 \qquad\qquad \min\omega=8y_1+16y_2+12y_3$$

$$s.t.\begin{cases} x_1+2x_2 \leqslant 8 \\ 4x_1 \leqslant 16 \\ 4x_2 \leqslant 12 \\ x_1,x_2 \geqslant 0 \end{cases} \qquad s.t.\begin{cases} y_1+4y_2 \geqslant 2 \\ 2y_1+4y_3 \geqslant 3 \\ y_1,y_2,y_3 \geqslant 0 \end{cases}$$

原问题化为极小问题，初始单纯形表如表 3-10 所示，迭代至最终的单纯形表，如表 3-11 所示。

表 3-10　初始单纯形表

		$C_j \rightarrow$		-2	-3	0	0	0
C_B	X_B	b		x_1	x_2	x_3	x_4	x_5
0	x_3	8		1	2	1	0	0
0	x_4	16		4	0	0	1	0
0	x_5	12		0	4	0	0	1
	$c_j - z_j$			-2	-3	0	0	0

表 3-11　迭代至最终的单纯形表

		$C_j \rightarrow$		-2	-3	0	0	0
C_B	X_B	b		x_1	x_2	x_3	x_4	x_5
-2	x_1	4		1	0	0	$\frac{1}{4}$	0
0	x_5	4		0	0	-2	$\frac{1}{2}$	1
-3	x_2	2		0	1	$\frac{1}{2}$	$-\frac{1}{8}$	0
	$c_j - z_j$			0	0	$\frac{3}{2}$	$\frac{1}{8}$	0

x_1，x_2 是原问题的变量，x_3，x_4，x_5 是原问题的松弛变量。

原问题的松弛变量 x_3，x_4，x_5 相应的检验数对应的是对偶问题的变量 y_1，y_2，y_3。

原问题的变量 x_1，x_2 相应的检验数对应的是对偶问题的剩余变量 y_4，y_5。

对偶问题用两阶段法求解的最终单纯形表，如表 3-12 所示。

表 3-12　对偶问题用两阶段法求解的最终单纯形表

		$C_j \rightarrow$		8	16	12	0	0
C_B	X_B	b		y_1	y_2	y_3	y_4	y_5
16	y_2	$\frac{1}{8}$		0	1	$-\frac{1}{2}$	$-\frac{1}{4}$	$\frac{1}{8}$
8	y_1	$\frac{3}{2}$		1	0	2	0	$-\frac{1}{2}$
	$c_j - z_j$			0	0	4	4	2

对偶问题的变量为 y_1，y_2，y_3，对偶问题剩余变量 y_4，y_5。

对偶问题剩余变量 y_4，y_5 相应的检验数对应的是原问题的变量；对偶问题的变量为 y_1，y_2，y_3 相应的检验数对应的是原问题的松弛变量。

原问题的最优解 $(4，2，0，0，4)^T$，对偶问题的最优解为 $\left(\frac{3}{2}，\frac{1}{8}，0\right)$。

原问题化为极小化的最终单纯形表，如表 3-13 所示。

表 3-13　原问题化为极小化的最终单纯形表

C_B	X_B	b	-2 x_1	-3 x_2	0 x_3	0 x_4	0 x_5
-2	x_1	4	1	0	0	$\frac{1}{4}$	0
0	x_5	4	0	0	-2	$\frac{1}{2}$	1
-3	x_2	2	0	1	$\frac{1}{2}$	$-\frac{1}{8}$	0
	c_j-z_j		0	0	$\frac{3}{2}$	$\frac{1}{8}$	0

原问题的最优解为 $(4,2,0,0,4)^T$，对偶问题的最优解为 $(\frac{3}{2},\frac{1}{8},0)$。

两个问题作一比较：

① 两者的最优值相同：$z=\omega=14$。

② 变量的解在两个单纯形表中互相包含：

原问题最优解（决策变量）$x_1=4$，$x_2=2$ ⇔ 对偶问题的剩余变量的检验数

对偶问题最优解（决策变量）对应原问题的松弛变量的检验数。

从上例中可见，原问题与对偶问题在某种意义上来说实质上是一样的，因为第二个问题仅仅是第一个问题的另一种表达而已。

例 3-8　对于线性规划问题

$$\max z=10x_1+5x_2$$
$$s.t.\begin{cases}3x_1+4x_2\leqslant 9\\5x_1+2x_2\leqslant 8\\x_1\geqslant 0,\ x_2\geqslant 0\end{cases}$$

① 用单纯形法求解最优解、最优值；

② 写出最优基、最优基的逆阵；

③ 写出对偶规划，求对偶规划的最优解。

解：① 将原问题化成标准型为

$$\max z=10x_1+5x_2+0x_3+0x_4$$
$$s.t.\begin{cases}3x_1+4x_2+x_3=9\\5x_1+2x_2+x_4=8\\x_j\geqslant 0,j=1,2,3,4\end{cases}$$

列出初始单纯形表，见表 3-14。

表 3-14　初始单纯形表

C_B	X_B	b	10 x_1	5 x_2	0 x_3	0 x_4	θ
0	x_3	9	3	4	1	0	3
0	x_4	8	5	2	0	1	$\frac{8}{5}$
	σ_j		10	5	0	0	

基变换迭代得（x_1 换入，x_4 换出）表 3-15。

表 3-15 经基变换迭代的单纯形表

$C_j \rightarrow$			10	5	0	0	θ
C_B	X_B	b	x_1	x_2	x_3	x_4	
0	x_3	$\dfrac{21}{5}$	0	$\dfrac{14}{5}$	1	$-\dfrac{3}{5}$	$\dfrac{3}{2}$
10	x_1	$\dfrac{8}{5}$	1	$\dfrac{2}{5}$	0	$\dfrac{1}{5}$	4
	σ_j		0	1	0	-2	

基变换迭代得最终单纯形表 3-16（x_2 换入，x_3 换出）。

表 3-16 最终单纯形表

$C_j \rightarrow$			10	5	0	0	θ
C_B	X_B	b	x_1	x_2	x_3	x_4	
5	x_2	$\dfrac{3}{2}$	0	1	$\dfrac{5}{14}$	$-\dfrac{3}{14}$	
10	x_1	1	1	0	$-\dfrac{1}{7}$	$\dfrac{2}{7}$	
	σ_j		0	0	$-\dfrac{5}{14}$	$-\dfrac{25}{14}$	

最优解 $X=\left(1,\dfrac{3}{2},0,0\right)^T$，最优值为 17.5

② 最优基：是原问题的最优解对应初始单纯形表中的列向量所组成的 m 阶方阵，即最初单纯形表中的 B。

因此，$B=\begin{pmatrix} 4 & 3 \\ 2 & 5 \end{pmatrix}$

逆阵就是原问题松弛变量在最终单纯形表中对应的向量。

$$B^{-1}=\begin{pmatrix} \dfrac{5}{14} & -\dfrac{3}{14} \\ -\dfrac{1}{7} & \dfrac{2}{7} \end{pmatrix}$$

③ 写出对偶规划，求对偶规划的最优解。

解：根据理论：

原问题：

max $z=CX$

$s.t.\begin{cases} AX \leqslant b \\ X \geqslant 0 \end{cases}$　$\Rightarrow$

对偶问题

min $\omega=Yb$

$s.t.\begin{cases} YA \geqslant C \\ Y \geqslant 0 \end{cases}$

因此

原问题

max $z=10x_1+5x_2$

$s.t.\begin{cases} 3x_1+4x_2 \leqslant 9 \\ 5x_1+2x_2 \leqslant 8 \\ x_1 \geqslant 0, \ x_2 \geqslant 0 \end{cases}$

对偶问题

min $\omega=9y_1+8y_2$

$s.t.\begin{cases} 3y_1+5y_2 \geqslant 10 \\ 4y_1+2y_2 \geqslant 5 \\ y_1 \geqslant 0, \ y_2 \geqslant 0 \end{cases}$

由对偶问题的基本性质得对偶问题的最优解为：

原问题的最终单纯形表（表 3-16）中的原问题松弛变量对应的检验数取相反数：

$$y_1^* = \frac{5}{14}, y_2^* = \frac{25}{14}$$

3.2.3 对偶问题解的经济含义与影子价格（shadow price）

1. 对偶问题解的含义

设互为对偶的线性规划问题为：

原问题   对偶问题

$\max z = CX$ $\min \omega = Yb$

$$s.t. \begin{cases} AX \leqslant b \\ X \geqslant 0 \end{cases} \Rightarrow s.t. \begin{cases} YA \geqslant C \\ Y \geqslant 0 \end{cases}$$

由强对偶定理得：$z^* = C_B B^{*-1} b = Y^* b = y_1^* b_1 + y_2^* b_2 + \cdots + y_m^* b_m$（其中 B^* 为最优基）。

求 z^* 对 b 的偏导数

$$\frac{\partial z^*}{\partial b} = C_B B^{*-1} = Y^* = \left(y_1^*, y_2^*, \cdots, y_m^*\right)$$

等价于

$$\frac{\partial z^*}{\partial b_i} = y_i^*$$

表示若对资源系数 b_i 增加一个单位时，目标函数最优值 z^* 的改变量将是 y_i^*。换句话说，y_i^* 表示当 b_i 增加一个单位时，目标函数最优值 z^* 的相应增量，其经济意义是第 i 种生产资源增加一个单位，所带来的企业最大利润的增加额。所以，y_i^* 实质上就是第 i 种资源在最优决策下边际价值的一种表现，其定量表达了在最优生产方案下，对第 i 种资源的一种估价，这种估价不是该种资源的市场价格，而是在最优生产方案下的结果。

例 3-9 某企业计划生产甲、乙两种产品，生产这两种产品分别要使用 A、B 两种原材料，并在一种设备上进行加工，每单位产品所需原材料、所消耗的工时、单位产品利润及设备在计划期内的工时、原材料限额见表 3-17。试问应如何安排生产计划，才能使企业获得最大利润。

表 3-17

产品 工时原料 设备原材料	甲	乙	工时、原材料限额
设备	1	2	8
原料A	4	0	16
原料B	0	4	12
单位利润	2	3	

解：根据题意可得：这是一个在有限资源的条件下，求使利润最大的生产计划安排问题，其数学模型为

$$\max z = 2x_1 + 3x_2$$

$$s.t. \begin{cases} x_1 + 2x_2 \leqslant 8 \\ 4x_1 \leqslant 16 \\ 4x_2 \leqslant 12 \\ x_1, x_2 \geqslant 0 \end{cases}$$

先从另一角度考虑此问题。假设有客户提出要求，租赁工厂的设备台时和购买工厂的原材料 A、B，为其加工生产别的产品，由客户支付台时费和材料费，此时工厂应考虑如何为每种资源的定价问题。

设 y_1，y_2，y_3 分别表示出租单位设备台时的租金和出售单位原材料 A、B 的价格。

工厂决策者考虑：

① 出租设备和出售原材料应不少于自己生产产品的获利，否则不如自己生产为好。因此有

$$\begin{cases} y_1 + 4y_2 \geqslant 2 \\ 2y_1 + 4y_3 \geqslant 3 \end{cases}$$

工厂的总收入为

$$\omega = 8y_1 + 16y_2 + 12y_3$$

② 价格应尽量低，否则没有竞争力（此价格可成为与客户谈判的底价）。

租赁者考虑：希望价格越低越好，否则另找他人。

于是，能够使双方共同接受的是

$$\min \omega = 8y_1 + 16y_2 + 12y_3$$

$$s.t. \begin{cases} y_1 + 4y_2 \geqslant 2 \\ 2y_1 + 4y_3 \geqslant 3 \\ y_1, y_2, y_3 \geqslant 0 \end{cases}$$

上述两个线性规划问题的数学模型是在同一企业的资源状况和生产条件下产生的，且是同一个问题不同角度考虑所产生的，因此两者密切相关。称这两个线性规划问题是互为对偶的两个线性规划问题。其中一个是另一个问题的对偶问题。

该例子中互为对偶线性规划问题分别描述生产计划和资源的定价问题，其数学模型分别是：

原问题

$$\max z = 2x_1 + 3x_2$$

$$s.t. \begin{cases} x_1 + 2x_2 \leqslant 8 \\ 4x_1 \leqslant 16 \\ 4x_2 \leqslant 12 \\ x_1, x_2 \geqslant 0 \end{cases}$$

对偶问题

$$\min \omega = 8y_1 + 16y_2 + 12y_3$$

$$s.t. \begin{cases} y_1 + 4y_2 \geqslant 2 \\ 2y_1 + 4y_3 \geqslant 3 \\ y_1, y_2, y_3 \geqslant 0 \end{cases}$$

对原问题用单纯形法求解，如表 3-18 所示。

由此，它们的最优解分别是

$X^* = (4, 2)^T$ 和 $Y^* = (1.5, 0.125, 0)$

最优值为

$$z^* = \omega^* = 14 = 8y_1^* + 16y_2^* + 12y_3^*$$

$$y_1^* = \frac{\partial z^*}{\partial b_1} = 1.5, \quad y_2^* = \frac{\partial z^*}{\partial b_2} = 0.125, \quad y_3^* = \frac{\partial z^*}{\partial b_3} = 0$$

表 3-18

$C_j \rightarrow$		2	3	0	0	0	
C_B	X_B	x_1	x_2	x_3	x_4	x_5	b
2	x_1	1	0	0	0.25	0	4
0	x_2	0	0	-2	0.5	1	4
3	x_3	0	1	0.5	-0.125	0	2
	z	0	0	1.5	0.125	0	14

其中，$y_1^*=1.5$ 表示单独对设备台时增加 1 个单位，可使 z 值增加 1.5 个单位的利润；$y_2^*=0.125$ 表示单独对原材料 A 增加 1 个单位，可使 z 值增加 0.125 个单位的利润；而 $y_3^*=0$ 表示单独对原材料 B 增加 1 个单位，却不能使 z 值增加。这时从上表中可看出，在最优方案中，松弛变量 $x_5=4$，即表示在最优生产方案中，原材料 B 尚有 4 个单位剩余被闲置，不产生任何经济效益。

2.影子价格的定义和经济意义

把某一经济结构中的某种资源在最优决策下的边际价值称为该资源在此经济结构中的影子价格。影子价格是在最优决策下对资源的一种估价，没有最优决策就没有影子价格，所以影子价格又称最有计划价格、预测价格等。

资源的影子价格定量反映了单位资源在最优生产方案中为总收益应提供的贡献，资源的影子价格越高，表明该种资源的贡献越大。资源的影子价格也可称为在最优方案中投入生产的机会成本。当第 i 种资源的市场价格低于影子价格 y_i^* 时，可适当买进这种资源，组织增加生产；相反，当市场价格高于影子价格 y_i^* 时，可以卖出资源而不安排生产或者提高产品的价格。在完全的宏观市场条件下，随着资源的买进卖出，影子价格随之发生变化，直至与市场价格保持同等水平时才处于平衡状态。

影子价格的经济意义包括以下几点。

① 影子价格是一种边际价格。在 $z^* = \sum_{j=1}^n cx_j^* = \sum_{i=1}^m b_i y_i^* = \omega$ 中，$\frac{\partial z^*}{\partial b_i} = y_i^*$，说明 y_i^* 的值相当于在资源得到最优利用的生产条件下，b_i 每增加一个单位时目标函数 z 的增量。

② 影子价格又是一种机会成本，如例 3-9 所示：$y_1^*=1.5$，$y_2^*=0.125$，$y_3^*=0$，在纯市场经济条件下，当第 2 种资源的市场价格低于 0.125 时，可以买进这种资源；当市场价格高于影子价格时，就会卖出这种资源。随着资源的买进卖出，它的影子价格也将随之发生变化，一直到影子价格与市场价格保持同等水平时，才处于平衡状态。

③ 在对偶问题的互补松弛性质中有

当 $\sum_{j=1}^n a_{ij}\hat{x}_j < b_i$ 时，$\hat{y}_i=0$ 当 $\hat{y}_i > 0$ 时，$\sum_{j=1}^n a_{ij}\hat{x}_j = b_i$

这表明生产过程中如果某种资源 b_i 未得到充分利用时，该种资源的影子价格 $y_i^*=0$；又当资源的影子价格 $y_i^* > 0$ 时，表明该种资源在生产中已耗费完毕。

3.影子价格的作用

影子价格是对资源的恰当估价，这种估价直接涉及资源的最有效利用。例如，可借助资源的影子价格确定内部结算价格，以便控制有限资源的使用和考核下属部门经营的好坏。因此，有效利用资源的影子价格指导经济活动是有积极作用的。

① 影子价格从资源最优利用的角度，指出企业挖潜革新、扬长避短的途径。影子价格为正数，说明该资源在最优决策下已充分利用耗尽，并成为进一步增加总收益的紧缺资源，称为短线资源。影子价格为零表明该种资源在最优决策下仍有剩余，称为长线资源。

短线资源是进一步发展生产增加收益的瓶颈。在该资源的影子价格大于该种资源的市场价格时，适量购进即可增加总收益。此外，如果能在生产工艺上革新降低这种资源的消耗，将使企业增收节支。

对于长线资源，其剩余资源是进一步发展生产的潜在优势，为以长线资源为主要资源的新产品的生产提供了可能。

② 影子价格对市场资源的最优配置起着推进作用，可以指导管理部门对紧缺资源实现"择优分配"，即在配置资源时对于影子价格大的企业资源优先供给。

③ 影子价格可以帮助企业预测产品的价格。产品的机会成本为 $C_B B^{*-1} A - C$，只有当产品价格定在机会成本之上，企业才有利可图。

④ 影子价格的高低可以作为同类企业经济效益评估指标之一。

3.3 对偶单纯形法

3.3.1 对偶单纯形法的基本思路

由兼容性定理可知，用单纯形法求解线性规划问题时，在得到原问题的一个基本可行解的同时，其单纯形表的检验数行对应对偶问题的一个基本解。单纯形法始终保持原问题的基本解的可行性（即 $B^{-1}b \geq 0$），通过换基迭代，使检验数全部变为非正，即实现对偶问题的基本解从不可行变为可行（即 $\sigma = C - C_B B^{-1} A \leq 0$），从而达到求出最优解的过程。

设原问题和对偶问题的标准型分别如下，其对应关系见表 3-19。

原问题   对偶问题

$\max z = CX$ $\min \omega = Yb$

$$s.t. \begin{cases} AX + X_S = b \\ X, \ X_S \geq 0 \end{cases} \qquad s.t. \begin{cases} YA - Y_S = C \\ Y, \ Y_S \geq 0 \end{cases}$$

表 3-19

决策变量	X_B	X_N	X_S
检验数	0	$C_N - C_B B^{-1} N$	$-C_B B^{-1}$
对应	Y_{S1}	$-Y_{S2}$	$-Y$

原问题每次迭代的单纯形表的检验数行对应其对偶问题的一个基解。

原问题的最优解 X^* 同时满足：$\tilde{b} = B^{-1}b \geq 0$（称为原始可行条件）和 $C - C_B B^{-1} A \leq 0$（对偶问题的可行解条件）。

所谓对偶单纯形法，是根据对偶问题的对称性所设计的一种求解原问题的一种方法，其基本思想是在保持对偶问题基本解可行的前提下（即保持 $\sigma = C - C_B B^{-1} A \leq 0$），经过迭代，逐步实现原问题基本解的可行性（$B^{-1}b \geq 0$），以求得最优解。

3.3.2　对偶单纯形法的计算步骤及评价

1. 对偶单纯形法的计算步骤

线性规划问题

$$\max z = CX$$
$$s.t.\begin{cases} AX = b \\ X \geq 0 \end{cases}$$

不妨设 $B=(P_1,\ P_2,\ \cdots,\ P_m)$ 为对偶问题的初始可行基，则 $C-C_B B^{-1} A \leq 0$。

若 $\tilde{b} \geq 0$，$i=1,\ 2,\ \cdots,\ m$，即表 3-19 中原问题和对偶问题均为最优解，否则换基。

① 建立原问题的初始单纯形表，检查 b 列的数字 若都为非负（$b \geq 0$），检验数都为非正（$\sigma_j \leq 0$），则已得到最优解。停止计算。 如果至少还有一个负分量（$b_i < 0$），检验数保持非正（$YA \geq C \Rightarrow C-YA \leq 0$ 即 $C-C_B B^{-1} A \leq 0$），转 2。

② 确定换出变量，按 $\min\left\{(B^{-1}b)_i \,|\, (B^{-1}b)_i < 0\right\} = (B^{-1}b)_l$，确定基变量 x_l 为换出变量，x_i 所在行为主元行。

③ 确定换入变量。检查主元行，即在单纯形表中检查 x_l 所在行的各系数 a_{ij}，$j=1$，2，$\cdots$，n，若所有 $a_{ij} \geq 0$，则原问题无可行解，停止计算；否则，若存在 $a_{ij} < 0$（$j=1$，2，$\cdots$，n），计算 $\theta = \min\left\{\dfrac{\sigma_j}{a_{lj}} \,|\, a_{lj} < 0\right\} = \dfrac{\sigma_k}{alk}$，确定对应的 x_k 为换入变量，x_k 所在列为主元列。

④ 以 a_{lk} 为主元，按原单纯形法进行初等行变换，返回步骤（2），直至求出最优解或判定无解。

例 3-10　用对偶单纯形法求解线性规划问题

$$\min \omega = 15y_1 + 24y_2 + 5y_3$$
$$s.t.\begin{cases} 6y_2 + y_3 \geq 2 \\ 5y_1 + 2y_2 + y_3 \geq 1 \\ y_1,\ y_2,\ y_3 \geq 0 \end{cases}$$

解：化为标准型

$$\max \omega = -15y_1 - 24y_2 - 5y_3$$
$$s.t.\begin{cases} 6y_2 + y_3 - y_4 = 2 \\ 5y_1 + 2y_2 + y_3 - y_5 = 1 \\ y_1,\ y_2,\ y_3,\ y_4,\ y_5 \geq 0 \end{cases}$$

再化为

$$\max \omega = -15y_1 - 24y_2 - 5y_3$$
$$s.t.\begin{cases} -6y_2 - y_3 + y_4 = -2 \\ -5y_1 - 2y_2 - y_3 + y_5 = -1 \\ y_1,\ y_2,\ y_3,\ y_4,\ y_5 \geq 0 \end{cases}$$

用对偶单纯形法计算，具体见表 3-20。

最终表中 b 列数值均为非负，得最优解 $Y^*=(y_1,\ y_2,\ y_3) = (0,\ 1/4,\ 1/2)$，最优值为 17/2。

表 3-20

	$C_j \rightarrow$		-15	-24	-5	0	0
C_B	X_B	b	y_1	y_2	y_3	y_4	y_5
0	y_4	-2	0	$[-6]$	-1	1	0
0	y_5	-1	-5	-2	-1	0	1
	c_j-z_j		-15	-24	-5	0	0
-24	y_2	$1/3$	0	1	$1/6$	$-1/6$	0
0	y_5	$-1/3$	-5	0	$[-2/3]$	$-1/3$	1
	c_j-z_j		-15	0	-1	-4	0
-24	y_2	$1/4$	$-5/4$	1	0	$-1/4$	$1/4$
-5	y_3	$1/2$	$15/2$	0	1	$1/2$	$-3/2$
	c_j-z_j		$-15/2$	0	0	$-7/2$	$-3/2$

从上表中看出，用对偶单纯形法求解线性规划问题时，当约束条件为"≥"时，不必引进人工变量使计算简化。但在初始单纯形表中其对偶问题应是基可行解这点，对多数线性规划问题很难实现。因此对偶单纯形法一般单独使用，主要应用于灵敏度分析及整数规划等有关章节中。

2. 对偶单纯形法评价

通过以上讲述不难看出，运用对偶单纯形法对线性规划问题求解相比单纯形法有很多不同之处，以下对对偶单纯形法作简单评价。

对偶单纯形法与单纯形法的不同点：①要求模型中 $b \geqslant 0$。②先确定换出变量 x_i，再确定换入变量 x_k。③$\theta = \min\limits_j \left\{ \dfrac{\sigma_j}{a_{lj}} \mid a_{lj} < 0 \right\} = \dfrac{\sigma_k}{a_{lk}}$。

对偶单纯形法的优点：①有时可避免添加人工变量。对于非典型式线性规划问题，适宜用对偶单纯形法求解时，可以避免加入人工变量，从而减少计算量，但是，如果不满足对偶单纯形法求解要求，则仍需用人工变量法。②当变量个数多于约束个数时，用对偶单纯形法可减少迭代次数；当变量个数较少约束个数较多时可先转化为其对偶问题，再用单纯形法或对偶单纯形法解之。③进行灵敏度分析时，有时用到对偶单纯形法，可使问题处理简化。

对偶单纯形法的局限性：不是任何线性规划问题都能用对偶单纯形法，适用对象为

$$\max z = CX \left(C \leqslant 0 \right)$$

$$s.t. \begin{cases} AX = b & \left(b \text{无限制} \right) \\ X \geqslant 0 \end{cases}$$

约束条件中存在对偶可行基。在初始单纯形表中对偶问题是基可行解，这点对多数线性规划问题很难做到。因此，对偶单纯形法一般不单独使用。

3.4　灵敏度分析与参数分析

3.4.1　灵敏度分析

前面的讨论都假定价值系数、资源系数和技术系数向量或矩阵中的元素是常数，但实际上这些系数往往只是估计值或预测值，不可能十分准确，也并非一成不变。这就是说，随着时间的推移或情况的改变，往往需要修改原线性规划问题中的若干参数。比如，价值系数随着市场的变化而变化，工艺技术系数随着工艺或消耗定额的变化而变化，计划期的资源限制量也是经常变化的，因此，求得线性规划的最优解，还不能说问题已完全得到解决，决策者还需获得这样的信息：当这些系数中有一个或几个发生变化时，已求得的最优解会有什么变化？这些系数在什么范围内变化时，线性规划问题的最优解（或最优基）不变？如果原最优基不再是最优基，又怎样在先前优化的基础上迅速求得新的最优方案？这些就是灵敏度分析所要研究的内容。

灵敏度分析是指对系统因环境变化显示出来的敏感程度的分析。在线性规划问题中讨论灵敏度分析，目的是为了研究线性规划模型结构中元素变化对问题最优解的影响。

灵敏度分析主要解决以下两类问题：

① 当参数 A、b、C 中的某个发生变化时，目前的最优基是否仍最优？（即目前的最优生产方案是否要变化）

② 为保持目前最优基仍是最优基，参数 A、b、C 允许变化的范围是什么？（即最优解相对参数变化的稳定性）

灵敏度分析的方法是在已求得最优基 B^* 的基础上进行的。考查参数变化对现行最优方案的影响，实质上就是考查对最优基 B^* 的影响，即考查最终单纯形表中当参数 A、b、C 中的某一个或几个发生变化时，对以下两式的影响：

① 是否影响最优基 B^* 的原始可行性，即：$B^{*-1}b \geqslant 0$。

② 最优基 B^* 的对偶可行性，即：$C - C_B B^{*-1} A \leqslant 0$。

由此可以看出，价值系数 c_j 或技术系数 a_{ij} 的变化只会影响检验数 $C - C_B B^{*-1} A$，资源拥有量 b_k 的变化只会影响 $B^{*-1}b$，c_j、a_{ij} 或 b_i 的变化都可能对最优值 $C_B B^{*-1} b$ 产生影响。

下面分别介绍各类参数变化的灵敏度分析。

（1）价值系数 c_j 的变化分析：由上面的讨论我们知道，价值系数 c_j 的变化只会对最终单纯形表中的检验数 $C - C_B B^{*-1} A$ 发生影响，而与其他量无关。因此，将变化的 c_j 反映进最终单纯形表，只需对检验数进行修正。

以下分别就非基变量和基变量的 c_j 进行讨论。

① c_j 是非基变量 x_j 的价值系数：

设最优基是 B^*，c_j 的改变量为 Δc_j，求在其他参数不变的条件下，保持原最优基（解）不变的 Δc_j 的范围。

当 C_N 中某个 c_j 发生变化时，只影响到非基变量 x_j 的检验数，而与其他检验数无关。设 δ_j 变为 $\tilde{\delta}_j$，由于

$$\tilde{\delta}_j = (c_j + \Delta c_j) - (C_B B^{*-1} P_j) = \delta_j + \Delta c_j \leqslant 0$$

可得到使最优解不变 Δc_j 的允许变化范围为 $\Delta c_j \leqslant -\delta_j$

若 Δc_j 的变化不在此范围内，则需要用单纯形法继续迭代，求得新的最优解。

② c_r 是基变量 x_r 的价值系数：

设 c_r 的改变量为 Δc_r，求在其他参数不变的条件下，保持原最优基（解）不变的 Δc_r 的范围。

由于 c_r 是基变量的价值系数，因此它的变化会引起 C_B 的变化，进而可能引起所有非基变量检验数 $\delta_N=C_N-C_BB^{*-1}N$ 的变化。设其中任一非基变量检验数 δ_j 变为 $\tilde{\delta}_j$

$$\tilde{\delta}_j = c_j - (C_B+\Delta C_B)B^{*-1}P_j = c_j - [C_B+(0,\cdots,\Delta c_r,\cdots,0)]B^{*-1}P_j$$
$$= \delta_j - (0,\cdots,\Delta c_r,\cdots,0)B^{*-1}P_j = \delta_j - a_{rj}\Delta c_r \leqslant 0$$

可得到使最优解不变 Δc_r 的允许变化范围

$$\max_j\left\{\frac{\delta_j}{a_{rj}}\Big|a_{rj}>0\right\} \leqslant \Delta c_r \leqslant \min_j\left\{\frac{\delta_j}{a_{rj}}\Big|a_{rj}<0\right\}$$

（2）资源变量 b_k 的变化分析：设 b_k 有改变量 Δb_k，其他参数不变，则 b_i 的变化将影响最优表中所有基变量的取值 $B^{*-1}b$ 及最优值 $C_BB^{*-1}b$，但对检验数没有影响。

若 b_k 的变化仍满足 $B^{*-1}b \geqslant 0$，则目前的基 B^* 仍为最优基，仅在 $B^{*-1}b$ 和 $C_BB^{*-1}b$ 的数量上有些改变。若 b_k 的变化使 $B^{*-1}b$ 中某些分量小于 0，则目前的基成为非可行基，为此，可用对偶单纯形法迭代求得新的最优解。

设原最优基 $B^{*-1}=(\beta_{ij})_{m\times m}$，$\tilde{b}=B^{*-1}b=(\tilde{b}_1,\cdots,\tilde{b}_m)$

则

$$B^{*-1}(b+\Delta b) = B^{*-1}\left(b+\begin{pmatrix}0\\\vdots\\\Delta b_k\\\vdots\\0\end{pmatrix}\right) = \begin{pmatrix}\tilde{b}_1\\\vdots\\\tilde{b}_m\end{pmatrix} + \begin{pmatrix}\beta_{1k}\\\vdots\\\beta_{mk}\end{pmatrix}\Delta b_k \geqslant 0$$

由此可知使最优基 B^* 保持不变时 Δb_k 的允许变化范围

$$\max_j\left\{\frac{-\tilde{b}_k}{\beta_{ik}}\Big|\beta_{ik}>0\right\} \leqslant \Delta b_k \leqslant \min_j\left\{\frac{-\tilde{b}_k}{\beta_{ik}}\Big|\beta_{ik}<0\right\}$$

（3）技术系数 a_{ij} 的变化分析：

① 增加一个新的变量的分析。设 x_{n+1} 是新增加的变量，其对应的系数列向量为 P_{n+1}，价值系数为 c_{n+1}，此时最优解会不会发生变化，如有变化应如何求出新的最优解？

原问题增加一个新变量，对应原技术系数矩阵增加一个列，最优表中增加的第 $n+1$ 列的系数列向量为 $B^{-1}P_{n+1}$，计算新增变量 x_{n+1} 的检验数 $\delta_{n+1}=c_{n+1}-C_BB^{-1}P_{n+1}$。若 $\delta_{n+1}\leqslant 0$，则原最优解不变；否则，用单纯形法继续迭代。

在实际问题中，增加一个新的变量相当于增加一种新的产品，分析的是在不影响企业目前计划期内最优生产的前提下，新产品是否值得进行产品组合。

若 $\delta_{n+1}=c_{n+1}-C_BB^{-1}P_{n+1}>0$，则应投产；若 $\delta_{n+1}=c_{n+1}-C_BB^{-1}P_{n+1}<0$，则不应投入。即新产品的机会成本小于目前的市场价格时，应投产否则不应投产。

② 非基变量 x_j 的系数列向量变为 $\overline{P}_j(\overline{P}_j=P_j+\Delta P_j)$，分析原最优解有何变化。

该变化只影响最优表的第 j 列的系数列向量 $B^{-1}\overline{P}_j > 0$ 和新检验数 $\tilde{\delta}_j$（$\tilde{\delta}_j = c_j - C_B B^{-1}\overline{P}_j$）。若 $\tilde{\delta}_j \geqslant 0$，则原最优解不变；若 $\tilde{\delta}_j \leqslant 0$，则以 $B^{-1}\overline{P}_j$ 代替原最优表中的第 j 列，用单纯形法继续求解。

③ 基变量 x_j 的系数列向量 $\overline{P}_j$ 的变化分析。设基变量 x_j 的系数列向量 $\overline{P}_j$（$\overline{P}_j = P_j + \Delta P_j$），分析原最优解有何变化。

显然 P_j 的变化将导致最优基 B^* 的变化，因而原最优表中的所有元素都将发生变化，这种情况下，一种方法是重新迭代求解，另一种方法是利用原最优表来计算新的最优解，即把 x_j 看作新增加的变量，用 $B^{*-1}\overline{P}_j$ 代替原最优表中的第 j 列（单位列向量），然后再利用初等行变换将 $B^{*-1}\overline{P}_j$ 化为单位列向量，并重新计算检验数，若没有得到最优解，则检验此次计算结果是否满足原始或对偶可行性，选择用单纯形法或对偶单纯形法继续迭代，若两种可行性均不满足，则需要添加人工变量继续求解，整个计算过程见表 3-21。

表 3-21

原问题	对偶问题	结论或继续计算的步骤
可行解	可行解	最优解
可行解	非可行解	用单纯形法求解最优解
非可行解	可行解	用对偶单纯形法求解最优解
非可行解	非可行解	引入人工变量求解最优解

（4）对增加约束条件的分析。在企业生产过程中，经常有新情况发生，造成原本不紧缺的某种资源变为紧缺资源，对生产计划造成影响，如水、电和资源的供应不足等，对生产过程提出了新约束等。

对增加新约束条件的分析步骤是：

① 将目前的最优解代入新增加的约束，若能满足约束条件，则说明新增约束对目前的最优解（即最优生产方案）不构成影响（称此约束为不起作用约束），可暂时不考虑新增约束条件。否则转下一步。

② 把新增约束添加到原问题最终表中，并作初等行变换，构成对偶可行的单纯形表，并用对偶单纯形法迭代，求出新的最优解。

例 3-11　已知线性规划问题如下

$$\min z = 2x_1 + 5x_2 + \frac{1}{2}x_3$$
$$s.t. \begin{cases} x_1 + 2x_2 + \frac{1}{2}x_3 \geqslant 3 \\ x_2 + 3x_3 \geqslant 9 \\ x_1, x_2, x_3 \geqslant 0 \end{cases}$$

① 写出该线性规划问题的对偶问题，并求对偶问题的最优解。
② 求该问题的最优解。
③ 分别确定 x_2，x_3 的目标函数系数 c_2，c_3 在什么范围内变化最优解不变？

④ 求约束条件右端值由 $\begin{pmatrix} 3 \\ 9 \end{pmatrix}$ 变为 $\begin{pmatrix} 2 \\ 15 \end{pmatrix}$ 时的最优解。

⑤ 求增加新的约束条件 $x_1+2x_2+x_3 \leqslant 5$ 时的最优解。

解：① 已知线性规划问题如下

$$\min z = 2x_1 + 5x_2 + \frac{1}{2}x_3$$

$$s.t. \begin{cases} x_1 + 2x_2 + \frac{1}{2}x_3 \geqslant 3 \\ x_2 + 3x_3 \geqslant 9 \\ x_1, x_2, x_3 \geqslant 0 \end{cases}$$

对偶问题

$$\max \omega = 3y_1 + 9y_2$$

$$s.t. \begin{cases} y_1 \leqslant 2 \\ 2y_1 + y_2 \leqslant 5 \\ \frac{1}{2}y_1 + 3y_2 \leqslant \frac{1}{2} \\ y_1, y_2 \geqslant 0 \end{cases}$$

② 求该问题的最优解：用单纯形法求解原问题，结果如表 3-22 所示。

表 3-22

$C_j \rightarrow$			-2	-5	$-\frac{1}{2}$	0	0	$-M$	$-M$
C_B	X_B	b	x_1	x_2	x_3	x_4	x_5	x_6	x_7
0	x_5	9	6	11	0	-6	1	6	-1
$-\frac{1}{2}$	x_3	6	2	4	1	-2	0	2	0
	σ_j		-1	-3	0	-1	0	$1-M$	$-M$

由表 3-22 得最优解 $X^* = (0,\ 0,\ 6,\ 0,\ 9)^T$，$z=3$

因为是 max$z$，所以检验数取相反数，x_4，x_5 对应的检验数是 y_1，y_2；x_1，x_2，x_3 对应的检验数是 y_3，y_4，y_5，则 $Y^* = (1,\ 0,\ 1,\ 3,\ 0)^T$，$\omega=3$。

从上表中可以清楚地看出两个问题变量之间的对应关系，只需求解其中一个问题，从最优解的单纯形表中即可同时得到另一个问题的最优解。

注意单纯形乘子为 $Y = C_b B^{-1}$，其与对偶变量之间的关系，经常会考察"相差一个负号"的理解；

单纯形法的矩阵描述将广泛地应用到灵敏度分析部分中，要学会用 B^{-1} 来求解每张表中的未知数值。

两阶段法求解原问题（转极大化）的最终表如表 3-23 所示。

表 3-23

$C_j \rightarrow$			-2	-5	$-\frac{1}{2}$	0	0
C_B	X_B	b	x_1	x_2	x_3	x_4	x_5
0	x_5	9	6	11	0	-6	1
$-\frac{1}{2}$	x_3	6	2	4	1	-2	0
	σ_j		-1	-3	0	-1	0

$X^*=(0, 0, 6, 0, 9)^T$, $Z=3$

$Y^*=(1, 0, 1, 3, 0)^T$, $\omega=3$

③ 确定 x_2, x_3 的目标函数系数 c_2, c_3 在什么范围内变化最优解不变?

解:对于系数 c_2,这时表 3-22 最终计算表如表 3-24 所示。

表 3-24

$C_j \rightarrow$			2	$-5+\lambda$	$-\frac{1}{2}$	0	0
C_B	X_B	b	x_1	x_2	x_3	x_4	x_5
0	x_5	9	6	11	0	-6	1
$-\frac{1}{2}$	x_3	6	2	4	1	-2	0
	σ_j		-1	$\lambda-3$	0	-1	0

若最优解不变,则应有

$\sigma_2 = \lambda - 3 \leq 0$, $\lambda \leq 3 \Rightarrow c_2 \leq -2$

对于系数 c_3,这时表 3-22 最终计算表如表 3-25 所示。

表 3-25

$C_j \rightarrow$			-2	-5	$-\frac{1}{2}+\lambda$	0	0
C_B	X_B	b	x_1	x_2	x_3	x_4	x_5
0	x_5	9	6	11	0	-6	1
$-\frac{1}{2}+\lambda$	x_3	6	2	4	1	-2	0
	σ_j		$-1-2\lambda$	$-7-4\lambda$	0	$-1+2\lambda$	0

最优解不变,应满足

$$\sigma_j \leq 0 \Rightarrow \begin{cases} -1-2\lambda \leq 0 \\ -7-4\lambda \leq 0 \\ -1+2\lambda \leq 0 \end{cases} \Rightarrow -\frac{1}{2} \leq \lambda \leq \frac{1}{2} \Rightarrow -1 \leq c_3 \leq 0$$

④ 求约束条件右端值由 $\binom{3}{9}$ 变为 $\binom{2}{15}$ 时的最优解。

解：此时的标准型为

$$\max z' = -2x_1 - 5x_2 - \frac{1}{2}x_3$$

$$s.t. \begin{cases} x_1 + 2x_2 + \frac{1}{2}x_3 - x_4 = 3 \\ x_2 + 3x_3 - x_5 = 9 \\ x_1, x_2, x_3, x_4, x_5 \geqslant 0 \end{cases}$$

所得最终单纯形表如表 3-26 所示。

表 3-26

$C_j \rightarrow$			-2	-5	$-\frac{1}{2}$	0	0
C_B	X_B	b	x_1	x_2	x_3	x_4	x_5
0	x_5	9	6	11	0	-6	1
$-\frac{1}{2}$	x_3	6	2	4	1	-2	0
	σ_j		$-1-2\lambda$	-3	0	-1	0

$$B^{-1} = -\begin{pmatrix} -6 & 1 \\ -2 & 0 \end{pmatrix} = \begin{pmatrix} 6 & -1 \\ 2 & 0 \end{pmatrix}, \quad b' = B^{-1}b = \begin{pmatrix} 6 & -1 \\ 2 & 0 \end{pmatrix}\begin{pmatrix} 2 \\ 15 \end{pmatrix} = \begin{pmatrix} -3 \\ 4 \end{pmatrix}$$

将变化后的资源限量加入最终单纯形表，如表 3-27 所示。

表 3-27

$C_j \rightarrow$			-2	-5	$-\frac{1}{2}$	0	0
C_B	X_B	b	x_1	x_2	x_3	x_4	x_5
0	x_5	-3	6	11	0	-6	1
$-\frac{1}{2}$	x_3	4	2	4	1	-2	0
	σ_j		$-1-2\lambda$	-3	0	-1	0

由表 3-27 得

$$\theta = \min\left\{\frac{-1}{-6}\right\} = \frac{1}{6}$$

迭代后的最终单纯形如表 3-28 所示。

表 3-28　迭代运算（将 x_5 换出，x_4 换入）

$C_j \rightarrow$			-2	-5	$-\dfrac{1}{2}$		0	0
C_B	X_B	b	x_1	x_2	x_3		x_4	x_5
0	X_4	0.5	-1	-11/6	0		1	-1/6
$-\dfrac{1}{2}$	X_3	5	0	1/3	1		0	-1/3
	σ_j		-2	-29/6	0		0	-1/6

最优解：$\left(0,0,5,\dfrac{1}{2},0\right)^T$，最优值为：$\dfrac{5}{2}$

⑤ 求增加新的约束条件 $x_1+2x_2+x_3 \leqslant 5$ 时的最优解。

解：将原最优解 $x^* = (0, 0, 6, 0, 9)^T$ 代入新的约束条件，是否满足？$6 \leqslant 5$，不满足。

在新增约束条件下加入松弛变量得

$$x_1+2x_2+x_3+x_6=5$$

以 x_6 为基变量，将上式反映到最终单纯形表中，如表 3-29 所示。

表 3-29　最终单纯形表

$C_j \rightarrow$			-2	-5	$-\dfrac{1}{2}$		0	0	0
C_B	X_B	b	x_1	x_2	x_3		x_4	x_5	x_6
0	x_5	9	6	11	0		-6	1	0
$-\dfrac{1}{2}$	x_3	6	2	4	1		-2	0	0
0	x_6	5	1	2	1		0	0	1
	σ_j		-1	-3	0		-1	0	0

将 x_3 对应的系数列向量转化成单位向量，见表 3-30。

表 3-30

$C_j \rightarrow$			-2	-5	$-\dfrac{1}{2}$		0	0	0
C_B	X_B	b	x_1	x_2	x_3		x_4	x_5	x_6
0	x_5	9	6	11	0		-6	1	0
$-\dfrac{1}{2}$	x_3	6	2	4	1		-2	0	0
0	x_6	-1	-1	-2	0		2	0	1
	σ_j		-1	-3	0		-1	0	0

由表 3-30 得 $\theta = \min\left\{\dfrac{-1}{-1}, \dfrac{-3}{-2}\right\} = 1$，将 x_1 换入成基变量，x_6 换出成非基变量，得表 3-31。

表 3-31

$C_j \rightarrow$			-2	-5	$-\frac{1}{2}$	0	0	0
C_B	X_B	b	x_1	x_2	x_3	x_4	x_5	x_6
0	x_5	3	0	-1	0	6	1	6
$-\frac{1}{2}$	x_3	4	0	0	1	2	0	2
-2	x_1	1	1	2	0	-2	0	-1
	σ_j		0	-1	0	-3	0	-1

$X^* = (1, 0, 4, 0, 3)^T$, $z = 4$

例 3-12 某企业计划生产两种产品 I 和 II。这些产品分别要在设备 A、B 以及调试工序的不同设备上加工。按工艺资料规定，单件产品在不同设备上加工所需要的台时如表 3-32 所示，求：

① 企业决策者应如何安排生产计划，才能使企业总的利润最大？

表 3-32

设备 \ 产品	产品 I	产品 II	有效台时
设备A	0	5	15时
设备B	6	2	24时
调试工序	1	1	5时
c_j利润（元）	2	1	

解：设 I 产量—x_1，II 产量—x_2，则有目录函数：

$$\max z = 2x_1 + x_2$$

$$s.t. \begin{cases} 5x_2 \leqslant 15 \\ 6x_1 + 2x_2 \leqslant 24 \\ x_1 + x_2 \leqslant 5 \\ x_1, x_2 \geqslant 0 \end{cases}$$

原问题的最终单纯形表如表 3-33 所示。

表 3-33 原问题的最终单纯形表

$C_j \rightarrow$			2	1	0	0	0
C_B	X_B	b	x_1	x_2	x_3	x_4	x_5
0	x_3	$\frac{15}{2}$	0	0	1	$\frac{5}{4}$	$-\frac{15}{2}$
2	x_1	$\frac{7}{2}$	1	0	0	$\frac{1}{4}$	$-\frac{1}{2}$
1	x_2	$\frac{3}{2}$	0	1	0	$-\frac{1}{4}$	$\frac{3}{2}$
	$c_j - z_j$		0	0	0	$-\frac{1}{4}$	$-\frac{1}{2}$

原问题的最优解 $B^{-1}b = \left(\dfrac{7}{2}, \dfrac{3}{2}, \dfrac{15}{2}\right)^T$，对偶问题最优解 $= -Y = -C_B B^{-1} = \left(0, \dfrac{1}{4}, \dfrac{1}{2}\right)^T$

当前的 B^{-1} 是由 $(x_3 x_4 x_5)$ 组成的向量 $= \begin{pmatrix} 1 & \dfrac{5}{4} & -\dfrac{15}{2} \\ 0 & \dfrac{1}{4} & -\dfrac{1}{2} \\ 0 & -\dfrac{1}{4} & \dfrac{3}{2} \end{pmatrix}$

$$b_0 = \begin{pmatrix} 15 \\ 24 \\ 5 \end{pmatrix}$$

② 分析 b_i 的变化：b_i 的变化仅影响 $\tilde{b}_i = B^{-1}b_i$，即原最优解的可行性可能会变化：两种结果：可行性不变，则原最优解不变；可行性改变，则原最优解改变，用对偶单纯形法，找出最优解。

当设备 B 的能力增加到 32 小时（增加了 8 小时），原最优计划有何变化？

解：
$$\tilde{b} = B^{-1}b = \begin{bmatrix} 1 & 5/4 & -15/2 \\ 0 & 1/4 & -1/2 \\ 0 & -1/4 & 3/2 \end{bmatrix} \begin{bmatrix} 15 \\ 32 \\ 5 \end{bmatrix} = \begin{bmatrix} 35/2 \\ 11/2 \\ -1/2 \end{bmatrix}$$

将结果代入原最终单纯形表，得表 3-34。

表 3-34

C_B	X_B	b	x_1	x_2	x_3	x_4	x_5
	$C_j \rightarrow$		2	1	0	0	0
0	x_3	$\dfrac{35}{2}$	0	0	1	$\dfrac{5}{4}$	$-\dfrac{15}{2}$
2	x_1	$\dfrac{11}{2}$	1	0	0	$\dfrac{1}{4}$	$-\dfrac{1}{2}$
0	x_2	$-\dfrac{1}{2}$	0	1	0	$-\dfrac{1}{4}$	$\dfrac{3}{2}$
	$c_j - z_j$		0	0	0	$-\dfrac{1}{4}$	$-\dfrac{1}{2}$

由于可行性改变，用对偶单纯形法换基求解。x_2 换出，x_4 换入换基迭代得表 3-35。

表 3-35

C_B	X_B	b	x_1	x_2	x_3	x_4	x_5
	$C_j \rightarrow$		2	1	0	0	0
0	x_3	15	0	5	1	0	0
2	x_1	5	1	1	0	0	1
0	x_4	2	0	-4	0	1	-6
	$c_j - z_j$		0	-1	0	0	-2

新的最优解为 $(5,0,15,2,0)^T$。

当设备 B 的能力为 $24+\lambda$ 小时（增加了 λ 小时），新最优解的值的可允许变化的范围是多少？

解：

$$\Delta \tilde{b} = B^{-1}\Delta b = B^{-1}b + B^{-1}\begin{bmatrix}0\\\lambda\\0\end{bmatrix} = \begin{bmatrix}15/2\\7/2\\3/2\end{bmatrix} + \begin{bmatrix}1 & 5/4 & -15/2\\0 & 1/4 & -1/2\\0 & -1/4 & 3/2\end{bmatrix}\begin{bmatrix}0\\\lambda\\0\end{bmatrix} \geq 0$$

计算得：$-6 \leq \lambda \leq 6 \Rightarrow b_2 \in [18,30]$

③ 分析价值系数 c_j 的变化：c_j 的变化仅影响 $\sigma_j = c_j - z_j$ 的变化。

A：当 $c_1 = 1.5$，$c_2 = 2$，该公司最优生产计划有何变化？

解：由题意得表 3-36。

表 3-36

	产品Ⅰ	产品Ⅱ	资源限量b
设备A	0	5	15时
设备B	6	2	24时
调试工序	1	1	5时
c_j利润（元）	1.5	2	

代入最终单纯形表，得表 3-37。

表 3-37

C_B	X_B	b	$C_j \rightarrow$ 1.5	2	0	0	0
			x_1	x_2	x_3	x_4	x_5
0	x_3	15/2	0	0	1	5/4	-15/2
1.5	x_1	7/2	1	0	0	1/4	-1/2
2	x_2	3/2	0	1	0	-1/4	3/2
	$c_j - z_j$		0	0	0	1/8	-9/4

x_4 换入，x_3 换出，得表 3-38。

表 3-38

C_B	X_B	b	$C_j \rightarrow$ 1.5	2	0	0	0
			x_1	x_2	x_3	x_4	x_5
0	x_4	6	0	0	4/5	1	6
1.5	x_1	2	1	0	-1/5	0	1
2	x_2	3	0	1	1/5	0	0
	$c_j - z_j$		0	0	-1/10	0	-3/2

新的最优解为 $(2, 3, 0, 6, 0)^T$

B：设产品Ⅱ利润为 $(1+\lambda)$，求原最优解不变时 λ 的范围。

解：c_2 的变化仅影响 σ_j 的变化。

在最后一张单纯形表中求出变化的 σ_j，原最优解不变，即 $\sigma_j \leq 0$，由上述不等式可求出 λ 的范围。产品Ⅱ利润为 $(1+\lambda)$ 时的最终单纯形表如表 3-39 所示。

表 3-39

$C_j \rightarrow$			2	$1+\lambda$	0	0	0
C_B	X_B	b	x_1	x_2	x_3	x_4	x_5
0	x_3	15/2	0	0	1	5/4	−15/2
2	x_1	7/2	1	0	0	1/4	−1/2
$1+\lambda$	x_2	3/2	0	1	0	−1/4	3−2
$c_j - z_j$			0	0	0	$-\dfrac{1}{4} + \dfrac{1}{4}\lambda$	$-\dfrac{1}{2} - \dfrac{3}{2}\lambda$

检验数行全部小于等于 0，即

λ 满足：$-\dfrac{1}{4} + \dfrac{1}{4}\lambda \leq 0$，$-\dfrac{1}{2} - \dfrac{3}{2}\lambda \leq 0$，可得：$-\dfrac{1}{3} \leq \lambda \leq 1$，则利润 $C_2 \in \left[\dfrac{2}{3}, 2\right]$

④ 分析 a_{ij} 的变化：新变化的如表 3-40 所示。若 a_{ij} 对应的变量 x_j 为基变量，B 将改变，则会有以下两种情况：

a. 迭代后原问题和对偶问题都是可行解。

b. 原问题和对偶问题均非可行解时，需引入人工变量求出可行解，再用单纯形法求解。

表 3-40

	产品甲	产品乙	资源限量
设备	1	2	8台时
原材料A	4	0	16千克
原材料B	0	4	12千克
利润	2元	3元	

解：

$$\max z = 2x_1 + 3x_2 + 0x_3 + 0x_4 + 0x_5$$

$$s.t. \begin{cases} x_1 + 2x_2 + x_3 = 8 \\ 4x_1 + x_4 = 16 \\ 4x_2 + x_5 = 12 \\ x_1, x_2, x_3, x_4, x_5 \geq 0 \end{cases}$$

迭代后得最终的单纯形表 3-41。

表 3-41

$C_j \rightarrow$			2	3	0	0	0
C_B	X_B	b	x_1	x_2	x_3	x_4	x_5
2	x_1	4	1	0	0	$\frac{1}{4}$	0
0	x_5	4	0	0	-2	$\frac{1}{2}$	1
3	x_2	2	0	1	$\frac{1}{2}$	$-\frac{1}{8}$	0
	$c_j - z_j$		0	0	$-\frac{3}{2}$	$-\frac{1}{8}$	0

其中 $B^{-1} = \begin{bmatrix} 0 & \frac{1}{4} & 0 \\ -2 & \frac{1}{2} & 1 \\ \frac{1}{2} & \frac{1}{8} & 0 \end{bmatrix}$

A. 在此基础上增加一个变量 x_j：增加一个变量相当于增加一种产品，分析步骤：

a. 计算 $\tilde{\sigma} = c_j - z_j = c_j - Y^* P_j$。

b. 计算 $\tilde{P}_j = B^{-1} P_j$。

c. 若 $\tilde{\sigma} \leq 0$，原最优解不变；

若 $\tilde{\sigma} > 0$，则按单纯形表继续迭代计算找出最优解。

设生产第三种产品，产量为 x_6 件，对应的 $c_6=5$，$P_6 = (2, 6, 3)^T$，求最优生产计划。

解：根据 $\tilde{\sigma}_j = c_j - Y^* P_j$ 得：

$$\tilde{\sigma}_6 = c_6 - Y^* P_6 = 5 - \left(\frac{3}{2}, \frac{1}{8}, 0\right)(2,6,3)^T = \frac{4}{5} > 0$$

根据 $\tilde{P} = B^{-1} P$ 可得：

$$\tilde{P}_6 = \begin{pmatrix} 0 & 1/4 & 0 \\ -2 & 1/2 & 1 \\ 1/2 & -1/8 & 0 \end{pmatrix} \begin{pmatrix} 2 \\ 6 \\ 3 \end{pmatrix} = \begin{pmatrix} 3/2 \\ 2 \\ 1/4 \end{pmatrix}$$

代入原最终单纯形表中，得表 3-42。

表 3-42

$C_j \rightarrow$			2	3	0	0	0	5
C_B	X_B	b	x_1	x_2	x_3	x_4	x_5	x_6
2	x_1	4	1	0	0	$\frac{1}{4}$	0	$\frac{3}{2}$
0	x_5	4	0	0	-2	$\frac{1}{2}$	1	2
3	x_2	2	0	1	$\frac{1}{2}$	$\frac{1}{8}$	0	$\frac{1}{4}$
	$c_j - z_j$		0	0	$-\frac{3}{2}$	$\frac{1}{8}$	0	$\frac{5}{4}$

换基后得（x_6 换入，x_5 换出）表 3-43。

表 3-43

C_B	X_B	b	$C_j \rightarrow$ 2 x_1	3 x_2	0 x_3	0 x_4	0 x_5	5 x_6
2	x_1	1	1	0	$\frac{3}{2}$	$-\frac{1}{8}$	$-\frac{3}{4}$	0
5	x_6	2	0	0	-1	$\frac{1}{4}$	$\frac{1}{2}$	1
3	x_2	$\frac{3}{2}$	0	1	$\frac{3}{4}$	$-\frac{3}{16}$	$-\frac{1}{8}$	0
	$c_j - z_j$		0	0	$-\frac{1}{4}$	$\frac{7}{16}$	$-\frac{5}{8}$	0

新的最优解 $X = \left(1, \frac{3}{2}, 0, 0, 0, 2\right)^T$，目标函数值为 $z=16.5$

B. 原计划生产产品的工艺结构发生变化

a. 若产品 I 的技术系数向量变为 $P_1' = (2, 5, 2)^T$，每件利润为 4 元。

解：

$$\tilde{\sigma}_1' = c_1 - Y^* P_1' = 4 - \left(\frac{3}{2}, \frac{1}{8}, 0\right)(2, 5, 2)^T = \frac{3}{8} > 0$$

根据 $\tilde{P}_1' = B^{-1} P_1'$ 可得：

$$\tilde{P}_6 = \begin{pmatrix} 0 & 1/4 & 0 \\ -2 & 1/2 & 1 \\ 1/2 & -1/8 & 0 \end{pmatrix} \begin{pmatrix} 2 \\ 5 \\ 2 \end{pmatrix} = \begin{pmatrix} 5/4 \\ 1/2 \\ 3/8 \end{pmatrix}$$

代入原最终单纯形表中得表 3-44。

表 3-44

C_B	X_B	b	$C_j \rightarrow$ 4 x_1	3 x_2	0 x_3	0 x_4	0 x_5
2	x_1	4	$\frac{5}{4}$	0	0	$\frac{1}{4}$	0
0	x_5	4	$\frac{1}{2}$	0	-2	$\frac{1}{2}$	1
3	x_2	2	$\frac{3}{8}$	1	$\frac{1}{2}$	$-\frac{1}{8}$	0
	$c_j - z_j$		$\frac{3}{8}$	0	$-\frac{3}{2}$	$-\frac{1}{8}$	0

换基后得表 3-45。

表 3-45

$C_j \rightarrow$			4	3	0	0	0
C_B	X_B	b	x_1	x_2	x_3	x_4	x_5
4	x_1'	3.2	1	0	0	$\frac{1}{5}$	0
0	x_5	2.4	0	0	-2	$\frac{2}{5}$	1
3	x_2	0.8	0	1	$\frac{1}{2}$	$-\frac{1}{5}$	0
	$c_j - z_j$		0	0	$-\frac{2}{3}$	$\frac{1}{5}$	0

新的最优解 $(3，2，0.8，0，0，2.4)^T$，目标函数值为 $z = 15.2$

b. 若产品 I' 的技术系数向量变为 $P_1' = (4，5，2)^T$，每件利润为 4 元。

解：

$$\tilde{\sigma}_1' = c_1 - Y^* P_1' = 4 - \left(\frac{3}{2}, \frac{1}{8}, 0\right)(4,5,2)^T = \frac{21}{8} < 0$$

根据 $\tilde{P}_1' = B^{-1} P_1'$ 可得：

$$\tilde{P}_6 = \begin{pmatrix} 0 & 1/4 & 0 \\ -2 & 1/2 & 1 \\ 1/2 & -1/8 & 0 \end{pmatrix} \begin{pmatrix} 4 \\ 5 \\ 2 \end{pmatrix} = \begin{pmatrix} 5/4 \\ -7/2 \\ 11/8 \end{pmatrix}$$

代入原最终单纯形表中得表 3-46。

表 3-46

$C_j \rightarrow$			4	3	0	0	0
C_B	X_B	b	x_1	x_2	x_3	x_4	x_5
2	x_1	4	$\frac{5}{4}$	0	0	$\frac{1}{4}$	0
0	x_5	4	$-\frac{7}{2}$	0	-2	$\frac{1}{2}$	1
3	x_2	2	$\frac{11}{8}$	1	$\frac{1}{2}$	$-\frac{1}{8}$	0
	$c_j - z_j$		$-\frac{21}{8}$	0	$-\frac{3}{2}$	$\frac{1}{8}$	0

换基（x_1' 换入，x_1 换出）后得表 3-47。

表 3-47

$C_j \rightarrow$			4	3	0	0	0
C_B	X_B	b	x_1	x_2	x_3	x_4	x_5
4	x_1'	3.2	1	0	0	$\frac{1}{5}$	0
0	x_5	15.2	0	0	-2	$\frac{6}{5}$	1
3	x_2	-2.4	0	1	$\frac{1}{2}$	$-\frac{2}{5}$	0
	$c_j - z_j$		0	0	$-\frac{2}{3}$	$\frac{2}{5}$	0

加入人工变量 x_6：$-x_2-0.5x_3+0.4x_4+x_6=2.4$

用人工变量 x_6 代替 x_2，填入上表得表 3-48。

表 3-48

C_B	X_B	b	x_1	x_2	x_3	x_4	x_5	x_6
	$c_j\rightarrow$		4	3	0	0	0	$-M$
4	x_1'	3.2	1	0	0	$\frac{1}{5}$	0	0
0	x_5	15.2	0	0	-2	$\frac{6}{5}$	1	0
$-M$	x_6	-2.4	0	-1	$-\frac{1}{2}$	$\frac{2}{5}$	0	1
	c_j-z_j		0	$3-M$	$-0.5M$	$-0.8+0.4M$	0	0

换基后得表 3-49。

表 3-49

C_B	X_B	b	x_1	x_2	x_3	x_4	x_5	x_6
	$c_j\rightarrow$		4	3	0	0	0	$-M$
4	x_1'	2	1	0.5	0.25	0	0	0.5
0	x_5	8	0	3	-0.5	0	1	-3
0	x_6	6	0	-2.5	-1.25	1	0	2.5
	c_j-z_j		0	1	-1	0	0	$-M-2$

再次换基后得最终单纯形表 3-50。

表 3-50

C_B	X_B	b	x_1	x_2	x_3	x_4	x_5	x_6
	$c_j\rightarrow$		4	3	0	0	0	$-M$
4	x_1'	0.667	1	0	0.333	0	-0.167	1
3	x_2	2.667	0	1	-0.167	0	0.333	-1
0	x_4	12.667	0	0	-1.667	1	0.833	5
	c_j-z_j		0	0	-0.83	0	-0.33	$-M-1$

因此最优解为 $z=10.67$

（5）增加一个约束条件的分析：增加一个约束条件相当于增添一道工序。分析方法：

将最优解代入新的约束中

若满足要求，则原最优解不变；若不满足要求，则原最优解改变，将新增的约束条件添入最终的单纯形表中继续分析。

灵敏度分析的步骤归纳如下：

第一步：将参数的改变计算反映到最终单纯形表上；

第二步：检查原问题是否仍为可行解 $\sigma_j \leqslant 0$；

第三步：检查对偶问题是否仍为可行解 $b \geqslant 0$；

第四步：按下面所列情况得出结论，决定继续计算的步骤（表 3-51）。

表 3-51

原问题	对偶问题	结论或继续计算的步骤
可行解	可行解	问题的最优解或最优基不变
可行解	非可行解	用单纯形法继续迭代
非可行解	可行解	用对偶单纯形法继续迭代
非可行解	非可行解	编制新的单纯形表重新计算

3.4.2 参数分析

（1）b 变化，只影响表中 b 列的值，即最终表中原问题的解相应发生变化。

（2）c 变化，影响检验数行的值。

（3）a 变化，要先求出新的该系数列向量及其对应的检验数。

（4）增加约束条件，不满足原最优解时，加入松弛变量填入最终表。

3.4.3 参数线性规划

灵敏度分析中研究 c_j，b_j 等参数在保持最优解或最优基不变时的允许变化范围或改变到某一值时对问题最优解的影响，若 C 按 $C+\lambda C^*$ 或 b 按 $b+\lambda b^*$ 连续变化，而目标函数值 $z(\lambda)$ 是参数 λ 的线性函数时，下列两种情况都被称为参数线性规划。

（1）当目标函数中 c_j 值连续变化时，其参数线性规划的形式为

$$\max z(\lambda) = (C + \lambda C^*)X$$
$$s.t. \begin{cases} AX = b \\ X \geqslant 0 \end{cases}$$

上式中 C 为原线性规划问题的价值向量，C^* 为变动向量，λ 为参数。

（2）当约束条件右端项连续变化时，其参数线性规划的形式为

$$\max z(\lambda) = CX$$
$$s.t. \begin{cases} AX = b + \lambda b^* \\ X \geqslant 0 \end{cases}$$

上式中 b 为原线性规划问题的资源向量，b^* 为变动向量，λ 为参数。

参数线性规划问题的分析步骤是：

（1）令 $\lambda=0$ 求解得最终单纯形表。

（2）将 λC^* 或 λb^* 项反映到最终单纯形表中去。

（3）随 λ 值的增大或减小，观察原问题或对偶问题，一是确定表中现有解（基）允许 λ 值的变动范围，二是当 λ 值的变动超出这个范围时，用单纯形法或对偶单纯形法求取新的解。

（4）重复第（3）步一直到 λ 值继续增大或减少时，表中的解（基）不再出现变化时为止。

例 3-13 分析 λ 值变化时，下述参数线性规划问题最优解的变化

$$\max z(\lambda) = (2+\lambda)x_1 + (1+\lambda)x_2$$

$$s.t. \begin{cases} 5x_2 \leq 15 \\ 6x_1 + 2x_2 \leq 24 \\ x_1 + x_2 \leq 5 \\ x_1, \ x_2 \geq 0 \end{cases}$$

解：先令 $\lambda=0$ 求得最优解，并将 λC^* 反映到最终单纯形表中，如表 3-52 所示。

表 3-52

C_B	X_B	b	$2+\lambda$ x_1	$1+2\lambda$ x_2	0 x_3	0 x_4	0 x_5
0	x_3	$\dfrac{15}{2}$	0	0	1	$\dfrac{5}{4}$	$-\dfrac{15}{2}$
$2+\lambda$	x_1	$\dfrac{7}{2}$	1	0	0	$\dfrac{1}{4}$	$-\dfrac{1}{2}$
$1+2\lambda$	x_2	$\dfrac{3}{2}$	0	1	0	$-\dfrac{1}{4}$	$\dfrac{3}{2}$
$c_j - z_j$			0	0	0	$-\dfrac{1}{4}+\dfrac{1}{4}\lambda$	$-\dfrac{1}{2}-\dfrac{5}{2}\lambda$

当 $-\dfrac{1}{5} \leq \lambda \leq 1$ 时，表中解为最优，且 $z = \dfrac{17}{2} + \dfrac{13}{2}\lambda$。

当 $\lambda > 1$ 时，变量 x_4 的检验数 >0，用单纯形法迭代计算得表 3-53。

表 3-53

C_B	X_B	b	$2+\lambda$ x_1	$1+2\lambda$ x_2	0 x_3	0 x_4	0 x_5
0	x_4	6	0	0	$\dfrac{4}{5}$	1	-6
$2+\lambda$	x_1	2	1	0	$-\dfrac{1}{5}$	0	1
$1+2\lambda$	x_2	3	0	1	$\dfrac{1}{5}$	0	0
$c_j - z_j$			0	0	$\dfrac{1}{5} - \dfrac{1}{5}\lambda$	0	$-2-\lambda$

上表中若 $\lambda \leq \dfrac{1}{5}$ 时，变量 x_5 的检验数 > 0，这时用单纯形法迭代得表 3-54。

表 3-54

C_B	X_B	b	$2+\lambda$ x_1	$1+2\lambda$ x_2	0 x_3	0 x_4	0 x_5
0	x_3	15	0	5	1	0	0
$2+\lambda$	x_1	4	1	$\dfrac{1}{3}$	0	$\dfrac{1}{6}$	0

$C_j \rightarrow$			$2+\lambda$	$1+2\lambda$	0	0	0
C_B	X_B	b	x_1	x_2	x_3	x_4	x_5
0	x_5	1	0	$\dfrac{2}{3}$	0	$-\dfrac{1}{6}$	1
	c_j-z_j		0	$\dfrac{1}{3}+\dfrac{5}{3}\lambda$	0	0	0
0	x_3	15	0	5	1	0	0
0	x_4	24	6	2	0	1	0
0	x_5	5	1	1	0	0	1
	c_j-z_j		$2+\lambda$	$1+2\lambda$	0	0	0

当$-2\leqslant\lambda\leqslant-\dfrac{1}{5}$时，$z=8+4\lambda$；当$\lambda\leqslant-2$时，$z=0$。

图 3-1 反映了目标函数值 $z(\lambda)$ 随入变化的情况。

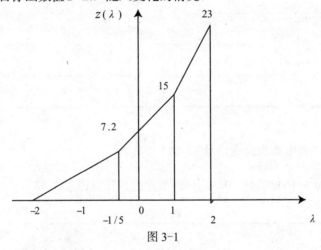

图 3-1

图 3-1 中横坐标为 λ，纵轴为 $z(\lambda)$。

例 3-14　分析 λ 值变化时下述参数线性规划问题最优解的变化

$$\max z(\lambda) = 2x_1 + x_2$$

$$s.t.\begin{cases} 5x_2 \leqslant 15 \\ 6x_1 + 2x_2 \leqslant 24+\lambda \\ x_1 + x_2 \leqslant 5 \\ x_1,\ x_2 \geqslant 0 \end{cases}$$

解：令 $\lambda=0$，求解得最终单纯形表，
又因有

$$\Delta b' = B^{-1}\Delta b = \begin{pmatrix} 1 & \dfrac{5}{4} & -\dfrac{15}{2} \\ 0 & \dfrac{1}{4} & -\dfrac{1}{2} \\ 0 & -\dfrac{1}{4} & \dfrac{3}{2} \end{pmatrix}\begin{pmatrix} 0 \\ \lambda \\ 0 \end{pmatrix} = \begin{pmatrix} \dfrac{5}{4}\lambda \\ \dfrac{1}{4}\lambda \\ -\dfrac{1}{4}\lambda \end{pmatrix}$$

得表 3-55。

表 3-55

$C_j \rightarrow$			2	1	0	0	0
C_B	X_B	b	x_1	x_2	x_3	x_4	x_5
0	x_3	$\frac{15}{2}+\frac{5}{4}\lambda$	0	0	1	$\frac{5}{4}$	$-\frac{15}{2}$
2	x_1	$\frac{7}{2}+\frac{1}{4}\lambda$	1	0	0	$\frac{1}{4}$	$-\frac{1}{2}$
1	x_2	$\frac{3}{2}-\frac{1}{4}\lambda$	0	1	0	$-\frac{1}{4}$	$\frac{3}{2}$
	c_j-z_j		0	0	0	$-\frac{1}{4}$	$\frac{1}{2}$

表 3-55 中最优基不变的条件为 $-6 \leqslant \lambda \leqslant 6$，最优解为 $z = \frac{17}{2}+\frac{1}{4}\lambda$。

当 $\lambda > 6$ 时，上表中的基变量 x_2 将小于零，这时可用对偶单纯形法继续求解，得表 3-56。

表 3-56

$C_j \rightarrow$			2	1	0	0	0
C_B	X_B	b	x_1	x_2	x_3	x_4	x_5
0	x_3	15	0	5	1	0	0
2	x_1	5	1	1	0	0	1
0	x_4	$-6+\lambda$	0	-4	0	1	-6
	c_j-z_j		0	-1	0	0	-2

当 $\lambda > 6$ 时，上表中的最优解将不变。此时有 $z=10$。

当 $\lambda < 6$ 时，上表表中基变量 x_4 将小于 0，用对偶单纯形法求解得表 3-57。

表 3-57

$C_j \rightarrow$			2	1	0	0	0
C_B	X_B	b	x_1	x_2	x_3	x_4	x_5
0	x_5	$-1-\frac{1}{6}\lambda$	0	0	$-\frac{2}{15}$	$\frac{1}{6}$	1
2	x_1	$3+\frac{1}{6}\lambda$	1	0	$-\frac{1}{15}$	$\frac{1}{6}$	0
1	x_2	3	0	1	$\frac{1}{5}$	0	0
	c_j-z_j		0	0	$-\frac{1}{15}$	$\frac{1}{3}$	0
0	x_5	$-7-\frac{1}{2}\lambda$	-2	0	0	$\frac{1}{2}$	1
0	x_3	$-45-\frac{5}{2}\lambda$	-15	0	1	$\frac{5}{2}$	0
1	x_2	$12+\frac{1}{2}\lambda$	3	1	0	$\frac{1}{2}$	0
	c_j-z_j		-1	0	0	$-\frac{1}{2}$	0

表 3-57 有最优解应满足：

$$-1-\frac{1}{6}\lambda\geqslant 0 , 3+\frac{1}{6}\lambda\geqslant 0,\text{ 可得：}-18\leqslant\lambda\leqslant -6；$$

$$-7-\frac{1}{2}\lambda\geqslant 0 , -45-\frac{5}{2}\lambda\geqslant 0 , 12+\frac{1}{2}\lambda\geqslant 0,\text{ 可得：}-24\leqslant\lambda\leqslant -18。$$

当 $\lambda < -24$ 时，x_2 将小于零，但 x_2 所在行元素均为正，故这时问题无可行解。

故当 $-18\leqslant\lambda\leqslant -6$ 时，$z=9+\frac{1}{3}\lambda$；当 $-24\leqslant\lambda\leqslant -18$ 时，$z=12+\frac{1}{2}\lambda$。图 3-2 显示了 $z(\lambda)$ 随参数 λ 的变化情况。

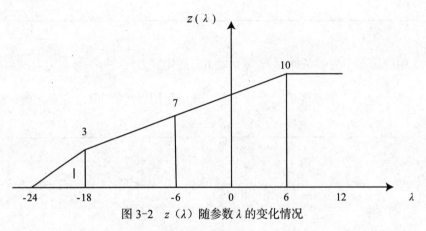

图 3-2 $z(\lambda)$ 随参数 λ 的变化情况

3.5 线性规划的扩展运用：DEA 模型

1978 年，著名的运筹学家查恩斯（A.Charnes）、库伯（W.W.Cooper）和罗兹（E.Rhodes）首先提出了 DEA 方法。DEA（Data Envelopment Analysis）方法也称为数据包络分析法，数据包络分析是一种基于线性规划的用于评价相同类型决策单位（DMU）工作绩效相对性的特殊工具手段。这里相同类型是指这类决策单元如学校、医院、银行的分支机构、超市的各个营业部等，各自具有相同（或相近）的投入和相同的产出。对具有相同类型决策单元（Decision-Making Units，DMU）进行绩效评价的方法。衡量一个单位的绩效，通常用投入产出比这个指标，当投入和产出指标均分别可以折算成同一单位时，容易根据投入产出比大小对要评定的决策单元进行绩效排序。

但当被衡量的同类型组织有多项投入和多项产出，且不能折算成同一单位时，就无法算出投入产出比的数值。例如：大部分机构的运营单位有多种投入要素，如员工规模、工资数目、运作时间和广告投入，同时也有多种产出要素，如利润、市场份额和成长率。在这些情况下，很难让经理或董事会知道，当输入量转换为输出量时，哪个运营单位效率高，哪个单位效率低。因而，需要采用一种全新的方法进行绩效比较，这种方法就是数据包络分析（DEA）。DEA 方法处理多输入，特别是多输出的问题的能力是具有绝对优势的。

本节主要介绍 DEA 理论中奠基性的模型 C^2R 模型及其应用。

3.5.1　C^2R 模型

1978 年著名的运筹学家查恩斯（A.Charnes）、库伯（W.W.Cooper）和罗兹（E.Rhodes）发表了一篇重要论文："Measuring the efficiency of decision making units（决策单元的有效性度量）"，刊登在权威的"欧洲运筹学杂志"上，正式提出了运筹学的一个新领域：数据包络分析，其模型叫作 C^2R 模型，即用它们三人的名字命名。C^2R 模型是从生产函数的角度，研究具有多个输入和多个输出的"生产部门"同时"规模有效"与"技术有效"的十分理想且卓有成效的方法。它是线性规划模型的应用之一，被用来评价具有多个投入和多个产出的"部门"或"决策单元（DMU）"间的相对有效性[①]，因此还被称为 DEA 有效。

假设有 n 个决策单元，记为 DMU_1，DMU_2…，DMU_n，每个决策单元有 m 种投入和 s 种产出，第 j 个决策单元 DMU_j 的投入向量为 $x_j = (x_{1j},\ x_{2j},\ \cdots,\ x_{mj})^T$，$j=1,\ 2,\ \cdots,\ n$，第 j 个决策单元 DMU_j 的产出向量为 $y_j = (y_{1j},\ y_{2j},\ \cdots,\ y_{sj})^T$，$j=1,\ 2,\ \cdots,\ n$。

设有待评价的决策单元 DMU_{j0} 的投入产出为 x_{j0}，y_{j0}，这里简记为 $(x_0,\ y_0)$，评价 DMU_{j0} 有效性的 DEA 模型为

$$\max h_0 = \frac{u^T y_0}{v^T x_0}$$

$$s.t.\ \ \frac{u^T y_j}{v^T x_j} \leqslant 1 \tag{3-1}$$

$$u \geqslant 0, v \geqslant 0, u \neq 0, v \neq 0$$

其中 $v = (v_1,\ v_2,\ \cdots,\ v_m)^T$，$u = (u_1,\ u_2,\ \cdots,\ u_s)^T$ 分别为 m 种投入的 s 种产出的权系数。

分式规划（3-1）是 DEA 一个概念化的模型，它提供了评价 DMU_{j0} 有效性的指标 h_0（表示为一组产出对一组投入的比率），其中目标函数是找出 m 种投入的权系数 $v = (v_1,\ v_2,\ \cdots,\ v_m)^T$ 和 s 种产出的权系数 $u = (u_1,\ u_2,\ \cdots,\ u_s)^T$，从而给予待评价的 DMU_{j0} 可能的最高的有效性（或比率）；约束条件表示当同一组投入和产出的权系数（v 和 u）用于所有其他相比较的决策单元 DMU_j 时，没有一个 DMU_j（$j=1,\ 2,\ \cdots,\ n$）将超过 100% 的有效性（或超过 1.0 的比率）。

利用 Charnes-Cooper 变换：$t = \dfrac{1}{v^T x_0}, \omega = tv, \mu = tu$，可将分式规划模型（3-1）化为如下等价的线性规划模型（C^2R 模型）

$$\left(P_{c^2R} \right) \begin{cases} \max \mu^T y_0 = h_0 \\ \quad \ \omega^T x_j - \mu^T y_j \geqslant 0, j=1,2,\cdots,n \\ s.t.\ \ \omega^T x_0 = 1 \\ \quad \ \omega \geqslant 0, \mu \geqslant 0 \end{cases} \tag{3-2}$$

定义 1　若 $\left(P_{c^2R} \right)$ 的最优解 ω_0，μ_0 满足 $\mu_0^T y_0 = 1$，则称 DMU_{j0} 为弱 DEA 有效。

定义 2　若 $\left(P_{c^2R} \right)$ 的最优解 ω_0，μ_0 满足 $\mu_0^T y_0 = 1$，且 $\omega_0 > 0$，$\mu_0 > 0$，则称 DMU_{j0} 为 DEA 有效的。

[①] 相对有效性指产出与投入之比，不过是加权意义之下的产出投入比。DEA（值）= 产出 / 投入。

3.5.2 C^2R 模型的对偶模型

对 C^2R 模型可写成其对偶模型为

$$
\left(D_{c^2R}\right)\begin{cases}
\max\theta \\
s.t. \quad \sum_{j=1}^{n} x_j\lambda_j + s^- = \theta x_0 \\
\qquad \sum_{j=1}^{n} x_j\lambda_j - s^+ = y_0 \\
\lambda_j \geqslant 0,\ j=1,\ 2,\cdots,\ n;\ \theta\text{无约束}
\end{cases}
\tag{3-3}
$$

其中 $s^- = (s_1^-, s_2^-, \cdots, s_m^-)^T \geqslant 0$ 为投入松弛向量，$s^+ = (s_1^+, s_2^+, \cdots, s_s^+)^T \geqslant 0$ 为产出松弛向量。

定义 3 若（D_{C^2R}）的最优值 $\theta_0=1$，且每一个最优解 s^-，s^+，θ_0，λ_{0j}，$j=1,\ 2,\ \cdots,\ n$ 都满足 $s^{0+}=0$，$s^{0-}=0$，则称 DMU_{j0} 为 DEA 有效。

由定义式（3-2）（3-3）可知，在应用模型（P_{C^2R}）和（D_{C^2R}）评价 DMU 是否为 DEA 有效时并不直接，而且计算也很烦琐。早在 1951 年 Charnes 在处理线性规划的退化问题时，就在 Archimedes 域上引入了非 Archimedes 无穷小的概念，给出了摄动法。对于模型（D_{C^2R}），Charnes 和 Cooper 给出了相应的具有非 Archimedes 无穷小量 ε 的模型

$$
\left(D_{c^2R}^{\varepsilon}\right)\begin{cases}
\min\left[\theta - \varepsilon(\hat{e}^T S^- + e^T s^+)\right] \\
s.t. \quad \sum_{j=1}^{n} x_j\lambda_j + s^- = \theta x_0 \\
\qquad \sum_{j=1}^{n} y_j\lambda_j - s^+ = y_0 \\
\lambda_j \geqslant 0, j=1,2,\cdots,n;\ \theta\in E_1^+, s^+\geqslant 0, s^-\geqslant 0
\end{cases}
$$

其中 $\hat{e} = (1,1,\cdots,1)^T \in E_m^+, e = (1,1,\cdots,1)^T \in E_s^+$。

定理 1 若（$D_{c^2R}^{\varepsilon}$）的最优解 θ_0，λ_{0j}，$j=1,\ 2,\ \cdots,\ n$；s^-，s^+ 满足 $\theta_0=1$，$s^-=0$，$s^+=0$，则称 DMU_{j0} 为 DEA 有效。

这样在应用模型（$D_{c^2R}^{\varepsilon}$）评价有效性时，不必再验证每个最优解都满足 $s^{0+}=0$，$s^{0-}=0$，从而大大简化了计算。

3.5.3 C^2R 模型和 C^2R 模型的对偶模型实例

例 3-15 一家新建的快餐连锁公司开设了 5 家分店，各个分店向顾客提供标准的快餐。公司管理人员决定用 DEA 来识别哪个分店最有效地使用了它们的资源，然后让有效性高的分店分享其经验和知识，从而提高生产力。表 3-58 概括了两种投入的数据：在典型的午餐时间内创造 100 份快餐的产出所花费的用工时数和原料费用。

通常，各个决策单元的产出是不同的。在本例中，我们使产出相等，以便把快餐连锁公司的各决策单元的生产力前沿，用示意图表示出来（见图 3-3）。决策单元 1、3 和 5 连接起来形成了有效性——一生产力前沿，也即，有效的单位决策单元定义了一条包括所有无效决策单元的包络线。

表 3-58　快餐连锁公司的投入产出

DMU	所售餐数	工时／h	原料费用／元
分店1	100	2	200
分店2	100	4	150
分店3	100	4	100
分店4	100	6	100
分店5	100	10	50

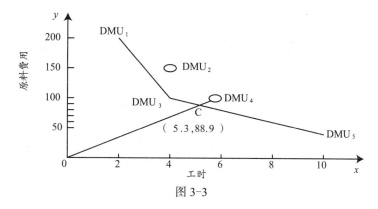

图 3-3

首先写出 DMU_1（分店 1）的线性规划模型。

$$\max h_{10} = 100\mu_1$$

$$s.t. \begin{cases} 2\omega_1 + 200\omega_2 - 100\mu_1 \geqslant 0 \\ 4\omega_1 + 150\omega_2 - 100\mu_1 \geqslant 0 \\ 4\omega_1 + 100\omega_2 - 100\mu_1 \geqslant 0 \\ 6\omega_1 + 100\omega_2 - 100\mu_1 \geqslant 0 \\ 10\omega_1 + 50\omega_2 - 100\mu_1 \geqslant 0 \\ 2\omega_1 + 200\omega_2 = 1 \\ \omega_1, \ \omega_2, \ \mu_1 \geqslant 0 \end{cases}$$

类似地，对其他 DMU_j 可写出相应的线性规划模型。一般为了方便起见，可修改上述 DMU_1 的模型，例如，对 DMU_2，目标函数为 $\max h_{20} = 100\mu_1$，而约束条件中，前五个约束与上述线性规划完全相同，只有第 6 个约束改为分店 2 的投入数据：$4\omega_1 + 150\omega_2 = 1$。

运行每个 DMU 相应的线性规划问题，可得到 DEA 的评价结果。如表 3-59 所示：

表 3-59

DMU	有效性h_0	有效性参照集	相对工时值（w_1）	相对原料费用值（w_2）
分店1	1.000	—	0.1667	0.0033
分店2	0.857	DMU_1（0.2857），DMU_2（0.7143）	0.1428	0.0028
分店3	1.000	—	0.0625	0.0075
分店4	0.889	DMU_3（0.7778），DMU_5（0.2222）	0.0555	0.0067
分店5	1.000	—	0.0625	0.0075

在表 3-59 中我们可以发现，DEA 识别出有效的决策单元为分店 1、3 和 5，而分店 2 和 4 是无效决策单元，与图 3-3 所示的相同。上表还给出了和每个无效决策单元相关的有效性参照集，即每个无效决策单元都有一批与之相联系的有效决策单元，他们限定了其生产力。有效性参照集中的组元（即圆括号中的值），就是每个无效决策单元的线性规划的解中，与各有效决策单元的约束条件想联系的影子价格。

DEA 分析不仅能识别出系统中的有效决策单元，而且还能为提高系统中无效决策单元的生产力提供建议。

例如，对无效决策单元 DMU_4 而言，有效决策单元 DMU_3 和 DMU_5 连接成一线从而决定了效率前沿。从原点到无效决策单元 DMU_4 画一条虚线，它和前沿线相交，因而标明 DMU_4 是无效的。

DMU_4 要成为有效的，它必须使其有效性等级增加 0.111 点，这可通过减少 $2h$ 的工时投入来达到（即 $2 \times 0.0555 = 0.111$）。注意，通过减少 $2h$ 的工时投入，DMU_4 就等同于有效决策单元 DMU_3。另一方面，DMU_4 可通过减少 16.57 元的原料费来达到（即 0.111 / 0.0067 = 16.57）。这两种方式的任意线性组合都可使 DMU_4 达到由连接 DMU_3 和 DMU_5 的线段所限定的生产力前沿。

表 3-60 计算了一个复合参照单元 C（位于生产力前沿线与原点至 DMU_4 虚线的交点）的投入产出。这样，无效决策单元 DMU_4 与复合参照单元 C 相比，使用的超额投入为：0.7 个工时和 11.1 元的原料费用。

表 3-60

产出和投入	有效性参照集 DMU_3 DMU_5	复合参照单元 C	DMU_4	使用的超额投入
所售餐数	$0.7778 \times 100 + 0.2222 \times 100 =$	100	100	0
工时	$0.7778 \times 4 + 0.2222 \times 10 =$	5.3	6	0.7
原料费用	$0.7778 \times 100 + 0.2222 \times 50 =$	88.9	100	11.1

3.6 案例分析及 WinQSB 软件应用

下面以例题的形式介绍 WinQSB 在对偶问题中的应用。

例 3-16 已知线性规划问题

$$\max z = 4x_1 + 2x_2 + 3x_3$$

$$s.t. \begin{cases} 2x_1 + 2x_2 + 4x_3 \leqslant 100 \\ 3x_1 + x_2 + 6x_3 \leqslant 100 \\ 3x_1 + x_2 + 2x_3 \leqslant 120 \\ x_1, \ x_2, \ x_3 \geqslant 0 \end{cases}$$

① 写出对偶线性规划，变量用 y 表示。

② 求原问题及对偶问题的最优解。

③ 分别写出价值系数 c_j 及右端常数的最大允许变化范围。

④ 目标函数系数改为 $C=(5，3，6)$，同时资源系数改为 $b=(120，140，100)$，求最优解。

⑤ 增加一个设备约束 $6x_1+5x_2+x_3 \leqslant 200$ 和一个决策变量 x_4，系数为 $(c_4，a_{14}，a_{24}，a_{34}，a_{44})=(7，5，4，1，2)$，求最优解。

解：第一步：启动子程序"Linear and Integer Programming"。点击"开始"→"程序"→"WinQSB"→"Linear and Integer Programming"，如图 3-4 所示。

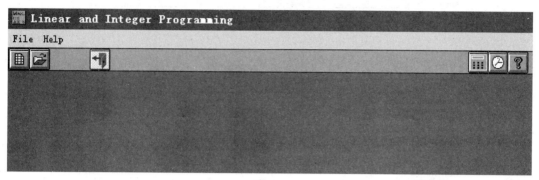

图 3-4

第二步：建立新问题。点击"File"→"New Problem"或直接点击工具栏的按钮 ▦ 建立新问题，屏幕上出现如下图所示的问题选项输入界面。根据题意知道变量数（Number of Variables）和约束条件数（Number of Constraints）各有三个，设置如图 3-5 所示。其余选择默认即可。

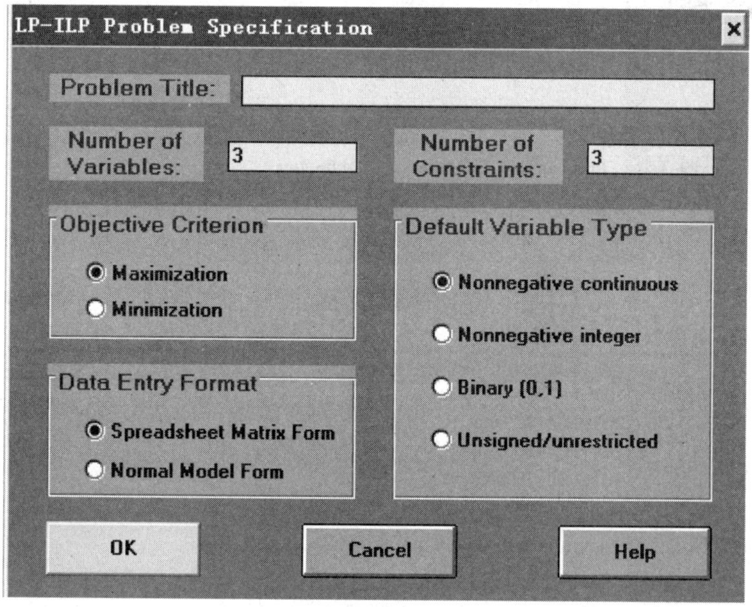

图 3-5

点击"OK"，显示图 3-6。

Variable -->	X1	X2	X3	Direction	R. H. S.
Maximize					
C1				<=	
C2				<=	
C3				<=	
LowerBound	0	0	0		
UpperBound	M	M	M		
VariableType	Continuous	Continuous	Continuous		

图 3-6

第三步：输入数据，如图 3-7 所示。

Variable -->	X1	X2	X3	Direction	R. H. S.
Maximize	4	2	3		
C1	2	2	4	<=	100
C2	3	1	6	<=	100
C3	3	1	2	<=	120
LowerBound	0	0	0		
UpperBound	M	M	M		
VariableType	Continuous	Continuous	Continuous		

图 3-7

第四步：求对偶问题及其模型。点击"Format"→"Switch to Dual Form"，得到对偶问题的数据如图 3-8 所示。

Variable -->	C1	C2	C3	Direction	R. H. S.
Minimize	100	100	120		
X1	2	3	3	>=	4
X2	2	1	1	>=	2
X3	4	6	2	>=	3
LowerBound	0	0	0		
UpperBound	M	M	M		
VariableType	Continuous	Continuous	Continuous		

图 3-8

点击"Format"→"Switch to Normal Model Form"，得到对偶模型如图 3-9 所示。

	OBJ/Constraint/VariableType/Bound
Minimize	100C1+100C2+120C3
X1	2C1+3C2+3C3>=4
X2	2C1+1C2+1C3>=2
X3	4C1+6C2+2C3>=3
Integer:	
Binary:	
Unrestricted:	
C1	>=0, <=M
C2	>=0, <=M
C3	>=0, <=M

图 3-9

点击"Edit"→"Variable Name"，将各变量 x 修改为变量 y，如图 3-10、图 3-11 所示。

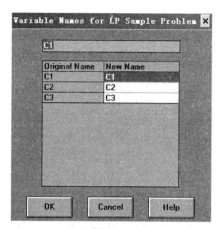

Variable Names for LP Sample Problem
C1
Original Name
New Name
C1
C1
C2
C2
C3
C3
OK
Cancel
Help

图 3-10

Variable Names for LP Sample Problem
y3
Original Name
New Name
C1
y1
C2
y2
C3
y3
OK
Cancel
Help

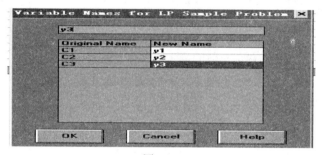

图 3-11

点击“OK”，得到以 y 为变量的对偶模型如图 3-12 所示。

OBJ/Constraint/VariableType/Bound
Minimize
100y1+100y2+120y3
X1
2y1+3y2+3y3>=4
X2
2y1+1y2+1y3>=2
X3
4y1+6y2+2y3>=3
Integer:
Binary:
Unrestricted:
y1
>=0, <=M
y2
>=0, <=M
y3
>=0, <=M

图 3-12

第五步：返回原问题求出最优解及最优值。

点击“Format ”→“ Switch to Dual Form”，再求一次对偶返回到原问题，见图 3-13。

Linear and Integer Programming
File Edit Format Solve and Analyze Results Utilities Window WinQSB Help
LP Sample Problem
y2
3X1+1X2+6X3<=100
OBJ/Constraint/VariableType/Bound
Maximize
4X1+2X2+3X3
y1
2X1+2X2+4X3<=100
y2
3X1+1X2+6X3<=100
y3
3X1+1X2+2X3<=120
Integer:
Binary:
Unrestricted:
X1
>=0, <=M
X2
>=0, <=M
X3
>=0, <=M

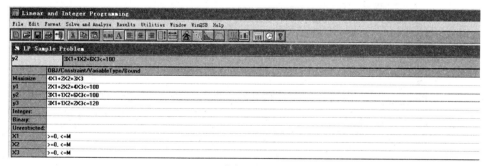

图 3-13

点击"Solve and Analyze"选择"Solve the problem"求解模型见图 3-14，显示最优解为 $x=(25，25，0)^T$，最优值为 $z^*=150$。查看最优表中影子价格（Shadow Price），对应的数据就是对偶问题的最优解，为 $Y=(0.5，1，0)$。

	Decision Variable	Solution Value	Unit Cost or Profit c(j)	Total Contribution	Reduced Cost	Basis Status	Allowable Min. c(j)	Allowable Max. c(j)
1	X1	25.0000	4.0000	100.0000	0	basic	2.0000	6.0000
2	X2	25.0000	2.0000	50.0000	0	basic	1.3333	4.0000
3	X3	0	3.0000	0	-5.0000	at bound	-M	8.0000
	Objective	Function	(Max.) =	150.0000				
	Constraint	Left Hand Side	Direction	Right Hand Side	Slack or Surplus	Shadow Price	Allowable Min. RHS	Allowable Max. RHS
1	y1	100.0000	<=	100.0000	0	0.5000	66.6667	200.0000
2	y2	100.0000	<=	100.0000	0	1.0000	50.0000	120.0000
3	y3	100.0000	<=	120.0000	20.0000	0	100.0000	M

图 3-14

第六步：求价值系数 c_j 及右端常数的最大允许变化范围。

查找图 3-14 最后两列 Allowable min(max)，写出价值系数及右端常数的允许范围。 由表最后两列可得价值系数 c_j，$j=1$，2，3 的最大允许变化范围分别是 (2，6)，(1.3333，4)，$(-\infty，8)$；右端常数 b_j，$j=1$，2，3 的最大允许变化范围分别是（66.6667，200），（50，120），（100，$+\infty$）。

第七步：修改目标函数系数和常数向量并求解最优解。

修改系数和常数向量，把原条件的 $C=(4，2，3)$ 变为（5，3，6），常数由（100，100，120）变为（120，140，100）。修改后如图 3-15 所示。

Variable -->	X1	X2	X3	Direction	R. H. S.
Maximize	5	3	6		
C1	2	2	4	<=	120
C2	3	1	6	<=	140
C3				<=	100
LowerBound	0	0	0		
UpperBound	M	M	M		
VariableType	Continuous	Continuous	Continuous		

图 3-15

点击"Solve and Analyze"，选择"Solve the problem"，得到图 3-16。

	Decision Variable	Solution Value	Unit Cost or Profit c(j)	Total Contribution	Reduced Cost	Basis Status	Allowable Min. c(j)	Allowable Max. c(j)
1	X1	20.0000	5.0000	100.0000	0	basic	3.0000	9.0000
2	X2	20.0000	3.0000	60.0000	0	basic	1.6667	3.0000
3	X3	10.0000	6.0000	60.0000	0	basic	6.0000	10.0000
	Objective	Function	(Max.) =	220.0000	(Note:	Alternate	Solution	Exists!!)
	Constraint	Left Hand Side	Direction	Right Hand Side	Slack or Surplus	Shadow Price	Allowable Min. RHS	Allowable Max. RHS
1	C1	120.0000	<=	120.0000	0	1.0000	93.3333	200.0000
2	C2	140.0000	<=	140.0000	0	0	100.0000	180.0000
3	C3	100.0000	<=	100.0000	0	1.0000	60.0000	140.0000

图 3-16

由图 3-16 可以得到修改模型的最优解为 $x=(20, 20, 10)^T$，最优值为 $z^*=220$。

第八步：改变约束条件和增加决策变量，求解最优解。

插入约束条件。点击"Edit"→"Insert a Contraint"选择在结尾处插入变量（The end），如图 3-17 所示。

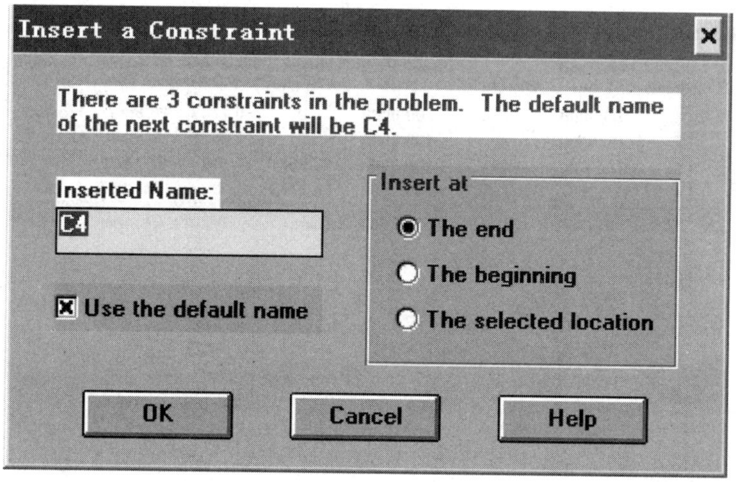

图 3-17

再点击"OK"按钮，插入一个约束 $6x_1+5x_2+x_3 \leqslant 200$，如图 3-18 所示。

Variable -->	X1	X2	X3	Direction	R. H. S.
Maximize	4	2	3		
C1	2	2	4	<=	100
C2	3	1	6	<=	100
C3	3	1	2	<=	120
C4	6	5	1		200
LowerBound	0	0	0		
UpperBound	M	M	M		
VariableType	Continuous	Continuous	Continuous		

图 3-18

增加一个决策变量。点击"Edit"→"Insert a Variable"插入一个变量，选择在末尾添加。改变系数：$(c_4, a_{14}, a_{24}, a_{34}, a_{44}) = (7, 5, 4, 1, 2)$，如图 3-19 所示。

Variable -->	X1	X2	X3	X4	Direction	R. H. S.
Maximize	4	2	3	7		
C1	2	2	4	5	<=	100
C2	3	1	6	4	<=	100
C3	3	1	2	1	<=	120
C4	6	5	1	2	<=	200
LowerBound	0	0	0	0		
UpperBound	M	M	M	M		
VariableType	Continuous	Continuous	Continuous	Continuous		

图 3-19

点击"Solve and Analyze"，选择"Solve the problem"，得到图 3-20。

09:50:40			Sunday	March	12	2017		
	Decision Variable	Solution Value	Unit Cost or Profit c_i	Total Contribution	Reduced Cost	Basis Status	Allowable Min. c_i	Allowable Max. c_i
1	X1	14.2857	4.0000	57.1429	0	basic	2.8000	4.6667
2	X2	0	2.0000	0	-0.2857	at bound	-M	2.2857
3	X3	0	3.0000	0	-5.0000	at bound	-M	8.0000
4	X4	14.2857	7.0000	100.0000	0	basic	6.5000	10.0000
	Objective	Function	(Max.) =	157.1429				
	Constraint	Left Hand Side	Direction	Right Hand Side	Slack or Surplus	Shadow Price	Allowable Min. RHS	Allowable Max. RHS
1	C1	100.0000	<=	100.0000	0	0.7143	66.6667	125.0000
2	C2	100.0000	<=	100.0000	0	0.8571	80.0000	123.0769
3	C3	57.1429	<=	120.0000	62.8571	0	57.1429	M
4	C4	114.2857	<=	200.0000	85.7143	0	114.2857	M

图 3-20

最优解为 $X = (14.2857, 0, 0, 14.2857)^T$，最优值为 $z^* = 157.1429$。

 习 题

1. 写出以下问题的对偶问题

$$\max z = -x_1 + 2x_2$$

（1） $s.t. \begin{cases} 3x_1 + 4x_2 \leqslant 12 \\ 2x_1 - x_2 \geqslant 2 \\ x_1, x_2 \geqslant 0 \end{cases}$

$$\min z = 2x_1 + 3x_2 + 5x_3 + 6x_4$$

（2） $s.t. \begin{cases} x_1 + 2x_2 + 3x_3 + x_4 \geqslant 2 \\ -2x_1 - x_2 - x_3 + 3x_4 \leqslant -3 \\ x_1, x_2, x_3, x_4 \geqslant 0 \end{cases}$

$$\min z = 2x_1 + 3x_2 - 5x_3$$

（3） $s.t. \begin{cases} x_1 + x_2 - x_3 + x_4 \geqslant 5 \\ 2x_1 + x_3 \leqslant 4 \\ x_2 + x_3 + x_4 = 6 \\ x_1 \leqslant 0, \ x_2 \geqslant 0, \ x_3 \geqslant 0, \ x_4 \ 无约束 \end{cases}$

2. 设原始问题为

$$\max z = 2x_1 + 3x_2$$

$$s.t. \begin{cases} x_1 + x_2 \leqslant 4 \\ x_2 \leqslant 3 \\ x_1, x_2 \geqslant 0 \end{cases}$$

（1）写出对偶问题。

（2）用图解法分别求出原始问题和对偶问题的各基础可行解，并求出各基础可行解的目标函数值，并比较它们的大小。

（3）验证原始问题和对偶问题的最优解满足 Kuhn-Tucker 最优性条件。

3. 根据表 3-61，求解以下问题

表 3-61

	Z	x_1	x_2	x_3	x_4	x_5	RHS
Z	1	0	-4	0	-4	-2	-40
X_3	0	0	1/2	1	1/2	0	5/2
X_1	0	1	-1/2	0	-1/6	1/3	5/2

根据表 3-61，求解以下问题。

（1）写出原始问题及对偶问题。

（2）从表 3-61 中直接求出对偶问题的最优解。

4. 对于以下线性规划问题

$$\max z = 2x_1 + 3x_2 + 6x_3$$

$$s.t. \begin{cases} x_1 + x_2 + x_3 \leqslant 10 \\ x_1 - x_2 + 3x_3 \leqslant 6 \\ x_1,\ x_2,\ x_3 \geqslant 0 \end{cases}$$

（1）写出对偶问题。

（2）写出原始问题所有的基，判断这些是否为原始可行基，是否为对偶可行基。

（3）求出原始问题和对偶问题的最优解。

5. 对于以下问题

$$\max z = 4x_1 + 6x_2 - x_3$$

$$s.t. \begin{cases} x_1 + x_2 + 2x_3 \leqslant 6 \\ x_1 + 4x_2 - x_3 \leqslant 4 \\ x_1,\ x_2,\ x_3 \geqslant 0 \end{cases}$$

（1）写出对偶问题。

（2）用单纯形表求解原始问题，求出每一次迭代的当前基 B 对应的对偶变量 $W^T = C_B^T B^{-1}$，并判断每次得到的对偶变量是否满足对偶可行条件。

6. 用对偶单纯形法求解以下问题

$$\min z = 4x_1 + 6x_2 + 18x_3$$

（1）
$$s.t. \begin{cases} x_1 + 3x_3 \geqslant 3 \\ x_2 + 2x_3 \geqslant 5 \\ x_1,\ x_2,\ x_3 \geqslant 0 \end{cases}$$

$$\min z = 10x_1 + 6x_2$$

（2）
$$s.t. \begin{cases} x_1 + x_2 \geqslant 3 \\ 2x_1 - x_2 \geqslant 6 \\ x_1,\ x_2 \geqslant 0 \end{cases}$$

7. 对于以下问题

$$\min z = x_1 + x_2$$

$$s.t. \begin{cases} 2x_1 + x_2 \geqslant 3 \\ x_1 + 4x_2 \geqslant 4 \\ x_1 + 2x_2 \geqslant 3 \\ x_1,\ x_2 \geqslant 0 \end{cases}$$

（1）用图解法画出可行域和各个极点。

（2）用对偶单纯形表求解以上问题，并在图上画出迭代路线，写出初始单纯形表。

8. 已知以下线性规划问题

$$\max z = 2x_1 + x_2 - x_3$$

$$s.t. \begin{cases} x_1 + 2x_2 + x_3 \leq 8 \\ -x_1 + x_2 - 2x_3 \leq 4 \\ x_1, \ x_2, \ x_3 \geq 0 \end{cases}$$

其最优单纯形表如表 3-62 所示。

表 3-62

	Z	x_1	x_2	x_3	x_4	x_5	RHS
Z	1	0	3	3	2	0	16
X_3	0	1	2	1	1	0	8
X_2	0	0	3	-1	1	1	12

（1）求使最优基保持不变的 $c_2=1$ 的变化范围。如果 c_2 从 1 变成 5，最优基是否变化，如果变化，求出新的最优基和最优解。

（2）对 $c_1=2$ 进行灵敏度分析，求出 c_1 由 2 变为 4 的最优基和最优解。

（3）增加一个新的变量 X_6，它在目标函数中的系数 $c_6=4$，在约束条件中的系数向量为 $a_6 = \begin{pmatrix} 1 \\ 2 \end{pmatrix}$，求新的最优基和最优解。

（4）增加一个新的约束 $X_2 + X_3 \geq 2$，求新的最优基和最优解。

9. 某工厂用甲、乙、丙三种原料生产 A、B、C、D 四种产品，每种产品消耗原料定额以及三种原料的数量如表 3-63 所示。

表 3-63

产品	A	B	C	D	原料数量（吨）
对原料甲的消耗（吨/万件）	3	2	1	4	2400
对原料乙的消耗（吨/万件）	2	—	2	3	3200
对原料丙的消耗（吨/万件）	1	3	—	2	1800
单位产品的利润（万元/万件）	25	12	14	15	

（1）求使总利润最大的生产计划和按最优生产计划生产时三种原料的耗用量和剩余量。

（2）求四种产品的利润在什么范围变化，最优生产计划不会变化。

（3）求三种原料的影子价格和四种产品的机会成本，并解释最优生产计划中有的产品不安排生产的原因。

（4）在最优生产计划下，哪一种原料更为紧缺？如果甲原料增加 120 吨，这时紧缺程度是否有变化？

第 4 章
整数规划

本章内容简介

在前面讨论的线性规划问题中，某些问题的最优解可能是小数或者分数，但对于具体的问题，常会遇到要求决策变量取离散的非负整数值的情况。例如，最优调度的车辆数、设置的销售网点数、指派工作的人数等。

这类问题在形式上与线性规划类似，只是比线性规划增加了某些约束条件，来限制全部或部分决策变量必须取离散的非负整数值，我们称之为整数线性规划问题，也经常简称为整数规划问题；如果决策变量中部分变量为非负整数，则称为混合整数规划问题；如果所有决策变量的取值仅限于 0 和 1，则称为 0-1 整数规划问题。本章把整数规划限定整数线性规划的范围内。

教学建议

了解整数规划模型的特点及与一般线性最优化模型的区别，它们的基本概念、定义、定理；掌握整数规划模型的建立；熟练掌握整数规划分支定界法和割平面法；掌握求解 0-1 整数规划的隐枚举法；熟练掌握求解指派问题的匈牙利法；了解非标准指派问题的处理方法；掌握对实际管理问题的分析。

本章重点

分支定界法、割平面法、匈牙利法、隐枚举法。

本章难点

整数规划问题的实际应用建模。

4.1 整数规划的数学模型

前面我们学习的线性规划模型中的决策变量的取值是非负的连续型变量，所以，这些模型的最优解不一定是整数解，但是，实际问题当中，当决策变量代表产品个数、人员的个数、投资场所的投资等问题时，只有这些变量满足整数的要求才有意义，因此在线性规划模型中增加决策变量是非负整数的限制，我们称之为整数规划问题（Integer Programming，简称 IP）。

整数规划问题的数学模型　　　　　线性规划问题的数学模型

$$\max(\min)z = \sum_{j=1}^{n} c_i x_j \qquad \max(\min)z = \sum_{j=1}^{n} c_i x_j$$

$$s.t. \begin{cases} \sum_{j=1}^{n} c_i x_j \leqslant (=或\geqslant)b_i, i=1,2\cdots,m \\ x_j \geqslant 0, j=1,2\cdots,n \\ x_1,x_2,\cdots,x_n,部分或者全部为整数 \end{cases} \qquad s.t. \begin{cases} \sum_{j=1}^{n} c_i x_j \leqslant (=或\geqslant)b_i, i=1,2\cdots,m \\ x_j \geqslant 0, j=1,2\cdots,n \end{cases}$$

从上面的数学模型可以发现，线性规划模型与整数规划模型形式上差不多，整数规划的解是离散的正整数，整数规划问题去掉整数约束——x_j 为整数，这个整数规划问题就变成了线性规划，我们这里称该线性规划问题是整数规划问题的松弛问题。

整数规划的几种类型：

① 在整数规划中，如果所有的变量都为非负整数，则称为纯整数规划问题。

② 如果有一部分变量为非负整数，则称之为混合整数规划问题。

③ 所有决策变量均要求为 0 或 1，则称之为纯 0-1 整数规划。

④ 部分决策变量要求为 0 或 1，则称之为混合 0-1 整数规划。

4.1.1　人力资源安排

例 4-1　某服务部门各时段（每时段 2 小时）需要的服务员人数见表 4-1。按规定，服务员连续工作 8 小时（即四个时段）为一班。现要求安排服务员的工作时间段，使服务部门服务员总数最少。

表 4-1

时段	1	2	3	4	5	6	7	8
服务员最少数目	10	8	9	11	13	8	5	3

解：设在第 j 时段开始上班的服务员人数为 x_j。由于第 j 时段开始上班的服务员将在第 $(j+3)$ 时段结束时下班，故决策变量只需要考虑 x_1，x_2，x_3，x_4，x_5。

建立数学模型

$$\min z = x_1 + x_2 + x_3 + x_4 + x_5$$

约束条件　　$s.t. \begin{cases} x_1 \geqslant 10 \\ x_1 + x_2 \geqslant 8 \\ x_1 + x_2 + x_3 \geqslant 9 \\ x_1 + x_2 + x_3 + x_4 \geqslant 11 \\ x_2 + x_3 + x_4 + x_5 \geqslant 13 \\ x_3 + x_4 + x_5 \geqslant 8 \\ x_4 + x_5 \geqslant 5 \\ x_5 \geqslant 3 \\ x_1, x_2, x_3, x_4, x_5 \geqslant 0, 且均取整数值 \end{cases}$$

4.1.2　场所选择

例4-2　现有资金总额700万元。可供选择的投资项目有7个，每个项目所需投资额和预期收益由于地点不同都是不一样的，预测情况如表 4-2 所示，此外由于种种原因，有三个附加条件：

① 若选择项目 1，就必须同时选择项目 2。反之不一定。

② 项目 3 和 4 中至少选择一个。

③ 项目 5，6，7 中恰好选择 2 个。

不超过总投资额，应该怎样选择投资项目，才能使总预期收益最大？

表4-2 单位／万元

	A_1	A_2	A_3	A_4	A_5	A_6	A_7
投资额	100	120	150	80	90	100	60
期望收益	30	40	50	25	40	40	30

解：对每个投资项目都有被选择和不被选择两种可能，因此分别用 0 和 1 表示，令 x_j 表示第 j 个项目的决策选择，记为

$$x_j = \begin{cases} 1 & , \text{对项目 } j \text{ 投资} \\ 0 & , \text{对项目 } j \text{ 不投资} \end{cases} (j=1,2,\cdots,7)$$

这样我们建立如下数学模型

$$\max z = 30x_1 + 40x_2 + 50x_3 + 25x_4 + 40x_5 + 40x_6 + 30x_7$$

约束条件　$s.t.$ $\begin{cases} 100x_1 + 120x_2 + 150x_3 + 80x_4 + 90x_5 + 100x_6 + 60x_7 \leqslant 700 \\ x_2 \geqslant x_1 \\ x_3 + x_4 \geqslant 1 \\ x_5 + x_6 + x_7 = 2 \\ x_j = 0 \text{ 或者 } 1 \ (j=1,2,\cdots,7) \end{cases}$

4.1.3　指派问题

例4-3　人事部门欲安排四个人到四个不同岗位工作，每个岗位只安排一个人，每个人只干一项工作。经考核四人在不同岗位的成绩（百分制）如表 4-3 所示，如何安排他们的工作使总成绩最好。

表4-3

人员＼工作	A	B	C	D
甲	85	92	73	90
乙	95	87	78	95
丙	82	83	79	90
丁	86	90	80	88

解：引入 0-1 变量，令 $x_{ij}=\begin{cases} 1 & 分配第\,i\,人做\,j\,工作时 \\ 0 & 不分配第\,i\,人做\,j\,工作时 \end{cases}$

目标为如何安排工作使得总成绩最好

$$\max z=85x_{11}+92x_{12}+73x_{13}+90x_{14}+95x_{21}+87x_{22}++78x_{23}+95x_{24}+82x_{31}+83x_{32}+$$
$$79x_{33}+90x_{34}+86x_{41}+90x_{42}+80x_{43}+88x_{44}$$

要求每人干一项工作

$$x_{11}+x_{12}+x_{13}+x_{14}=1，甲只能干一项工作$$
$$x_{21}+x_{22}+x_{23}+x_{24}=1，乙只能干一项工作$$
$$x_{31}+x_{32}+x_{33}+x_{34}=1，丙只能干一项工作$$
$$x_{41}+x_{42}+x_{43}+x_{44}=1，丁只能干一项工作$$

每项工作仅有一个人来干

$$x_{11}+x_{21}+x_{31}+x_{41}=1，A工作只能由一个人干$$
$$x_{12}+x_{22}+x_{32}+x_{42}=1，B工作只能由一个人干$$
$$x_{13}+x_{23}+x_{33}+x_{43}=1，C工作只能由一个人干$$
$$x_{14}+x_{24}+x_{34}+x_{44}=1，D工作只能由一个人干$$

变量约束

$$x_{ij}=0或1；i,\ j=1，2，3，4$$

4.1.4 固定费用问题

例 4-4 有三种资源被用于生产三种产品，资源量、单位成本、单价、资源单耗量及不管产品生产的数量是多少，都要支付一定的固定费用见表 4-4。要求制订一个生产计划使总收益最大。

表 4-4

产品 资源	I	II	III	资源量
A	2	4	8	500
B	2	3	4	300
C	1	2	3	100
单件成本	4	5	6	
固定费用	100	150	200	
单价	8	10	12	

解：设 x_i 为生产第 i 种产品的产量。y 为 0-1 变量，即：

$$y_i=\begin{cases} 1，当生产第\,i\,种产品 \\ 0，当不生产第\,i\,种产品 \end{cases}$$

这样扣除固定费用的最大利润的目标函数为

$$\text{Max } z=4x_1+5x_2+6x_3-100y_1-150y_2-200y_3$$

约束条件：

首先写出分别表示资源 A、B、C 的资源限制

$$2x_1 + 4x_2 + 8x_3 \leq 500$$
$$2x_1 + 3x_2 + 4x_3 \leq 300$$
$$x_1 + 2x_2 + 3x_3 \leq 100$$

然后，为了避免出现某种产品没有投入固定费用就生产这样一种不合理的情况，因而加上以下约束，这里的 M 是充分大的数

$$x_1 \leq My_1$$
$$x_2 \leq My_2$$
$$x_2 \leq My_2$$

综上所述，得到该问题的数学模型

$$\text{Max } z = 4x_1 + 5x_2 + 6x_3 - 100y_1 - 150y_2 - 200y_3$$

$$s.t. \begin{cases} 2x_1 + 4x_2 + 8x_3 \leq 500 \\ 2x_1 + 3x_2 + 4x_3 \leq 300 \\ x_1 + 2x_2 + 3x_3 \leq 100 \\ x_1 \leq My_1 \\ x_2 \leq My_2 \\ x_2 \leq My_2 \\ x_i \geq 0;\ y_i = 0\text{ 或 }1;\ i = 1, 2, 3 \end{cases}$$

4.2　纯整数规划求解

为了满足整数解的要求，初步看起来，对原问题的松弛问题的非整数解经过"四舍五入"或者"去尾法"化为整数就可以了，但是经过上述方法的整数解不见得是可行解，或即使是可行解也不一定是最优解；所以求最优整数最优解的问题有必要另行研究，这也是近几十年规划论中的一个重要分支。

4.2.1　整数规划问题图解法

例 4-5

$$\max z = x_1 + x_2$$

$$\begin{cases} 14x_1 + 9x_2 \leq 51 \\ -6x_1 + 3x_2 \leq 1 \\ x_1,\ x_2 \geq 0\text{且为整数} \end{cases}$$

解：首先不考虑整数约束，即将问题中的最后一个约束条件 x_1，x_2 为整数去掉，得到线性规划问题（一般称为松弛问题）。

$$\max z = x_1 + x_2$$

$$\begin{cases} 14x_1 + 9x_2 \leq 51 \\ -6x_1 + 3x_2 \leq 1 \\ x_1,\ x_2 \geq 0 \end{cases}$$

我们可以用前面学过的图解法或者单纯形法求出最优解为：$x_1 = 3/2$，$x_2 = 10/3$，且最优值 $z = 29/6$。

如图 4-1 所示，用"四舍五入"或者"去尾法"取整可得到 4 个点即 (1,3)，(2,3)，(1,4)，(2,4)。显然，它都不可能是整数规划的最优解。

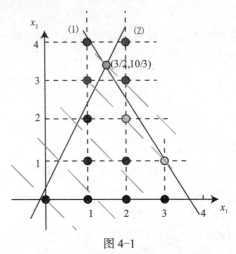

图 4-1

按整数规划约束条件，其可行解肯定在线性规划问题的可行域内且为整数。故整数规划问题的可行解集是一个有限集，如图 4-1 所示。其中 (2,2)，(3,1) 点的目标函数值最大，即为 $z = 4$。

从这个例 4-4 我们可以看出相应的线性规划的可行域包含了整数规划的可行解，整数规划问题的可行解集合是它松弛问题可行解集合的一个子集，任意两个可行解的凸组合不一定满足整数约束条件，因而不一定仍为可行解；整数规划问题的可行解一定是它的松弛问题的可行解（反之不一定），但其最优解的目标函数值不会优于后者最优解的目标函数值，并可得到以下性质。

性质 1　任何求最大目标函数值的纯整数规划或混合整数规划的最大目标函数值小于或等于相应的线性规划的最大目标函数值；任何求最小目标函数值的纯整数规划或混合整数规划的最小目标函数值大于或等于相应的线性规划的最小目标函数值。

所以，我们从例 4-4 也能看出，将相应线性规划的最优解"化整"来解原整数规划，虽是最容易想到的，但往往得到的不是最优整数解，甚至根本不是可行解。

在求解整数规划问题时，如果可行域是有界的，不妨我们像例 4-4 那样穷举变量的所有可能组合，如我们在图中标注的所有"●"号的点那样，然后比较它们的目标函数值找到最优解。这种穷举法适用于小型的问题，变量数少，可行的整数组合也很少的时候是有效的。对于大型问题，变量个数比较多，穷举法的工作量非常大，因此我们有必要对整数规划的解法进行研究，下面我们分别介绍"分支定界法"和"割平面法"。

4.2.2　分支定界法

分支定界法是 20 世纪 60 年代初由 Land Doig 和 Dakin 等人提出来的，它既能解决纯整数规划的问题，又能解决混合整数规划的问题。大多数求解整数规划的商用软件就是基于分支定界法而编制成的。

原问题的松弛问题：任何整数规划（IP），凡放弃某些约束条件（如整数要求）后，所得到的问题（LP）都称为整数规划（IP）的松弛问题。

分支定界法是先求解整数规划问题的相应的线性规划问题。如果其最优解不符合整数条件，则求出整数规划的上下界，用增加约束条件的方法，并把相应的线性规划的可行域分成子区域（分支），再求解这些子区域上的线性规划问题，不断缩小整数规划的上下界的距离，最后取得整数规划的最优解。简言之，分支定界法的基本思想是首先不考虑变量的整数约束，求解相应的线性规划问题即原问题的松弛问题，得到线性规划的最优解。分支定界法的关键是分支和定界。

分支定界法的基本步骤：

（1）求整数规划的松弛问题最优解；若松弛问题的最优解满足整数要求，得到整数规划的最优解，否则转下一步。

（2）若松弛问题无可行解，则原整数规划问题也无可行解，计算结束。

（3）若松弛问题有最优解，但其各分量不全是整数，则这个解不是原整数规划的最优解，再进行分支、定界、剪支：

分支：从最优解中任意选一个非整数解的变量 x_i，在松弛问题中加上约束：$x_i \leqslant [x_i]$ 和 $x_i \geqslant [x_i]+1$，从而组成两个新的松弛问题，称为分枝，把这两个约束条件加进原问题中，形成两个互不相容的子问题（两分法）。

定界：当原问题是求最大值时，目标函数值是分支问题的上界 $\overline{Z}$，从已符合整数条件的各分支中，找到整数解中对应的最小目标函数值作为下界 $\underline{Z}$；当原问题是求最小值时，目标函数值是分支问题的下界 $\underline{Z}$，从已符合整数条件的各分支中，找到目标函数值为最小者作为上界 $\overline{Z}$。

剪支：检查所有分支的解及目标函数值，若某分支的解是整数并且目标函数值大于等于其他分枝的目标值，则将其他分枝剪去不再计算，或者各分支的最优目标函数中有小于 $\underline{Z}$ 者，则剪掉这支，以后不用再考虑。若还存在非整数解并且目标函数值大于整数解的目标函数值，需要继续分支，重复分支、定界、剪支，直到 $\overline{Z} = \underline{Z}$ 为止得到最优整数解。

例 4-6　用分支定界法求解整数规划问题 A

$$\max Z = 4x_1 + 3x_2$$
$$s.t.\, 3x_1 + 4x_2 \leqslant 12$$
$$4x_1 + 2x_2 \leqslant 9$$
$$x_1,\ x_2 \geqslant 0 \text{ 且都为整数}$$

解：

① 用单纯形法或图解法可解的相应松弛问题的最优解：

$$x_1=6/5,\ x_2=21/10;$$

最优值 $Z=111/10$，如图 4-2 所示。

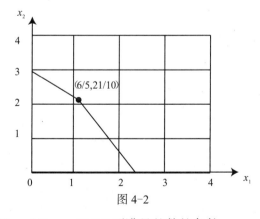

图 4-2

由此可见，该最优解 $x_1=6/5$，$x_2=21/10$ 不满足整数的条件。

② 确定整数规划的最优目标函数值 Z^* 的初始上界 $\overline{Z}$ 和下界 $\underline{Z}$：

由性质 1 可知，线性规划问题的最优目标函数值 $Z_0=111/10$ 是该整数规划问题 A 的最优目标函数值 Z^* 作为各分支的上界，记作 $\overline{Z}=Z_0=111/10$。

再用观察法求出该整数规划的一个可行解，并求出其目标函数值，作为该整数规划的最优目标函数值的下界 $\underline{Z}$，$x_1=0$，$x_2=0$，显然它们是问题 A 的一个整数解，这时 $Z=0$，作为 Z^* 的一个下界，记作 $\underline{Z}=0$ 即 $0 \leqslant Z^* \leqslant 111/10$。

③ 将线性规划问题用分支定界法分支，再求解：

从最优解 $x_1=6/5$，$x_2=21/10$ 中任意选一个最远离整数的那个变量 x_i，在松弛问题中加上约束：$x_i \leqslant [x_i]$ 和 $x_i \geqslant [x_i]+1$，从而组成两个新的松弛问题，问题 A 的最优解对变量 $x_1=6/5$ 分支，原问题分别增加两个约束条件 $x_1 \leqslant 1$，$x_2 \geqslant 2$，将原问题分解成两个互不相容的子问题 (A_1) 和 (A_2)，给每支增加一个约束条件，进行第一次迭代。

$$(A_1)$$
$$\max Z = 4x_1 + 3x_2$$
$$s.t. \begin{cases} 3x_1 + 4x_2 \leqslant 12 \\ 4x_1 + 2x_2 \leqslant 9 \\ \leqslant 1 且为整数 \\ x_1, x_2 \geqslant 0 \end{cases}$$

$$(A_2)$$
$$\max Z = 4x_1 + 3x_2$$
$$s.t. \begin{cases} 3x_1 + 4x_2 \leqslant 12 \\ 4x_1 + 2x_2 \leqslant 9 \\ x_1 \geqslant 2 且为整数 \\ x_1, x_2 \geqslant 0 \end{cases}$$

如图 4-3 所示，问题 (A_1) 的最优解 $(1, 9/4)$，$Z_1=10(3/4)$ 和问题 (A_2) 的最优解 $(2, 1/2)$，$Z_2=9(1/2)$ 没有得到全部变量都是整数的解。

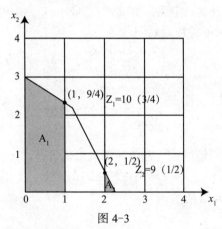

图 4-3

④ 修改整数规划的最优目标函数值的上、下界：

从问题 (A_1) 和 (A_2) 的最优值来看，因为 $Z_1 > Z_2$，所以 $\overline{Z}$ 改为 $10(3/4)$，即 $0 \leqslant Z^* \leqslant 10(3/4)$。

⑤ 再分支：继续对问题 (A_1) 和 (A_2) 进行分支，因为 $Z_1 > Z_2$，所以先分支问题 (A_1) 为两支。问题 (A_1) 分别增加约束条件 $x_2 \leqslant 2$，$x_2 \geqslant 3$，将问题 (A_1) 分解成子问题 (A_3) 和 (A_4)，如图 4-4 所示。在图 4-4 中舍去 $2 < x_2 < 3$ 之间的可行域，再进行第二次迭代。

可见分支 (A_3) 的最优解 $(1, 2)$，$Z_3=10$；(A_4)，$(0, 3)$ $Z_4=9$

⑥ 进一步修改上、下界为，剪枝：两组解都已经是整数解且 $Z_3 > Z_4 > Z_2$，所以此时修改整数规划问题的上界 $\overline{Z}$，改为 10，此时的最优解 $(1, 2)$ 又是整数解，可取 $\underline{Z}=10$，此时上、下界相等。Z_2 和 Z_4 不在上下界范围内，因此剪掉 A_2 和 A_4 两支。于是可以断定 $Z_3 = \underline{Z} = Z^*=10$，分支 (A_3) 的解 $x_1=1$，$x_2=2$ 为最优整数解。

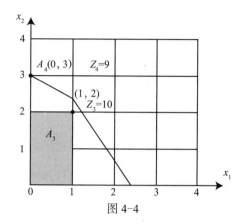

图 4-4

图 4-5 是该例题的求解过程及求解结果。

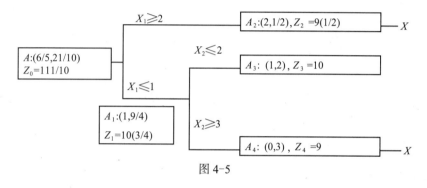

图 4-5

性质 2 当整数规划的最优目标函数值的上界等于其下界时，该整数规划的最优解已被求出，这个整数规划的最优解即为其目标函数值取此下界的对应线性规划问题的整数可行解。该例题中由于上界 $\overline{Z}$ = 下界 $\underline{Z}$ =10，所以此整数规划问题的最优整数解 x_1=1，x_2=2，最优值为 10。

4.2.3 割平面法

割平面法是 1958 年美国学者 R.EGomory 提出的，它的基本思想是先不考虑变量取整数的约束，求解相应的线性规划，然后不断增加线性约束条件即割平面，将原可行域割掉不含整数可行解的一部分，最终得到一个具有整数坐标点的可行域，而该顶点恰好是原整数规划问题的最优解。

割平面法的计算步骤：

（1）用单纯形法求解（IP）对应的松弛问题（LP）：

① 若 LP 没有可行解，则 IP 也没有可行解，停止计算。

② 若 LP 有最优解，并符合 IP 的整数条件，则 LP 的最优解就是 IP 的最优解，停止计算。

③ 若（LP）有最优解，但不符合 IP 的整数条件，转入步骤 2。

（2）求割平面方程：

① 从 LP 的最优解中，任选一个不为整数的分量 x_r，由单纯形表的的最优表得到

$$x_r + \sum_j a_{rj} x_j = b_r \tag{4-1}$$

其中 i 是基变量的下标集合，j 是非基变量的下标集合。

将最优单纯形表中该行的系数 a_{rj}，b_r 分解为整数部分 N 与非负真分数 f 之和

$$b_r = N_r + f_r,\text{其中}0 < f_r < 1$$

$$a_{rj} = N_{rj} + f_{rj},\text{其中}0 \leq_r f_j < 1 \qquad (4\text{-}2)$$

假如：$b_r = -1.55$，则$N = -2$，$f = 0.55$

$b_r = 1.55$，则$N = 1$，$f = 0.55$

② 将（4-2）代入（4-1）中移项得到

$$x_r + \sum_j N_{rj} x_j - N_r = f_r - \sum_j f_{rj} x_j \qquad (4\text{-}3)$$

③ 因为变量都为非负整数，所以等式（4-3）中，左边必须是整数；因为$0 \leq f_{rj}$且x_j为非负整数，所以$\sum_j f_{rj} x_j \geq 0$；又因为f_r为非负真分数，所以$f_r - \sum_j f_{rj} x_j \leq f_r < 1$；此时由$f_r - \sum_j f_{rj} x_j$是整数得出，$f_r - \sum_j f_{rj} x_j \leq 0$，即求出下面割平面方程

$$\sum_j^n (-f_{ik}) x_k \leq -f_i \qquad (4\text{-}4)$$

$$\downarrow \qquad \downarrow$$

a_{ik}的小数部分　　b_i的小数部分

（3）将所得的割平面方程作为一个新的约束条件置于最优单纯形表中（同时增加一个单位列向量），用对偶单纯形法求出新的最优解，返回步骤（1）。

总结，切割方程真正进行了切割，没有割掉整数解，至少把非整数最优解这一点割掉了，这是因为相应的线性规划问题的任意整数可行解都满足

$$\sum_k^n (-f_{ik}) x_k \leq -f_i \qquad (4\text{-}5)$$

图 4-6 是割平面法的算法流程图。

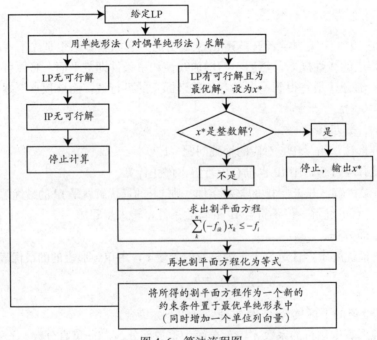

图 4-6　算法流程图

4.3 0-1 规划求解(隐枚举法)

0-1 整数规划是一种特殊整数规划，它的每一个变量取值仅限于 0 或者 1，所以求解 0-1 整数规划最容易想到的就是采用穷举法，检查每个变量去 0 或 1 的所有组合，从而找到满足约束条件的组合，并找到最优的目标函数值。但是采用穷举法来求解该类问题仅限于变量个数较少的情况，如果变量个数比较多就不太适用了，比如有 m 个变量，n 个约束条件，则可以产生 $2m$ 个可能的变量组合，完全枚举法要进行 $2m*n$ 次检查是否满足约束条件，还要进行 $2m$ 次计算目标函数，所以当变量个数较多时，采用完全枚举法是不太可能的。因此，采用一种只需检查全部变量中的一部分就可以求得问题的最优解的方法即隐枚举法是很有必要的。目前求解 0-1 规划的各种方法都是在穷举法的基础上采用不同的技术来减少求解计算的工作量。

隐枚举法的步骤：

（1）找到任意一个可行解，目标函数值为 Z_0。

（2）原问题是求最大值时，任意找一个可行解，代入目标函数则增加一个约束条件 $c_1x_1 + c_2x_2 + \wedge \cdots + c_nx_n \geq Z_0$ 为过滤条件（0），增加的该约束条件在此根据它的目标函数值产生一个过滤条件；当原问题是求最小值时，则增加一个约束条件即上式改为小于等于约束 $c_1x_1 + c_2x_2 + \wedge \cdots + c_nx_n \leq Z_0$ 作为过滤条件（0），此时 Z_0 为过滤值。

（3）列出所有可能解，对每个可能解代入过滤条件，过滤条件满足的话检查其他约束条件是否都满足，如果过滤条件和所有约束条件都满足，则认为此解是可行解，求出目标函数值，并以此目标函数值作为新的过滤值，新的过滤条件替代原来的过滤条件，以此类推，不断改进过滤值、过滤条件。

（4）目标函数值最大（最小）的解就是最优解。

例 4-7 有以下 0-1 规划

$$\max Z = 6x_1 + 2x_2 + 3x_3$$

$$\begin{cases} x_1 + 2x_2 + x_3 \leq 3 & (1) \\ 3x_1 - 5x_2 + x_3 \geq 2 & (2) \\ 2x_1 + x_2 + x_3 \leq 4 & (3) \\ x_j = 0 或 1 , \quad j = 1, 2, 3 \end{cases}$$

解：找到任意一可行解 $X = (1, 0, 0)$ 是一可行解，$Z_0 = 6$。加上一个约束条件

$$6x_1 + 2x_2 + 3x_3 \geq 6 \qquad (0)$$

我们后加的条件（0）称为过滤条件，原问题的约束条件就变成了 4 个，这样看起来增加了检查可行性的工作量。其实，由于目标函数本来就要计算，所以相当于计算量并没有增加，如果这道题采用穷举法的话，该题有 3 个变量，每个变量取 0 或 1，所以有 $2^3 = 8$ 种变量组合，原来有 3 个约束条件，共需做 8*3=24 次运算，再加上目标函数的计算总共 32 次。但是采用这种增加过滤条件的方法可以减少一定的计算工作量。首先列出所有可能解，我们先将约束条件（0）～（3）的顺序排好，如表 4-5 所示，先检验这 8 个解代入目标函数即约束条件（0）的左侧，看其是否符合过滤条件，如果符合进而检查此解是否满足其他约束条件，如果不符合就不必再检查其他约束条件，同理，再检查其他约束条件时，前面的约束条件不满足，就没有必要再检查后面的约束条件了，从而减少了运算的次数；若满足过滤条件且所有约束都满足，则认为此解是可行解，求出目标函数值，并以此作为新的过滤条件替代原来

的过滤条件，以此类推，不断改进过滤值。

计算过程见表4-5，用列表的方法检验每种组合解是否可行，满足约束条件打上记号"√"，不满足约束打上记号"×"，实际的计算次数为14次。

表 4-5

解 (x_1, x_2, x_3)	约束条件左边值				是否满足条件	Z
	约束（0）	约束（1）	约束（2）	约束（3）		
(1，1，1)	11	4			×	
(1，1，0)	8	3	−2		×	
(1，0，1)	9	3	4	3	√	9
(1，0，0)	6	—	—	—	×	
(0，1，1)	5	—			×	
(0，1，0)	2	—	—		×	
(0，0，1)	3	—			×	
(0，0，0)	0	—	—	—	×	

由上表可知，x=(1，0，1) 是最优解，最优值 $Z=9$。

在运算的过程中，当遇到某一可行解的 Z 值超过过滤条件的（0）的右边值，此时，我们应当改变过滤条件（0），使右边值为迄今为止可行解对应的最大目标函数值。如表4-5，计算到解（1，0，1）时，$Z=9$，所以此时我们将过滤条件改成

$$6x_1+2x_2+3x_3 \geqslant 9 \tag{0}$$

对过滤条件的改进减少了计算量。

为了进一步减少运算量，常按照目标函数中各变量的系数大小顺序重新排列各个变量，这样可使得最优解较快出现。对于最大化问题，可按从大到小的顺序排列。上例可写成如下形式

$$\max Z = 6x_1 + 3x_3 + 2x_2$$

$$\begin{cases} x_1 + x_3 + 2x_2 \leqslant 3 & (1) \\ 3x_1 + x_3 - 5x_2 \geqslant 2 & (2) \\ 2x_1 + x_3 + x_2 \leqslant 4 & (3) \\ x_j = 0 \text{ 或 } 1, \ j = 1,2,3 \end{cases}$$

解：找到任一可行解 x=（1，0，0）是一可行解，$Z_0=6$。加上一个约束条件

$$6x_1+2x_2+3x_3 \geqslant 6 \tag{0}$$

求解过程见表4-6，此列中，目标函数重新改写成 $\max Z = 6x_1 + 3x_3 + 2x_2$。由于该问题的最大值上限不会超过11（即 $x_1=1$，$x_3=1$，$x_2=1$ 时），又因为此时的解不是可行解，所以最大值不会超过9（即 $x_1=1$，$x_3=1$，$x_2=0$ 时），将此解代入约束条件（1）（2）（3），验证此时的解为可行解，所以它是最优解。由此可见，计算过程更加简化了，只计算了7次。

表 4-6

解 (X_1, X_3, X_2)	约束条件左边值				是否满足条件	Z
	约束（0）	约束（1）	约束（2）	约束（3）		
(1, 1, 1)	11	4	—	—	×	6
(1, 1, 0)	9	3	4	3	√	9

例 4-8　有以下 0-1 整数规划

$$\max Z = 6x_1 + 3x_2 + 2x_3$$

$$\begin{cases} x_1 + 2x_2 + x_3 \leqslant 3 & (1) \\ 3x_1 - 5x_2 + x_3 \geqslant 2 & (2) \\ 2x_1 + x_2 + x_3 \leqslant 4 & (3) \\ x_j = 0 \text{ 或 } 1, \ j = 1, 2, 3 \end{cases}$$

解：此问题是求目标函数的最小值，目标函数已经按变量系数的大小排列好，无须调整，由上式可知，目标函数值的下限是 0，即 $x_1=0$，$x_2=0$，$x_3=0$ 时，但是该变量组合不是可行解，其他的 Z 值从低到高依次为 $Z=2, 3, 5$，此时也不是可行解，依次类推为找到可行解，逐渐增加过滤条件的右端值，只要一找到可行解，该解就是最优解，如表 4-7 所示。

表 4-7

解 (x_1, x_2, x_3)	约束条件左边值				是否满足条件	Z
	约束（0）	约束（1）	约束（2）	约束（3）		
(0, 0, 0)	0	0	—	—	×	
(0, 0, 1)	2	1	1	—	×	
(0, 1, 0)	3	2	-5	—	×	
(0, 1, 1)	5	3	-4	—	×	
(1, 0, 0)	6	1	3	2	√	6

因此，我们求出这个 0-1 整数规划问题的最优解 $x_1=1$，$x_2=0$，$x_3=0$，$Z=6$。

4.4　指派问题

4.4.1　指派问题的标准形式及其数学模型

在现实生活中有各种各样的指派问题（assignment problem）。比如：有 n 项工作，恰好有 n 个人去承担，每个人的特长不同，做每项工作的效率不同，现在假设指派每一个人去完成一项工作，应怎样把 n 项工作指派给 n 个人，使完成这 n 项工作的总效率最高，消耗的总资源最少。比如有若干教师需要安排在各教室上课；再比如，n 台机床加工 n 项任务；n 条航线有 n 条船去航行等诸如此类的问题，它们的基本要求都是满足特定条件下，使指派方案的总体效果最佳。

指派问题的标准形式（如下例）：有 n 项工作，恰好有 n 个人去承担，每个人的特长不同，做每项工作的时间 c_{ij}（i, $j=1, 2, \cdots, n$）不同，现在假设指派每一个人去完成一项工作，应怎样把 n 项工作指派给 n 个人，使完成这 n 项工作消耗的总时间最少。

在这里 c_{ij}（i，$j=1$，2，$\cdots$，n）是指派问题的系数矩阵，根据问题不同，这个系数矩阵有不同的含义，c_{ij} 可以是第 i 人做第 j 件事的时间、金钱费用、原材料成本等。

假设 $x_{ij} = \begin{cases} 1, & \text{若指派第 } i \text{ 个人干第 } j \text{ 项工作} \\ 0, & \text{若不指派第 } i \text{ 个人干第 } j \text{ 项工作} \end{cases}$ i，$j=1$，2，$\cdots$，n

数学模型

$$\min z = \sum_{i=1}^{n} \sum_{j=1}^{n} c_{ij} x_{ij}$$

$$s.t. \begin{cases} \sum_{i=1}^{n} x_{ij} = 1, \ j=1,2\cdots,n & \text{每件事必有且只有一个人来做} \\ \sum_{j=1}^{n} x_{ij} = 1, \ j=1,2\cdots,n & \text{每个人必做且只做一件事} \\ x_{ij} = 0 \text{或} 1; \ i,j=1,2\cdots,n \end{cases}$$

4.4.2 匈牙利解法

从上面的数学模型看，标准的指派问题是一类特殊的整数规划问题，又是特殊的 0-1 规划问题和特殊的运输问题，它可以用多种方法来求解，但是这些方法都没有匈牙利法计算量小，匈牙利法充分利用了指派问题的特殊性质。

早在 1955 年库恩（W.W.Kuhn）就提出了指派问题的解法，该方法是以匈牙利数学家康尼格（D.KÖnig）提出的一个关于矩阵中 0 元素的定理为基础，因此得名匈牙利法（The Hungonrian Method of Assignment）。

（1）匈牙利解法的基本原理和解题思路。直观地讲，求指派问题的最优方案就是要在 n 阶系数矩阵中找出 n 个分布在不用行不同列的元素使得他们的和最小。

而指派问题的最优解又有这样的性质：若从系数矩阵 c_{ij} 的一行（列）各元素都减去该行（列）的最小元素，得到新矩阵 b_{ij}，那么以 b_{ij} 为系数矩阵求得的最优解和原系数矩阵 c_{ij} 求得的最优解相同。

由于经过初等变换得到的新矩阵 b_{ij} 中每行（列）的最小元素均为 "0"，因此求原指派问题 c_{ij} 的最优方案就等于在新矩阵 b_{ij} 中找出 n 个分布于不同行不同列的 "0" 元素（简称为 "独立 0 元素"），这些独立 0 元素就是 b_{ij} 的最优解，同时也是与其对应的原系数矩阵的最优解。

（2）匈牙利法的具体步骤。

第一步：使指派问题的系数矩阵经过变换在各行各列中都出现 0 元素。

①先将系数矩阵每行中的每个元素减去本行中的最小元素。

②再从系数矩阵的每列中的每个元素减去本列的最小元素。

第二步：进行试指派，以寻求最优解。

① 从含有 0 元素个数最少的行（列）开始，给某个 0 元素加圈，记作 ◎，然后划去与 ◎ 所在同行（列）的其他 0 元素，记作 ∅（注：从含 0 元素少的开始标记 ◎）。

② 重复进行（1）的操作，直到所有 0 元素都记作 ◎ 或 ∅，称作 "礼让原则"。

③ 按以上方法操作后，若 ◎ 元素数目 m 等于矩阵阶数 n，那么指派问题最优解已得到。若 $m < n$，则转入下一步。

第三步：做最少的直线覆盖所有的 0 元素，以确定该系数矩阵中能找到最多的独立 0 元素。

① 对没有 ◎ 的行打 √ 号。

② 对已打 √ 号的行中含有 Ø 元素所在的列打 √ 号。

③ 对已打 √ 号的列中含有 ◎ 元素所在的行打 √ 号。

④ 重复（2）、（3）直到得不到新打 √ 号的行和列为止。

⑤ 对没有 √ 号的行画一横线，有 √ 号的列画一竖线。如此便可以覆盖所有的 0 元素（注：这里的 0 元素是指 ◎ 或 Ø）。

第四步：以上画线的目的是为了选取新的最小元素，以便增加 0 元素，最后达到 ◎ 元素个数 m 等于矩阵的阶数 n。为此：

①在没有被直线覆盖的所有元素中找出最小元素，然后将没有被直线覆盖的每个元素都减去该最小元素，同时把打 "√" 的列中的每个元素加上该最小元素，以保证原 0 元素不变。

②按照第二步原则选取独立 0 元素。若得到 n 个 ◎ 元素，则已是该矩阵的最优解（同时也是原矩阵的最优解）；否则，回到第三步重复进行。

第五步：将第四步得到的最优解情况下的系数矩阵变换为解矩阵。将系数矩阵中的所有 ◎ 都变成元素 1，而其他元素均变成 0 元素，得到的新矩阵便为原指派问题的解矩阵，根据解矩阵中 1 元素所在的行、列数，确定派哪个人去做哪项任务 [注：在解矩阵（X_{ij}）中，$X_{ij}=0$ 元素表示不派第 i 个人去完成第 j 项任务，$X_{ij}=1$ 表示指派第 i 个人去完成第 j 项任务]。

对匈牙利法第二步画 Ø 行的说明：当指派问题的系数矩阵经过变换得到了同行和同列中都有两个或两个以上 0 元素时，这时可以任选一行（列）中某个 0 元素，再划去同行（列）其他 0 元素。这时会出现多重优化解，对应着多种最优的指派方案。如果出现此种情况，各位读者不必疑惑。

例 4-9　有一份工作，需译成英、日、德、俄四种文字，分别记作 A、B、C、D。现有甲、乙、丙、丁 4 人，他们将文件翻译成不同语种所需的时间如表 4-8 所示，问应指派何人去完成何种工作，使所需总时间最少？

表 4-8

任务 人员	A	B	C	D
甲	4	10	7	5
乙	2	7	6	3
丙	3	3	4	4
丁	4	6	6	3

解：原系数矩阵

$$\begin{pmatrix} 4 & 10 & 7 & 5 \\ 2 & 7 & 6 & 3 \\ 3 & 3 & 4 & 4 \\ 4 & 6 & 6 & 3 \end{pmatrix}$$

第一步：变换系数矩阵，使其每行每列都出现 0 元素。首先每行减去该行最小数，再每列减去该列最小数。

$$\begin{pmatrix}4&10&7&5\\2&7&6&3\\3&3&4&4\\4&6&6&3\end{pmatrix} \rightarrow \begin{pmatrix}0&6&3&1\\0&5&4&1\\0&0&1&1\\1&3&3&0\end{pmatrix} \rightarrow \begin{pmatrix}0&6&2&1\\0&5&3&1\\0&0&0&1\\1&3&2&0\end{pmatrix}$$

第二步：进行试分派，寻求最优解。

$$\begin{pmatrix}0&6&2&1\\0&5&3&1\\0&0&0&1\\1&3&2&0\end{pmatrix} \rightarrow \begin{pmatrix}\circledcirc&6&2&1\\\varnothing&5&3&1\\\varnothing&0&0&1\\1&3&2&\circledcirc\end{pmatrix} \rightarrow \begin{pmatrix}\circledcirc&6&2&1\\\varnothing&5&3&1\\\varnothing&\circledcirc&\varnothing&1\\1&3&2&\circledcirc\end{pmatrix}$$

第三步：反复进行第一、二两步，直到所有 0 元素都被圈出或划掉为止。若◎元素的数目等于矩阵的阶数，则分派问题的最优解已经得到，否则转向下一步。因为此时的指派中，◎元素的数目不等于矩阵的阶数，所以转向下一步。

第四步：做最少的直线覆盖所有的 0 元素，以确定该系数矩阵能找到最多的独立 0 元素。在未被直线覆盖的部分中找出最小元素，然后在打√行，各元素都减去这最小元素，而在打√列，各元素都加上这最小元素。这样得到新的系数矩阵（它的最优解和原问题相同）。

$$\begin{pmatrix}\circledcirc&6&2&1\\\Phi&5&3&1\\\Phi&\circledcirc&\varnothing&1\\1&3&2&\circledcirc\end{pmatrix} \rightarrow \begin{pmatrix}\circledcirc&6&2&\boxed{1}\\\Phi&5&3&1\\\Phi&\circledcirc&\Phi&1\\1&3&2&\circledcirc\end{pmatrix} \rightarrow \begin{pmatrix}0&5&1&0\\0&4&2&0\\1&0&0&1\\2&3&2&0\end{pmatrix}$$

第五步：调整后再指派。

$$\begin{pmatrix}0&5&1&0\\0&4&2&0\\1&0&0&1\\2&3&2&0\end{pmatrix} \rightarrow \begin{pmatrix}0&5&1&\Phi\\0&4&2&\Phi\\1&0&0&1\\2&3&2&\circledcirc\end{pmatrix} \rightarrow \begin{pmatrix}0&4&1&\Phi\\0&4&2&\Phi\\1&\circledcirc&\Phi&1\\2&3&2&\circledcirc\end{pmatrix}$$

$$\rightarrow \begin{pmatrix}\circledcirc&5&1&\Phi\\\Phi&4&2&\Phi\\1&\circledcirc&\Phi&1\\2&3&2&\circledcirc\end{pmatrix} \rightarrow \begin{pmatrix}\circledcirc&5&\boxed{1}&\Phi\\\Phi&4&2&\Phi\\1&\circledcirc&\Phi&1\\2&3&2&\circledcirc\end{pmatrix} \rightarrow \begin{pmatrix}0&4&0&0\\0&3&1&0\\2&0&0&2\\2&2&1&0\end{pmatrix}$$

第六步：调整后再指派。

$$\begin{pmatrix}0&4&0&0\\0&3&1&0\\2&0&0&2\\2&2&1&0\end{pmatrix} \rightarrow \begin{pmatrix}0&4&0&\Phi\\0&3&1&\Phi\\2&0&0&2\\2&2&1&\circledcirc\end{pmatrix} \rightarrow \begin{pmatrix}0&4&0&\Phi\\0&3&\Phi&\Phi\\2&\circledcirc&0&2\\2&2&1&\circledcirc\end{pmatrix}$$

$$\rightarrow \begin{pmatrix}\Phi&4&0&\Phi\\\circledcirc&3&1&\Phi\\2&\circledcirc&\Phi&2\\2&2&1&\circledcirc\end{pmatrix} \rightarrow \begin{pmatrix}\Phi&4&\circledcirc&\Phi\\\circledcirc&3&1&\Phi\\2&\circledcirc&\Phi&2\\2&2&1&\circledcirc\end{pmatrix}$$

指派结果：甲做第 C 项工作；乙做第 A 项工作；丙做第 B 项工作；丁做第 D 项工作。

按这种方案指派，所花费的总时间最少，总时间为：7+2+3+3=15

4.4.3 非标准形式的指派问题

（1）极大化指派问题。以上的讨论均限于极小化的指派问题，对于极大化的问题，即求

$$MaxZ = \sum \sum C_{ij} X_{ij}$$

例如：如何安排 n 个工程队去完成 n 个项目才能使总收益最大。

解决该问题的原理：可令 $b_{ij}=M-c_{ij}$ [其中 M 是原系数矩阵（c_{ij}）中最大的元素]，则原系数矩阵变换成新矩阵（b_{ij}），这时 $b_{ij} \geqslant 0$，符合匈牙利法的条件，而且等式

$$\sum_i \sum_j b_{ij} x_{ij} = \sum_i \sum_j (M - c_{ij}) x_{ij}$$

恒成立，所以，当新的系数矩阵取到极小化指派问题的解矩阵时，就对应着原问题的最大化指派方案的最优指派方案。

例 4-10 求例 4-3 如何安排他们的工作使总成绩最好。

解：令 $M = max\{c_{ij}\} = 95$，则

$$b_{ij} = 95 - c_{ij} \geqslant 0 \, , \, B = \begin{pmatrix} 10 & 3 & 22 & 5 \\ 0 & 8 & 17 & 0 \\ 13 & 12 & 16 & 5 \\ 9 & 5 & 15 & 7 \end{pmatrix}$$

此时问题转化为求问题 B 的最小值，求解过程为

$$\begin{pmatrix} 10 & 3 & 22 & 5 \\ 0 & 8 & 17 & 0 \\ 13 & 12 & 16 & 5 \\ 9 & 5 & 15 & 7 \end{pmatrix} \rightarrow \begin{pmatrix} 7 & 0 & 19 & 2 \\ 0 & 8 & 17 & 0 \\ 8 & 7 & 11 & 0 \\ 4 & 0 & 10 & 2 \end{pmatrix} \rightarrow \begin{pmatrix} 7 & ◎ & 9 & 2 \\ ◎ & 8 & 7 & ∅ \\ 8 & 7 & 1 & ◎ \\ 4 & ∅ & ◎ & 2 \end{pmatrix}$$

则该问题的最优分配方案是：甲分配到 B 岗位；乙分配到 A 岗位；丙分配到 D 岗位；丁分配到 C 岗位。

（2）人数大于任务数的指派问题。在实际生活中可能出现人手不够或者任务较少人员较多的情况，该类问题当然也可以利用匈牙利法求解。

从以上讨论匈牙利法的原理可知，匈牙利法适用于系数矩阵为方阵的指派问题，从这个基本原则出发，给系数矩阵并非方阵的问题添加虚拟人员或任务，使其构成标准型指派问题，进而利用匈牙利法求解最优解，构造的方阵的最优解同时也是原问题的最优。下面结合例子说明人数 m 大于任务数 n 的指派问题的解法。

例 4-11 设有三项任务 T_1、T_2、T_3，可以安排的人为 M_1、M_2、M_3、M_4 去完成，各人完成各项工作所花费的时间 c_{ij} 如表 4-9 所示，问应如何指派使得所用的总时间最少？

表 4-9

时间＼任务	T_1	T_2	T_3
M_1	2	15	13
M_2	10	4	14
M_3	9	14	16
M_4	7	8	11

解：第一步：添加 $M-N$ 个虚拟任务，并赋予各人完成这些虚拟任务的时间为 0。此时将问题转化为人数与任务相等的指派问题（注：本题 $M=4$，$N=3$）。

$$(C_{ij}) = \begin{pmatrix} 2 & 15 & 13 & 0 \\ 10 & 4 & 14 & 0 \\ 9 & 14 & 16 & 0 \\ 7 & 8 & 11 & 0 \end{pmatrix}$$

第二步：运用匈牙利法求解：变换系数矩阵使每行每列都有 0 元素，进行指派寻求最优解。

$$(C_{ij}) = \begin{pmatrix} 2 & 15 & 13 & 0 \\ 10 & 4 & 14 & 0 \\ 9 & 14 & 16 & 0 \\ 7 & 8 & 11 & 0 \end{pmatrix} \rightarrow \begin{pmatrix} 0 & 11 & 2 & 0 \\ 8 & 0 & 3 & 0 \\ 7 & 10 & 5 & 0 \\ 5 & 4 & 0 & 0 \end{pmatrix} \rightarrow \begin{pmatrix} \circledcirc & 11 & 2 & \varnothing \\ 8 & \circledcirc & 3 & \varnothing \\ 7 & 10 & 5 & \circledcirc \\ 5 & 4 & \circledcirc & \varnothing \end{pmatrix}$$

已找出四个独立元素，故该问题的解矩阵为 $(X_{ij}) = \begin{pmatrix} 1 & 0 & 0 & 0 \\ 0 & 1 & 0 & 0 \\ 0 & 0 & 0 & 1 \\ 0 & 0 & 1 & 0 \end{pmatrix}$

所以最优指派方案为 M_1 完成 T_1，M_2 完成 T_2，M_4 完成 T_3，而 M_3 没有任务。花费总时间最少为 $\min z = C_{11} + C_{22} + C_{43} = 2 + 4 + 11 = 17$（小时）。

（3）任务数大于人数的指派问题。下面结合例 4-12 说明任务数 n 大于人数 m 的指派问题的解法。

例 4-12　设有四项任务 T_1、T_2、T_3、T_4，可以安排三个人 M_1、M_2、M_3 去完成，各人完成各项工作所需的时间 c_{ij} 如表 4-10 所示，问应该指派哪个人去完成哪项任务所用的总时间最少？

表 4-10

时间＼任务	T_1	T_2	T_3	T_4
M_1	2	15	13	4
M_2	10	4	14	15
M_3	9	14	16	13

解：第一步：添加 $N-M$ 个虚拟的人员，并赋予各虚拟人员完成各项任务所用的时间为 $+\infty$。

此时问题转化成人员与任务数相等的指派问题。$(C_{ij}) = \begin{pmatrix} 2 & 15 & 13 & 4 \\ 10 & 4 & 14 & 15 \\ 9 & 14 & 16 & 13 \\ \infty & \infty & \infty & \infty \end{pmatrix}$

第二步：运用匈牙利法求解。

$$(C_{ij}) = \begin{pmatrix} 2 & 15 & 13 & 4 \\ 10 & 4 & 14 & 15 \\ 9 & 14 & 16 & 13 \\ \infty & \infty & \infty & \infty \end{pmatrix} \rightarrow \begin{pmatrix} 0 & 13 & 11 & 2 \\ 6 & 0 & 10 & 11 \\ 0 & 5 & 7 & 4 \\ 0 & 0 & 0 & 0 \end{pmatrix} \rightarrow \begin{pmatrix} ⓪ & 13 & 11 & 2 \\ 6 & ⓪ & 10 & 11 \\ ∅ & 5 & 7 & 4 \\ ∅ & ⓪ & ⓪ & ∅ \end{pmatrix}$$

$$\xrightarrow{\min=2} \begin{pmatrix} ∅ & 11 & 9 & ⓪ \\ 8 & ⓪ & 10 & 11 \\ ⓪ & 3 & 5 & 2 \\ 2 & ∅ & ⓪ & ∅ \end{pmatrix}$$

故该问题的解矩阵为 $(X_{ij}) = \begin{pmatrix} 0 & 0 & 0 & 1 \\ 0 & 1 & 0 & 0 \\ 1 & 0 & 0 & 0 \\ 0 & 0 & 1 & 0 \end{pmatrix}$

对应的原指派问题的方案为：M_1 完成 T_4，M_2 完成 T_2，M_3 完成 T_1。而任务 T_3 没有被分配，为了使四项任务都完成，需要进行二次指派。原系数矩阵为 $\begin{pmatrix} 2 & 15 & 13 & 4 \\ 10 & 4 & 14 & 15 \\ 9 & 14 & 16 & 13 \end{pmatrix}$，显然 T_3 列最小元素位于第一行，即 T_3 任务让 M_1 做。所以最终指派方案为 M_1 完成 T_3、T_4 两项，M_2 完成 T_2，M_3 完成 T_1。

所需要的总时间为 $\min z = C_{14}+C_{22}+C_{31}+C_{13}=4+4+9+13=30$（小时）。

（4）一个人可以做几件事的指派问题。若某个人可以做好几件事，则可以将该人化作相同的几个人来接受指派，当然相同的"人"做几件事的成本（费用）是一样的。

例 4-13 某房地产公司计划在一住宅小区建 5 栋不同型号的楼房 B_j（j=1，2，…，5），现有三个工程队 A_i（i=1，2，3），允许每个工程队承接 1～2 栋楼。招投标得出工程队 A_i（i=1，2，3）对新楼 B_j（j=1，2，…，5）的预算费用为 C_{ij}，见表 4-11，求总费用最小的分派方案。

表 4-11

项目 施工队	B_1	B_2	B_3	B_4	B_5
A_1	3	8	7	15	11
A_2	7	9	10	14	12
A_3	6	9	13	12	17

思考：该问题若是直接利用以上添加两位虚拟工程队方法求解，只能先求出 3 个工程队各完成 1 项项目的最优费用，还有 2 项任务没有工程队承接。接下来还要添加 1 项虚拟任务，然后进行第二次指派，确定第一次指派剩下来的 2 项任务由哪两个工程队再次承接。考虑到以上做法较为烦琐，我们寻求一次性寻找出最优指派方案的解法。

由施工队数 3 与项目数 5 的关系考虑到，只有 1 个施工队承担单个任务，而其他两个施工队均承担两项项目。因此我们可以添加一个虚拟项目，以便让每个工程队都可以承担两项项目。但又考虑到要一次性指派完成求解，则不能有虚拟工程队，而且利用匈牙利法一定要是方阵才行。于是构造如下新系数矩阵 $C=[c_{ij}]_{6*6}$。

解：第一步：将工程队重排一次形成 6 支工程队，添加一项虚拟项目。最终形成方阵。构造的系数矩阵 $c_{ij}=0$ 或 $c_{ij}=\infty$。

第二步：用匈牙利法求解该矩阵的指派问题。

$$
[C_{ij}] = \begin{pmatrix} 3 & 8 & 7 & 15 & 11 & 0 \\ 7 & 9 & 10 & 14 & 12 & 0 \\ 6 & 9 & 13 & 12 & 17 & 0 \\ 3 & 8 & 7 & 15 & 11 & 0 \\ 7 & 9 & 10 & 14 & 12 & 0 \\ 6 & 9 & 13 & 12 & 17 & 0 \end{pmatrix}
\rightarrow
\begin{pmatrix} ⊚ & ∅ & ∅ & 3 & ∅ & ∅ \\ 4 & 1 & 3 & 2 & 1 & ⊚ \\ 3 & 1 & 6 & ⊚ & 6 & ∅ \\ ∅ & ∅ & ∅ & 3 & ∅ & ∅ \\ 4 & 1 & 3 & 2 & 1 & ∅ \\ 3 & 1 & 6 & ∅ & 6 & ∅ \end{pmatrix}
\xrightarrow{\text{min}=1}
$$

$$
\begin{pmatrix} ⊚ & ∅ & ∅ & 4 & ∅ & 1 \\ 3 & 2 & 2 & 2 & ∅ & ∅ \\ 2 & ∅ & 5 & ⊚ & 5 & ∅ \\ ∅ & ∅ & ⊚ & 4 & ∅ & 1 \\ 3 & ⊚ & 2 & 2 & ∅ & ∅ \\ 2 & ∅ & 5 & ∅ & 5 & ⊚ \end{pmatrix}
\text{或}
\begin{pmatrix} ∅ & ∅ & ⊚ & 4 & ∅ & 1 \\ 3 & 2 & 2 & 2 & ∅ & ⊚ \\ 2 & ∅ & 5 & ⊚ & 5 & ∅ \\ ⊚ & ∅ & ∅ & 4 & ∅ & 1 \\ 3 & ∅ & 2 & 2 & ⊚ & ∅ \\ 2 & ⊚ & 5 & ∅ & 5 & ∅ \end{pmatrix}
$$

对应的两个解矩阵为

$$
(X_{ij}) = \begin{pmatrix} 1 & 0 & 0 & 0 & 0 & 0 \\ 0 & 1 & 0 & 0 & 0 & 0 \\ 0 & 0 & 0 & 1 & 0 & 0 \\ 0 & 0 & 1 & 0 & 0 & 0 \\ 0 & 0 & 0 & 0 & 1 & 0 \\ 0 & 0 & 0 & 0 & 0 & 1 \end{pmatrix}
\text{或}
\begin{pmatrix} 0 & 0 & 1 & 0 & 0 & 0 \\ 0 & 0 & 0 & 0 & 0 & 1 \\ 0 & 1 & 0 & 0 & 0 & 0 \\ 1 & 0 & 0 & 0 & 0 & 0 \\ 0 & 0 & 0 & 0 & 1 & 0 \\ 0 & 0 & 0 & 1 & 0 & 0 \end{pmatrix}
$$

则原指派问题最佳的指派方案一是：$A_1 \rightarrow B_1$ 和 B_3，$A_2 \rightarrow B_2$ 和 B_5，$A_3 \rightarrow B_4$；二是：$A_1 \rightarrow B_1$ 和 B_3，$A_2 \rightarrow B_5$，$A_3 \rightarrow B_2$ 和 B_4。其总费用最小为 min z=3+7+12+9+12=43（货币单位）。

4.5　案例分析及 WinQSB 软件应用

读者在阅读本节内容之前请先安装 WinQSB 软件，熟悉软件的内容，掌握软件的基本操作。下面我们结合本章分支定界部分来介绍 WinQSB 软件求解整数规划问题的操作步骤及应用。

例 4-14　利用 WinQSB 软件求解下列整数规划问题

$$\max z = 4x_1 + 3x_2$$

$$s.t. \begin{cases} 3x_1 + 4x_2 \leqslant 12 \\ 4x_1 + 2x_2 \leqslant 9 \\ x_1,\ x_2 \geqslant 0且都为整数 \end{cases}$$

解：第一步：启动程序。点击"开始"—"程序"—"WinQSB"—"Linear and Integer Programming"显示 Linear and Integer Programming 的工作界面。

点击"File"菜单的下级菜单"New Problem"，建立一个新问题。设置如图 4-7 所示，输入本问题的文件名"Problem Title"整数规划（读者可以任取名字），决策变量 2 个，约束条件个数 2。由于本问题是一个最大化问题，所以选择 Maximization，同时可以确定数据的输入形式，一种为表单形式 (Spreadsheet Matrix Form)，一种为模型形式 (Normal Model Form)，我们这里选择了表单形式，按如图进行设置，点击"OK"。

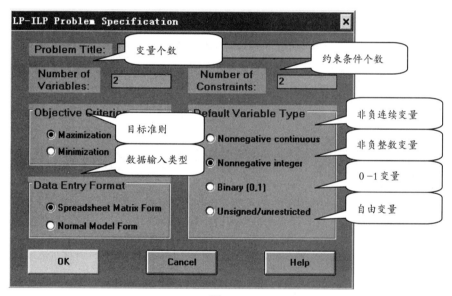

图 4-7

第二步：输入数据，按照例题模型输入变量系数和右端常数数据，如图 4-8 所示。

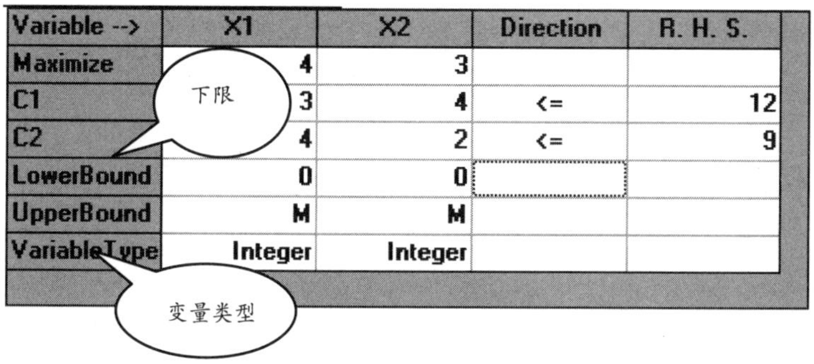

Variable -->	X1	X2	Direction	R. H. S.
Maximize	4	3		
C1	3	4	<=	12
C2	4	2	<=	9
LowerBound	0	0		
UpperBound	M	M		
VariableType	Integer	Integer		

图 4-8

第三步：（可选择）修改变量名和约束名。系统默认变量名为 X_1，X_2，X_3，…，X_n 约束名为 C_1，C_2，…，C_m。默认名可以修改，点击菜单栏 Edit 后，下拉菜单有四个修改选项：修改标题名（Problem Name）、变量名（Variable Name）、约束名（Constraint Name）和目标函数规范准则（max 或 min）。由于该软件支持中文，读者可以输入中文名称。

第四步：求解。点击菜单栏"Solve and Analyze"，下拉菜单有三个选项：求解不显示迭代过程（Solve the Problem）、求解并显示单纯形法迭代（Solve and Display Steps）、图解法（Graphic Method，限两个决策变量）。如果我们需要查看每步迭代情况，点击"Solve and Display Steps"即可，如图 4-9～图 4-17 所示。

03-03-2017 22:19:00	Decision Variable	Lower Bound	Upper Bound	Solution Value	Variable Type	Status
1	X1	0	M	1.2000	Integer	No
2	X2	0	M	2.1000	Integer	No
Current	OBJ(Maximize)	= 11.1000	>= ZL =	-M	Non-integer	

图 4-9

03-03-2017 22:19:22	Decision Variable	Lower Bound	Upper Bound	Solution Value	Variable Type	Status
1	X1	2.0000	M	2.0000	Integer	Yes
2	X2	0	M	0.5000	Integer	No
Current	OBJ(Maximize)	= 9.5000	>= ZL =	-M	Non-integer	

图 4-10

03-03-2017 22:19:36	Decision Variable	Lower Bound	Upper Bound	Solution Value	Variable Type	Status
1	X1	2.0000	M		Integer	
2	X2	1.0000	M		Integer	
This	node	is	infeasible	!!!!!!		

图 4-11

03-03-2017 22:19:50	Decision Variable	Lower Bound	Upper Bound	Solution Value	Variable Type	Status
1	X1	2.0000	M	2.2500	Integer	No
2	X2	0	0	0	Integer	Yes
Current	OBJ(Maximize)	= 9.0000	>= ZL =	-M	Non-integer	

图 4-12

03-03-2017 22:20:02	Decision Variable	Lower Bound	Upper Bound	Solution Value	Variable Type	Status
1	X1	3.0000	M		Integer	
2	X2	0	0		Integer	
This	node	is	infeasible	!!!!!!		

图 4-13

03-03-2017 22:20:14	Decision Variable	Lower Bound	Upper Bound	Solution Value	Variable Type	Status
1	X1	2.0000	2.0000	2.0000	Integer	Yes
2	X2	0	0	0	Integer	Yes
Current	OBJ(Maximize)	= 8.0000	>= ZL =	-M	New incu	

图 4-14

03-03-2017 22:20:29	Decision Variable	Lower Bound	Upper Bound	Solution Value	Variable Type	Status
1	X1	0	1.0000	1.0000	Integer	Yes
2	X2	0	M	2.2500	Integer	No
	Current	OBJ(Maximize)	= 10.7500	>= ZL =	8.0000	Non-integer

图 4-15

03-03-2017 22:20:43	Decision Variable	Lower Bound	Upper Bound	Solution Value	Variable Type	Status
1	X1	0	1.0000	0	Integer	Yes
2	X2	3.0000	M	3.0000	Integer	Yes
	Current	OBJ(Maximize)	= 9.0000	>= ZL =	8.0000	New incumbent

图 4-16

03-03-2017 22:21:00	Decision Variable	Lower Bound	Upper Bound	Solution Value	Variable Type	Status
1	X1	0	1.0000	1.0000	Integer	Yes
2	X2	0	2.0000	2.0000	Integer	Yes
	Current	OBJ(Maximize)	= 10.0000	>= ZL =	9.0000	New incumbent

图 4-17

第五步：点击"Solve and Analyze"的下拉菜单"Solve the Problem"得到最后结果，即最优整数解为 $X=(1,2)^T$，最优值为 10，见图 4-18，与前面我们分支定界法求出的解相同。

22:21:20		Friday	March	03	2017
Decision Variable	Solution Value	Unit Cost or Profit c(j)	Total Contribution	Reduced Cost	Basis Status
1 X1	1.0000	4.0000	4.0000	0	basic
2 X2	2.0000	3.0000	6.0000	0	basic
Objective	Function	(Max.) =	10.0000		
Constraint	Left Hand Side	Direction	Right Hand Side	Slack or Surplus	Shadow Price
1 C1	11.0000	<=	12.0000	1.0000	0
2 C2	8.0000	<=	9.0000	1.0000	0

图 4-18

例 4-15　求解例 4-2 的投资场所选择的 0-1 整数规划问题。

目标函数：

$$\max z = 30x_1 + 40x_2 + 50x_3 + 25x_4 + 40x_5 + 40x_6 + +30x_7$$

约束条件：
$$\begin{cases} 30x_1 + 40x_2 + 50x_3 + 25x_4 + 40x_5 + 40x_6 + 30x_7 \leqslant 700 \\ x_2 \geqslant x_1 \\ x_3 + x_4 \geqslant 1 \\ x_5 + x_6 + x_7 = 2 \\ x_j = 0 或者 1 \left(j = 1, 2 \cdots, 7 \right) \end{cases}$$

解：第一步：打开"WinQSB"，进入"Linear and Integer Programming"，点击"File"

菜单的下级菜单"New Problem"，设置如图 4-19 所示，此时"Default Variable Type"下面选择"Binary[0，1]"点击"OK"。

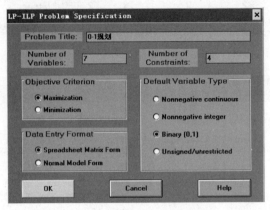

图 4-19

第二步（可选择）：修改变量名和约束名。系统默认变量名为 X_1，X_2，X_3，…，X_n，约束名为 C_1，C_2，…，C_m。默认名可以修改，点击菜单栏 Edit 后，下拉菜单有四个修改选项：修改标题名（Problem Name）、变量名（Variable Name）、约束名（Constraint Name）和目标函数规范准则（max 或 min），如图 4-20 所示。由于该软件支持中文，读者可以输入中文名称。

Variable -->	X1	X2	X3	X4	X5	X6	X7	Direction	R. H. S.
Maximize	30	40	50	25	40	40	30		
C1	30	40	50	25	40	40	30	<=	700
C2	-1	1						>=	0
C3			1	1				>=	1
C4					1	1	1	=	2
LowerBound	0	0	0	0	0	0	0		
UpperBound	1	1	1	1	1	1	1		
VariableType	Binary	Binary	Binary	Binary	Binary	Binary	Binary		

图 4-20

第三步（可选择）：如果需要查看迭代的步骤，点击"Solve and Analyze"的下拉菜单"Solve and Display Steps"即可。

第四步：如果只要最后结果，那么我们点击"Solve and Analyze"的下拉菜单"Solve the Problem"即可得到最后结果，如图 4-21 所示。

22:24:59		Friday	March	03	2017			
Decision Variable	Solution Value	Unit Cost or Profit c(j)	Total Contribution	Reduced Cost	Basis Status	Allowable Min. c(j)	Allowable Max. c(j)
1	X1	1.0000	30.0000	30.0000	0	basic	0	M
2	X2	1.0000	40.0000	40.0000	0	basic	-30.0000	M
3	X3	1.0000	50.0000	50.0000	0	basic	0	M
4	X4	1.0000	25.0000	25.0000	0	basic	0	M
5	X5	1.0000	40.0000	40.0000	0	basic	40.0000	M
6	X6	1.0000	40.0000	40.0000	0	basic	30.0000	40.0000
7	X7	0	30.0000	0	-10.0000	at bound	-M	40.0000
Objective	Function	(Max.) =	225.0000					
Constraint	Left Hand Side	Direction	Right Hand Side	Slack or Surplus	Shadow Price	Allowable Min. RHS	Allowable Max. RHS
1	C1	225.0000	<=	700.0000	475.0000	0	225.0000	M
2	C2	0	>=	0	0	30.0000	0	1.0000
3	C3	2.0000	>=	1.0000	1.0000	0	-M	2.0000
4	C4	2.0000	=	2.0000	0	40.0000	1.0000	2.0000

图 4-21

例 4-16 用 WinQSB 求解例 4-8 指派问题的指派方案。

解：已知该例题的指派问题的系数矩阵为

$$C = \begin{bmatrix} 4 & 10 & 7 & 5 \\ 2 & 7 & 6 & 3 \\ 3 & 3 & 4 & 4 \\ 4 & 6 & 6 & 3 \end{bmatrix}$$

第一步：打开"WinQSB"，进入"Network Modeling"，点击"File"菜单的下级菜单"New Problem"，其中"Problem Type"下包括图 4-22 所示的 7 类问题。

我们这里选择"Assignment Problem"指派问题，其他"Number of Objects""Number of Assignments"设置如图 4-22 所示，输入数据如图 4-23 所示。

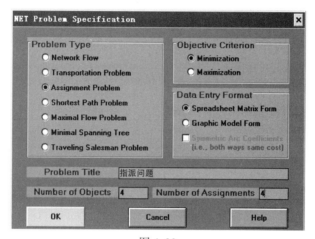

图 4-22

From \ To	Assignee 1	Assignee 2	Assignee 3	Assignee 4
Assignment 1	4	10	7	5
Assignment 2	2	7	6	3
Assignment 3	3	3	4	4
Assignment 4	4	6	6	3

图 4-23

第二步：点击"Solve and Analyze"的下拉菜单"Solve the Problem"得到最后结果，如图 4-24 所示。结果是：甲做第 C 项工作；乙做第 A 项工作；丙做第 B 项工作；丁做第 D 项工作。

按这种方案指派，所花费的总时间最少，总时间为：7+2+3+3=15。

03-03-2017	From	To	Assignment	Unit Cost	Total Cost	Reduced Cost
1	Assignment 1	Assignee 3	1	7	7	0
2	Assignment 2	Assignee 1	1	2	2	0
3	Assignment 3	Assignee 2	1	3	3	0
4	Assignment 4	Assignee 4	1	3	3	0
	Total	Objective	Function	Value =	15	

图 4-24

 习 题

1. 下述整数规划问题

$$\max z = 20x_1 + 10x_2 + 10x_3$$

$$s.t. \begin{cases} 2x_1 + 20x_2 + 4x_3 \leqslant 15 \\ 6x_1 + 20x_2 + 4x_3 = 20 \\ x_1,\ x_2,\ x_3 \geqslant 0,\ 且取整数值 \end{cases}$$

说明：能否先用求解相应线性规划问题然后凑整的办法求该整数规划的一个可行解。

2. 篮球队需要选择 5 名队员组成出场阵容参加比赛。8 名队员的身高及擅长位置见表 4-12。

表 4-12

队员	1	2	3	4	5	6	7	8
身高（m）	1.92	1.90	1.88	1.86	1.85	1.83	1.80	1.78
擅长位置	中锋	中锋	前锋	前锋	前锋	后卫	后卫	后卫

出场阵容应满足以下条件：

（1）只能有一名中锋上场。

（2）至少有一名后卫。

（3）如 1 号和 4 号均上场，则 6 号不出场。

（4）2 号和 8 号至少有一个不出场。

应当选择哪 5 名队员上场，才能使出场队员平均身高最高？试建立数学模型。

3. 用分支定界法求解下列整数规划问题

（1）
$$\min z = x_1 + 4x_2$$
$$s.t. \begin{cases} 2x_1 + x_2 \leqslant 8 \\ x_1 + 2x_2 \geqslant 6 \\ x_1, x_2 \geqslant 0 且都为整数 \end{cases}$$

（2）
$$\max z = 2x_1 + x_2$$
$$s.t. \begin{cases} x_1 + x_2 \leqslant 5 \\ -x_1 + x_2 \leqslant 0 \\ 6x_1 + 2x_2 \leqslant 21 \\ x_1, x_2 \geqslant 0 且为整数 \end{cases}$$

4. 求解下列整数规划问题

（1）用割平面法求解整数规划问题

$$\max z = 7x_1 + 9x_2$$

$$s.t. \begin{cases} -x_1 + 3x_2 \leqslant 6 \\ 7x_1 + x_2 \leqslant 35 \\ x_1, x_2 \geqslant 0 且为整数 \end{cases}$$

（2）分别用割平面法和分支定界法求整数规划问题

$$\max z = x_1 + 4x_2$$

$$s.t. \begin{cases} 14x_1 + 42x_2 \leqslant 196 \\ -x_1 + 2x_2 \leqslant 5 \\ x_1, x_2 \geqslant 0且为整数 \end{cases}$$

（3）用分支定界法求解混合整数规划问题

$$\max z = 3x_1 + 7x_2$$

$$s.t. \begin{cases} 2x_1 + 3x_2 \leqslant 12 \\ -x_1 + x_2 \leqslant 2 \\ x_1, x_2 \geqslant 0且为整数 \end{cases}$$

5. 求解以下整数规划问题

$$\max z = 65x_1 + 80x_2 + 30x_3$$

$$s.t. \begin{cases} 2x_1 + 3x_2 + x_3 \leqslant 5 \\ x_1, x_2, x_3 \geqslant 0且为整数 \end{cases}$$

6. 有甲乙丙丁四个人和 ABCD 四项任务，每人完成各项任务的时间如表 4-13 所示。要求每人干一项任务且一项任务只能由一个人来干，用匈牙利法求解下列指派问题。

表 4-13

任务\人员	A	B	C	D
甲	7	9	10	12
乙	13	12	16	17
丙	15	16	14	15
丁	11	12	15	16

7. 有五项设计任务可供选择。各项设计任务的预期完成时间分别为 3，8，5，4，10（周），设计报酬分别为 7，17，11，9，21（万元）。设计任务只能一项一项地进行，总的期限是 20 周。选择任务时必须满足下面要求：

（1）至少完成 3 项设计任务。

（2）若选择任务 1，必须同时选择任务 2。

（3）任务 3 和任务 4 不能同时选择。

应当选择哪些设计任务，才能使总的设计报酬最大？

8. 用隐枚举法求解下列 0-1 整数规划问题变量

（1）求解 0-1 规划问题

$$\text{Max } z = 3x_1 - 2x_2 + 5x_3$$

$$s.t. \begin{cases} x_1 + 2x_2 - x_3 \leqslant 2 \\ x_1 + 4x_2 + x_3 \leqslant 4 \\ x_1 + x_2 \leqslant 3 \\ 4x_2 + x_3 \leqslant 6 \\ x_i = 0或1, i = 1, 2, 3 \end{cases}$$

（2）求解 0-1 规划问题

Max $z = 2x_1 + x_2 - x_3$

$$s.t. \begin{cases} x_1 + 3x_2 + x_3 \leqslant 2 \\ 4x_2 + x_3 \leqslant 5 \\ x_1 + 2x_2 - x_3 \leqslant 2 \\ x_1 + 4x_2 - x_3 \leqslant 4 \\ x_i = 0 \text{或} 1, \ i = 1, \ 2, \ 3 \end{cases}$$

第 5 章
目标规划

本章内容简介

　　线性规划模型的特征都只有一个目标，在满足约束的条件下，找到该线性规划问题的最优解，但是实际的管理问题中，有很多的多目标问题，目标规划是解决工作生活中多个目标的最优化问题的方法。比如，设计一个导弹时，既要求导弹射得远，又要求导弹的燃料消耗最省；再如，当一个公司进行投资时，既要求公司的总获利最大，又要求投资最省。类似这样的问题是多目标决策问题，可把多目标决策问题转化为线性规划问题进行求解。

　　目标规划是在线性规划的基础上解决多个目标最优化问题的方法，目标规划有多个目标，并且有实现目标的先后顺序，在资源的限制下，求出偏离目标函数值最小的"满意解"。

教学建议

　　了解多目标决策问题的产生、基本概念；重点掌握偏差变量的含义和取值范围；掌握根据实际问题建立多目标规划模型，了解目标规划的解法——图解法及单纯形法；熟练掌握目标规划的目标函数的三种形式；熟练目标规划在目标管理中的应用。

本章重点

　　偏差变量的含义，目标函数的三种形式，多目标规划问题的建模及应用。

本章难点

　　多目标单纯形法的理解。

5.1　目标规划的数学模型

5.1.1　目标规划问题的提出

　　（1）线性规划的局限性。

　　① 线性规划只研究在满足一定条件下，单一目标函数取得最优解，而在企业管理中，经常遇到多目标决策问题，如拟订生产计划时，不仅考虑总产值，同时要考虑利润、产品质量和设备利用率等。这些指标之间的重要程度（即优先顺序）也不相同，有些目标之间往往相互发生矛盾。

　　② 线性规划致力于某个目标函数的最优解，这个最优解若是超过了实际的需要，很可能

是以过分地消耗了约束条件中的某些资源作为代价。

③ 线性规划把各个约束条件的重要性都不分主次地等同看待，这也不符合实际情况。

④ 求解线性规划问题，首先要求约束条件必须相容，如果约束条件中，由于人力、设备等资源条件的限制，使约束条件之间出现了矛盾，就得不到问题的可行解，但生产还得继续进行，这将给人们进一步应用线性规划方法带来困难。

⑤ 为了弥补线性规划问题的局限性，解决有限资源和计划指标之间的矛盾，在线性规划基础上，建立目标规划方法，从而使一些线性规划无法解决的问题得到满意的解答。

简言之，线性规划只能解决一组线性约束条件下，某一目标而且只能是一个目标的最大或最小值的问题。实际决策中，衡量方案优劣考虑多个目标，比如生产计划决策，通常考虑产值、利润、满足市场需求等；生产布局决策，考虑运费、投资、供应、市场、污染等。这些目标中，有主要的，也有次要的；有最大的，有最小的；有定量的，有定性的；有互相补充的，有互相对立的，线性规划则无能为力。

目标规划是在线性规划的基础上，为适应企业经营管理中多目标决策的需要而发展起来的，它是在决策者所规定的若干目标值及实现目标的先后顺序，并在给定资源条件下，求得偏离目标值最小的方案的一种数学方法。

1961 美国学者 A.Charnes 和 W.Cooper 首次在《管理模型及线性规划的工业应用》一书中首次提出目标规划的概念，目标规划是在线性规划的基础上，为适应经济管理中多目标决策的需要而逐步发展起来的，1965 年以后逐渐形成独立分支。

（2）线性规划与目标规划的比较。

①线性规划只讨论一个线性目标函数在一组线性约束条件下的极值问题；而目标规划要统筹兼顾处理多个目标决策，可求得更切合实际的解。

②线性规划求最优解；目标规划是找到一个满意解。

③线性规划中的约束条件是同等重要的，是硬约束；而目标规划中有轻重缓急和主次之分，即有优先权。

④线性规划的最优解是绝对意义下的最优，但需花去大量的人力、物力、财力才能得到；实际过程中，只要求得满意解，就能满足需要 (或更能满足需要)。

目前，目标规划已经在经济计划、生产管理、经营管理、市场分析、财务管理等方面得到了广泛的应用。

5.1.2　目标规划问题建模

为了说明线性规划与目标规划在处理问题上的区别，通过例子来说明目标规划的相关概念及目标规划建模。

例 5-1　某企业生产某种产品的生产方式有四种：正常生产、加班生产、转包合同和雇临时工生产。有关数据如表 5-1 所示。在未来的一计划期内，可利用总工时为 2000，原材料 2500 公斤（每件产品耗原料 2 公斤），产品需求量为 800 件。试求生产最多的生产方案。要求制订一生产计划，使其尽可能达到以下三项指标：①满足需要量。②质量水平达到 98%；③ 7000 元的工时成本。

（1）分析：生产条件的约束：总工时限制 2000 个；原材料限制 2500 千克。

欲达到目标：①满足需求 800 件；②达到质量水平合格率 98%；③工时成本 7000 元。

（2）组建约束：确定决策变量：假设正常生产、加班生产、转包合同和雇临时工生产的

量分别为 x_1，x_2，x_3 和 x_4。

确定约束：

$2x_1+2x_2+2.5x_3+3x_4 \leqslant 2000$；　工时限制

$2(x_1+x_2+x_3+x_4) \leqslant 2500$；原材料限制

$x_i \leqslant 0$（i=1，2，3，4）；　　非负限制

表 5-1

资源　　　　　方式	正常生产	加班生产	转包合同	临时工
所需工时/件	2	2	2.5	3
成本费用（元/工时）	10	15	8	8
质量水平	99%	98%	95%	90%

（3）分析目标需求：要达到的 3 个目标：①满足需求 800 件；②达到质量水平合格率 98%；③工时成本 7000 元。

我们要思考以下问题：

①三个目标要求，如何得到集中体现？

②是否需要建立三个目标函数？

③传统线性规划一般只建立一个目标函数，而现在有多个约束。是否可以将三个目标以约束的形式表现出来，这样可解决多目标的问题？

（4）目标需求分析与目标向约束的转化：需要达到的目标，实际也变成了约束情况。

①满足需求量 800 件：在实际生产中，可能会出现两种情况，生产量不够 800 件或超过 800 件，则会产生不同的情况：

　　A. $0.98(x_1 + x_2 + x_3 + x_4) \leqslant 800; \rightarrow 0.98(x_1 + x_2 + x_3 + x_4) + s_1 = 800$

　　B. $0.98(x_1 + x_2 + x_3 + x_4) \geqslant 800; \rightarrow 0.98(x_1 + x_2 + x_3 + x_4) - s_2 = 800$

松弛变量 S_1 和剩余变量 S_2 只可能出现一个。

②产品质量水平 98%：出现两种可能：

　　A. $99\%x_1+98\%x_2+95\%x_3+90\%x_4 \leqslant 98\%(x_1+x_2+x_3+x_4)$；

　　　　$\rightarrow 99\%x_1+98\%x_2+95\%x_3+90\%x_4+s_3=98\%(x_1+x_2+x_3+x_4)$

　　B. $99\%x_1+98\%x_2+95\%x_3+90\%x_4 \geqslant 98\%(x_1+x_2+x_3+x_4)$；

　　　　$\rightarrow 99\%x_1+98\%x_2+95\%x_3+90\%x_4-s_4=98\%(x_1+x_2+x_3+x_4)$

松弛变量 S_3 和剩余变量 S_4 只可能出现一个。

③工时成本 7000 元：可能出现两种可能：

　　A. $20x_1+30x_2+20x_3+24x_4 \leqslant 7000; \rightarrow 20x_1+30x_2+20x_3+24x_4+s_5=7000$

　　B. $20x_1+30x_2+20x_3+24x_4 \geqslant 7000; \rightarrow 20x_1+30x_2+20x_3+24x_4-s_6=7000$

松弛变量 S_5 和剩余变量 S_6 只可能出现一个。

（5）归一化处理：S 奇松弛变量，称为负偏差量（$\geqslant 0$）；S 偶剩余变量，称为正偏差量（$\geqslant 0$）。

①满足需求量 800 件：在实际生产中，可能会出现两种情况，生产量不够 800 件或超过 800 件，则会产生不同的情况：

$0.98(x_1 + x_2 + x_3 + x_4) + s_1 - s_2 = 800$

松弛变量 S_1 和剩余变量 S_2 只可能出现一个，即其中一个至少为 0。

②产品质量水平 98%：出现两种可能：

$99\% x_1 + 98\% x_2 + 95\% x_3 + 90\% x_4 + s_3 - s_4 = 98\%(x_1 + x_2 + x_3 + x_4)$

松弛变量 S_3 和剩余变量 S_4 只可能出现一个，即其中一个至少为 0。

③工时成本 7000 元：可能出现两种可能：

$20x_1 + 30x_2 + 20x_3 + 24x_4 + s_5 - s_6 = 7000$

松弛变量 S_5 和剩余变量 S_6 只可能出现一个，即其中一个至少为 0。

这里就在目标中引入了偏差量的概念，使多个目标要求转变成了约束→目标约束。

$$0.98(x_1 + x_2 + x_3 + x_4) + d_1^- - d_1^+ = 800$$
$$1\% x_1 - 3\% x_3 - 8\% x_4 + d_2^- - d_2^+ = 0$$
$$20x_1 + 30x_2 + 20x_3 + 24x_4 + d_3^- - d_3^+ = 7000$$

其中：d_i^-，负偏差量

d_i^+，正偏差量

（6）相关概念。

偏差变量（事先无法确定的未知数）：是指实现值和目标值之间的差异，记为 d。

正偏差变量：表示实现值超过目标值的部分，记为 d^+。

负偏差变量：表示实现值未达到目标值的部分，记为 d^-。

在一次决策中，实现值不可能既超过目标值又未达到目标值，故有 $d^+ \times d^- = 0$，并规定 $d^+ \geq 0$，$d^- \geq 0$。

当完成或超额完成规定的指标则表示：$d^+ \geq 0$，$d^- = 0$。

当未完成规定的指标则表示：$d^+ = 0$，$d^- \geq 0$。

当恰好完成指标时则表示：$d^+ = 0$，$d^- = 0$。

故 $d^+ \times d^- = 0$ 成立。

目标约束：引入了目标值和正、负偏差变量后，就对某一问题有了新的限制；目标约束即可对原目标函数起作用，也可对原约束起作用。目标约束是目标规划中特有的，是软约束。该例题的目标约束为：

$$\begin{cases} 0.98(x_1 + x_2 + x_3 + x_4) + d_1^- - d_1^+ = 800 \\ 1\% x_1 - 3\% x_3 - 8\% x_4 + d_2^- - d_2^+ = 0 \\ 20x_1 + 30x_2 + 20x_3 + 24x_4 + d_3^- - d_3^+ = 7000 \end{cases}$$

绝对约束：又称系统约束，是指必须严格满足的等式或不等式约束。如线性规划中的所有约束条件都是绝对约束，否则无可行解。所以，绝对约束是硬约束。该例的绝对约束为：

$$\begin{cases} 2x_1 + 2x_2 + 2.5x_3 + 3x_4 \leq 2000 \\ 2(x_1 + x_2 + x_3 + x_4) \leq 2500 \end{cases}$$

非负约束：$x_j, d_k^+, d_k^- \geq 0$（$j = 1, 2, 3, 4; k = 1, 2, 3$）。

希望能同时满足三个目标需求，即刚好达到 800 件产量，质量合格率刚好为 98%，工时成本刚好为 7000 元。此时，所有的正偏差和负偏差量应均为 0。但是，实际情况下，正偏差或负偏差量很难同时为 0，即实际中不可能刚好同时达到目标要求。但是，应该尽力靠近目标要求，则需实际可能值应尽可能与目标要求值靠近，即使得所有目标约束的偏差量最小。

由此，可建立新的目标函数：$\min w = d_1^- + d_1^+ + d_2^- + d_2^+ + d_3^- + d_3^+$。

目标规划模型为：

$$\min w = d_1^- + d_1^+ + d_2^- + d_2^+ + d_3^- + d_3^+$$

目标约束
$$\begin{cases} 0.98x_1 + 0.98x_2 + 0.98x_3 + 0.98x_4 + d_1^- - d_1^+ = 800 \\ 0.01x_1 - 0.03x_3 - 0.08x_4 + d_2^- - d_2^+ = 0 \\ 10x_1 + 15x_2 + 8x_3 + 8x_4 + d_3^- - d_3^+ = 7000 \end{cases}$$

系统约束
$$\begin{cases} 2x_1 + 2x_2 + 2.5x_3 + 3x_4 \leq 2000 \\ 2x_1 + 2x_2 + 2x_3 + 2x_4 \leq 2500 \end{cases}$$

非负约束 $x_j, d_k^-, d_k^+ \geq 0 \quad (j = 1,2,3,4; k = 1,2,3)$

所以目标规划有以下特点：约束一般包括目标约束、系统约束和非负约束三部分；目标函数转换成求多个期望目标值的偏差量和的最小；目标及约束仍然为线性；目标规划所得的是满意方案。

例 5-2　对例 5-1 中三项指标变为：①满足需要量；②质量水平超过 98%。③不超过 7000 元的工时成本，并且优先满足②，其次为③，最后为①。其他条件不变，要求制订生产计划。

思考：

问题 A：目标要求中，是否都需要同时满足？即实际中可能会出现需要某种情况越大越好（如利润），即在原有基本目标值的基础上偏离越大越好，也可能需要出现在原基本目标值的基础上越小越好（如成本）。这样的情况如何在目标函数中得到体现？

问题 B：目标要求有轻重缓急的情况，这种情况如何在目标函数中体现？比如，要求必须优先保证产品质量，然后是控制成本，最后是达到产量要求？优先量必须优先考虑，那如何率先满足优先目标？

针对上面两个问题，引入优先因子和权系数的概念，用于区分各目标的主次或轻重缓急的不同。第一优先目标赋予 p_1，次优先的为 p_2 且 $p_k \geq p_{k+1}$。即首先保证 p_1 级目标的实现，这时可不考虑次级目标的实现，只有实现了 p_1 级目标才会考虑下一级目标 p_2。同一优先级别内的区别用权系数 w_j 表示差异。

如果要求首先满足质量，然后是成本，最后是需求，则可建立：$\min w = p_1(d_2^+ + d_2^-) + p_2(d_3^+ + d_3^-) p_3(d_1^+ + d_1^-)$。

①对于质量超过 98%（利润型目标），要求是可能实现值超过目标值越多越好，即 d^+ 越大越好，则在目标函数中，不能对 d^+ 求最小 $\min z = p(d^-)$。

②对于不超过 7000 元的工时成本（成本型目标），要求可能实现值低于目标值越多越好，即 d^- 越大越好，则在目标函数中不能对 d^- 求最小 $\min z = p(d^+)$。

③对于满足需求量（合同型目标），要求跟目标保持一致，不超过也不短缺，即要求 $d^+ d^-$ 和都最小，则在目标函数中应将两者综合考虑 $\min z = p(d^- + d^+)$。

所以对于这种有优先级的目标规划建立模型：

$$\min z = p_1 d_2^- + p_2 d_3^+ + p_3(d_1^+ + d_1^-)$$

目标约束
$$\begin{cases} 0.98x_1 + 0.98x_2 + 0.98x_3 + 0.98x_4 + d_1^- - d_1^+ = 800 \\ 0.01x_1 - 0.03x_3 - 0.08x_4 + d_2^- - d_2^+ = 0 \\ 10x_1 + 15x_2 + 8x_3 + 8x_4 + d_3^- - d_3^+ = 7000 \end{cases}$$

系统约束
$$\begin{cases} 2x_1 + 2x_2 + 2.5x_3 + 3x_4 \leq 2000 \\ 2x_1 + 2x_2 + 2x_3 + 2x_4 \leq 2500 \end{cases}$$

非负约束 $x_j, d_k^-, d_k^+ \geq 0 \quad (j=1,2,3,4; k=1,2,3)$

由此可见，线性规划和目标规划的不同点如表 5-2 所示。

表 5-2

	线性规划-LP	目标规划-GP
目标函数	MIN，MAX；系数可正负	MIN，偏差变量；系数≥0
变量	x_i，x_s，x_a	x_i，x_s，x_a，d
约束条件	系统约束（绝对约束）	目标约束；系统约束
解	最优解	满意解

目标规划一般建模方法：

（1）设定约束条件(构建目标约束、绝对约束和非负约束)。

（2）规定目标约束优先级。

（3）根据目标所属的类型，建立新的目标函数，完成模型的建立。

$$\min Z = P_1\left[\sum_{k=1}^{k}\left(w_{1k}^{-}d_k^{-} + w_{1k}^{+}d_k^{+}\right)\right] + \cdots + P_L\left[\sum_{k=1}^{k}\left(w_{Lk}^{-}d_k^{-} + w_{Lk}^{+}d_k^{+}\right)\right]$$

$$\begin{cases} \sum_{j=1}^{n}a_{ij}x_j \leqslant(=,\geqslant)b_i\left(i=1,\cdots,m\right) \\ \sum_{j=1}^{n}C_{kj}x_j + d_k^{-} - d_k^{+} = q_k\left(k=1,\cdots,k\right) \\ x_j \geqslant 0\left(j=1,\cdots,n\right)；d_k^{+}，d_k^{-} \geqslant 0\left(k=1,\cdots,k\right) \end{cases}$$

其中，p 是优先级，w 是加权系数，q_k 为第 k 个目标的期望值，它具有一定的主观性和模糊性，可以用专家评定法给以量化。

目标规划的绝对约束：$\sum_{j=1}^{n}a_{ij}x_j \leqslant(=,\geqslant)b_i\left(i=1,\cdots,m\right)$

目标规划的目标约束：$\sum_{j=1}^{n}c_{kj}x_j + d_k^{-} - d_k^{+} = q_k\left(k=1,\cdots,k\right)$

例 5-3 已知一个生产计划的线性规划模型为

$$\max z = 30x_1 + 12x_2$$

$$\begin{cases} 2x_1 + x_2 \leqslant 140（甲） \\ x_1 \leqslant 60（乙） \\ x_2 \leqslant 100（丙） \\ x_1, x_2 \geqslant 0 \end{cases}$$

其中目标函数为总利润，x_1，x_2 为产品 A、B 产量。现有下列目标：

①要求总利润必须超过 2500 元。

②考虑产品受市场影响，为避免积压，A、B 的生产量不超过 60 件和 100 件。

③由于甲资源供应比较紧张，不要超过现有量 140。试建立目标规划模型。

解：以产品 A、B 的单件利润比 2.5∶1 为权系数，模型如下：

$$\max Z = P_1 d_1^- + P_2 (2.5 d_3^+ + d_4^+) + P_3 d_2^+$$

$$\begin{cases} 30x_1 + 12x_2 + d_1^- - d_1^+ = 2500 \\ 2x_1 + x_2 + d_2^- - d_2^+ = 140 \\ x_1 + d_3^- - d_3^+ = 60 \\ x_2 + d_4^- - d_4^+ = 100 \\ x_1, x_2 \geqslant 0 ; \ d_i^+, \ d_i^- \geqslant 0 \quad (i = 1,2,3,4) \end{cases}$$

5.2 目标规划图解法

目前对于只有两个决策变量的目标规划的数学模型，可以用图解法来求解。用例 5-3 来说明。

先在平面直角坐标系内根据绝对约束和非负约束确定变量的可行域，绝对约束的作图与线性规划相同。做目标约束时，先令 d_i^+, d_i^-=0，做相应的直线，然后在这条直线两侧按优先级别标上 d_i^+, d_i^-，如图 5-1 所示，这表明目标约束可以沿着 d_i^+, d_i^- 的方向平移，d_k^+（一般朝向上方）和 d_k^- 的方向（一般朝向下方）下面根据目标函数中的优先因子来求解。

首先，第一个目标总利润必须超过 2500 元，在目标函数中要求实现 $\min d_1^-$，在图中，可以满足 d_1^-=0，这时变量 x_1，x_2 只能在 BC 的边界及右上方来取值；其次，考虑第二个优先因子，考虑产品受市场影响，为避免积压，A、B 的生产量不超过 60 件和 100 件；目标函数要求 $\min (2.5 d_3^+ + d_4^+)$，因为，d_3^+ 的权系数大于 d_4^+，所以优先考虑 $\min d_3^+$，此时，变量 x_1，x_2 的取值范围缩小为三角形 ABC 区域；最后，考虑具有 p_3 优先因子的目标的实现，目标三由于甲资源供应比较紧张，不要超过现有量 140，要求实现 $\min d_2^+$。从图中可以判断 C 点使得该正偏差最小，这就是该目标规划问题的解。求出 C 点的坐标是 C(60，58.3) 为满意解。

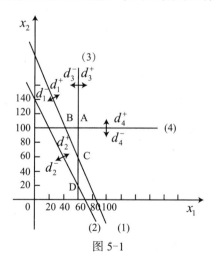

图 5-1

注意：在目标规划中用图解法求解时，绝对约束的优先级最高，然后再按照例子中的次序满足 $\min z = P_1 d_1^+ + P_2 (2.5 d_3^+ + d_4^+) + P_3 d_2^+$，在该目标规划中，第三个目标没有得到满足，所以此时求得的解称为满意解。

验证：

将 x_1=60，x_2=58.3 代入约束条件，得

$$30×60+12×58.3=2499.6≈2500;$$
$$2×60+58.3=178.3>140;$$
$$1×60=60;$$
$$1×58.3=58.3<100$$

由上可知，若 A、B 的计划产量为 60 件和 58.3 件时，所需甲资源数量将超过现有库存，因此，目标 1 和目标 2 完成了，而目标 3 没有完成。为此，企业必须采取措施降低 A、B 产品对甲资源的消耗量，由原来的 100% 降至 78.5%（140÷178.3=0.785），才能使生产方案（60，58.3）的所有目标都实现。

例 5-4

$$\min z = p_1 d_1^- + p_2 d_2^+$$

$$s.t.\begin{cases} 3x_1 + 4x_2 \leqslant 9 \\ 5x_1 + 2x_2 \leqslant 8 \\ 12x_1 + 15x_2 + d_1^- - d_1^+ = 30 \\ 12x_1 + 8x_2 + d_2^- - d_2^+ = 12 \\ x_1,\ x_2,\ d_k^+,\ d_k^- \geqslant 0 \end{cases}$$

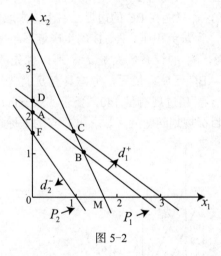

图 5-2

在坐标轴上根据绝对约束与非负约束确定变量可行区域（图 5-2）：OMCD；

满足 p_1，d_1^- 最好为 0，可行域 ABCD；

满足 p_2，d_2^+ 最好为 0，但是要首先满足 p_1，即只能在 ABCD 中取值，必然有 $d_2^+ > 0$，则应在 ABCD 中选择一个，使 d_2^+ 最小，即点 A。

此时，d_1^-=0，d_2^+=4，点 A 的坐标 x_1=0，x_2=2，所以，该问题取得满意解。

将该解 x_1=0，x_2=2 代入约束条件得到

$$s.t.\begin{cases} 3×0+4×2=8 \leqslant 9 \\ 5×0+2×2=4 \leqslant 8 \\ 12×0+15×2=30 \\ 12×0+8×2=16>12 \end{cases}$$

由此得出目标 1 达到了，目标 2 还没有得到满足，所以求出的是满意解。

图解法解题步骤小结如下：

①在坐标轴上根据绝对约束和非负约束确定变量的可行域。

②暂时不考虑偏差变量时，按照优先级别做出目标约束曲线（越优先，先确定），并标出偏差量 d_k^+（一般朝向上方）和 d_k^- 的方向（一般朝向下方）。

③根据目标函数要求求解：对于合同型目标，落在对应的目标约束曲线上即为最优；对于利润型目标，应使 d^- 越小越好，即应沿着目标线向上移动；对于成本型目标，应沿着目标线向下运动。同时，取值过程中，优先级别低的应在优先级别高的可行域内执行。

④求满足最高优先等级目标的解。

⑤转到下一个优先等级的目标，再不破坏所有较高优先等级目标的前提下，求出该优先等级目标的解。

⑥重复（4），直到所有优先等级的目标都已审查完毕为止。

⑦确定最优解和满意解。

5.3　单纯形法

图解法只能解决二维决策变量的情况，对于三维及以上，很难顺利解决；目标规划的数学模型结构与线性规划的数学模型结构没有本质的区别，所以可用单纯形法进行求解。但要考虑目标规划数学模型的一些特点：

（1）因目标规划问题的目标函数都是求最小化，所以检验数的最优准则与我们前面讲到的线性规划检验准则是相反的，即以所有的 $\sigma_j \geqslant 0$ 为最优准则；

（2）因为非基变量的检验数中含有不同等级的优先因子，且 $P_i \geqslant P_{i+1}$，$i=1$，2，…，$L-1$，所以在判断各检验数大小时得小心。

例 5-5　用单纯形法求解

$$\min Z = P_1\left(d_1^- + d_2^+\right) + P_2 d_3^-$$

$$s.t.\begin{cases} x_1 + d_1^- - d_1^+ = 10 \\ 2x_1 + x_2 + d_2^- - d_2^+ = 40 \\ 3x_1 + 2x_2 + d_3^- - d_3^+ = 100 \\ x_1,\ x_2,\ d_i^-,\ d_i^+ \geqslant 0 \quad (i=1,2,3) \end{cases}$$

解法一：传统单纯形法求解

①标准化：

$$\min w = -P_1\left(d_1^- + d_2^+\right) - P_2 d_3^-$$

$$s.t.\begin{cases} x_1 + d_1^- - d_1^+ = 10 \\ 2x_1 + x_2 + d_2^- - d_2^+ = 40 \\ 3x_1 + 2x_2 + d_3^- - d_3^+ = 100 \\ x_1,\ x_2,\ d_i^-,\ d_i^+ \geqslant 0 \quad (i=1,2,3) \end{cases}$$

②建立初始单纯形表 5-3，选择负偏差量为基准变量。

③基变量的替换，x_1 换入 $\max\left\{\delta_j = c_j - \sum C_{Bi} \times a_{ij}\right\}$；$d_1^-$ 换出 $\max\left\{\theta_i = b_i / a_{ik} \mid a_{ik} > 0\right\} = \theta_1$，如表 5-4 所示。

表 5-3

C_B	基	b	X_1	X_2	d_1^-	d_1^+	d_2^-	d_2^+	d_3^-	d_3^+
	$C_j \rightarrow$		0	0	$-P_1$	0	0	$-P_1$	$-P_2$	0
$-P_1$	d_1^-	10	1	0	1	−1	0	0	0	0
0	d_2^-	40	2	1	0	0	1	−1	0	0
$-P_2$	d_3^-	100	3	2	0	0	0	0	1	−1
	δ_j		P_1+3P_2	$2P_2$	0	$-P_1$	0	$-P_1$	0	$-P_2$

表 5-4

C_B	基	b	X_1	X_2	d_1^-	d_1^+	d_2^-	d_2^+	d_3^-	d_3^+
	$C_j \rightarrow$		0	0	$-P_1$	0	0	$-P_1$	$-P_2$	0
0	X_1	10	[1]	0	1	−1	0	0	0	0
0	d_2^-	20	0	1	−2	2	1	−1	0	0
$-P_2$	d_3^-	70	0	2	−3	3	0	0	1	−1
	δ_j		0	$2P_2$	$-P_1-3P_2$	$3P_2$	0	$-P_1$	0	$-P_2$

④最终单纯形表。按照上述同样的方法找出换入、换出变量，最终单纯形表如表 5-5 所示

表 5-5

C_B	基	b	X_1	X_2	d_1^-	d_1^+	d_2^-	d_2^+	d_3^-	d_3^+
	$C_j \rightarrow$		0	0	$-P_1$	0	0	$-P_1$	$-P_2$	0
0	X_1	10	1	0	1	−1	0	0	0	0
0	x_2	20	0	1	−2	2	1	−1	0	0
$-P_2$	d_3^-	30	0	0	1	−1	−2	2	1	−1
	δ_j		0	0	$-P_1+P_2$	$-P_2$	$-2P_2$	$2P_2-P_1$	0	$-P_2$

由表 5-5 得，$x_1=10$，$x_2=20$，$d_3^-=30$

所以，求出该目标规划的满意解，完成了第一、二两个目标，第三个目标没有达到。

解法二：目标规划的"特殊单纯形法"

①列出初始单纯形表。目标规划中目标函数一定是求最小，不必将极小的情况转换为求极大，仍然采用原有目标函数。同时，选择负偏差量作为基变量，构成初始基向量（求 min，非基变量的检验数全大于或等于零合格）。

②按照传统单纯形法的方式求解检验数，此时由于检验数中必然会含有优先因子，按照优先因子的优先程度，将检验数分成多行，每行输入检验数中对应的优先因子的系数，则每个变量对应的总检验数即为∑（行系数 * 优先因子）。

③从最优先因子开始，检查其系数，观察其系数是否为非负，如非负，则完成。如含有负系数，则需要进行变量的替代。

④确定换入变量：从最优先因子开始，选择其负检验数中最小值所对应的变量为换入变

量（选择绝对值最大的负检验数）。

⑤确定换出变量：按照单纯形法的方法，确定 b/a_{1j} （$a_{1j} > 0$）中最小值对应的行作为主元行，其对应的原基变量为换出向量。

⑥用换入向量替代基变量中的换出向量，对矩阵进行迭代运算。

⑦再次检查检验数，观察检验数是否为非负。如果第一优先级所有检验数均为非负时，则转入下一优先级。

⑧迭代运算停止的准则：检验数 P_1，P_2…，P_k 行的所有值均为非负。

⑨ P_1，P_2…，P_i 行所有检验数均为非负，第 P_{i+1} 行存在负检验数，但在负检验数所在的列的行中都有正检验数（原因是 $P_1 \geq P_2 \geq \cdots \geq P_{i+1}$）。

解题过程见单纯形表 5-6 ～表 5-8。

首先，该问题初始单纯形表 5-6。其中，非基变量 x_1 的检验数 $-P_1-3P_2 < 0$，非基变量 x_2 的检验数 $-2P_2 < 0$，但是 x_1 的检验数更小些，其他非基变量检验数均非负，所以确定 x_1 为换入变量。按照最小比值原则，确定基变量 d_1^- 为换出变量。经迭代变换得出单纯形表 5-7。

表 5-6

	$C_j \rightarrow$		0	0	P_1	0	0	P_1	P_2	0
C_B	基	b	X_1	X_2	d_1^-	d_1^+	d_2^-	d_2^+	d_3^-	d_3^+
P_1	d_1^-	10	[1]	0						
0	d_2^-	40	2	1	1	−1				
P_2	d_3^-	100	3	2			1	−1	1	−1
	δ_j	P_1	−1			1		1		
		P_2	−3	−2						1

表 5-7

	$C_j \rightarrow$		0	0	P_1	0	0	P_1	P_2	0
C_B	基	b	X_1	X_2	d_1^-	d_1^+	d_2^-	d_2^+	d_3^-	d_3^+
0	X_1	10	1	0	1	−1	0			
0	d_2^-	20		1	−2	2	1	1		
P_2	d_3^-	70		2	−3	3	0		1	−1
	δ_j	P_1	0	0	1	0	0	1	0	0
		P_2	0	−2	3	−3	0		0	1

其次，在单纯形表 5-7 中，非基变量 x_2 和 d_2^+ 的检验数为负数，但是 d_1^+ 的检验数更小些，故确定 d_1^+ 为换入变量。同理按照最小比值准则，确定出出基变量为 d_2^-，经迭代再检验是否最优，以此类推进行迭代，检查单纯形表 5-8 中非基变量的检验数皆非负，所以单纯形表 5-8 为最终单纯形表。因此，从该表中可以得到一个满意解：

$$x_1=10, \quad x_2=20, \quad d_3^-=30$$

表 5-8

$C_j \rightarrow$			0	0	P_1	0	0	P_1	P_2	0
C_B	基	b	X_1	X_2	d_1^-	d_1^+	d_2^-	d_2^+	d_3^-	d_3^+
0	X_1	10	1		1	-1				
0	X_2	20		1	-2	2	1	-1		
P_2	d_3^-	30			1	-1	-2	2	1	-1
δ_j		P_1			1			1		
		P_2			-1	1	2	-2		1

注意:

①使得检验数中 P_1 的系数非负,再使得 P_2 的系数非负,依次进行。

②当检验数 P_1,P_2…,P_k 行的所有值均为非负时得到满意解。

③因为 $P_1 \geqslant P_2 \geqslant \cdots \geqslant P_{i+1}$,所以当 P_1,P_2…,P_i 行所有检验数均为非负,第 P_{i+1} 行存在负检验数,并且负检验数所在的列上面 P_1,P_2…,P_i 行中都有正检验数,得到满意解,计算结束。

④假如最终单纯形表中的非基变量的检验数为 0,则该问题有多重最优解,按照前面单纯形法求无穷多最优解的方法可求出另外的解。

5.4 案例分析及 WinQSB 软件应用

例 5-6 用目标规划子程序解例 5-5。

$$\min Z = p_1\left(d_1^- + d_2^+\right) + p_1 d_3^-$$

$$s.t. \begin{cases} x_1 + d_1^- - d_1^+ = 0 \\ 2x_1 + x_2 + d_2^- - d_2^+ = 40 \\ 3x_1 + 2x_2 + d_3^- - d_3^+ = 100 \\ x_1,\ x_2,\ d_1^-,\ d_1^+ \geqslant 0 \quad (i = 1,2,3) \end{cases}$$

解:第一步:启动程序。打开"WinQSB"进入"Goal Programming"。

第二步:建立新问题。在图 5-3 中分别输入标题、目标数 2(等于优先因子的个数)、变量数 8(决策变量和偏差量总共为 8)及约束数 3(含系统约束)。在"Default Goal Criteria"中将默认的求最大化改为求最小化,点击"OK"。

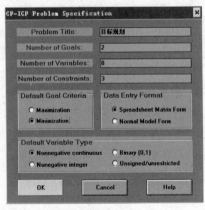

图 5-3

第三步：修改变量名。系统显示变量为 $x_i(i=1, 2, \cdots, 8)$，为了便于观察 d_1^-、d_2^+ 将 x_3、x_4 分别改为 M_1、N_1，它们分别表示 d_1^-、d_1^+，x_5、x_6 分别改为 M_2、N_2，它们分别表示 d_2^-、d_2^+，以此类推。点击"Edit"，在弹出窗口点击"Variable Names"后修改。如图 5-4 所示。

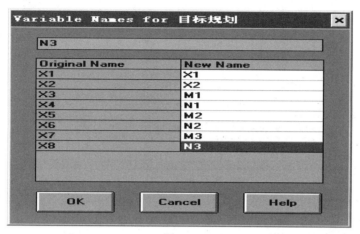

图 5-4

第四步：按图 5-5 输入数据。不等号可以通过点击左键来选择。

Variable -->	X1	X2	M1	N1	M2	N2	M3	N3	Direction	R. H. S.
Min:G1			1			1				
Min:G2							1			
C1	1		1	-1					=	10
C2	2	1			1	-1			=	40
C3	3	2	0	0	0	0	1	-1	=	100
LowerBound	0	0	0	0	0	0	0	0		
UpperBound	M	M	M	M	M	M	M	M		
VariableType	Continuous	Continuous	Continuous	Continuous	Continuous	Continuous	Continuous	Continuous		

图 5-5

第五步：（可选）如果需要查看每步迭代的情况，点击菜单栏"Solve and Analyze/Solve and Display Steps"即可，该目标规划的最终单纯形表如图 5-6 所示。

		X1	X2	M1	N1	M2	N2	M3	N3		
	Goal 1 C[j]	0	0	1.00	0	0	1.00	0	0		
Basis	Goal 2 C[j]	0	0	0	0	0	0	1.00	0	R. H. S.	Ratio
X1	C1	1.00	0	1.00	-1.00	0	0	0	0	10.00	
X2	C2	0	1.00	-2.00	2.00	1.00	-1.00	0	0	20.00	
M3	C3	0	0	1.00	-1.00	-2.00	2.00	1.00	-1.00	30.00	
Min. Goal 1	Cj-Zj	0	0	1.00	0	0	1.00	0	0	0	
Min. Goal 2	Cj-Zj	0	0	-1.00	0	2.00	-2.00	0	1.00	30.00	

图 5-6

第六步：如果只要最后的结果，求非负连续解。点击菜单栏"Solve and Analyze/Solve the Problem"，得到满意解。如图 5-7 所示。

	Goal Level	Decision Variable	Solution Value	Unit Cost or Profit c(i)	Total Contribution	Reduced Cost	Allowable Min. c(i)	Allowable Max. c(i)	
				04:51:02	Saturday	March	04	2017	
1	G1	X1	10.00	0	0	0	0	1.00	
2	G1	X2	20.00	0	0	0	-0.50	0	
3	G1	M1	0	1.00	0	1.00	0	M	
4	G1	N1	0	0	0	0	0	M	
5	G1	M2	0	0	0	0	0	M	
6	G1	N2	0	1.00	0	1.00	0	M	
7	G1	M3	30.00	0	0	0	0	0.50	
8	G1	N3	0	0	0	0	0	M	
9	G2	X1	10.00	0	0	0	0	0	
10	G2	X2	20.00	0	0	0	-M	0	
11	G2	M1	0	0	0	-1.00	-M	M	
12	G2	N1	0	0	0	0	0	M	
13	G2	M2	0	0	0	2.00	-2.00	M	
14	G2	N2	0	0	0	-2.00	-M	M	
15	G2	M3	30.00	1.00	30.00	0	1.00	M	
16	G2	N3	0	0	0	1.00	-1.00	M	
	G1	Goal	Value	[Min.] =	0	[Alternate	Solution	Exists!!]	
	G2	Goal	Value	[Min.] =	30.00				

Constraint	Left Hand Side	Direction	Right Hand Side	Slack or Surplus	Allowable Min. RHS	Allowable Max. RHS	ShadowPrice Goal 1	ShadowPrice Goal 2
1	C1	10.00	=	10.00	0	0	20.00	0	1.00
2	C2	40.00	=	40.00	0	20.00	55.00	0	-2.00
3	C3	100.00	=	100.00	0	70.00	M	0	1.00

图 5-7

显示的满意解为 $x^{(1)}=$（10，20，0，0，0，0，30，0）。

例 5-7 用线性规划子程序解例 5-5

$$\min Z = p_1\left(d_1^- + d_2^+\right) + p_2 d_3^-$$

$$s.t.\begin{cases} x_1 + d_1^- - d_1^+ = 10 \\ 2x_1 + x_2 + d_2^- - d_2^+ = 40 \\ 3x_1 + 2x_2 + d_3^- - d_3^+ = 100 \\ x_1,\ x_2,\ d_i^-,\ d_i^+ \geqslant 0 \quad (i=1,2,3) \end{cases}$$

第一步：启动程序。打开"WinQSB"进入"Liner and Integer Programming"。

第二步：建立新问题"File"——"New Problem"。如上例图 5-3 所示，分别输入标题、变量数 8（决策变量和偏差量总共为 8）及约束数 3（含系统约束）。在"Default Goal Criteria"中将默认的求最大化改为求最小化，点击"OK"。

第三步：修改变量名。系统显示变量为 x_i（$i=1,2,\cdots,8$），为了便于观察 d_i^-、d_i^+ 将 x_3、x_4 分别改为 M_1、N_1，它们分别表示 d_1^-、d_1^+，x_5、x_6 分别改为 M_2、N_2，它们分别表示 d_2^-、d_2^+，以此类推。点击"Edit"，在弹出窗口点击"Variable Names"后修改，如图 5-8 所示。

图 5-8

第四步：输入数据。这里我们把优先因子 P_1 和 P_1，分别取值为 10000 和 1，不等号可以通过点击左键来选择。注意：保存后才能继续下面的步骤。如图 5-9 所示。

Variable -->	X1	X2	M1	N1	M2	N2	M3	N3	Direction	R. H. S.
Minimize			10000			10000	1			
C1	1		1	-1					=	10
C2	2	1			1	-1			=	40
C3	3	2					1	-1	=	100
LowerBound	0	0	0	0	0	0	0	0		
UpperBound	M	M	M	M	M	M	M	M		
VariableType	Continuous	Continuous	Continuous	Continuous	Continuous	Continuous	Continuous	Continuous		

图 5-9

第五步：（可选）如果需要查看每步迭代的情况，点击菜单栏"Solve and Analyze/Solve and Display Steps"即可，该目标规划的最终单纯形表如图 5-10 所示。

Basis	C(j)	X1 0	X2 0	M1 10,000.0000	N1 0	M2 0	N2 10,000.0000	M3 1.0000	N3 0	Artificial_C1 0	Artificial_C2 0	Artificial_C3 0	R. H. S.	Ratio
X1	0	1.0000	0		1.0000	-1.0000		1.0000	0	0	0	0	10.0000	
X2	0	0	1.0000		-2.0000	2.0000	1.0000	-1.0000	0	0	-2.0000	1.0000	0	20.0000
M3	1.0000	0	0		1.0000	-1.0000	-2.0000	2.0000	1.0000	-1.0000	1.0000	-2.0000	1.0000	30.0000
	C(j)-Z(j)	0	0	9,999.0000	1.0000	2.0000	9,998.0000	0	1.0000	-1.0000	2.0000	-1.0000	30.0000
	* Big M	0	0							1.0000	1.0000	1.0000	0

图 5-10

第六步：如果只要最后的结果，求非负连续解。点击菜单栏"Solve and Analyze/Solve the Problem"，得到满意解。如图 5-11 所示。

16:45:12		Saturday	March	04	2017			
	Decision Variable	Solution Value	Unit Cost or Profit c(j)	Total Contribution	Reduced Cost	Basis Status	Allowable Min. c(j)	Allowable Max. c(j)
1	X1	10.0000	0	0	0	basic	-1.0000	9,999.0000
2	X2	20.0000	0	0	0	basic	-4,999.5000	0.5000
3	M1	0	10,000.0000	0	9,999.0000	at bound	1.0000	M
4	N1	0	0	0	1.0000	at bound	-1.0000	M
5	M2	0	0	0	2.0000	at bound	-2.0000	M
6	N2	0	10,000.0000	0	9,998.0000	at bound	2.0000	M
7	M3	30.0000	1.0000	30.0000	0	basic	0	5,000.0000
8	N3	0	0	0	1.0000	at bound	-1.0000	M
	Objective	Function	(Min.) =	30.0000				
	Constraint	Left Hand Side	Direction	Right Hand Side	Slack or Surplus	Shadow Price	Allowable Min. RHS	Allowable Max. RHS
1	C1	10.0000	=	10.0000	0	1.0000	0	20.0000
2	C2	40.0000	=	40.0000	0	-2.0000	20.0000	55.0000
3	C3	100.0000	=	100.0000	0	1.0000	70.0000	M

图 5-11

显示的满意解为 $x^{(1)}=$（10，20，0，0，0，0，30，0），与用目标规划子程序求解的最终结果相同。

习 题

1.公司决定使用1000万元新产品开发基金开发A、B、C三种新产品。经预测，开发A、B、C三种新产品的投资利润率分别为5%、7%、10%。由于新产品开发有一定风险，公司研究后确定了下列优先顺序目标：

（1）A产品至少投资300万元。

（2）为分散投资风险，任何一种新产品的开发投资不超过开发基金总额的35%。

（3）应至少留有10%的开发基金，以备急用。

（4）使总的投资利润最大。

试建立投资分配方案的目标规划模型。

2.已知单位牛奶、牛肉、鸡蛋中的维生素及胆固醇含量等有关数据见表5-9。如果只考虑这三种食物，并设立了下列三个目标：

（1）满足三种维生素的每日最小需求量。

（2）使每日摄入的胆固醇最少。

（3）使每日购买食品的费用最少。

要求建立问题的目标规划模型。

表 5-9

项目	牛奶（500g）	牛肉（500g）	鸡蛋（500g）	每日最少需求量
维生素A（mg）	1	1	10	1
维生素B（mg）	100	10	10	30
维生素C（mg）	10	100	10	10
胆固醇（单位）	70	50	120	
费用（元）	1.5	8	4	

3.图解法求下列目标规划问题的满意解。

$\min z = p_1 d_1^+ + p_2 d_3^+ + p_3 d_2^+$

$s.t.\begin{cases} -x_1+2x_2+d_1^--d_1^+=4 \\ x_1-2x_2+d_2^--d_2^+=4 \\ x_1+2x_2+d_3^--d_3^+=8 \\ x_1,\ x_2 \geq 0;\ d_i^-,\ d_i^+ \geq 0\ (i=1,\ 2,\ 3) \end{cases}$

4.已知目标规划问题的约束条件如下：

$s.t.\begin{cases} 2x_1+x_2+d_1^--d_1^+=2 \\ 2x_1-3x_2+d_2^--d_2^+=6 \\ x_1 \leq 6 \\ x_1,\ x_2 \geq 0;\ d_i^-,\ d_i^+ \geq 0\ (i=1,2) \end{cases}$

求在下述各目标函数下的满意解：

（1）$\min z = p_1(d_1^-+d_1^++d_2^-+d_2^+)$

（2）$\min z = 2p_1\ (d_1^- + d_1^+)\ + p_2\ (d_2^- + d_2^+)$

（3）$\min z = p_1\ (d_1^- + d_1^+)\ + 2p_2\ (d_2^- + d_2^+)$

（4）$\min z = p_1\ (d_1^- + d_1^+)\ + p_2\ (d_2^- + d_2^+)$

5. 已知目标规划问题如下：

$$\min z = p_1 d_1^- + p_2 d_2^+ + p_3 d_3^-$$

$$s.t. \begin{cases} -5x_1 + 5x_2 + 4x_3 + d_1^- - d_1^+ = 100 \\ -x_1 + 2x_2 + 3x_3 + d_2^- - d_2^+ = 20 \\ 12x_1 + 4x_2 + 10x_3 + d_3^- - d_3^+ = 90 \\ x_i \geqslant 0;\ d_i^-,\ d_i^+ \geqslant 0 \quad (i = 1,2,3) \end{cases}$$

（1）求该目标规划问题的满意解。

（2）若约束右端项增加 $\Delta b = (0,\ 0,\ 5)^T$，问满意解如何变化？

（3）若目标函数变为 $\min z = p_1\ (d_1^- + d_1^+)\ + p_3 d_3^-$，则满意解如何变化？

（4）若第二个约束右端项改为 45，则满意解如何变化？

第6章
运输问题

本章内容简介

运输问题（Transportation Problem，TP）是一类比较常见并且比较重要的特殊的线性规划问题，因为该类问题在管理中应用非常广泛，所以把运输问题单独放到一章来讲解。

运输问题是从物资运输工作中提出来的，是物流优化管理的重要内容之一。经济学家康托洛维奇提出运输问题，之后美国的数学家 F.L.Hitchcock 提出有关运输问题数学模型的建立问题，Dantzig 将运输问题的解法系统化，完善表上作业法求解运输问题。

运输问题本质是一种线性规划，因此运输问题也可以用单纯形法来求解，但是一般情况运输问题涉及的变量及约束条件较多，直接用单纯形法求解计算量大。我们本章采用一种比单纯形法更为简单、便捷的方法即表上作业法，本质上讲表上作业法和单纯形法的求解思路完全一致。本章我们将讨论运输问题的模型、运输问题的求解思路、表上作业法以及一些特殊的产销不平衡运输问题的处理，最后给出运输问题的一些应用实例。

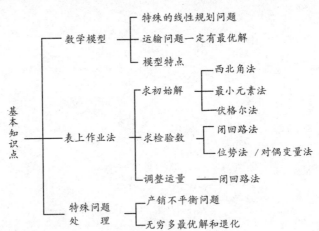

教学建议

了解运输问题的基本解题思路和原理；掌握运输问题数学模型的建立；掌握表上作业法求解各种运输问题的最优解；掌握表上作业法中的最小元素法、闭回路法；了解表上作业法中西北角法、伏格尔法；掌握产销平衡和产销不平衡问题的求解；理解运输问题的解的情况及退化问题。

本章重点

最小元素法求初始解，闭回路法求检验数及迭代，产销不平衡问题求解。

本章难点

闭回路求检验数与迭代原理，实际应用建模。

6.1　运输问题的数学模型及其特征

6.1.1　运输问题的数学模型

人们在从事生产活动中，不可避免地要进行物资调运工作。如某时期内将生产地的煤、钢铁、粮食等各类物资，分别运到需要这些物资的地区，根据各地的生产量和需要量及各地之间的运输费用，如何制订一个运输方案，使总的运输费用最小。这样的问题称为运输问题。运输问题可以用以下数学语言来描述。

设有 m 个产地（记作 A_1，A_2，A_3，$\cdots$，A_m），生产某种物资，其产量分别为 a_1，a_2，$\cdots$，a_m；有 n 个销地（记作 B_1，B_2，$\cdots$，B_n），其需要量分别为 b_1，b_2，$\cdots$，b_n；且产销平衡，即 $\sum_{i=1}^{m} a_i = \sum_{j=1}^{n} b_j$。从第 i 个产地到第 j 个销地的单位运价为 c_{ij}，在满足各地需要的前提下，求总运输费用最小的调运方案。设 x_{ij}（$i=1$，2，$\cdots$，m；$j=1$，2，$\cdots$，n）为第 i 个产地到第 j 个销地的运量，这些数据我们可汇总到产销平衡表和单位运价表中，如表 6-1、表 6-2 所示。

表 6-1　产销平衡表

产地＼销地	1	2	$\cdots$	n	产量
1					a_1
2					a_2
$\vdots$					$\vdots$
m					a_m
销量	b_1	b_2	$\cdots$	b_n	

表 6-2　单位运价表

产地＼销地	1	2	$\cdots$	n
1	c_{11}	c_{12}	$\cdots$	c_{1n}
2	c_{21}	c_{22}	$\cdots$	c_{2n}
$\vdots$	$\vdots$	$\vdots$		$\vdots$
m	c_{m1}	c_{m2}	$\cdots$	c_{mn}

解：设 x_{ij} 表示从 A_i 到 B_j 的运量，在产销平衡条件下，求总运输费用最小的运输方案，则数学模型标准形为：

$$\min z = \sum_{i=1}^{m}\sum_{j=1}^{n} c_{ij} x_{ij}$$

$$\begin{cases} \sum_{j=1}^{n} x_{ij} = a_i \, , \ i=1,\cdots,m & (6\text{-}1) \\ \sum_{i=1}^{m} x_{ij} = b_j \, , \ j=1,\cdots,n & (6\text{-}2) \\ x_{ij} \geqslant 0 \quad i=1,\cdots,m \ ; i=1,\cdots,n \end{cases}$$

用矩阵形式表示为 $\quad \min z = CX$

$$s.t. \begin{cases} AX = b \\ X \geqslant 0 \end{cases}$$

因为该问题是产销平衡问题，运输问题的总产量 = 总需求量，即有 $\sum_{i=1}^{m} a_i = \sum_{j=1}^{n} b_j$。否则称为产销不平衡运输问题。

本章重点讨论产销平衡问题，对于产销不平衡问题，首先把它转化为产销平衡问题，然后再按照产销平衡问题的方法来建模及求解。

在以上标准形式中，目标函数表示总的运输费用最小，所以这是一个极小化问题。约束条件（6-1）表示：从某一产地运输到各个销售地的数量之和等于该产地的产量；约束条件（6-2）表示：由各个产地运输到某一销售地的产品数量之和等于该销售地的销售量；$x_{ij} \geqslant 0$，$i=1$，$\cdots$，m，$j=1$，$\cdots$，n）这个约束条件是关于变量 x_{ij} 非负的约束。

该问题的标准形式是一种线性规划模型。前面讲的单纯形法是解决线性规划问题求解的有效方法，所以可以用单纯形法求解运输问题，在用单纯形法求解该类问题时，每一个约束条件要引入一个人工变量，假如我们现在是一个 3 个产地 3 个销售地的运输问题，原来的变量就有 9 个了，加上 7 个约束条件中加入的人工变量，变量数目将达到 16 个，对于它结构的特殊性，用特殊的方法求解比较方便，因此需要寻求更简便的解法。

【定理】设有 m 个产地 n 个销地且产销平衡的运输问题，则基变量数为 $m+n-1$

【证】因为产销平衡，即 $\sum_{i=1}^{m} a_i = \sum_{j=1}^{n} b_j$，将前 m 个约束方程两边相加得 $\sum_{i=1}^{m}\sum_{j=1}^{n} x_{ij} = \sum_{i=1}^{m} a_j$；再将后 n 个约束相加得 $\sum_{j=1}^{n}\sum_{i=1}^{m} x_{ij} = \sum_{j=1}^{n} b_j$，显然前 m 个约束方程之和等于后 n 个约束方程之和，$m+n$ 个约束方程是相关的，系数矩阵 A 中任意 $m+n$ 阶子式等于零。

取第一行到 $m+n-1$ 行与 x_{1n}，x_{2n}，$\cdots$，x_{mn}，x_{11}，x_{12}，$\cdots$，$x_{1,\,n-1}$ 对应的列（共 $m+n-1$ 列）组成的 $m+n-1$ 阶子式

$$\begin{vmatrix} 1 & & & & \vdots & 1 & 1 & \cdots & 1 \\ & 1 & & & \vdots & & & & \\ & & \ddots & & \vdots & & & & \\ & & & 1 & \vdots & & & & \\ \cdots & \cdots & \cdots & \cdots & \cdots & \cdots & \cdots & \cdots & \cdots \\ & & & & \vdots & 1 & & & \\ & & & & \vdots & & 1 & & \\ & & & & \vdots & & & \ddots & \\ & & & & \vdots & & & & 1 \end{vmatrix} \neq 0$$

故 $r(A)=m+n-1$，所以运输问题有 $m+n-1$ 个基变量。因此，运输问题的任何一个基含有 $m+n-1$ 个线性无关的列向量，即任何一个基可行解含有 $m+n-1$ 个基变量，这时对应的基可行解就是一个可行的调运方案。

例 6-1 现有 A_1，A_2，A_3 三个产区（产地），可供应商品分别为 10 吨、8 吨、5 吨，现将商品运往 B_1，B_2，B_3，B_4 四个地区（销地），其需要量分别为 5 吨、7 吨、8 吨、3 吨。产地到需求地的单位运价如表 6-3 所示。问满足需求的情况下，如何安排一个运输计划，使总的运输费用最少？（只建模不求解）

表 6-3 单位运价表 （元 / 吨）

销地 \ 产地	B_1	B_2	B_3	B_4	产量
A_1	3	2	6	3	10
A_2	5	3	8	2	8
A_3	4	1	2	9	5
销量	5	7	8	3	23

解：设 x_{ij}（$i=1$，2，3；$j=1$，2，3，4）表示从 A_i 到 B_j 的运输量，则数学模型为：

$$\min z = 3x_{11} + 2x_{12} + 6x_{13} + 3x_{14} + 5x_{21} + 3x_{22} + 8x_{23} + 2x_{24} + 4x_{31} + x_{32} + 2x_{33} + 9x_{34}$$

$$\begin{cases} \left.\begin{array}{l} x_{11} + x_{12} + x_{13} + x_{14} = 10 \\ x_{21} + x_{22} + x_{23} + x_{24} = 8 \\ x_{31} + x_{32} + x_{33} + x_{34} = 5 \end{array}\right\} 产地的约束 \\[2ex] \left.\begin{array}{l} x_{11} + x_{21} + x_{31} = 5 \\ x_{12} + x_{22} + x_{32} = 7 \\ x_{13} + x_{23} + x_{33} = 8 \\ x_{14} + x_{24} + x_{34} = 3 \end{array}\right\} 销地的约束 \\[1ex] X_{ij} \geqslant 0, i=1,2,3;\ j=1,2,3,4 \end{cases}$$

例6-2 有三台机床加工三种零件，计划第i台的生产任务为a_i（i=1，2，3）个零件，第j种零件的需要量为b_j（j=1，2，3）；第i台机床加工第j种零件需要的时间为c_{ij}，如表6-4所示。问如何安排生产任务使总的加工时间最少？

表6-4

零件 机床	b_1	b_2	b_3	生产任务
a_1	5	2	3	50
a_2	6	4	1	60
a_3	7	3	4	40
需求量	70	30	50	150

解：设x_{ij}（i=1，2，3；j=1，2，3）为第i台机床加工第j种零件的数量，则此问题的数学模型为：

$$\min Z = 5x_{11} + 2x_{12} + 3x_{13} + 6x_{21} + 4x_{22} + x_{23} + 7x_{31} + 3x_{32} + 4x_{33}$$

$$\begin{cases} x_{11} + x_{12} + x_{13} = 50 \\ x_{21} + x_{22} + x_{23} = 60 \\ x_{31} + x_{32} + x_{33} = 40 \\ x_{11} + x_{21} + x_{31} = 70 \\ x_{12} + x_{22} + x_{32} = 30 \\ x_{13} + x_{23} + x_{33} = 50 \\ x_{ij} \geq 0, \ i = 1,2,3; \ i = 1,2,3 \end{cases}$$

6.1.2 运输问题的特征

运输问题约束条件的系数矩阵如下：

$$A = \begin{vmatrix} X_{11} & X_{12} & \cdots & X_{1n} & X_{21} & X_{22} & \cdots & X_{2n} & \cdots & X_{m1} & X_{m2} & \cdots & X_{mn} \\ 1 & 1 & \cdots & 1 & & & & & & & & & \\ & & & & 1 & 1 & \cdots & 1 & & & & & \\ & & & & & & & & \ddots & & & & \\ & & & & & & & & & 1 & 1 & \cdots & 1 \\ 1 & & & & 1 & & & & \cdots & 1 & & & \\ & 1 & & & & 1 & & & \cdots & & 1 & & \\ & & \ddots & & & & \ddots & & & & & \ddots & \\ & & & 1 & & & & 1 & \cdots & & & & 1 \end{vmatrix}$$

该系数列向量的结构是：$A_{ij} = \left(0,\cdots,0,\underset{\text{第}i\text{个}}{1},0,\cdots,0,\underset{\text{第}m+j\text{个}}{1},0,\cdots,0 \right)^T$

也就是说，除了这两个分量为1，其他分量全都是0。

因此，运输问题约束条件的特点如下：

（1）约束条件的系数矩阵中的元素要么为0要么为1；

（2）约束条件系数矩阵的每一列有两个元素非零，一个非零出现在前m个约束方程，另一个非零出现在后面的 n 个方程。

对于产销平衡问题，除以上两个特点外，还有以下特点：

（1）每一个出发地都有一定的供应量（supply）配送到目的地，每一个目的地都有一定的需求量（demand）接收从出发地发出的产品；

（2）需求假设（The Requirement Assumption）。每一个出发地都有一个固定的供应量，所有的供应量都必须配送到目的地。与之相类似，每一个目的地都有一个固定的需求量，整个需求量都必须由出发地满足，即 总供应量 = 总需求量；

（3）可行解特性（The Feasible Solution Property）。当且仅当供应量的总和等于需求量的总和时，运输问题才有可行解。

（4）成本假设（The Cost Assumption）。从任何一个出发地到任何一个目的地的货物配送成本和所配送的数量成线性比例关系，因此这个成本就等于配送的单位成本乘以所配送的数量。

（5）整数解性质（Integer Solution Property）。只要它的供应量和需求量都是整数，任何有可行解的运输问题必然有所有决策变量都是整数的最优解。因此，没有必要加上所有变量都是整数的约束条件。

6.2　运输问题求解

表上作业法是单纯形法在求解运输问题时的一种简化方法，它的本质还是单纯形法，只是具体计算时的术语不同。表上作业法的求解思路如下：首先，确定一个初始运输方案，也就是找出一个基可行解，从产销平衡表上找满足约束条件的 m+n-1 个格来表示基变量，其他的空格为非基变量；其次，最优性检验，求非基变量的检验数，根据判别准则来检查这个初始方案是不是最优的；再次，改进调整，如果不是最优的方案，那么对调运方案加以调整改进，得到一个新运输方案（解）；再判别，再改进，直到找出最优方案。

下面阐述本节所涉及的主要内容：①求初始调运方案的 3 种方法：西北角法、最小元素法、伏格尔法；②求检验数，通过判别准则来判断是不是最优方案，本章讲述闭回路法或位势法；③改进调整，如果不是最优方案，本章介绍了闭回路法加以调整改进得到另一个新方案。因此，整个求解思路和单纯形法的求解思路完全一样，但是具体做法更加便捷。图 6-1 是表上作业法的求解思路图。

这里假设的运输问题都是产销平衡问题，至于产销不平衡的运输问题可以先化为产销平衡的问题再求解。

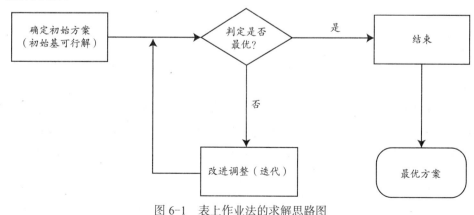

图 6-1　表上作业法的求解思路图

（1）找出初始基本可行解。对于有 m 个产地 n 个销地的产销平衡问题，则有 m 个关于产量的约束方程和 n 个关于销量的约束方程。由于产销平衡，其模型最多只有 $m+n-1$ 个独立的约束方程，即运输问题有 $m+n-1$ 个基变量。在 $m×n$ 的产销平衡表上给出 $m+n-1$ 个数字格，其相对应的调运量的值即为基变量的值。

（2）求各非基变量的检验数，即检验除了上述 $m+n-1$ 个基变量以外的空格的检验数，判别是否达到最优解，如果已是最优，停止计算，否则转到下一步。

（3）确定入基变量和出基变量，找出新的基本可行解。在表上用闭回路法调整。

（4）重复（2）（3）直到得到最优解。

上面是运输问题的解题步骤，接下来我们通过实例来深入理解运输问题求解方法。

例 6-3 某食品公司经销的主要产品之一是糖果。它下面设有三个加工厂，每天的糖果产量分别为：A_1——7 吨，A_2——4 吨，A_3——9 吨，该公司把这些糖果分别运往四个地区的门市销售，各地区每天的销售量分别为：B_1——3 吨，B_2——6 吨，B_3——5 吨，B_4——6 吨，如表 6-6 所示。产销平衡表已知从每个加工厂到各销售门市部每吨的运价如表 6-5 所示。问该食品公司应如何调运，在满足各门市部销售需要的情况下，使得总的运费支出为最少。

表 6-5　单位运价表　　　　　　　　　　百元/吨

销地\产地	B_1	B_2	B_3	B_4
A_1	3	11	3	10
A_2	1	9	2	8
A_3	7	4	10	5

表 6-6　产销平衡表

销地\产地	B_1	B_2	B_3	B_4	产量
A_1					7
A_2					4
A_3					9
销量	3	6	5	6	20

因为该运输问题是一个总产量＝总销量，即是一个产销平衡问题，所以可以用表上作业法来求解。

6.2.1　初始方案确定

给定初始方案的方法很多，一般来说，希望方法简便易行，减少迭代次数，并能给出较好的方案。这里介绍常见的初始方案确定方法：西北角法、最小元素法、伏格尔（Vogel）法。为了把初始基本可行解与运价区分开，我们把运价放在每一栏的右上角，每一栏的中间写上初始基本可行解（调运量）。

（1）西北角法。

例 6-4　用西北角法求例 6-3 的初始方案

① 从表的左上角（即西北角）的变量 x_{11} 开始分配运输量，x_{11} 表示 A_1 这个产地最多可以运往 B_1 这个销售地 7 吨，同时 B_1 的需求 3 吨，所以 x_{11} 这个变量为基变量并使 x_{11} 取尽可能大的值，即两者中的小者 $x_{11}=\min$（7，3）=3，最多运输 3 吨，则 x_{21} 与 x_{31} 必为零，x_{21} 与 x_{31} 为非基变量。同时把 B_1 的销量与 A_1 的产量都减去 3 填入相应的销量和产量处，划去原来的销量和产量，A_1 这个产地还有能力供应 4 吨，B_1 这个销售地销量变为 0 了，表明 A_1 运入的量已经满足最大需求，所以 B_1 已经不再需要再从产地 A_2，A_3 运入，这样我们把 B_1 这一列用直线划去，此时的产销平衡表上只剩下一个 3 行 3 列的矩阵，如表 6-7 所示。

表 6-7

产地＼销地	B_1	B_2	B_3	B_4	产量
A_1	3　　3	11	3	10	7　4
A_2	1	9	2	8	4
A_3	7	4	10	5	9
销量	3　0	6	5	6	20

② 填完第一个空格 x_{11}，在剩下的 3×3 矩阵中找西北角。

表 6-7 的西北角就是变量 x_{12} 了，同样取尽可能大的运输量，从第二个产地 $A_2=4$ 和第二个销售地 $B_2=6$ 中选一个最小的即 $x_{12}=\min$（4，6）=4。x_{12} 取 4 填入相应空格，此时 A_1 剩余的生产能力为 0，B_2 的需求能力由 6 减 4 变成了 2。这时 A_1 的生产能力变为 0 说明不可能再从这个产地运出产品，我们把 A_1 这行用直线划去，如表 6-8 所示。

表 6-8

产地＼销地	B_1	B_2	B_3	B_4	产量
A_1	3　　3	11　4	3	10	7　4　0
A_2	1	9	2	8	4
A_3	7	4	10	5	9
销量	3	6　2	5	6	20

③ 从表 6-8 中找没有被直线覆盖的部分的西北角。

剩下一个 2×3 阶矩阵，$x_{22}=\min(4,2)=2$，基变量 x_{22} 所在空格填入 2，这时产地 A_2 的生产能力变为 2，销售地 B_2 的销售能力剩余 0，说明不能再往这个销售地运输产品了，我们把 B_2 这列用直线覆盖，如表 6-9 所示。

表 6-9

销地\产地	B_1	B_2	B_3	B_4	产量
A_1	3 ~~3~~	11 ~~4~~	3	10	~~7~~ ~~4~~ 0
A_2	1	9 ~~2~~	2	8	~~4~~ 2
A_3	7	4	10	5	9
销量	~~3~~ 0	~~6~~ ~~2~~ 0	5	6	20

④ 从表 6-9 中找没有被直线覆盖的部分的西北角。剩下一个 2×2 矩阵，$x_{23}=\min(2,5)=2$，基变量 x_{33} 所在空格填入 2，这时产地 A_2 的生产能力变为 0，说明不能再从产地 A_2 往其他销售地运送产品；销售地 B_3 的销售能力剩余 3，我们把 A_2 这行用直线覆盖，如表 6-10 所示。

表 6-10

销地\产地	B_1	B_2	B_3	B_4	产量
A_1	3 ~~3~~	11 ~~4~~	3	10	~~7~~ ~~4~~ 0
A_2	1	9 ~~2~~	2 ~~2~~	8	~~4~~ ~~2~~ 0
A_3	7	4	10	5	9
销量	~~3~~ 0	~~6~~ ~~2~~ 0	~~5~~ 3	6	20

⑤ 从表 5-10 中找没有被直线覆盖的部分的西北角。剩下一个 1×2 的矩阵，$x_{33}=\min(9,3)=3$，基变量 x_{33} 所在空格填入 3，这时产地 A_3 的生产能力变为 6，销售地 B_3 的销售能力剩余 0，说明不能再往销售地 B_3 运送产品，我们把 B_3 这列用直线覆盖，如表 6-11 所示。

⑥ 以此类推，基变量 $x_{43}=6$，单位运价表上所有元素都被直线覆盖为止，此时求出该运输问题的初始方案，该运输问题有 $m+n-1=3+4-1=6$ 个基变量，如表 6-12 所示。

表 6-11

产地＼销地	B_1	B_2	B_3	B_4	产量
A_1	3 3	11 4	3	10	7 4 0
A_2	1	9 2	2 2	8	4 2 0
A_3	7	4	10	5	9 6
销量	3 0	6 2 0	5 3 0	6	20

表 6-12

产地＼销地	B_1	B_2	B_3	B_4	产量
A_1	3 3	11 4	3	10	7 4 0
A_2	1	9 2	2 2	8	4 2 0
A_3	7	4	10 3	5 6	9 6 0
销量	3 0	6 2 0	5 3 0	6 0	20

该问题的初始运输方案为：

$$x_{11}=3，x_{12}=4，x_{22}=2，x_{23}=2，x_{33}=3，x_{34}=6$$

用该方法求出初始方案的费用为：

3×3+11×4+9×2+2×2+10×3+5×6=135（百元）

（2）最小元素法。最小元素法的思想是就近优先运送，即单位运价最小 C_{ij} 对应的变量 x_{ij} 优先赋值，最大限度地满足该变量的运输量 $x_{ij}=\min\{a_i，b_j\}$，然后再在所剩下的运价中取最小运价对应的变量赋值并满足约束，依次下去，直到给出初始基本可行解。

第一步，确定第一个基变量的方法：

①从单位运价表中找出最小运价。

②在最小运价处，用所在行的产量最大限度满足销售量（所在列）的需求。将满足之数填入产销平衡表中相应的位置处。

③观察产和销的关系：如果产量用完，则划去所在行的单位运价信息，表示此产地不能再供应其他地方；如果销量得到满足，则划去所在列的单位运价信息，表示此销售地不再有需求。（注意产量和销量的变化）

第二步，确定第二个基变量及其他所有变量。

在未被直线划去的单位运价信息中，寻找最小值。按照上述方法进行操作，直到所有的单位运价都被直线覆盖。

例 6-5　用最小元素法求例 6-3 的初始方案

①从表 6-13 中找到最小运价为 1，这说明 A_2 生产的产品优先供给 B_1，单位运输费用最小。又因为 A_2 的供给能力 4 大于 B_1 的需求能力 3，所以，A_2 除了能满足 B_1 的全部需求外，还能剩余 1 吨，所以在 A_2 与 B_1 交叉的位置填上 3，此时修改剩余的供给和需求能力，供给能力减为 1，而 B_1 的需求能力变为 0，所以，B_1 除了从 A_2 运入 3 吨将不会再从别的产地运货物。这样我们把 B_1 这列用直线划去。

表 6-13

销地产地	B_1	B_2	B_3	B_4	产量
A_1	3	11	3	10	7
A_2	1 3	9	2	8	~~4~~ 1
A_3	7	4	10	5	9
销量	~~3~~ 0	6	5	6	20

②没有被直线覆盖的部分剩下一个 3×3 阶的矩阵，如表 6-13 所示，从中找到最小运价为 2，这说明 A_2 生产的产品优先供给 B_1，单位运输费用最小。又因为 A_2 的供给能力 1 小于 B_3 的需求能力 5，所以在 A_2 与 B_3 交叉的位置填上 1，此时修改剩余的供给和需求能力，供给能力减为 0，而 B_3 的需求能力变为 4，所以，B_3 除了从 A_2 运入 1 吨仍需从其他有供货能力的产地进货物。这样我们把 A_2 这行用直线划去。如表 6-14 所示。

表 6-14

销地产地	B_1	B_2	B_3	B_4	产量
A_1	3	11	3	10	7
A_2	1 3	9	2 1	8	~~4~~ ~~1~~ 0
A_3	7	4	10	5	9
销量	~~3~~ 0	6	~~5~~ 4	6	20

③在表 6-14 中再从未划去的元素中找到最小单位运价 3，在该空格上填入 x_{13}=min{7, 4}=4，产地 A_1 的供给能力减为 3，而销售地 B_3 的销售能力减为 0，因此我们把 B_3 列用直线覆盖，如表 6-15 所示。

表 6-15

产地＼销地	B_1	B_2	B_3	B_4	产量
A_1	3	11	3 ⁄ 4	10	7̶ 3
A_2	1 ⁄ 3	9 ⁄ 1	2	8	4̶ 1̶ 0
A_3	7	4	10	5	9
销量	3̶ 0	6	5̶ 4̶ 0	6	20

④在表 6-15 中再从未划去的元素中找到最小单位运价 4，在该空格上填入 x_{32}=min{9, 6}=6，产地 A_3 的供给能力减为 3，而销售地 B_2 的销售能力减为 0，因此我们把 B2 列用直线覆盖，如表 6-16 所示。

⑤在表 6-16 中再从未划去的元素中找到最小单位运价 5，在该空格上填入 x_{34}=min{3, 6}=3，产地 A_3 的供给能力减为 0，而销售地 B_3 的销售能力减为 3，因此我们把 A_3 行用直线覆盖，如表 6-17 所示。

表 6-16

产地＼销地	B_1	B_2	B_3	B_4	产量
A_1	3	11	3 ⁄ 4	10	7̶ 3
A_2	1 ⁄ 3	9	2 ⁄ 1	8	4̶ 1̶ 0
A_3	7	4 ⁄ 6	10	5	9̶ 3
销量	3̶ 0	6̶ 0	5̶ 4̶ 0	6	20

⑥以此类推，从未划去的元素中找到最小单位运价 10，在该空格上填入 x_{14}=min{3, 3}=3，产地 A_1 的供给能力减为 0，而销售地 B_4 的销售能力减为 0，因此我们把 A_1 行用直线覆盖，如表 6-18 所示。单位运价表上所有元素都划去为止，最后得到初始调运方案。

表 6-17

产地＼销地	B_1	B_2	B_3	B_4	产量
A_1	3	11	3	10	7̶ 3
			4		
A_2	1	9	2	8	4̶ 1̶ 0
	3		1		
A_3	7	4	10	5	9̶ 3̶ 0
		6		3	
销量	3̶ 0	6̶ 0	5̶ 4̶ 0	6̶ 3	20

表 6-18

产地＼销地	B_1	B_2	B_3	B_4	产量
A_1	3	11	3	10	7̶ 3̶ 0
		4	3		
A_2	1	9	2	8	4̶ 1̶ 0
	3		1		
A_3	7	4	11	5	9̶ 3̶ 0
		6		3	
销量	3̶ 0	6̶ 0	5̶ 4̶ 0	6̶ 3̶ 0	20

初始运输方案为：产地 A_1 运往销售地 B_4 3 吨、产地 A_1 运往销售地 B_3 4 吨；产地 A_2 运往销售地 B_1 3 吨、产地 A_2 运往 B_3 1 吨；产地 A_3 运往销售地 B_2 6 吨、产地 A_3 运往销售地 B_4 3 吨。该初始方案的运输费用为 3×10+4×3+3×1+1×2+6×4+3×5=86（百元）。

注意事项：

①最小元素法求初始方案，在确定变量 x_{ij} 的值后，如果出现 A_i 的产量与 B_j 的销售量同时都改为 0 的情况，在单位运价表上应同时划去一行和一列，这时出现退化。为使迭代过程中基变量的个数恰好为（$m+n-1$）个，应在同时划去的一行或一列中的其他空格中填入数字 0，表示这个格中的变量是取值为 0 的基变量。以便当作有数字的格看待。这样方案的变量个数还是（$m+n-1$）。退化的处理详见后面讲述。

②用最小元素法时，可能会出现只剩一行或一列的所有格均未填数或未被划掉的情况，此时在这一行或这一列除去已填上的数外填上一个 0，不能按空格划掉，这样可以保证填过数或 0 的格为（$m+n-1$）个，即保证基变量的个数为（$m+n-1$）个。

③伏格尔法。伏格尔法的主旨是最大差额处，优先按最小运价进行调运。行（列）差额

（罚数）＝次小运价－最小运价。

伏格尔方法（Vogel）确定初始基可行解的步骤如下：

第一步：计算单位运价表中同行、同列的最小运费与次小运费之差，分别列在单位运价表的最右列和最下行（行差和列差）。

第二步：对行差和列差进行对比，找出最大差额。以与最大差额值同行（或同列）的最小运价为准，最大限度地满足其需求；一旦需求（或库存）被彻底满足（或库存调光），则随即划去该列（或行）的所有运价信息。（注意产量和销量的变化）

第三步：重新计算同行同列的最小运费与次小运费之差，并对其他未被确定调拨值的行列，重复第二步的处理，直至构造出某初始调拨方案（初始解）。

最小元素法与伏格尔法的比较：

最小元素法有时为了节省费用，有可能会造成其他运输路线多花好几倍的运费。而此节介绍的伏格尔法考虑到某产地的产品如不能按最小运费就近供应则按次小运费，这就会有一个差额，差额越大，说明不能按最小运费调运时，运费增加越多，因此对差额最大处应采用最小运费调运。

例 6-6　用伏格尔法求解例 6-3 的初始方案

第一步：在表 6-19 中计算相应的行差额和列差额，即行（列）差额（罚数）＝行（列）次小运价－行（列）最小运价。从相应的行（或列）差额中选出最大者，差额最大是 5，并选出 5 所在列的最小元素 4 所在格，优先满足该变量的运输。即满足产地 A_3 对销地 B_2 的供给，所以该格填入 6（参照产销平衡表），同时将运价表中 B_2 列划去。

第二步：对表 6-20 中未划去的元素再计算出各行各列的次小运费和最小运费的差额，并填入行差额和列差额，此时的最大差额是 3，在 B_4 这列中选择最小元素 5，可确定 A_3 的产品先供给 B_4 的需要，供给量是 3，同时划去 B_4 列，如表 6-21 所示。

重复第一步、第二步，直到所有空格都被直线覆盖，找到初始方案。用伏格尔法求出的方案如表 6-21 所示。

表 6-19

销地\产地	B_1	B_2	B_3	B_4	行差额
A_1	3	11	3	10	0
A_2	1	9	2	8	1
A_3	7	4 6	10	5	1
列差额	2	5	1	3	

表 6-20

产地＼销地	B_1	B_2	B_3	B_4	行差额
A_1	3	11	3	10	0
A_2	1	9	2	8	1
A_3	7	4　6	10	5　3	2
列差额	2	1	3		

表 6-21

产地＼销地	B_1	B_2	B_3	B_4	产量
A_1			5	2	7
A_2	3			1	4
A_3		6		3	9
销量	3	6	5	6	

该方法求出的初始基本可行解的费用 =5×3+2×10+3×1+1×8+6×4+3×5=85（百元）。

比较西北角法、最小元素法与伏格尔法，除了确定供求关系的原则不同外，其余步骤均相同，从该例题的初始方案来看，伏格尔法求出的初始解更接近最优解。本例题用伏格尔法求出的初始基本可行解正好是该例题的最优解。

6.2.2 最优性检验

初始基本可行解是一个运输问题的基可行解，需要通过最优性检验判别该解的目标函数值是否最优，当为否时，应进行调整得到优化。

最优检验的基本思想：确定初始基可行解后，调查非基变量取值变化对总运费的影响。即计算非基变量（未填上数值的格，即空格）的检验数（也称为空格的检验数），若全部大于等于零，则该方案就是最优调运方案，否则就应进行调整。实现方法：在确定的初始基可行解基础上，当非基变量调整为基变量时，考虑总的运费的变化情况？如果所有情况下总费用均增加，则证明初始方案为最优；一旦出现了总费用降低，代表给该非基变量调整为基变量可使运输方案更优，说明最初方案需要优化。需要解决的问题：当非基变量调整为基变量时，为保证产销平衡表上的产销平衡，会引起已确定的基变量的连锁变化，导致相应的行或列基变量的波动。所以需要靠闭回路法来确定基变量的变动情况。

最优解的判别是通过计算空格（非基变量）检验数 $\lambda_{ij}=C_{ij}-C_BB^{-1}P_{ij}$ $(i, j \in N)$，本章运输问题的目标函数是实现最小化，所以当所有非基变量的检验数都大于等于 0，即 $\lambda_{ij}=C_{ij}-C_BB^{-1}P_{ij} \geqslant 0$ 时为最优解。下面我们介绍用闭回路法和位势法求检验数的方法。

（1）闭回路法。在已给出的初始调运方案的运输表上从一个代表非基变量的空格出发，沿水平或垂直方向前进，只有遇到代表基变量的填入数字的格才能向左或右转 90 度（当然也可以不改变方向）继续前进，这样继续下去，直至回到出发的那个空格，由此形成的封闭折线叫作闭回路。如图 6-2 所示。

由于任意非基变量均可表示为基向量的唯一线性组合，因此通过任一空格即可以找到唯一的闭回路。

闭回路法计算非基变量检验数的方法：

①参考产销平衡表，建立非基变量检验数表，用于填写各非基变量的检验数。

②以确定的初始（或前一可行）调运方案表为准，寻找每个非基变量的闭回路。

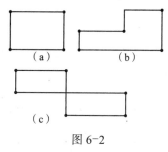

图 6-2

③ 在每个非基变量的闭回路上，计算当非基变量由"0"变为"+1"时，基变量的取值变化规律（+1 或 -1）。

④ 利用单位运价表中与闭回路相对应的运价信息，计算运费的变化情况即为非基变量检验数，约定作为起始顶点的非基变量为第一个正次顶点，相邻顶点为负次顶点，其他顶点依次正、负间隔排列，那么，该非基变量 x_{ij} 的检验数：$\lambda_{ij}=$ 闭回路上正数次顶点运价之和 - 闭回路上负数次顶点运价之和。

⑤ 将非基变量检验数填入检验数表中相应位置。

例 6-7　用例 6-5 中在最小元素法下求出的初始基本可行解，求该初始方案非基变量的检验数

① 求非基变量 x_{11} 的检验数。

首先，按照上面介绍的方法找到非基变量 x_{11} 的闭回路 x_{11}-x_{13}-x_{23}-x_{21}-x_{11}，如表 6-22 虚线所示。

表 6-22

产地＼销地	B_1		B_2		B_3		B_4		产量
A_1	3		11		4	3 -1	3	10	7
A_2	3	1		9	1	2 +1		8	4
A_3		7	6	4		10	3	5	9
销量	3		6		5		6		20

其次，将非基变量所在空格的运输量调整为 1，由于受产销平衡的约束，对这个闭回路顶点的运输量增加 1 或减少 1；

最后，非基变量 x_{ij} 的检验数：$\lambda_{ij}=$ 闭回路上正数次顶点运价之和 - 闭回路上负数次顶点运价之和，该非基变量总运费变化 =3+2-（3+1）=1，即由此新可行解与初始基本可行解运

费增加 1，即 $\lambda_{11}=1$。

② 求出非基变量 x_{31} 的检验数。

首先，找到非基变量 x_{31} 的闭回路为：$x_{31}-x_{34}-x_{14}-x_{13}-x_{23}-x_{21}-x_{31}$，见表 6-23 虚线所示。

其次，将非基变量 x_{31} 所在空格的运输量调整为 1，由于受产销平衡的约束，对这个闭回路顶点的运输量增加 1 或减少 1。

最后，非基变量 x_{ij} 的检验数：$\lambda_{ij}=$ 闭回路上正数次顶点运价之和 - 闭回路上负数次顶点运价之和，该非基变量总运费变化 $=7+2+10-（1+3+5）=10$，即由此新可行解与初始基本可行解运费增加 10，即 $\lambda_{ij}=10$。

表 6-23

产地＼销地	B_1		B_2		B_3		B_4		产量
A_1		3		11	4	3	3	10	7
						-1		+1	
A_2	3	1		9	1	2		8	4
		-1				+1			
A_3		7	6	4		10	3	5	9
	10	+1						-1	
销量	3		6		5		6		20

③ 以此类推，我们可以找到剩下几个非基变量的闭回路，见表 6-24，并按照上面介绍的方法计算出来所有非基变量的检验数如表 6-25 所示。

表 6-24

变量	闭回路
x_{12}	$x_{12}-x_{14}-x_{34}-x_{31}-x_{12}$
x_{22}	$x_{22}-x_{23}-x_{13}-x_{14}-x_{34}-x_{32}-x_{22}$
x_{24}	$x_{24}-x_{23}-x_{13}-x_{14}-x_{24}$
x_{33}	$x_{33}-x_{34}-x_{14}-x_{13}-x_{33}$

表 6-25

产地＼销地	B_1		B_2		B_3		B_4		产量
A_1	1	3	2	11	4	3	3	10	7
A_2	3	1	1	9	1	2	-1	8	4
A_3	10	7	6	4	12	10	3	5	9
销量	3		6		5		6		20

在用闭回路法求检验数的时候，需要先找到每一个非基变量的闭回路，对于产地和销地不多的情况，这种方法是可取的，工作量也能接受，但是如果产地、销地很多时再用这种方法计算检验数就很烦琐。接下来介绍另外一种求检验数的方法——位势法，该方法可批量求出检验数，相对于闭回路法求检验数更为简单。

（2）位势法。位势法求检验数是根据对偶理论推导出的一种方法。

设产销平衡的运输问题为：

$$\min Z = \sum_{i=1}^{m} \sum_{j=1}^{n} C_{ij} X_{ij}$$

$$s.t. \begin{cases} \sum_{j=1}^{n} X_{ij} = a_i, & i=1,2,\cdots,m \\ \sum_{i=1}^{m} X_{ij} = b_j, & j=1,2,\cdots,n \\ X_{ij} \geqslant 0, & i=1,2,\cdots,m; \ j=1,2,\cdots,n \end{cases}$$

设前 m 个约束对应的对偶变量为 u_i，$i=1$，2，$\cdots$，m，后 n 个约束对应的对偶变量为 v_j，$j=1$，2，$\cdots$，n，则运输问题的对偶问题是：

$$\max W = \sum_{i=1}^{m} a_i u_i \sum_{j=1}^{n} b_j u_j$$

$$s.t. \begin{cases} u_i + v_i \leqslant C_{ij}, & i=1,2,\cdots m; \ j=1,2,\cdots, \ n \\ u_i v_i \text{无约束}, & i=1,2,\cdots, \ m; \ j=1,2,\cdots, \ n \end{cases}$$

加入松弛变量 λ_{ij}，将约束化为等式 $u_j+v_j+\lambda_{ij}=c_{ij}$，记原问题基变量 x_B 的下标集合为 I，由第二章对偶性质知，原问题 x_{ij} 的检验数是对偶问题的松弛变量 λ_{ij}，当 $(i,j) \in I$ 时 $\lambda_{ij}=0$，因而有

$$\begin{cases} u_i + v_i = C_{ij} & (i,\ j) \in I \\ \lambda_{ij} = C_{ij} - (u_i + v_j) & (i,\ j) \overline{\in} I \end{cases}$$

其中，第一个方程仅能用于第一个方程，利用基变量可以写出等式，对于 $m+n-1$ 个基变量可以写出 $m+n-1$ 个等式，解这 $m+n-1$ 个等式的方程组中的 u_i、v_j，将 u_i、v_j 代入第二个方程求出 λ_{ij}。

例 6-8 对于例 6-5 最小元素法求出的初始基本可行解用位势法求检验数。

首先，在表 6-26 上标上相应的行位势 u_i 和列位势 v_j。

其次，所有基变量利用公式 $u_i+v_j=C_{ij}$，$(i,j) \in I$ 写出一系列等式，切记该等式仅满足基变量，所以有 6 个基变量就能写出 6 个等式。在这里，由于这些位势的数值是相互关联的，所以填写时可以先任意决定其中的一个位势的值，然后利用位势的数值间的相互关系推导出其他位势的数值：

$$u_1 + v_3 = 3$$
$$u_1 + v_4 = 10$$
$$u_2 + v_1 = 1$$
$$u_2 + v_3 = 2$$
$$u_2 + v_2 = 4$$
$$u_3 + v_4 = 5$$

令 $v_1=1$，则 $u_2=0$；$v_3=2$；$u_1=1$；$v_4=9$；$u_3=-4$；$v_2=8$。

表 6-26

销地＼产地	B_1		B_2		B_3		B_4		Vj
A_1		3	11		4	3	3	10	v_1（1）
A_2	3	1		9	1	2		8	v_2（0）
A_3		7	6	4		10	3	5	v_3（-4）
v_j	v_1（1）		v_2（8）		v_3（2）		v_4（9）		

最后，利用求出的行位势和列位势及 $\lambda_{ij}=C_{ij}-(u_i+v_i)(i,j)\in I$ 求出所有非基变量的检验数：

$$\lambda_{11}=3-(1+1)=1 \qquad \lambda_{12}=11-(1+8)=2$$
$$\lambda_{22}=9-(0+8)=1 \qquad \lambda_{24}=8-(0+9)=-1$$
$$\lambda_{31}=7-(-4+1)=10 \qquad \lambda_{33}=10-(-4+2)=12$$

所以，这些计算可直接在表上完成。为了方便设计，检验数如表 6-27 所示。

表 6-27

销地＼产地	B_1	B_2	B_3	B_4
A_1	1	2		
A_2		1		-1
A_3	10		12	

不管是用闭回路法还是位势法，计算出来的结果都是相同的，并且由表 6-27 看出，非基变量的检验数还存在负数，说明该方案还不是最优方案，需要进一步调整改进。

6.2.3 闭回路法调整方案

前面讲过，当某个检验数小于零时，表明该调运方案不是最优方案，总运费还可以下降，这时需调整运输量，改进原运输方案，使总运输减少。

闭回路法调整的步骤：

第一步，确定入基变量；$\lambda_{ik}=\min\limits_{(i,j)}\{\lambda_{ij}\mid\lambda_{ij}<0\}>x_{ik}$，最小负检验数对应的变量为入基变量，相应的空格为换入格。

第二步，确定出基变量，先找到入基变量的闭回路，在进基变量 x_{ik} 的闭回路中，从入基变量开始间隔标上正、负号，标有负号的运输量中把最小运量作为调整量 θ，θ 对应的基变量为出基变量，并打上"×"以示作为非基变量。

第三步，调整运量。在这条闭回路上，在保持产销平衡的条件下对负次顶点空格的运量做最大可能的调整。在进基变量的闭回路中标有正号的变量都加上调整量 θ，标有负号的变量减去调整量 θ，其余变量不变，得到一组新的基可行解，然后求所有非基变量的检验数。

例 6-9　根据例 6-5 最小元素法求出的初始方案，求出各非基变量检验数如表 6-28，根据判别准则判断出来该方案不是最优方案，按上述步骤调整

（1）根据表 6-27 知 $\lambda_{24} < 0$，所以 x_{24} 为入基变量，假如，在确定入基变量时，有两个或两个以上非基变量的检验数为负检验数时，一般选择最小的负检验数对应的变量为入基变量。

（2）以该入基变量 x_{24} 为调入格，找闭回路的方法跟前面介绍的闭回路法计算检验数是一样的，非基变量 x_{24} 的闭回路为 $x_{24}-x_{14}-x_{13}-x_{23}-x_{24}$，见表 6-28；从 x_{24} 开始依次间隔标上 "+"，"-" 号，$\underset{+}{x_{24}}-\underset{-}{x_{14}}-\underset{+}{x_{13}}-\underset{-}{x_{23}}-\underset{+}{x_{24}}$。

表 6-28

销地＼产地	B_1		B_2		B_3		B_4		产量
A_1		3		11	4	3	3	10	7
A_2	3	1		9	1	2		8	4
A_3		7	6	4		10	3	5	9
销量	3		6		5		6		20

（3）确定调运量。在这条闭回路上 $\underset{+}{x_{24}}-\underset{-}{x_{14}}-\underset{+}{x_{13}}-\underset{-}{x_{23}}-\underset{+}{x_{24}}$，在保持产销平衡的条件下，对负次顶点的运量做最大可能的调整，标有负号的运输量中把最小运量作为调整量，该最小运量对应的基变量为出基变量。$\theta=\min\{3,1\}=1$，在入基变量的闭回路中标有正号的变量都加上调整量 1，标负号的变量都减去调整量 1，调整过程见表 6-28，即得到一组新的可行解见表 6-29。

表 6-29

产地＼销地	B_1		B_2		B_3		B_4		产量
A_1		3		11	5	3	2	10	7
A_2	3	1		9		2	1	8	4
A_3		7	6	4		10	3	5	9
销量	3		6		5		6		

那么，改进调整后的可行解是否是最优解？再用前面介绍的求检验数的方法（闭回路法或位势法）求各非基变量的检验数，过程略，各非基变量检验数的结果见表6-30，从检验数来看都为非负，$x_{13}=5$，$x_{14}=2$，$x_{21}=3$，$x_{24}=1$，$x_{32}=6$，$x_{34}=3$ 这个方案是最优方案。此时得到的总运费为 $5\times3+2\times10+3\times1+1\times8+6\times4+3\times5=85$（百元）。比较前面我们用伏格尔法求出的初始方案，发现该运输问题用伏格尔法求出的初始方案正好是该问题的最优方案。

表 6-30

销地 产地	B_1		B_2		B_3		B_4		产量
A_1		3		11	5	3	2	10	7
	⓪		②						
A_2	3	1		9	2		1	8	4
			②		①				
A_3		7	6	4		10	3	5	9
	⑨				⑫				
销量	3		6		5		6		

综上所述，表上作业法的求解步骤如图6-3所示。

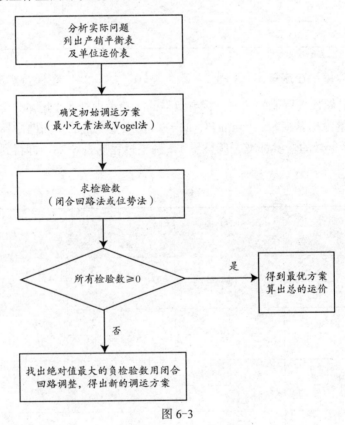

图 6-3

6.2.4 表上作业法的几点说明

前面我们讲到，产销平衡问题一定存在最优解，但是具体该运输问题是唯一最优解还是无穷多最优解，我们判断的依据仍然是最优运输方案的非基变量的检验数。

（1）唯一最优解：当最优运输方案中，所有非基变量的检验数全部都大于 0，此时存在唯一最优解。

（2）无穷多最优解：当最优运输方案中，所有非基变量的检验数全部都大于等于 0，且存在有非基变量的检验数等于 0，此时存在无穷多最优解。例如表 6-31 所示，经闭回路法改进调整后的方案，我们求检验数发现，所有非基变量的检验数全都大于等于 0，表明该方案最优，进一步讲，其中非基变量 x_{11} 的检验数等于 0，所以该运输问题存在无穷多最优解。

例 6-10　讨论例 6-9 如何求另一最优解

首先，确定入基变量，此时，哪个非基变量的检验数为 0 谁就是入基变量，所以此时，变量 x_{11} 为入基变量。

其次，找该检验数为 0 的非基变量的闭回路 x_{11}-x_{14}-x_{24}-x_{21}-x_{11}，见表 6-31。

最后，确定调运量。在这条闭回路上，在保持产销平衡的条件下做最大可能的调整，所以调整量为闭回路上负次顶点运输量的最小值，即 θ=min{2，3}=2，在入基变量的闭回路中标有正号的变量加上调整量 2，标负号的变量减去调整量 2，即得到一组新的可行解。

表 6-31

销地 产地	B_1		B_2		B_3		B_4		产量
A_1	3 +		11	5	3	2	10 -		7
A_2	3	1 -	9		2	1	8 +		4
A_3	7	6	4		10	3	5		9
销量	3		6		5		6		

调整后的结果见表 6-32，这是另一最优方案。同理，可以调整无穷多最优方案。

表 6-32

销地 产地	B_1		B_2		B_3		B_4		产量
A_1	2	3	11	5	3		10		7
A_2	1	1	9		2	3	8		4

续表

销地 \ 产地	B_1	B_2	B_3	B_4	产量
A_3	7	6 　 4	10	3 　 5	9
销量	3	6	5	6	

（3）当运输问题某部分产地的产量和与某部分销地的销量和相等时，在迭代过程中有可能某个格填入一个运量时需同时划去运输表的一行和一列，这时就出现了退化。为了使表上作业法的迭代工作能顺利进行下去，退化时应在同时划去的一行或一列中的某个格中填入 0，表示这个格中的变量是取值为 0 的基变量，使迭代过程中基变量的个数恰好为（$m+n-1$）个。

（4）利用入基变量的闭回路对解进行调整时，标有负号的最小运量作为调整量。若闭回路中所有负次顶点的运输量有两个以上同时为最小运输量，则取该最小运输量作为调整量 θ，选择任意一个最小运量对应的基变量作为基变量，并打上"×"以示为非基变量，其他的最小运量对应的基变量仍然作为基变量，只是此空格调整后的运输量为 0。在方案的调整过程中，如果调整量等于 0，这时也要作形式上的调整，只是 0 与空格的位置互换罢了。

（5）极大化运输问题数学模型为

$$\max Z = \sum_{i=1}^{m} \sum_{j=1}^{n} C_{ij} X_{ij}$$

$$\begin{cases} \sum_{j=1}^{n} X_{ij} = a_i, & i = 1, 2, \cdots, m \\ \sum_{i=1}^{m} X_{ij} = b_i, & j = 1, 2, \cdots, n \\ X_{ij} \geqslant 0, & i = 1, 2, \cdots, m; \ j = 1, 2, \cdots, n \end{cases}$$

方法一：将极大化问题转化为极小化问题。

设极大化问题的运价表为 $C=(C_{ij})_{m \times n}$，用一个较大的数 M（$M \geqslant \max\{C_{ij}\}$）去减每一个 C_{ij} 得到矩阵 $C'=(C'_{ij})_{m \times n}$，其中 $C'_{ij}=M-C_{ij} \geqslant 0$，将 C' 作为极小化问题的运价表，用表上作业法求出最优解，目标函数值为 $Z = \sum_{i=1}^{m} \sum_{j=1}^{n} C'_{ij} X_{ij}$。

方法二：若是求最大化运输问题时，只需要作相应的改动。

第一步：用最大元素法作初始调运方案。

第二步：在最优性判别时，当所有检验数均非正时为最优。

第三步：对检验数大于零的空格所对应的闭回路进行调整，其他与最小化运输问题一样。

6.3 运输模型的应用

6.3.1 产销不平衡问题

不平衡运输问题：当总产量与总销量不相等时，称为不平衡运输问题。这类运输问题在实际工作、生活中常常碰到，它的求解方法是将不平衡问题化为平衡问题再按平衡问题求解。

（1）若供大于求，即 $\sum_{i=1}^{m} a_i > \sum_{j=1}^{n} b_j$，总产量大于总销售量。数学模型为

$$\min Z = \sum_{i=1}^{m}\sum_{j=1}^{n}C_{ij}X_{ij}$$

$$\begin{cases} \sum_{j=1}^{n}X_{ij}\leqslant a_{i} \quad, \ i=1,2,\cdots, \ m \\ \sum_{i=1}^{m}X_{ij}\leqslant b_{j} \quad, \ j=1,2,\cdots, \ n \\ X_{ij}\geqslant 0, \ i=1,2,\cdots, \ m; \ j=1,2,\cdots, \ n \end{cases}$$

该类问题必有部分产地的产量不能全部运送完，必须就地库存，则可以增加一个虚的销地（仓库），库存量为 $x_{i,n+1}$（$i=1$，2，$\cdots$，m），总的库存量为

$$\sum_{i=1}^{m}a_{i}-\sum_{j=1}^{n}b_{j}$$

$$b_{n+1}=X_{1,n+1}+X_{2,n+1}+\cdots+X_{m,n+1}$$

$$=\sum_{i=1}^{m}X_{i,n+1}$$

$$=\sum_{i=1}^{m}a_{i}-\sum_{j=1}^{n}b_{j}$$

b_{n+1} 作为一个虚设的销地 B_{n+1} 的销量。各产地 A_{i} 到 B_{n+1} 的运价为零，即 $x_{i,n+1}=0$，（$i=1$，2，$\cdots$，m）。则平衡问题的数学模型为

$$\min Z = \sum_{i=1}^{m}\sum_{j=1}^{n}C_{ij}X_{ij}$$

$$s.t.\begin{cases} \sum_{j=1}^{n}X_{ij}\leqslant a_{i} \quad, \ i=1,2,\cdots, \ m \\ \sum_{i=1}^{m}X_{ij}\leqslant b_{j} \quad, \ j=1,2,\cdots, \ n+1 \\ X_{ij}\geqslant 0, \ i=1,2,\cdots, \ m; \ j=1,2,\cdots, \ n+1 \end{cases}$$

具体求解时，只在运价表右端增加一列 B_{n+1}，单位运价为零，其销售量为 b_{n+1} 即可。

（2）若供不应求，即 $\sum_{i=1}^{m}a_{i}<\sum_{j=1}^{n}b_{j}$，数学模型为

$$\min Z = \sum_{i=1}^{m}\sum_{j=1}^{n}C_{ij}X_{ij}$$

$$s.t.\begin{cases} \sum_{j=1}^{n}X_{ij}=a_{i} \quad, \ i=1,2,\cdots, \ m \\ \sum_{i=1}^{m}X_{ij}\leqslant b_{j} \quad, \ j=1,2,\cdots, \ n \\ X_{ij}\geqslant 0, \ i=1,2,\cdots, \ m; \ j=1,2,\cdots, \ n \end{cases}$$

由于总销量大于总产量，故一定有些需求地不完全满足，这时虚设一个产地 A_{m+1}，产量为

$$a_{m+1} = X_{m+1,1} + X_{m+1,2} + \cdots + X_{m+1,\,n}$$

$$= \sum_{j=1}^{n} X_{m+1,\,j}$$

$$= \sum_{j=1}^{n} b_j - \sum_{i=1}^{m} a_i$$

$x_{m+1,\,j}$ 是 A_{m+1} 运到 B_j 的运量，也是 B_j 不能满足需要的数量。由于实际没有运输，不需运费，所以 A_{m+1} 到 B_j 的运价为 0，即 $C_{m+1,\,j} = 0$（$j=1, 2, \cdots, n$）

销大于产平衡问题的数学模型为

$$\min Z = \sum_{i=1}^{m} \sum_{j=1}^{n} C_{ij} X_{ij}$$

$$s.t. \begin{cases} \sum_{j=1}^{n} X_{ij} = a_i, & i = 1, 2, \cdots, m+1 \\ \sum_{i=1}^{m+1} X_{ij} = b_j, & j = 1, 2, \cdots, n \\ X_{ij} \geqslant 0, & i = 1, 2, \cdots, m+1; \ j = 1, 2, \cdots, n \end{cases}$$

具体计算时，在运价表的下方增加一行 A_{m+1}，运价为 0，产量为 a_{m+1} 即可。

例 6-11 求极小化运输问题的最优解

各个产地产量和销地的销售量及单位运价如表 6-33 所示。

表 6-33

产地 ＼ 销地	B_1	B_2	B_3	B_4	a_i
A_1	5	9	2	3	60
A_2	-	4	7	8	40
A_3	3	6	4	2	30
A_4	4	8	10	11	50
b_j	20	60	35	45	180 / 160

解：该问题是一个产大于销的运输问题。表中 A_2 不可达 B_1，用一个很大的正数 M 表示运价 C_{21}。虚设一个销量为 $B_5 = 180 - 160 = 20$，$C_{i5} = 0$，$i = 1, 2, 3, 4$。表的右边增添一列，这样就可以得到新的运价表 6-34，此时，该产销不平衡问题就转化成了产销平衡问题。求该问题的最优解，可用前面介绍的表上作业法。

表 6-34

产地 ＼ 销地	B_1	B_2	B_3	B_4	B_5	a_i
A_1	5	9	2	3	0	60
A_2	-	4	7	8	0	40
A_3	3	6	4	2	0	30
A_4	4	8	10	11	0	50
b_j	20	60	35	45	20	180 / 180

用表上作业法求出的最优解见表 6-35。其中产地 A_4 分别运往 B_1-20，B_2-10，B_5-20，从结果来看，产地 A_4 运往虚拟销售地 B_5-20，实际情况是这 20 个单位的货物并没有从产地 A_4 运出。

表 6-35

产地＼销地	B_1	B_2	B_3	B_4	B_5	a_i
A_1			35	25		60
A_2		40				40
A_3		10		20		30
A_4	20	10			20	50
b_j	20	60	35	45	20	180 / 180

6.3.2　需求不确定的运输问题

例 6-12　求例 6-11 极小化问题的最优解

假定例 6-11 中，B_1 的需要量是 20 到 60，B_2 的需要量是 50 到 70，其他条件不变。先作如下分析：

（1）总产量为 180，B_1，B_2，B_3，B_4 的最低需求量 20+50+35+45=150，这时属于产大于销。

（2）B_1，B_2，B_3，B_4 的最高需求是 60+70+35+45=210，这时属于销大于产。

（3）虚设一个产地 A_5，产量是 210-180=30，虚拟产地 A_5 的产量只能供给非必须满足的需求量，此时，把 B_1 或 B_2 都分为必须满足和非必须满足的两部分（B_1^1、B_1^2 及 B_2^1、B_2^2），其中，B_1^1 的需求量是 20（最低需求必须满足），B_1^2 的需求量是 40（不必须满足），B_2^1 与 B_2^2 的需求量分别是 50（最低需求必须满足）与 20（不必须满足的需求量），因此 B_1^1、B_1^2 必须由 A_1，A_2，A_3，A_4 供应，B_1^2、B_2^2 可由 A_1，A_2，…，A_5 供应。

（4）上述虚拟产地 A_5 不能供应必须满足的需求地，即最低需求不能由虚拟的产地供给，如 B_1^1、B_2^1 及 B_3、B_4，此时的单位运价用大 M 表示，M 为一个很大的正数，虚拟产地 A_5 到非必须提供需求的单位运价用 0 表示。得到表 6-36 所示的产销平衡表。

表 6-36

产地＼销地	B_1^1	B_1^2	B_2^1	B_2^2	B_3	B_4	a_i
A_1	5	5	9	9	2	3	60
A_2	M	M	4	4	7	8	40
A_3	3	3	6	6	4	2	30
A_4	4	4	8	8	10	11	50
A_5	M	0	M	0	M	M	30
b_j	20	40	50	20	35	45	210 / 210

得到这样的平衡表后，即可应用软件计算得到最优方案，如图 6-37 所示。

表 6-37

销地 产地	B_1^1	B_1^2	B_2^1	B_2^2	B_3	B_4	a_i
A_1					35	25	60
A_2			40				40
A_3	0		10			20	30
A_4	20	30					50
A_5		10		20			30
b_j	20	40	50	20	35	45	210 210

$x_{32}^1 = 0$ 是基变量，说明这组解是退化基本可行解，空格处的变量是非基变量。B_1，B_2，B_3，B_4 实际收到产品数量分别是 50，50，35 和 45 个单位。

6.3.3 生产与储存问题

例 6-13 某厂按合同规定须于当年每个季度末分别提供 10、15、25、20 台同一规格的柴油机。已知该厂各季度的生产能力及生产每台柴油机的成本如表 6-38 所示。如果生产出来的柴油机当季不交货，每台每积压一个季度需储存、维护等费用 0.2 万元。试求在完成合同的情况下，使该厂全年生产总费用为最小的决策方案。

表 6-38

	一季度	二季度	三季度	四季度
生产能力/台	25	35	30	10
单位成本/万元	10.8	11.1	11.0	11.3

解： 设 x_{ij} 为第 i 季度生产的第 j 季度交货的柴油机数目，因为每个季度生产出来的柴油机当季不一定交货，那么应满足：

$$\begin{cases} x_{11} & = 10 \\ x_{12} + x_{22} & = 15 \\ x_{13} + x_{23} + x_{33} & = 25 \\ x_{14} + x_{24} + x_{34} + x_{44} & = 20 \end{cases}$$

各季度生产的柴油机数目不能超过各季度的生产能力，所以生产应满足：

$$\begin{cases} x_{11} + x_{12} + x_{13} + x_{14} \leqslant 25 \\ x_{22} + x_{23} + x_{24} \leqslant 35 \\ x_{33} + x_{34} \leqslant 30 \\ x_{44} \leqslant 10 \end{cases}$$

设 C_{ij} 为第 i 季度生产的第 j 季度交货的柴油机的实际成本，这里的实际成本是该季度单位生产成本加上储存、维护费用，见表 6-39。

表 6-39

	一季度	二季度	三季度	四季度	产量
一季度	10.8	11	11.2	11.4	25
二季度	M	11.1	11.3	11.5	35
三季度	M	M	11.0	11.2	30
四季度	M	M	M	11.3	10
销量	10	15	25	20	100 / 70

把第 i 季度生产的柴油机数目看作第 i 个生产厂的产量；把第 j 季度交货的柴油机数目看作第 j 个销售点的销量；成本加储存、维护等费用看作运费。

目标函数：

$$\mathrm{Min}f=10.8x_{11}+11x_{12}+11.2x_{13}+11.4x_{14}+11.1x_{22}+11.3x_{23}+11.5x_{24}+11.0x_{33}+11.2x_{34}+11.3x_{44}$$

可构造下列产销平衡问题，当 $i>j$ 时 $x_{ij}=0$，其对应的 $c_{ij}=M$，又因为这时产大于销，我们加上一个假想的需求地，并由前面的产大于销的运筹问题得出，虚拟需求地的需求量为 30，单位运价都是 0，见表 6-40。

表 6-40

	一季度	二季度	三季度	四季度	虚拟需求	产量
一季度	10.8	11	11.2	11.4	0	25
二季度	M	11.1	11.3	11.5	0	35
三季度	M	M	11.0	11.2	0	30
四季度	M	M	M	11.3	0	10
销量	10	15	25	20	30	100

这个有关生产与储存的问题转化为运输问题，我们把目标函数、交货及生产的约束条件还有 $x_{ij}\geqslant0$ 的非负限制放在一起，就是该问题的数学模型。

目标函数：

$$\mathrm{Min}f=10.8x_{11}+11x_{12}+11.2x_{13}+11.4x_{14}+11.1x_{22}+11.3x_{23}+11.5x_{24}+11.0x_{33}+11.2x_{34}+11.3x_{44}$$

$$s.t.\begin{cases} x_{11}=10 \\ x_{12}+x_{22}=15 \\ x_{13}+x_{23}+x_{33}=25 \\ x_{14}+x_{24}+x_{34}+x_{44}=20 \\ x_{11}+x_{12}+x_{13}+x_{14}\leqslant25 \\ x_{22}+x_{23}+x_{24}\leqslant35 \\ x_{33}+x_{34}\leqslant30 \\ x_{44}\leqslant10 \\ x_{ij}\geqslant0,\ i=1,2,3,4;\ j=1,2,3,4,5 \end{cases}$$

利用“WinQSB”软件，该数学模型可以得到如下结果，见图 6-4。注意：输入数据时产销平衡表中的 M，我们用一个足够大的正数即可，本例题我们令 M=1000。

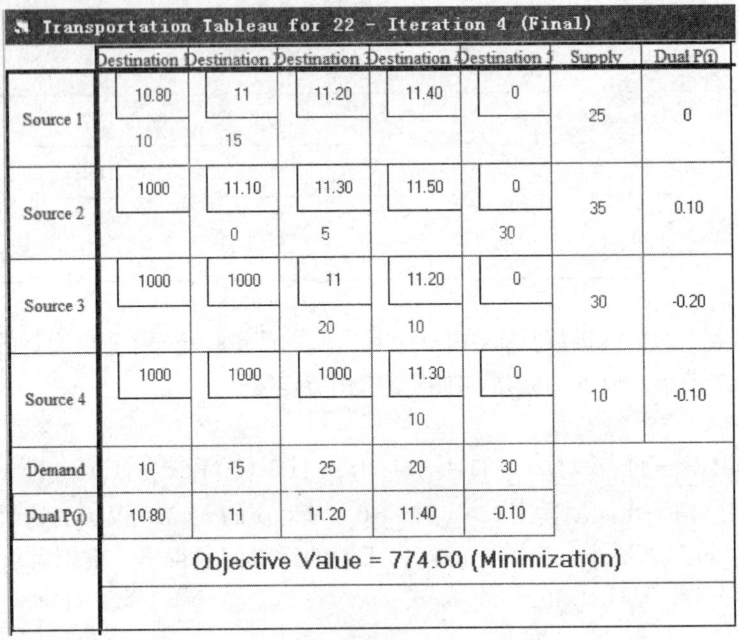

Transportation Tableau for 22 - Iteration 4 (Final)

	Destination	Destination	Destination	Destination	Destination 5	Supply	Dual P(i)
Source 1	10.80 10	11 15	11.20	11.40	0	25	0
Source 2	1000	11.10 0	11.30 5	11.50	0 30	35	0.10
Source 3	1000	1000	11 20	11.20 10	0	30	-0.20
Source 4	1000	1000	1000	11.30 10	0	10	-0.10
Demand	10	15	25	20	30		
Dual P(j)	10.80	11	11.20	11.40	-0.10		

Objective Value = 774.50 (Minimization)

图 6-4

6.4 案例分析及 WinQSB 软件应用

运输问题求解用的是 WinQSB 的子程序 Network Modeling 中的 Transportation Problem 选项，用起来比较好用，同时还能给出计算的中间过程。

例 6-14 某食品公司经销的主要产品之一是糖果。它下面设有三个加工厂，每天的糖果产量分别为：A_1-7t，A_2-4t，A_3-9t。该公司把这些糖果分别运往四个地区的门市销售，各地区每天的销售量分别为：B_1-3t，B_2-6t，B_3-6t，B_4-6t，如表 6-41 所示。产销平衡表是每个加工厂到各销售门市部每吨的运价，问该食品公司应如何调运，在满足各门市部销售需要的情况下，使得总的运费支出为最少。

表 6-41

销地 产地	B_1	B_2	B_3	B_4	产量
A_1	3	11	3	10	7
A_2	1	9	2	8	4
A_3	7	4	10	5	9
销量	3	6	5	6	20

解：该运输问题是一个产销平衡的运输问题。

第一步：启动程序。点击"开始"——"程序"——"WinQSB"——"Network Modeling"——"Transportation Problem"。

第二步：建立新问题。点击"File"——"New Problem"或者直接点工具栏的 ▦ 来建立新问题。

该运输问题（参考表 6-42）此处应选 Transportation Problem，该例子输入有三个生产地和四个销售地。该问题是求最小运输费用，因此在 Objective Criterion（目标函数标准）中选择 Minimization。此外，数据输入格式 Data Entry Format 可以选择（Spreadsheet Matrix）电子表格模式和（Graphic Model Form）图形模式，我们这里选择 Spreadsheet Matrix，如图 6-5 所示。

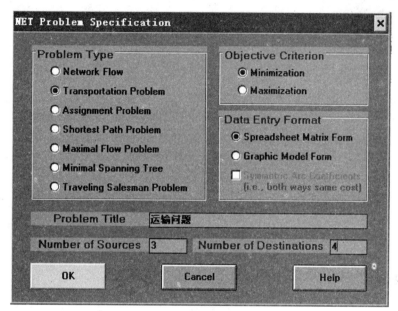

图 6-5

表 6-42

常见术语	含义
Problem Type	问题类型
Network Flow	网络流问题
Transportation Problem	运输问题
Assignment Problem	指派问题
Shortest Path Problem	最短路问题
Maximal Flow Problem	最大流问题
Minimal Spanning Tree	最小支撑树问题
Travel Salesman Problem	旅行销售员问题
Number of Sources	生产地数目
Number of Destinations	销售地数目

常见术语	含义
Data Entry Format	数据输入格式
Spreadsheet Matrix	电子表格模式
Graphic Model Form	图形模式

第三步：输入数据。输入单位运价和各地产量与销量，见图 6-6。

From \ To	Destination 1	Destination 2	Destination 3	Destination 4	Supply
Source 1	3	11	3	10	7
Source 2	1	9	2	8	4
Source 3	7	4	10	5	9
Demand	3	6	5	6	

图 6-6

第四步：求解。点击菜单栏"Solve and Analyze"（图 6-7）。

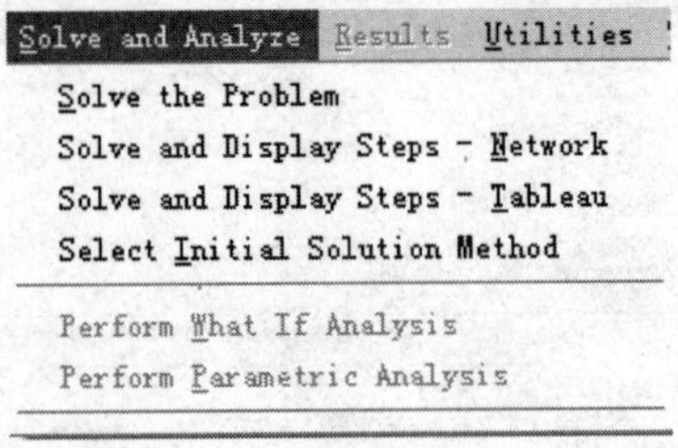

```
Solve and Analyze  Results  Utilities
   Solve the Problem
   Solve and Display Steps - Network
   Solve and Display Steps - Tableau
   Select Initial Solution Method

   Perform What If Analysis
   Perform Parametric Analysis
```

图 6-7

下拉菜单中选项的含义如表 6-43 所示。

表 6-43

选项	含义
Solve the Problem	直接求解
Solve and Display Steps-Network	用网络图形式求解并显示求解步骤
Solve and Display Steps-Tableau	用表上作业法求解并显示求解步骤
Select Initial Solution Method	选择求初始解的方法

第一种方法求解（直接求解法）：选择"Solve the Problem"或点击工具栏的图标，结果如图 6-8 所示。

03-24-2017	From	To	Shipment	Unit Cost	Total Cost	Reduced Cost
1	Source 1	Destination 1	2	3	6	0
2	Source 1	Destination 3	5	3	15	0
3	Source 2	Destination 1	1	1	1	0
4	Source 2	Destination 4	3	8	24	0
5	Source 3	Destination 2	6	4	24	0
6	Source 3	Destination 4	3	5	15	0
	Total	Objective	Function	Value =	85	

图 6-8

其中，Source——来源；Destination——目的地；Shipment——运量；Unit Cost——单位支出。

第二种方法求解（用网络图形式求解并显示求解步骤）：选择"Solve and Display Steps-Network"，软件显示网络图形解题的第一步结果，如图 6-9 所示。

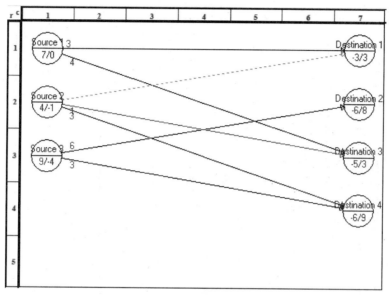

图 6-9

若要显示后面的步骤，选择工具栏"Iteration 循环"——"Next Iteration"或点击工具栏上的图标，可得到以后每一步的结果。

以此类推，直到得到表格式的最优解，图 6-10 就是此运输问题的最优解。

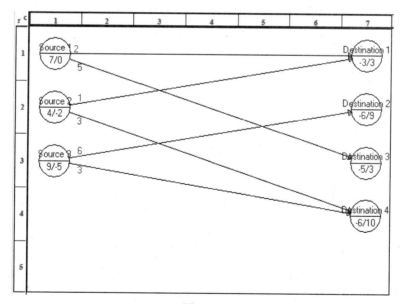

图 6-10

第三种方法是用表上作业法求解并显示求解步骤。选择"Solve and Display Steps-Tableau"，软件将用表上作业法来求解。得到第一步结果如图 6-11 所示。

	Destination 1	Destination 2	Destination 3	Destination 4	Supply	Dual P(i)
Source 1	3 3	11	3 4	10	7	0
Source 2	1 Cij=-1 **	9	2 1*	8 3	4	-1
Source 3	7	4 6	10	5 3	9	-4
Demand	3	6	5	6		
Dual P(j)	3	8	3	9		
	Objective Value = 86 (Minimization)					
	** Entering: Source 2 to Destination 1 * Leaving: Source 2 to Desti					

图 6-11

若要显示后面的步骤，选择工具栏"Iteration 循环"——"Next Iteration"或点击工具栏上的图标 🔲，可得到每一步的结果。对于该运输问题来说，第二步已经是最后结果（Final）了，如图 6-12 所示。

From \ To	Destination 1	Destination 2	Destination 3	Destination 4	Supply	Dual P(i)
Source 1	3 2	11	3 5	10	7	0
Source 2	1 1	9	2	8 3	4	-2
Source 3	7	4 6	10	5 3	9	-5
Demand	3	6	5	6		
Dual P(j)	3	9	3	10		
	Objective Value = 85 (Minimization)					

图 6-12

如果继续选择工具栏"Iteration 循环"——"Next Iteration"或点击工具栏上的图标 🔲，即可得到表格式的求解结果。

第四种方法可选择求初始解方法，比如常用的有西北角法（Northwest Corner Method）、最小元素法（Matrix Minimum）、伏格尔法（Vogel's Approximation Method），我们选最小元素法（Matrix Minimum）（图 6-13），点击"OK"，即可得到初始解。

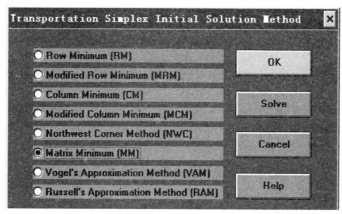

图 6-13

 题

1. 与一般线性规划的数学模型相比，运输问题的数学模型具有什么特征？

2. 运输问题的基可行解应满足什么条件？将其填入运输表中时有什么体现？说明在迭代计算过程中对它的要求。

3. 试对给出运输问题初始基可行解的西北角法、最小元素法和伏格尔法进行比较，分析给出的解的质量不同的原因。

4. 试判断表 6-44、表 6-45 给出的调运方案可否作为表上作业法迭代时的基可行解，为什么？

表 6-44

销地\产地	B_1	B_2	B_3	B_4	产量
A_1	0	15			15
A_2			15	10	25
A_3	5				5
销量	5	15	15	10	

表 6-45

销地\产地	B_1	B_2	B_3	B_4	B_5	产量
A_1	150			250		400
A_2		200	300			500
A_3			250		50	300
A_4	90	210				300
A_5				80	20	100
销量	240	410	550	330	70	

5.某公司下属的两个分厂 A_1、A_2 生产质量相同的工艺品，要运输到 B_1、B_2、B_3 三个销售点，分厂产量、销售点销量、单位物品的运费数据如表 6-46 所示。

表 6-46

	B_1	B_2	B_3	产量
A_1	23	11	20	25
A_2	18	16	17	25
销量	20	10	20	

用最小元素法给出初始解并检验该方案是否是最优方案。

6.求解如图 6-14 所示的运输问题，并将最优解在网络中表示。

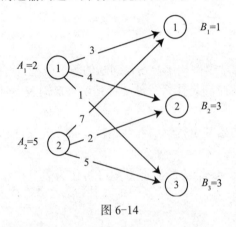

图 6-14

7.将表 6-47 所示的一组解作为初始解，分别用闭回路法和对偶变量法求出非基变量的检验数，并求出运输问题的最优解。

表 6-47

销地 产地	B_1		B_2		B_3		B_4		产量
A_1	9		8		12		13		18
		4		14					
A_2	10		10		12		14		24
					24				
A_3	8		9		11		12		6
		2			4				
A_4	10		10		11		12		12
					7				
销量	6		14		35		5		

8. 对表 6-48 所示的运输问题（表内部的数字表示 c_{ij}，表右面和下面的数字分别表示供应量和需求量）

表 6-48

产地\销地	B_1	B_2	B_3	B_4	产量
A_1	6	2	-1	0	5
A_2	4	7	2	5	25
A_3	3	1	2	1	25
销量	10	10	20	15	

（1）分别用西北角法和最小元素法得到初始基础可行解。

（2）选择其中一个基础可行解，从这个基础可行解出发，求出这个问题的最优解。

（3）如果 $c_{11}=6$ 变为 -4，最优解是否改变？如改变，求出新的最优解；

（4）在原来的问题中，如果从 A_2 到 B_1 的道路被阻，最优解是否会改变？如改变，求出新的最优解。

9. 求解表 6-49 所示的供求不平衡的运输问题，其中 A_i—B_j 格子中的数字表示 c_{ij}。

表 6-49

产地\销地	B_1	B_2	B_3	B_4	供应量
A_1	2	11	3	4	7
A_2	10	3	5	9	5
A_3	7	8	1	2	7
需求量	2	3	4	6	19 / 15

10. 有 n 项任务，分配给 n 个人去完成，每项任务只需要一个人去做，每个人只做一项任务。第 i 项任务分配给第 j 个人去做所需要的费用为 c_{ij}。应如何分配各项任务，使完成 n 项任务的总费用最小。这个问题称为指派问题（Assignment Problem）。矩阵 $C=[c_{ij}]_{n \times n}$ 称为指派问题的费用矩阵。指派问题是一类特殊的运输问题。用运输问题算法求解以指派问题，费用矩阵如表 6-50 所示。

表 6-50

任务\人员	人员1	人员2	人员3
任务1	12	11	10
任务2	9	8	14
任务3	13	9	12

11. 运输问题的产量、销量和单位运价如表 5-51 所示，求解该运输问题的最优方案。

表 6-51

销地\产地	B_1	B_2	B_3	产量
A_1	12	11	10	4
A_2	9	8	14	3
销量	2	3	3	

12. 已知某运输问题的产量、销量及运输单价如表 6-52 所示。

表 6-52

销地\产地	1	2	3	产量
甲	8	7	4	15
乙	3	5	9	25
销量	20	10	20	

试求：

（1）用最小元素法求出此运输问题的初始解。

（2）用表上作业法求出此运输问题的最优解。

（3）此运输方案只有一个最优解，还是具有无穷多最优解？为什么？

（4）如果销地 1 的销量从 20 增加为 30，其他数据都不变，请用表上作业法求出其最优运输方案。

13. 某公司下属有 3 个工厂甲、乙、丙，分别向 4 个销售地 A、B、C、D 提供产品，产量、需求量及工厂到销售地的运价（单位：元／吨）如表 6-53 所示。

表 6-53

销地\产地	1	2	3	4	产量
甲	16	14	18	7	27
乙	10	8	12	11	24
丙	11	14	15	9	36
销量	30	15	21	21	87

试求：

（1）求出费用最小的最佳运输方案。

（2）写出上述问题的数学模型。

（3）若所有运价都翻一番，最优解是否改变？若所有运价都加上 10，最优解是否改变？（不用求解）

第7章
网络模型

本章内容简介

网络模型是研究离散事物之间关系的一种分析模型，它具有形象化的特点，它比单用数学模型更容易为人们理解。由于求解网络模型已有成熟的特殊解法，它在解决交通网、管道网、通讯网等的优化问题上具有明显的优势，因此，其应用领域也不断扩大。本章主要介绍了最小生成树问题、最短路问题、最大流问题、中国邮递员问题、旅行推销员问题及其求解方法，这些问题在现实中也是普遍存在的问题。

教学建议

本章要求重点掌握最大流的求法；掌握图的最小树问题、最短路问题的求法，会用 WinQSB 求解上述问题；了解图和网络的基本概念，简单了解图的理论。

7.1 最短路问题

图论是一个古老的但又十分活跃的运筹学分支，也是一门很有实用价值的学科，它在自然科学、社会科学等各领域均有很多应用。近年来，它受计算机科学蓬勃发展的影响，发展极其迅速，应用范围不断拓广，已渗透到诸如语言学、逻辑学、物理学、化学、电讯工程、计算机科学以及数学的其他分支中。

1736 年是图论的历史元年。这一年，欧拉（L•Euler）研究了哥尼斯堡城（Königsberg）的七桥问题，发表了图论的首篇论文。欧拉开创了图论研究的先河，因此被称为图论之父。

哥尼斯堡七桥问题是 18 世纪著名古典数学问题之一。在哥尼斯堡有七座桥将普莱格尔河中的两个岛及岛与河岸联结起来，如图 7-1（a）所示，问题是要从这四块陆地中的任何一块开始通过每一座桥正好一次，再回到起点。当然可以通过试验去尝试解决这个问题，但该城居民的任何尝试均未成功。欧拉为了解决这个问题，采用了建立数学模型的方法。他将每一块陆地用一个点来代替，将每一座桥用连接相应两点的一条线来代替，从而得到一个有四个"点"、七条"线"的"图"，如图 7-1（b）所示，问题成为从任一点出发一笔画出七条线再回到起点。欧拉考察了一般一笔画的结构特点，给出了一笔画的一个判定法则：这个图是连通的，且每个点都与若干线相关联。他将这个判定法则应用于七桥问题，得到了"不可能走通"的结果，彻底解决了这个问题。

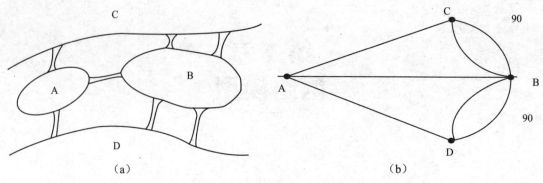

图 7-1 哥尼斯堡七桥问题

从 19 世纪中叶开始，图论进入第二个发展阶段。这一时期图论问题大量出现，诸如关于地图染色的四色问题、由"周游世界"游戏发展起来的哈密顿（W.Hamilton）问题等。

近年来随着科学技术的不断发展，特别是电子计算机的普及，图论以及在图论基础上发展起来的网络分析在自然科学、工程技术、信息流通和系统工程等众多领域都得到了广泛应用，并越来越受到人们的重视。

7.1.1 基本概念

一个地区的交通图是表明这个地区的一些城镇及这些城镇之间的道路交通情况的示意图。图 7-2 为一个地区的铁路交通图，这里的点代表城市，点和点之间的连线代表两个城市之间的铁路线。显然这只是一个示意图，而不是真实的铁路分布图，但它清楚地反映了各城市之间的联通关系。

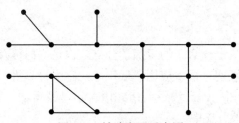

图 7-2 铁路交通示意图

又如乒乓球单打比赛中，有六个队员，他们之间比赛的情况可以用图 7-3 表示，图中用点 v_1、v_2、v_3、v_4、v_5、v_6 分别代表六个队员，某两个队员之间比赛过，就在这两个队员间连一条线。

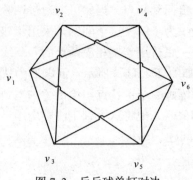

图 7-3 乒乓球单打对决

这里所研究的图是反映实际生活中，某些对象之间的某种特定关系的一种工具。以点代表研究的对象，点与点的连线表示这两个对象之间的特定关系，与通常的几何图形或绘画中的图是不同的。这里的点不是真正的几何点，它只是某种事物的一种抽象；连线也不是几何中的线段，而是代表某些事物之间的关系。因此点与连线的画法具有随意性。通俗地说，这种图是一种关系示意图。在保持相对位置和相互关系不变的前提下，点的位置不一定要按实际要求画，线的长度也不一定表示实际的长度，而且画成直线或曲线都可以。

如图 7-4 中（a）和（b）对应关系完全相同，即认为是一样的。

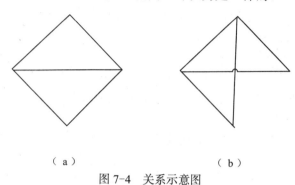

（a）　　　　　　　　　　　　（b）

图 7-4　关系示意图

（1）图及其分类。图由有限个顶点的集合 V 和表达顶点之间关系的连线集合 E 所组成。其中，V 表示 n 个事物的构成的非空点集，即 $V=\{v_1,\ v_2,\ \cdots,\ v_n\}$；$E$ 反映了各事物之间的联系，有 $E=\{e_1,\ e_2,\ \cdots,\ e_m\}$。连线分为弧（有方向）与边（无方向）。因此，由点集和边集组成的图称为无向图，记作 $G=(V,\ E)$；由点集和弧集组成的图称为有向图，记作 $D=(V,\ A)$。

图 7-5（a）是无向图，图 7-5（b）是有向图。

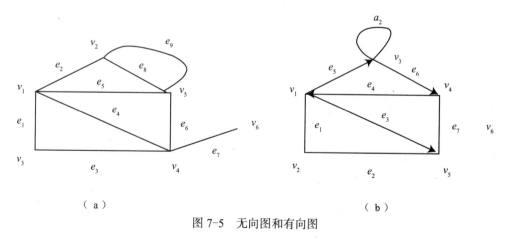

（a）　　　　　　　　　　　　　　　（b）

图 7-5　无向图和有向图

如一般的公路网、单线铁路，若无特殊要求，任两个点 v_i 与 v_j 之间只要有边存在，则无论从 v_i 到 v_j 还是 v_j 到 v_i，两个方向都可使用，构成的图就是无向图。而铁路复线中的上、下行线，河流，城市公交线路中某些街道的单行线等都是有方向的，因而构成的图是有向图。若图中某两个顶点之间的边多于一条（或同向弧），就称多重边（或弧）。

图 7-5（a）中，v_2 与 v_5 间有二重边。

具有多重边（弧）的图称为多重图。

起点和终点为同一顶点的边（弧）叫环。

如图 7-5（b）中点 v_3 处形成一环 a_2。如果一个图中既没有多重边也没有环，这样的图称为简单图。本章仅讨论简单图。

（2）关联、相邻、同构。若图中的一个点与某条边（弧）连接，则称这个点与这条边（弧）关联。

例如图 7-5（a）中，顶点 v_1 与边 e_1、e_4、e_5、e_2 关联，图 7-5（b）中，顶点 v_3 与弧 e_5、e_6 关联。

图中的顶点若没有任何边（弧）与之关联，则称该点为孤立点。

如图 7-5（b）中的点 v_6 即为孤立点。

仅与一条边（弧）相关联的顶点叫悬挂点。

如图 7-5（a）中顶点 v_6 仅与边 e_7 相关联，即为悬挂点。

与某个顶点关联的边（弧）的数目，称为该顶点的次数。次为奇数的点称为奇点，次为偶数的点称为偶点。

如图 7-5（a）中 v_2 的次数等于 3，为奇点。图 7-5（b）中，v_2 的次数等于 2，为偶点。

在一个图中，所有顶点的次数和等于边数的两倍，因为每条边与两个顶点相关联，在计算顶点的次数时，一条边计算了两次，进而有奇点的个数必为偶数的结论。

若图中某两个顶点间只存在一条边（弧），则称这两个顶点是相邻的，若两条边（弧）有一个共同的顶点，则这两条边（弧）也是相邻的。

两个图，只要各对应元素的关联关系（相邻关系）完全相同，就认为这两个图是同构的。

例如，图 7-6 中 G1 和 G2 看似完全不同的图，实际上是同构的，两个图顶点个数相同，顶点和边的关联关系也完全相同，其对应关系如下：u_1—u_2，y_1—y_2，x_1—x_2，w_1—w_2，v_1—v_2。

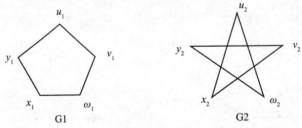

图 7-6　同构关系图（一）

由此可知，G1 和 G2 是同构的。又如图 7-7 中的两个图也是同构的。

形象地说，若图的顶点可以挪动位置，而边是完全弹性的，在不拉断边的条件下，如果一个图可以变成另一个图，则两者相同。同构的图，在图论里被视为是相同的，这给图的分析工作带来很大方便。

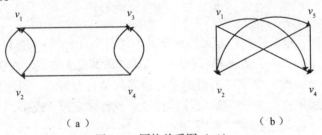

（a）　　　　　　　　　　　　　　　（b）

图 7-7　同构关系图（二）

（3）网络图。对于实际问题构造的图，不仅需要表明各元素之间的联系，还需要表明这些联系的强弱程度，这时，可给图中反映联系强弱的边赋一数值，称为权，来表明一定的含义。赋有权的图称为网络图。

图 7-8 是一个无向网络图，各边上的数字为边的权，即边的长度。在不同的情况下，权的含义不同，图的意义也会有所不同。

（4）最短路。如图 7-8 看作一个公路网，顶点 v_1、v_2、v_3、v_4、v_5、v_6、v_7 表示 7 个城镇，各边的权表示城镇间的公路长度，若从起点 v_1 将物资输送到终点 v_7 去，应选择走哪条路线，才能使总的运输距离最短？这一类问题，在网络分析中称作最短路问题。最短路问题可以直接用来解决许多生产实际问题，例如管道铺设、线路安排、厂区布局、设备更新等。另

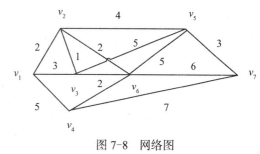

图 7-8　网络图

外，诸如运价最小、运行时间最短、最可靠路等问题，都可能转化为最短路问题加以解决。

给定一个赋权有向图 $D = (V, A)$，对每一个弧 $a_{ij} = (v_i, v_j)$，相应地有权 $w(a_{ij}) = w_{ij}$，设 m_{st} 为 D 中的一条路，即 $m_{st} = \{ (v_s, v_i), (v_i, v_j), \cdots, (v_k, v_t) \}$，我们称路 m_{st} 为从点 v_s 到 v_t 的一条路，点 v_s 称为始点，点 v_t 称为终点。

构成路 m_{st} 中所有有向边的权之和称为路 m_{st} 的权。

从 v_s 到 v_t 的所有路中权最小的路 m^* 称为从 v_s 到 v_t 的最短路。

7.1.2　最短路问题算法介绍

（1）Dijkstra 算法。

① 基本思想：

设 G = (V, E) 是一个带权有向图，把图中顶点集合 V 分成两组，第一组为已求出最短路径的顶点集合（用 S 表示），初始时 S 中只有一个起点，以后每求得一条最短路径，就将其加入集合 S 中，直到全部顶点都加入 S 中，算法就结束了。第二组为其余未确定最短路径的顶点集合（用 U 表示），按最短路径长度的递增次序依次把第二组的顶点加入 S 中。在加入的过程中，总保持从起点 v 到 S 中各顶点的最短路径长度不大于从起点 v 到 U 中任何顶点的最短路径长度。此外，每个顶点对应一个距离，S 中的顶点的距离就是从 v 到此顶点的最短路径长度，U 中的顶点的距离，是从 v 到此顶点只包括 S 中的顶点为中间顶点的当前最短路径长度。

② 计算步骤：

a. 初始时，S 只包含起点，即 S = {v}，v 的距离为 0。U 包含除 v 外的其他顶点，即：U = { 其余顶点 }，若 v 与 U 中顶点 j 有边，则 W_{vj} 正常有权值，若 j 不是 v 的相邻点，则 $W(v_j)$ 权值为 ∞。

b. 从 U 中选取一个距离 v 最小的顶点 k，把 k 加入 S 中（该选定的距离就是 v 到 k 的最短路径长度）。

c. 以 k 为新考虑的中间点，修改 U 中各顶点的距离，若从起点 v 到顶点 m 的距离（经过顶点 k）比原来距离（不经过顶点

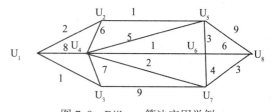

图 7-9　Dijkstra 算法应用举例

k）短，则修改顶点 m 的距离值，修改后的距离值等于顶点 k 的距离加上权 W_{km}。

d. 重复步骤 b 和 c 直到所有顶点都包含在 S 中。

③ Dijstra 算法应用举例：

例 7-1　某城市要在该城市所辖的 8 个区中 U_1 的区建立一个取水点，如图 7-9 所示的是这 8 个区之间的分布以及相邻各区的距离。现要从 U_1 区向其他各区运水，求出 U_1 区到其他各区的最短路径。

解：先写出带权邻接矩阵

$$W = \begin{array}{c} \\ U_1 \\ U_2 \\ U_3 \\ U_4 \\ U_5 \\ U_6 \\ U_7 \\ U_8 \end{array} \begin{array}{c} \begin{array}{cccccccc} U_1 & U_2 & U_3 & U_4 & U_5 & U_6 & U_7 & U_8 \end{array} \\ \left[\begin{array}{cccccccc} 0 & 2 & 1 & 8 & \infty & \infty & \infty & \infty \\ & 0 & \infty & 6 & 1 & \infty & \infty & \infty \\ & & 0 & 7 & \infty & \infty & 9 & \infty \\ & & & 0 & 5 & 1 & 2 & \infty \\ & & & & 0 & 3 & \infty & 9 \\ & & & & & 0 & 4 & 6 \\ & & & & & & 0 & 3 \\ & & & & & & & 0 \end{array} \right] \end{array}$$

因为 G 是无向图，所以 W 是对称矩阵。

其迭代过程如表 7-1 所示。

表 7-1

迭代次数	$L(u_i)$							
	u_1	u_2	u_3	u_4	u_5	u_6	u_7	u_8
1	0	∞	∞	∞	∞	∞	∞	∞
2	0	2	1	8	∞	∞	∞	∞
3		2		8	∞	∞	10	∞
4				8	3	∞	10	∞
5				8		6	10	12
6				7			10	12
7							9	12
8								12
最后标记								
$L(v)$	0	2	1	7	3	6	9	12
$Z(v)$	u_1	u_1	u_1	u_6	u_2	u_5	u_4	u_5

因此得到最短路径为（表 7-2）：

表 7-2

迭代次数	$L(u_i)$							
	u_1	u_2	u_3	u_4	u_5	u_6	u_7	u_8
最后标记								
$L(v)$	0	2	1	7	3	6	9	12
$Z(v)$	u_1	u_1	u_1	u_6	u_2	u_5	u_4	u_5

由表 7-2 可得到 u_1 到各点的最短路径为：

$u_1 \rightarrow u_2$；

$u_1 \rightarrow u_3$；

$u_1 \rightarrow u_4$，$u_1 \rightarrow u_2 \rightarrow u_4$，$u_1 \rightarrow u_3 \rightarrow u_4$；

$u_1 \rightarrow u_2 \rightarrow u_5$；

$u_1 \rightarrow u_2 \rightarrow u_5 \rightarrow u_6$；

$u_1 \rightarrow u_4 \rightarrow u_7$，$u_1 \rightarrow u_3 \rightarrow u_7$，$u_1 \rightarrow u_2 \rightarrow u_5 \rightarrow u_6 \rightarrow u_7$；

$u_1 \rightarrow u_2 \rightarrow u_5 \rightarrow u_8$，$u_1 \rightarrow u_2 \rightarrow u_5 \rightarrow u_6 \rightarrow u_8$。

（2）FLOYD 算法。

① 基本思想：Floyd 算法又称距离矩阵法，算法主要是寻找加权图中任意两个结点间最短路径的算法。其基本思想是：两结点间的最短路径要么是相邻时最短，要么是以通过几个中间结点为跳板时距离最短。算法每次以其中一个结点为跳板，如果以该结点为跳板后两结点间路径缩短，则更新这两结点间的路径。算法执行 n 次结束，直到测试完每个充当跳板的结点。

② 计算步骤：对于图 G，如果 $w(i, j)$ 表示 i 和 j 之间的可实现的距离，那么 $w(i, j)$ 表示端 i 和 j 之间的最短距离当且仅当对于任意的 i、j、k，有 $w(i, j) \leqslant w(i, k)+w(k, j)$。该算法用矩阵形式来表示，并进行系统化的计算，通过迭代来消除不满足上述定理的情况，对于 n 个端，一给定边长 d_{ij} 的图，顺序计算各个 $n\times n$ 的 W 阵和 R 阵，前者代表径长，后者代表转接路由。

其步骤如下：

第一步：置 $w_{ij}^{(0)} = [w_{ij}^{(0)}]$

其中　$w_{ij}^0 = \begin{cases} d_{ij}, & v_i,v_j \text{有边} \\ \infty, & v_i,v_j \text{无边} \\ 0, & i=j \end{cases}$

和 $R^0 = \left[r_{ij}^{(0)} \right]$

其中 $r_{ij}^{(0)} = \begin{cases} j, & w_{ij}^{(0)} < \infty \\ 0, & w_{ij}^{(0)} = \infty \text{或} i=j \end{cases}$

第二步：已得 $W^{(k-1)}$ 和 $R^{(k-1)}$ 阵，求 $W^{(k)}$ 和 $R^{(k)}$ 阵中的元素如下

$$w_{ij}^{(k)} = \min\left[w_{ij}^{(k-1)}, w_{ik}^{(k-1)} + w_{kj}^{(k-1)} \right]$$

$$r_{ij}^k = \begin{cases} r_{ij}^{(k-1)}, & \text{若} w_{ij}^{(k)} = w_{ij}^{(k-1)} \\ r_{ij}^{(k-1)}, & \text{若} w_{ij}^{(k)} < w_{ij}^{(k-1)} \end{cases}$$

第三步：$k < n$，重复 F_1；$k = n$，终止。

由上述步骤可见，$W^{(k-1)} \rightarrow W^{(k)}$ 是计算经 v_k 转接时是否能缩短径长，如有缩短，更改 w_{ij} 并在 R 阵中记下转接的端。最后算得 $W^{(n)}$ 和 $R^{(n)}$，就得到了最短径长和转接路由。

③ Floyd 算法应用举例。

例 7-2　假设某旅游路线的赋权图如图 7-10 所示。

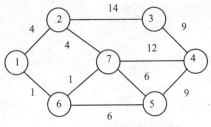

图 7-10 某旅游路线赋权图

我们以上述 7-10 网络图为考察对象，根据算法流程，设 W 阵和 R 阵分别代表路径长和转接路由。那么计算结果如下：

$$W^{(0)} = \begin{bmatrix} 0 & 4 & \infty & \infty & \infty & 1 & \infty \\ 4 & 0 & 14 & \infty & \infty & \infty & 4 \\ \infty & 14 & 0 & 9 & \infty & \infty & \infty \\ \infty & \infty & 9 & 0 & 9 & \infty & 12 \\ \infty & \infty & \infty & 9 & 0 & 6 & 6 \\ 1 & \infty & \infty & \infty & 6 & 0 & 1 \\ \infty & 4 & \infty & 12 & 6 & 1 & 0 \end{bmatrix}$$

$$R^{(0)} = \begin{bmatrix} 0 & 2 & 0 & 0 & 0 & 6 & 0 \\ 1 & 0 & 3 & 0 & 0 & 0 & 7 \\ 0 & 2 & 0 & 4 & 0 & 0 & 0 \\ 0 & 0 & 3 & 0 & 5 & 0 & 7 \\ 0 & 0 & 0 & 4 & 0 & 6 & 7 \\ 1 & 0 & 0 & 0 & 5 & 0 & 7 \\ 0 & 2 & 0 & 4 & 5 & 6 & 0 \end{bmatrix}$$

$$W^{(1)} = \begin{bmatrix} 0 & 4 & \infty & \infty & \infty & 1 & \infty \\ 4 & 0 & 14 & \infty & \infty & (5) & 4 \\ \infty & 14 & 0 & 9 & \infty & \infty & \infty \\ \infty & \infty & 9 & 0 & 9 & \infty & 12 \\ \infty & \infty & \infty & 9 & 0 & 6 & 6 \\ 1 & (5) & \infty & \infty & 6 & 0 & 1 \\ \infty & 4 & \infty & 12 & 6 & 1 & 0 \end{bmatrix}$$

$$R^{(1)} = \begin{bmatrix} 0 & 2 & 0 & 0 & 0 & 6 & 0 \\ 1 & 0 & 3 & 0 & 0 & (1) & 7 \\ 0 & 2 & 0 & 4 & 0 & 0 & 0 \\ 0 & 0 & 3 & 0 & 5 & 0 & 7 \\ 0 & 0 & 0 & 4 & 0 & 6 & 7 \\ 1 & (1) & 0 & 0 & 5 & 0 & 7 \\ 0 & 2 & 0 & 4 & 5 & 6 & 0 \end{bmatrix}$$

$$W^{(2)} = \begin{bmatrix} 0 & 4 & (18) & \infty & \infty & 1 & (8) \\ 4 & 0 & 14 & \infty & \infty & 5 & 4 \\ (18) & 14 & 0 & 9 & \infty & (19) & (18) \\ \infty & \infty & 9 & 0 & 9 & \infty & 12 \\ \infty & \infty & \infty & 9 & 0 & 6 & 6 \\ 1 & 5 & (19) & \infty & 6 & 0 & 1 \\ (8) & 4 & (18) & 12 & 6 & 1 & 0 \end{bmatrix}$$

$$R^{(2)} = \begin{bmatrix} 0 & 2 & (2) & 0 & 0 & 6 & (2) \\ 1 & 0 & 3 & 0 & 0 & 1 & 7 \\ (2) & 2 & 0 & 4 & 0 & (2) & (2) \\ 0 & 0 & 3 & 0 & 5 & 0 & 7 \\ 0 & 0 & 0 & 4 & 0 & 6 & 7 \\ 1 & 1 & (2) & 0 & 5 & 0 & 7 \\ (2) & 2 & (2) & 4 & 5 & 6 & 0 \end{bmatrix}$$

$$W^{(3)} = \begin{bmatrix} 0 & 4 & 18 & (27) & \infty & 1 & 8 \\ 4 & 0 & 14 & (23) & \infty & 5 & 4 \\ 18 & 14 & 0 & 9 & \infty & 19 & 18 \\ (27) & (23) & 9 & 0 & 9 & (28) & 12 \\ \infty & \infty & \infty & 9 & 0 & 6 & 6 \\ 1 & 5 & 19 & (28) & 6 & 0 & 1 \\ 8 & 4 & 18 & 12 & 6 & 1 & 0 \end{bmatrix}$$

$$R^{(3)} = \begin{bmatrix} 0 & 2 & 2 & (3) & 0 & 6 & 2 \\ 1 & 0 & 3 & (3) & 0 & 1 & 7 \\ 2 & 2 & 0 & 4 & 0 & 2 & 2 \\ (3) & (3) & 3 & 0 & 5 & (3) & 7 \\ 0 & 0 & 0 & 4 & 0 & 6 & 7 \\ 1 & 1 & 2 & (3) & 5 & 0 & 7 \\ 2 & 2 & 2 & 4 & 5 & 6 & 0 \end{bmatrix}$$

$$W^{(4)} = \begin{bmatrix} 0 & 4 & 18 & 27 & (36) & 1 & 8 \\ 4 & 0 & 14 & 23 & (32) & 5 & 4 \\ 18 & 14 & 0 & 9 & (18) & 19 & 18 \\ 27 & 23 & 9 & 0 & 9 & 28 & 12 \\ (36) & (32) & (18) & 9 & 0 & 6 & 6 \\ 1 & 5 & 19 & 28 & 6 & 0 & 1 \\ 8 & 4 & 18 & 12 & 6 & 1 & 0 \end{bmatrix} \quad R^{(4)} = \begin{bmatrix} 0 & 2 & 2 & 3 & (4) & 6 & 2 \\ 1 & 0 & 3 & 3 & (4) & 1 & 7 \\ 2 & 2 & 0 & 4 & (4) & 2 & 2 \\ 3 & 3 & 3 & 0 & 5 & 3 & 7 \\ (4) & (4) & (4) & 4 & 0 & 6 & 7 \\ 1 & 1 & 2 & 3 & 5 & 0 & 7 \\ 2 & 2 & 2 & 4 & 5 & 6 & 0 \end{bmatrix}$$

$$W^{(5)} = \begin{bmatrix} 0 & 4 & 18 & 27 & 36 & 1 & 8 \\ 4 & 0 & 14 & 23 & 32 & 5 & 4 \\ 18 & 14 & 0 & 9 & 18 & 19 & 18 \\ 27 & 23 & 9 & 0 & 9 & (15) & 12 \\ 36 & 32 & 18 & 9 & 0 & 6 & 6 \\ 1 & 5 & 19 & (15) & 6 & 0 & 1 \\ 8 & 4 & 18 & 12 & 6 & 1 & 0 \end{bmatrix} \quad R^{(5)} = \begin{bmatrix} 0 & 2 & 2 & 3 & 4 & 6 & 2 \\ 1 & 0 & 3 & 3 & 4 & 1 & 7 \\ 2 & 2 & 0 & 4 & 4 & 2 & 2 \\ 3 & 3 & 3 & 0 & 5 & (5) & 7 \\ 4 & 4 & 4 & 4 & 0 & 6 & 7 \\ 1 & 1 & 2 & (5) & 5 & 0 & 7 \\ 2 & 2 & 2 & 4 & 5 & 6 & 0 \end{bmatrix}$$

$$W^{(6)} = \begin{bmatrix} 0 & 4 & 18 & (16) & (7) & 1 & (2) \\ 4 & 0 & 14 & (20) & (11) & 5 & 4 \\ 18 & 14 & 0 & 9 & 18 & 19 & 18 \\ (16) & (20) & 9 & 0 & 9 & 15 & 12 \\ (7) & (11) & 18 & 9 & 0 & 6 & 6 \\ 1 & 5 & 19 & 15 & 6 & 0 & 1 \\ (2) & 4 & 18 & 12 & 6 & 1 & 0 \end{bmatrix} \quad R^{(6)} = \begin{bmatrix} 0 & 2 & 2 & (6) & (6) & 6 & (6) \\ 1 & 0 & 3 & (6) & (6) & 1 & 7 \\ 2 & 2 & 0 & 4 & 4 & 2 & 2 \\ (6) & (6) & 3 & 0 & 5 & 5 & 7 \\ (6) & (6) & 4 & 4 & 0 & 6 & 7 \\ 1 & 1 & 2 & 5 & 5 & 0 & 7 \\ (6) & 2 & 2 & 4 & 5 & 6 & 0 \end{bmatrix}$$

$$W^{(7)} = \begin{bmatrix} 0 & 4 & 18 & (14) & 7 & 1 & 2 \\ 4 & 0 & 14 & (16) & (10) & 5 & 4 \\ 18 & 14 & 0 & 9 & 18 & 19 & 18 \\ (14) & (16) & 9 & 0 & 9 & (13) & 12 \\ 7 & (10) & 18 & 9 & 0 & 6 & 6 \\ 1 & 5 & 19 & (13) & 6 & 0 & 1 \\ 2 & 4 & 18 & 12 & 6 & 1 & 0 \end{bmatrix} \quad R^{(7)} = \begin{bmatrix} 0 & 2 & 2 & (7) & 6 & 6 & 6 \\ 1 & 0 & 3 & (7) & (7) & 1 & 7 \\ 2 & 2 & 0 & 4 & 4 & 2 & 2 \\ (7) & (7) & 3 & 0 & 5 & (7) & 7 \\ 6 & (7) & 4 & 4 & 0 & 6 & 7 \\ 1 & 1 & 2 & (7) & 5 & 0 & 7 \\ 6 & 2 & 2 & 4 & 5 & 6 & 0 \end{bmatrix}$$

经过 7 轮迭代，我们得到了最终的 W 和 R 阵，分别包含了径长信息和路由信息。我们可以从 $W^{(7)}$ 和 $R^{(7)}$ 中找到任何两个端点间的最短径长和最短路由，对应着我们所建立的旅行线路模型中的任何两景点间的最短路径长度和路线。

若要求旅游点 3 到点 1 的最短路径，则可以从 $W^{(7)}$ 中找到对应的最小值为 18，从 $R^{(7)}$ 中找到 $r_{31}=2$，就是要经点 2 转接；再看 $r_{21}=1$，此时已经到达目的节点，所以路由是点 3 →点 2 →点 1。

（3）Dijkstra 算法与 Floyd 算法的比较。两种算法求最短路径的不同在于：

① Dijkstra 算法是从一点出发到其余点的最短路径，而 Floyd 算法是找图中所有顶点间的最短路径。

② Dijkstra 算法是找到最短后再尝试利用该最短辅助找其余最短的；而 Floyd 算法是在插入第 $i-1$ 个顶点的基础上比较插入第 i 个后和第 i 个之前的最短。

③ 路径长度递增不一样：Dijkstra 算法增的路径是比较出最短递增，而 Floyd 算法增的路径是按编号递增。

④ Dijkstra 算法从源点出发，而 Floyd 算法可以从任意点出发。

⑤ 若用 Dijkstra 算法计算任意两点间的最短路径，需要执行 n 次，且图中含有负权值时不能用 Dijkstra 算法；Floyd 算法只能求出两点间最短路径的长度，无法得到这条最短路径，当然，如果记录了每步更新所经过的中间结点，仍可通过回溯得到两点间的最短路径。

⑥ 结果不同，Dijkstra 算法找到的是从源点到其余顶点的最短路径；Floyd 算法则可以求任两点之间的最短路径。

7.2 最小生成树问题

如果把图 7-8 看成一个地区的城市分布图，各点之间的长度为城市间的距离，现在要在城市间修建铁路。问如何安排路线，才能使联结各城市的总路线长度最短？这一类问题，在网络分析中称为最小生成树问题。

最小生成树问题是运筹学中图论的基本问题之一，它可以直接或间接地用来设计运输网络，在处理复杂问题时常常起着重要作用。

在学习最小生成树之前，有必要对树及其性质有个初步认识。

7.2.1 基本概念

（1）树。

某企业的组织机构如图 7-11（a）所示。

若用图表示，则呈一树枝状的图 [图 7-11（b）]。树的名称由此而来。

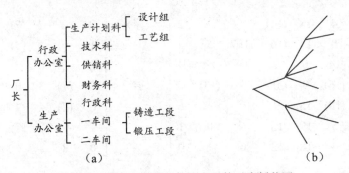

图 7-11　某企业组织机构图和机构示意树状图

无圈的连通图称为树。我们用 T 表示树，树中的边称为树枝。

树具有下列性质：

① 在树中，任意两个顶点间必有且仅有一条链。

② 在树中，在不相邻的两个顶点间添加一条树枝，则恰好得到一个圈。

③ 在树中，任意去掉一条树枝，就变成分离图。

④ 设 T 是棵有 n 个顶点的树，则 T 的树枝数为 $n-1$。

⑤ 一棵树至少有两个悬挂点。

显然，树是连通且边数最少的图。

（2）最小生成树。如果图 T 是图 G 的一个生成子图，而且又是一棵树，则称图 T 是图 G

的一个生成树（支撑树）。显然，图的生成树不唯一。

例如，图 7-12（a）是一个连通图，图 7-12（b）、图 7-12（c）、图 7-12（d）、图 7-12（e）所示为（a）的生成树（未全部示出）。

（a）　　　（b）　　　（c）　　　（d）　　　（e）

图 7-12　连通图及其生成树

已给一连通无向图 $G=(V, E)$，其中 $V=\{v_1, v_2, \cdots, v_n\}$，$E=\{e_1, e_2, \cdots, e_m\}$，其边权 $W=(w_1, w_2, \cdots, w_m)$。一棵生成树上所有树枝上权的总和，称为这棵生成树的权。

具有最小权的生成树称为最小生成树，简称最小树。

7.2.2　最小生成树的算法

（1）避圈法：

避圈法的主要思想就是：开始选一条最小权的边，以后每一步中，总从与已选边不构成圈的那些未选边中，选择一条权最小的（每一步中，如果有两条或两条以上的边都是权值最小的边，则从中任选一条）。

避圈法主要分为两种：Prim 算法和 Kruskal 算法，下面分别介绍。

① Prim 算法：

设 $G = (V, E)$ 是连通带权图，$V = \{1,2,\cdots,n\}$。构造 G 的最小生成树 Prim 算法的基本思想是：首先置 $S=\{1\}$，然后，只要 S 是 V 的真子集，就进行如下的贪心选择：选取满足条件 $i \in S, j \in V-S$，且 c_{ij} 最小的边，将顶点 j 添加到 S 中。这个过程一直进行到 $S = V$ 时为止。在这个过程中选取到的所有边恰好构成 G 的一棵最小生成树。

图 7-13 显示了某一赋权图。

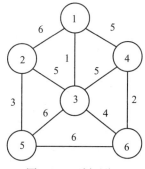

图 7-13　赋权图 G

最小生成树的生成过程如下：

$1 \rightarrow 3$；C=1

3 → 6；C=4

6 → 4；C=2

3 → 2；C=5

2 → 5；C=3

最终得到的最小生成树如图 7-14 所示。

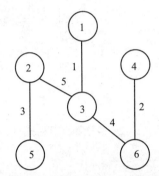

图 7-14 带权图 G 的最小生成树示意图

② Kruskal 算法：

给定无向连通带权图 $G= (V, E)$, $V = \{1,2,\cdots,n\}$。Kruskal 算法构造 G 的最小生成树的基本思想是：

a. 将 G 的 n 个顶点看成 n 个孤立的连通分支，并将所有的边按权从小到大排序。

b. 从第一条边开始，依据每条边的权值递增的顺序检查每一条边，并按照下述方法连接两个不同的连通分支：当查看到第 k 条边 (v, w) 时，如果端点 v 和 w 分别是当前两个不同的连通分支 T_1 和 T_2 的端点时，就用边 (v, w) 将 T_1 和 T_2 连接成一个连通分支，然后继续查看第 $k+1$ 条边；如果端点 v 和 w 在当前的同一个连通分支中，就直接查看第 $k+1$ 条边，这个过程一直进行到只剩下一个连通分支时为止。此时，已构成 G 的一棵最小生成树。

仍以图 7-13 所示的带权图 G 为例说明其最小生成树的生成过程，生成过程如下所示：

1 → 3；C= 1

4 → 6；C=2

2 → 5；C=3

3 → 6；C=4

2 → 3；C=5

最终得到的最小生成树和图 7-14 所示是一样的。

（2）破圈法：

破圈法可以描述如下：

① 如果我们给的连通图 G 中没有回路，那么 G 本身就是一棵生成树。

② 若 G 中只有一个回路，则删去 G 的回路上的一条边（不删除结点），则产生的图仍是连通的且没有回路，则得到的子图就是图 G 的一棵生成树。

③ 若 G 的回路不止一个，只要删去每一个回路上的一条边，直到 G 的子图是连通没有回路且与图 G 有一样的结点集，那么这个子图就是一棵生成树。

由于我们破坏回路的方法可以不一样，所以可得到不同的生成树，但是在求最小生成树的时候，为了保证求得的生成树的树权最小，那么在删去回路上的边的时候，总是在保证带权图仍连通的前提下删掉权值较大的边，保留权值较小的边。破圈法就是在带权图的回路中找出权值最大的边，将该边去掉，重复这个过程，直到图连通且没有圈为止，保留下来的边所组成的图即为最小生成树。

下面仍利用图 7-13 说明破圈法。

首先是去除权值大的边，并且检测去除该边后整个图是否存在回路，对于图 7-13 来说，即第一步：去掉权值为 6 的边，如图 7-15 所示。

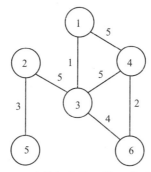

图 7-15　去掉权值为 6 的 G 的示意图

从图中可以看出，去掉权值为 6 的边后整个图仍是存在回路的。所以接下来去除权值为 5 的边，并且检测去除该边后图是否存在回路，结果如图 7-16 所示。由图可知，去掉所有权值为 5 的边会造成图 G 不连通，因此 2 → 3，C= 5 这条边是必须保留的。然后再去除权值为 4 的边。由于权值为 1、2、3、4 的边分别连接着独立的节点，故都必须保留，得到的最小生成树结果与图 7-14 也是一样的。

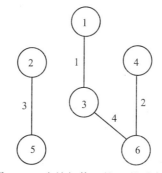

图 7-16　去掉权值 5 的 G 的示意图

（3）避圈法与破圈法比较：

Prim 算法是从空图出发，将点进行二分化，从而逐步加边得到最小生成树。它是近似求解算法，虽然对于大多数最小生成树问题都能求得最优解，但相当一部分求得的是近似最优解，具体应用时不一定很方便。但是它可以看作是很多种最小树算法的概括，在理论上有一定的意义。

Kruskal 算法也是从空图出发。它是精确算法，即每次都能求得最优解，但对于规模较大的最小生成树问题，求解速度较慢。

破圈法是从图 G 出发，逐步去边破圈得到最小生成树。它最适合在图上工作，当图较大时，可以几个人同时在各个子图上工作，因此破圈法在实用上是很方便的。

7.3 最大流问题

最大流问题是早期的线性网络最优化的一个例子。最早研究这类问题的是美国学者希奇柯克（Hitchcock），1941 年他在研究生产组织和铁路运输方面的线性规划问题时提出运输问题的基本模型，后来柯普曼（Koopmans）在 1947 年独立提出运输问题并详细对此问题加以讨论。从 20 世纪 40 年代早期开始，康托洛维奇（Kantorovich）围绕着运输问题做了大量研究，因此运输问题又称为希奇柯克问题或康托洛维奇问题。与一般线性规划问题不同，它的约束方程组的系数矩阵具有特殊的结构，这就需要采用不同的甚至更为简便的求解方法来解决这种在实际工作中经常遇到的问题。运输问题不仅代表了物资合理调运、车辆合理调度等问题，有些其他类型的问题经过适当变换后也可以归结为运输问题。后来把这种解决线性网络最优化的方法与最大流问题相结合，同时推动了最大流问题的发展。

最大流问题就是在一个有向连通图中，指定一点为发点，另一点为收点，其余的点为中间点，在所有的点都能承载的情况下能通过此网络图的最大可行流，即发点发往收点的最大可行流。

最大流问题应用极为广泛，很多生活中的问题都可转化为最大流问题，从实际中抽象出最大流模型，即转化问题，予以解决。

7.3.1 基本概念

假设要把起点的一批流转物运送到终点去，在每一弧上通过流转物的总量不能超过这条弧上的容量，问题是应该怎样安排运送，才能使从起点运送至终点的总量达到最大，这样的问题就称为网络上最大流问题，最大流问题是网络流问题中的一个非常重要的研究内容，以下讨论的网络均为只有一个发点 v_s 和一个收点 v_t 的容量网络 $D=(V, A, C)$。

（1）流及可行流。对任意容量网络 $D=(V, A, C)$ 中的弧 (v_i, v_j) 有流量 f_{ij}，称集合 $f=\{f_{ij}\}$ 为网络 D 上的一个流，称满足下列条件的流 f 为可行流：

① 容量限制条件：对 D 中每条弧 (v_i, v_j)，有 $0 \leqslant f_{ij} \leqslant c_j$。

② 平衡条件：

a. 对中间点 v_i，有 $\sum_j f_{ij} = \sum_k f_{ki}$（即中间点 v_i 的物资的输入量与输出量相等）。

b. 对收、发点 v_t, v_s 有 $\sum_i f_{si} = \sum_j f_{jt} = W$（即从 v_s 点发出的物资总量等于 v_t 点收到的量），W 为网络流的总流量。

在容量网络 $D=(V, A, C)$ 中 c_{ij} 表示弧 (v_i, v_j) 的容量，令 x_{ij} 为通过弧 (v_i, v_j) 的流量，显然有 $0 \leqslant x_{ij} \leqslant c_{ij}$，流 $\{x_{ij}\}$ 应遵守点守恒规则，即

$$\sum x_{ij} - \sum x_{ji} = \begin{cases} +W, & i=s \\ 0, & i \neq s, t \\ -W, & i=t \end{cases}$$

称为守恒方程。

（2）最大流。对任意容量网络 $D=(V, A, C)$，寻求一可行流 f 使得流量 W 取得极大值，这个可行流 f 便称为最大流。

（3）增广链。在容量网络 $D=(V, A, C)$ 中，若 μ 为网络中从发点 v_s 到收点 v_t 的一条

路，给 μ 定向为从 v_s 到 v_t，μ 上的弧凡与 μ 同向称为前向弧，凡与 μ 反向称为后向弧，其集合分别用 μ^+ 和 μ^- 表示，f 是一个可行流，如果满足

$$\begin{cases} 0 \leqslant f_{ij} < c_{ij} \text{ , } (v_i,\ v_j) \in \mu^+ \\ c_{ij} \geqslant f_{ij} > 0 \text{ , } (v_i,\ v_j) \in \mu^- \end{cases}$$

则称 μ 为从 v_s 到 v_t 的（关于 f 的）增广链。

（4）割集。在容量网络 $G=(V,\ A,\ C)$ 中，若有弧集 A' 为 A 的子集，将 D 分为两个子图 D_1，D_2，其顶点集合分别记 S，$\overline{S}$，$S \cup \overline{S} = V$，$S \cap \overline{S} = \varnothing$，$v_s$，$v_t$ 分别属于 S，$\overline{S}$，满足：

① $D=(V,\ A-A')$ 不连通。

② A'' 为 A' 的真子集，而 $D=(V,\ A-A'')$ 仍连通，则称 A' 为 D 的割集，记 $A'=(S,\ \overline{S})$。

割集 $(S,\ \overline{S})$ 中所有始点在 S，终点在 $\overline{S}$ 的边的容量之和，称为 $(S,\ \overline{S})$ 的割集容量，记为 $C(S,\ \overline{S})$。

7.3.2　最大流最小割定理

Ford-Fulkerson 最大流最小割定理是由 Ford 和 Fulkerson 在 1956 年提出的，是图论的核心定理。

定理 1：（Ford-Fulkerson 最大流最小割定理）任一容量网络 D 中，从 v_s 到 v_t 的最大流 $\{f_{ij}\}$ 的流量等于分离 v_s，v_t 的最小割的容量。

证明：设在 D 中从 v_s 到 v_t 的任一可行流 $\{x_{ij}\}$ 的流量为 W，最小割集为 $(S,\ \overline{S})$，最小割集的容量为 $C(S,\ \overline{S})$。这个定理的证明分两步：

（1）我们先证明 $W \leqslant C(S,\ \overline{S})$。

由守恒方程可得

$$\begin{aligned} W &= \sum_{i \in S}\left(\sum_j x_{ij} - \sum_j x_{ji} \right) \\ &= \sum_{i \in S}\sum_{j \in S}\left(x_{ij} - x_{ji} \right) + \sum_{i \in S}\sum_{j \in \overline{S}}\left(x_{ij} - x_{ji} \right) \\ &= \sum_{i \in S}\sum_{j \in \overline{S}}\left(x_{ij} - x_{ji} \right) \end{aligned} \tag{7-1}$$

因此有

$$W = \sum_{i \in S}\sum_{j \in \overline{S}}\left(x_{ij} - x_{ji} \right) \leqslant \sum_{i \in S}\sum_{j \in \overline{S}} x_{ij} \leqslant \sum_{i \in S}\sum_{j \in \overline{S}} c_{ij} = C(S,\overline{S}) \tag{7-2}$$

（2）下面我们证明一个可行流是最大流，当且仅当不存在关于它的从 v_s 到 v_t 的增广路径。

必然性：显然，因为如果存在增广路径，还可以继续增广，流就不是最大流。

充分性：假设可行流 $\{x_{ij}\}$ 是一个不存在关于它的增广路径的流，对于最小割集 $(S,\ \overline{S})$，有对任意 i，$j \in S$，存在从 v_i 到 v_j 的增广路径，而对任意 $i \in S$，$j \in \overline{S}$，不存在从 v_i 到 v_j 的增广路径，由定义可知对任意 $i \in S$，$j \in \overline{S}$ 有：

$$x_{ij} = c_{ij}, \quad x_{ij} = 0$$

由公式（7-1）可知

$$W = \sum_{i \in S}\sum_{j \in \overline{S}} c_{ij} = C(S,\overline{S}) \tag{7-3}$$

即流的值等于割集的容量，定理得证。

7.3.3 最大流问题的 Ford-Fulkerson 算法

（1）Ford-Fulkerson 算法的基本思想。Ford-Fulkerson 标号法是一种找最大流 f 的算法。它是由 Ford 和 Fulkerson 于 1957 年最早提出的，其基本思想是从任意一个可行流出发寻找一条增广链，并在这条增广链上增加流量，于是便得到一个新的可行流，然后在这新的可行流的基础上再找一条新的增广链再增加流量……继续这个过程，一直到找不到新的增广路径为止。

采用 Ford-Fulkerson 标号法求解最大流问题时，在标号过程中，一个点仅有下列三种状态之一：标号已检查（有标号且所有相邻点都标号了）；标号未检查（有标号，但某些相邻点未标号）；未标号。

Ford-Fulkerson 标号算法分为两个过程：一是标号过程，通过标号过程找到一条增广链；二是增广过程，沿着增广路径增加网络流流量的过程。现在我们考虑只有一个发点 v_s 和一个收点 v_t 的容量网络，应用 Ford-Fulkerson 标号算法求解它的最大流。

（2）Ford-Fulkerson 标号法的具体步骤。

标号过程：

步骤 0：确定一初始可行流 $\{f_{ij}\}$，可以是零流。

步骤 1：给发点 v_s 以标号 $[0，v_s]$。

步骤 2：选择一个已标号但未检查的点 v_i，并作如下检查：

对每一弧 $(v_i，v_j)$，若 v_j 未给标号，而且 $c_{ij} > f_{ij}$ 时，即流出未饱和弧，给 v_j 以标号 $[\theta_j，v_i]$；

对每一弧 $(v_j，v_i)$，若 v_j 未给标号，而且 $f_{ji} > 0$ 时，即流入非零流弧，给 v_j 以标号 $[\theta_j，-v_i]$；

其中

$$\theta_j = \min\{\theta_i, \alpha\}, \alpha = \begin{cases} c_{ij} - f_{ij}，若 (v_i，v_j) 为流出未饱和弧 \\ f_{ji}，若 (v_j，v_i) 为流入非零流弧 \end{cases}$$

步骤 3：重复步骤 2 直到收点 v_t 被标号，或不再有顶点可以标号为止。

如果点给了标号说明存在一条增广链，故转向增广过程（2）。如若点 v_t 不能获得标号，而且不存在其他可标号的顶点时，算法结束，所得到的流便是最大流。

（3）增广过程：

由终点 v_t 开始，使用标号的第二个元素构造一条增广链 μ（点 v_t 的标号的第二个元素表示在路中倒数第二个点的下标，而这第二个点的标号的第二个元素表示倒数第三个点的下标等），在 μ 上作调整得新的可行流 $\{\bar{f}_{ij}\}$，（标号的第二个元素的正负号表示通过增加或减少弧流来增大流值）。令 θ 为 v_t 标号的第一个元素的值，作

$$\bar{f}_{ij} = \begin{cases} f_{ij} + \theta，(v_i,v_j) 是 \mu 上前向弧 \\ f_{ij} - \theta，(v_j,v_i) 是 \mu 上后向弧 \\ f_{ij}，其他 \end{cases}$$

以新的可行流 $\{\bar{f}_{ij}\}$ 代替原来的可行流，去掉所有标号，转标号过程的步骤 1。

采用 Ford-Fulkerson 标号算法求解最大流问题，同时得到一个最小割集。最小割集的意义是：网络从发点到收点的各个通路中，由容量决定其通过能力，通常我们将最小割集形象地称为这些通路的咽喉部分，或叫作"瓶颈"，它决定了整个网络的通过能力，即最小割集

的容量的大小影响总的流量的提高。因此，为提高总的流量，必须首先考虑改善最小割集中各小弧的流量，提高它们的通过能力。

7.3.4　Ford-Fulkerson 算法举例

例 7-3　用标号法求图 7-17 所示网络的最大流，图中已给出初始可行流，弧的权为 (c_{ij}, f_{ij})。

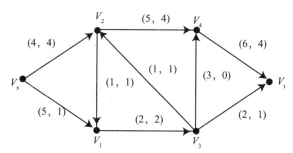

图 7-17　Ford-Fulkerson 算法举例

解：（1）第一次标号过程，如图 7-18 所示。

① 给发点 v_s 标号（0，+），这时 v_s 为已标号但未检查点。

② 检查发点 v_s：

考虑所有以 v_s 为始点，且终点未标号的弧 (v_s, v_j)：

a. 弧 (v_s, v_1)：由于 $f_{s1}=1$，$c_{s1}=5$，满足标号条件 $f_{s1} < c_{s1}$，故为 v_1 标号（v_s，+），v_1 为已标号未检查点。

b. 弧 (v_s, v_2)：由于 $f_{s2}=c_{s2}$，不满足标号条件 $f_{sj} < c_{sj}$，故不为 v_2 标号。

考虑所有以 v_s 为终点，且始点未标号的弧 (v_k, v_s)：经检查，不存在这样的弧。至此，v_s 成为已标号已检查点，在 v_s 的标号旁边加 *，以示区别。

③ 检查已标号未检查点 v_1：

a. 考虑所有以 v_1 为始点，且终点未标号的弧 (v_1, v_j)：

弧 (v_1, v_3)：由于 $f_{13}=c_{13}$，不满足标号条件 $f_{13} < c_{13}$，故不为 v_3 标号。

b. 考虑所有以 v_1 为终点，且始点未标号的弧 (v_k, v_1)：

弧 (v_2, v_1)：由于 $f_{21}=1 > 0$，满足标号条件 $f_{21} > 0$，故为 v_3 标号（v_1，−），v_2 为已标号未检查点。

至此，v_1 成为已标号已检查点，在 v_1 的标号旁边加 *，以示区别。

④ 检查已标号未检查点 v_2：

a. 考虑所有以 v_2 为始点，且终点未标号的弧 (v_2, v_j)：

弧 (v_2, v_4)：由于 $f_{24}=4$，$c_{24}=5$，满足标号条件 $f_{24} < c_{24}$，故为 v_4 标号（v_2，+），v_4 为已标号未检查点。

b. 考虑所有以 v_2 为终点，且始点未标号的弧 (v_k, v_2)：

弧 (v_3, v_2)：由于 $f_{32}=1 > 0$，满足标号条件 $f_{32} > 0$，故为 v_3 标号（v_2，−），v_3 为已标号未检查点。

至此，v_2 成为已标号已检查点，在 v_2 的标号旁边加 *，以示区别。

⑤ 检查已标号未检查点 v_3：

a. 考虑所有以 v_3 为始点，且终点未标号的弧 (v_3, v_j)：

弧 (v_3, v_t)：由于 $f_{3t}=1$，$c_{3t}=2$，满足标号条件 $f_{3t}<c_{3t}$，故为 v_t 标号 $(v_3, +)$，终点 v_t 为已标号点。

b. 考虑所有以 v_3 为终点，且始点未标号的弧 (v_k, v_3)：经检查，不存在这样的弧。至此，v_3 成为已标号已检查点，在 v_3 的标号旁边加 *，以示区别。

⑥ 由于收点 v_t 已经得到标号，故第一次标号过程结束。

（2）反向追踪增广链。从收点 v_t，根据各标号点的第一标号反向追踪，找出从发点到收点的增广链 $\mu=\{v_s, (v_s, v_1), v_1, (v_2, v_1), v_2, (v_3, v_2), v_3, (v_3, v_t), v_t\}$（图 7-18 中的双箭头线）。

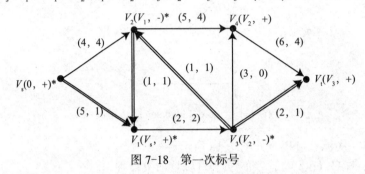

图 7-18 第一次标号

（3）调整过程。调整增广链 μ 上的流量。令调整量 $\delta=\min\{\delta_1, \delta_2\}$，其中

$$\delta_1=\min\{c_{ij}-f_{ij}|对于链\mu上的前向弧\}, \quad \delta_2=\min\{f_{ij}|对于链\mu上的后向弧\}$$

所以

$$\delta_1=\min\begin{Bmatrix}c_{s1}-f_{s1}\\c_{3t}-f_{3t}\end{Bmatrix}=\min\begin{Bmatrix}5-1\\2-1\end{Bmatrix}=1, \quad \delta_2=\min\begin{Bmatrix}f_{21}\\f_{32}\end{Bmatrix}=\min\begin{Bmatrix}1\\1\end{Bmatrix}=1$$

$$\delta=\min\{\delta_1, \delta_2\}=1$$

按下列公式调整各弧的流量

$$\begin{cases}f_{ij}'=f_{ij}+\delta, & 对于链\mu上的前向弧\\f_{ij}'=f_{ij}-\delta, & 对于链\mu上的后向弧\\f_{ij}'=f_{ij}, & 对于不在链\mu上的弧\end{cases}$$

得

$$f_{s1}'=f_{s1}+\delta=1+1=2, \quad f_{3t}'=f_{3t}+\delta=1+1=2$$
$$f_{21}'=f_{21}-\delta=1-1=0, \quad f_{32}'=f_{32}-\delta=1-1=0$$

其余不在增广链上的各弧流量 f_{ij} 不变。

调整后得到图 7-19 所示的新可行流，进入第二次标号过程，继续寻找在此新流下的增广链。

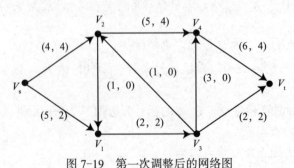

图 7-19 第一次调整后的网络图

（4）第二次标号过程（图 7-20）。

① 给发点 v_s 标号（0，+），这时 v_s 为已标号但未检查点。

② 检查发点 v_s：考虑所有以 v_s 为始点，且终点未标号的弧（v_s，v_j）：

a. 弧（v_s，v_1）：由于 $f_{s1}=2$，$c_{s1}=5$，满足标号条件 $f_{s1}<c_{s1}$，故为 v_1 标号（v_s，+），v_1 为已标号未检查点。

b. 弧（v_s，v_2）：由于 $f_{s2}=c_{s2}$，不满足标号条件 $f_{sj}<c_{sj}$，故不为 v_2 标号。

考虑所有以为 v_s 终点，且始点未标号的弧（v_k，v_s）：经检查，不存在这样的弧。至此，v_s 成为已标号已检查点，在 v_s 的标号旁边加 *，以示区别。

③ 检查已标号未检查点 v_1：

a. 考虑所有以 v_1 为始点，且终点未标号的弧（v_1，v_j）：

弧（v_1，v_3）：由于 $f_{13}=c_{13}$，不满足标号条件 $f_{13}<c_{13}$，故不为 v_3 标号。

b. 考虑所有以 v_1 终点，且始点未标号的弧（v_k，v_1）：

弧（v_2，v_1）：由于 $f_{21}=0$，不满足标号条件 $f_{21}>0$，故不为 v_2 标号至此，v_1 成为已标号已检查点，在 v_1 的标号旁边加 *，以示区别。

④ 由于图中不存在已标号未检查点，所以标号过程无法继续进行下去，说明已经找不到从发点 v_s 到收点 v_t 的增广链，因此已经得到最大流（图 7-20），算法结束。

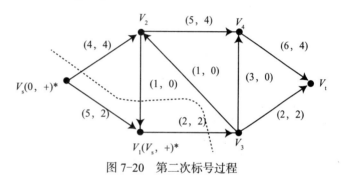

图 7-20　第二次标号过程

最大流流量：$v(f^*)=f_{s1}+f_{s2}=f_{3t}+f_{4t}=6$。

7.4　中国邮路问题

邮递员在投送报刊信件时，从邮局出发，一般每次都要走遍他所负责的全部街道，任务完成后返回邮局。那么邮递员应该选择一条什么样的路线才能以尽可能少的路程走完所有的街道呢？这个问题是我国著名运筹学家管梅谷教授于 1962 年首先提出的，并给出了它的解法，因此国际上称为中国邮路问题。

7.4.1　问题描述

中国邮路问题可用图论的语言描述为：在一个赋权图上，求一个圈，该圈经过图中每条边至少一次，并使圈中各边权值的总和为最小，称经过每条边至少一次的圈为邮递员路线。中国邮路问题就是求最优的邮递员路线。

请注意，邮递员路线不一定是欧拉圈，因欧拉圈只经过每条边一次。但是邮递员路线与欧拉圈有着密切的关系。

显然，若能找到一个只经过每条边一次的圈（欧拉圈），则这个圈一定是最短路线。换句话说，如果一个图是欧拉图，则它的一个欧拉圈的总长就是所求的最短邮递员路线的长度。

但是，如果投递区域所对应的图不是欧拉图，则邮路中的某些边必须重复，这时的问题是重复哪些边最好。为了解决这个问题，我们首先了解下面两个定理。

7.4.2 定理

定理 1 （顶点度之和与边数的关系）对于一个图 G，其所有顶点度的和等于边数的两倍。即

$$\sum_{v \in V} d(v) = 2q \tag{7-4}$$

式中 q 为图 G 的边数。

证明：因为每条边与两个端点相关联，所以计算顶点的度时，每条边均使用了两次，所以全部顶点度的和等于边数的两倍。

定理 2 对于任何一个图 G，奇点的个数必为偶数。

证明：对于任何一个图 G，其顶点可分为两种，即奇点和偶点，相应地，我们将点集 V 分为两个集合：

V_1：奇点集合，即该集合中所有点的度均为奇数。

V_2：偶点集合，即该集合中所有点的度均为偶数，显然 $\sum\limits_{v \in V_2} d(v)$ 为偶数。

由定理 1

$$\sum_{v \in V_1} d(v) = \sum_{v \in V_2} d(v) = \sum_{v \in V} d(v) = 2q$$

得

$$\sum_{v \in V_1} d(v) = 2q - \sum_{v \in V_1} d(v) \tag{7-5}$$

由于 $2q$ 及 $\sum\limits_{v \in V_2} d(v)$ 均为偶数，所以 $\sum\limits_{v \in V_1} d(v)$ 也为偶数，即奇点集合 V_1 中所有点的度之和为偶数。

设奇点集合 V_1 中的顶点个数为 r，各点的度分别为 $2k_1+1$，$2k_2+1$，$\cdots$，$2k_r+1$，则有

$$(2k_1+1)+(2k_2+1)+\cdots+(2k_r+1)=2(k_1+k_2+\cdots+k_r)+\underbrace{(1+1+\cdots+1)}_{r\text{个}}=\text{偶数}$$

由上式知，奇点集合 V_1 中的顶点个数 r 为偶数。

7.4.3 中国邮路问题的求解思路

若邮递员的投递区域所对应的图不存在奇点，根据欧拉图的定义，则该图为欧拉图，所以从邮局出发一定能找到一个欧拉圈，最后回到邮局，这个欧拉圈就是最短路线。

若图中存在奇点，则不能找到欧拉圈，所以要想经过图中的每条边，并且还要回到出发点，就必须在某些边上重复一次或多次。此时，为了减少重复路线的长度，则需要考虑图中各边的权值。

在图上求解时，如果邮递员路线中的某条边重复了几次，就以该边的端点为端点增加几条边，从而得到一个新图。称新增加的边为增加边或重复边，这些增加边的权值与原边的权值相等。这样就使得这个包含增加边的邮递员路线成为新图中的一个欧拉圈。

根据以上分析，中国邮路问题求解思路可描述为：在含有奇点的赋权连通图中，增加一些边，使得在新得到的图中不含奇点，并且使得增加边的权值总和最小。

7.4.4 中国邮路问题的求解方法——奇偶点图上作业法

根据上面的分析，中国邮路的求解包括两部分：

（1）在一个含有奇点的图中怎样增加边，使之成为一个不含奇点的图。

显然，为了使新图成为一个不含奇点的图，最容易想到的是将两个奇点直接连起来，形成一条边，这样两个奇点就成了偶点。但是，如果两个奇点之间原来并没有边，这新增边的权值显然无法确定。我们必须记住：增加边指的是增加"重复边"。那么，如何确定增加边呢？

由定理 2 知道，一个含奇点的图中，奇点的个数必为偶数，所以可以将两个奇点配成对，又由于讨论的是连通图，因此，可以在配成对的两个奇点之间找到一条链。在这些链经过的每个边上增加一条边，这样，两个奇点就成了偶点，而链上的每个偶点由于分别与两条增加边相关联，所以仍是偶点。所以这样得到的图将使原图中所有的奇点成为偶点，而原来的偶点仍为偶点，从而得到一个不含奇点的新图。

（2）怎样判断增加边的权值为最小。

我们利用下面的定理来确定什么样的增加边的权值总和最小。

定理 3 设 M 是使图 G 不含奇点的所有增加边集合，则 M 中所有增加边权值总和为最小的充分必要条件为：

① 图 G 的每条边上最多增加一条边。

② 在图 G 的每个圈上，增加边的总权值不超过该圈原总权值（不包括增加边权值）的一半。

下面对上面的定理作简要说明。

如果 M 是总权值最小的增加边集合，则条件①的成立是显然的。

对于条件②，如果在图中某个圈上增加边的总权值超过该圈原总权值的一半，则去掉该圈的增加边，同时给该圈的其余边加上增加边。这样，图中仍不会出现奇点，但可使增加边的总权值减少到不超过该圈原总权值的一半。

根据以上的讨论，可以得到含有奇点的中国邮路问题的求解方法，一般称为奇偶点图上作业法。

7.4.5 奇偶点图上作业法的步骤

（1）找奇点，确定初始增加边。在每两个奇点之间找一条链，在这些链经过的所有边上都增加一条边。

（2）检验。检验定理 3 的两个条件是否满足，若满足则停止求解过程，否则转入第 3 步。

（3）调整增加边。若某条边不满足条件①，则从该条边上去掉偶数条增加边，使得图中顶点仍全部是偶点；若某个圈不满足条件②，则将这个圈上的增加边去掉，将该圈的其余边上增加边，并转回到第 2 步。

下面通过例子说明奇偶点图上作业法的求解过程。

例 7-4 求图 7-21 最优邮递员路线。

解：①找奇点，确定初始增加边：

图 7-21（a）中有 4 个奇点 v_2、v_4、v_6、v_8，将 v_2 与 v_4 配对，v_6 与 v_8 配对（通常是就近配对）。

在 v_2 与 v_4 之间任取一条链 $\mu_1 = \{v_2, v_3, v_4\}$，将边 $[v_2, v_3]$ 和 $[v_3, v_4]$ 作为重复边加到图中去；同样在 v_6 与 v_8 之间任取一条链 $\mu_1 = \{v_6, v_7, v_8\}$，将边 $[v_6, v_7]$ 和 $[v_7, v_8]$ 作为重复边加到图中去，增加边的权值与原边权值相等，得到新图 7-21（b），该图已无奇点，其增加边总权值为：

$$5+9+3+4=21$$

②检验：由于各条边只添加了一条增加边，所以新图 7-21（b）满足定理 3 条件①。图中共有 13 个圈，先选择一个圈，检验其增加边总权值是否大于该圈原总权值的一半，即是

否满足条件②，如是，则进行调整，如否，则选择另一个圈进行检验，直到所有圈都满足条件②，即得到最优路线。

选择图 7-21（b）中的圈 $\{v_2, v_3, v_4, v_9, v_2\}$，该圈的原总权值为 5+9+4+6=24，增加边的总权值为 5+9=14，大于该圈原总权值的一半，不满足条件②，因此，应进行调整。

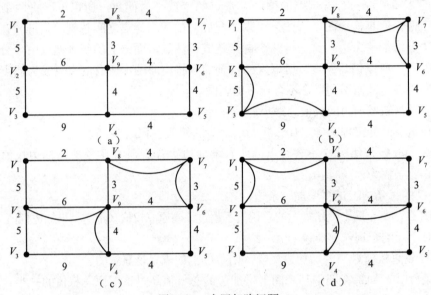

图 7-21 中国邮路问题

③调整增加边：将上述圈中 $[v_2, v_3]$ 和 $[v_3, v_4]$ 的增加边去掉，在该圈的其余边 $[v_2, v_9]$ 和 $[v_9, v_4]$ 上增加边。经过调整，该圈中增加边的总权值为 4+6=10，小于该圈原总权值的一半，已满足条件②。这样得到图 7-21（c），其增加边的总权值为：

$$4+6+3+4=17$$

比图 7-21（b）已经有所改进，但是否为最优路线，还须检查其他圈。

④再检验：选择图 7-21（c）中的圈 $\{v_1, v_2, v_9, v_6, v_7, v_8, v_1\}$，该圈的原总权值为 5+6+4+3+4+2=24，增加边的总权值为 6+3+4=13，大于该圈的原总权值的一半，不满足条件②，因此，需再做一次调整。

⑤再调整：将原增加边 $[v_2, v_9]$、$[v_8, v_7]$、$[v_6, v_7]$ 以 $[v_9, v_6]$、$[v_1, v_8]$、$[v_1, v_2]$ 取代，经过调整，该圈中增加边的总权值为 4+2+5=11，小于该圈原总权值的一半，已满足条件②。这样得到图 7-21（d），其增加边的总权值为：

$$4+4+2+5=15$$

比图 7-21（c）进一步改进，但是否为最优路线，还须检查其他圈。

⑥再检验：检验图 7-21（d），定理 3 的两个条件均满足，于是得到最优方案。设点 v_k 为邮递员的出发点，则图 7-21（d）中以 v_k 为始、终点的任一个欧拉圈就是最优邮递路线。

7.4.6 讨论

值得注意的是，中国邮路问题奇偶点求解方法的主要困难在于定理 3 中条件②的检验，它要求检查每一个圈。当图中点、边数量较多时，圈的个数将会很多。如"日"字图只有 3 个圈，而上例中的"田"字图就有 13 个圈。关于中国邮路问题，还有其他算法，有兴趣的读者可参阅其他资料。

7.5　案例分析及 WinQSB 软件应用

7.5.1　网络模型模块简介

（1）程序启动 WinQSB 中的网络模型模块的启动程序为：开始 / 程序 /WinQSB/Network Modeling/File/New Problem 。

（2）问题类型。网络模型包括如下内容（图 7-22）：网络流（Network Flow）、运输问题（Transposation Problem）、指派分配（Assignment Problem）、最短路问题（Shortest Path Problem）、最大流问题（Maxmal Flow Problem）、最小支撑树（Minimal Spanning Tree）、旅行商问题（Traveling Salesman Problem），可见网络模型包括运筹学中的运输问题、分配问题和图论，是一个重要的模块。当选择不同问题类型时，参数框有所不同。当选择分配问题和运输问题时，给出表格的行数与列数；当选择其他问题时，给出节点数，因为运输问题、指派问题在其他章节介绍，这里介绍最短路问题、最大流问题、最小支撑树、旅行商问题。

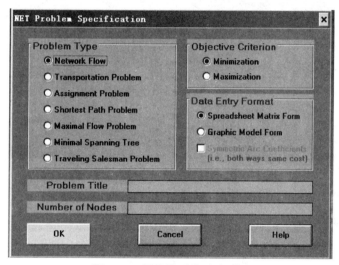

图 7-22　网络模型类型选项框

7.5.2　最小支撑树（Minimal Spanning Tree）

例 7-5　印第安纳州的五个城市之间的距离如表 7-3 所示。

表 7-3　印第安纳州五个城市之间的距离　（单位：km）

	Gary	Fort Wayne	Evansv,le	Terre Haute	South Hend
Gary	—	132	217	164	58
Fort Wayne	132	—	290	201	79
Evansville	217	290	—	113	303
Terre Haute	164	201	113	—	196
South Hend	58	79	303	196	—

现必须建造连接所有这些城市的州公路系统。假设由于政治原因，不能建造连接 Gary 和 Fort Wayne 的公路，Evansville 和 South Bend 的公路。所需公路的最短长度是多少？ 这是一个最小支撑树问题，操作如下：

（1）启动程序：开始 / 程序 /WinQSB/Network Modeling/File/New Problem/ 设置如图 7-23 所示对话框。

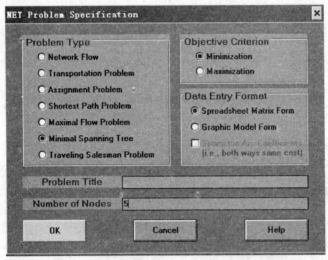

图 7-23 网络模型类型选项设置

（2）单击 OK，弹出数据窗口（图 7-24）。

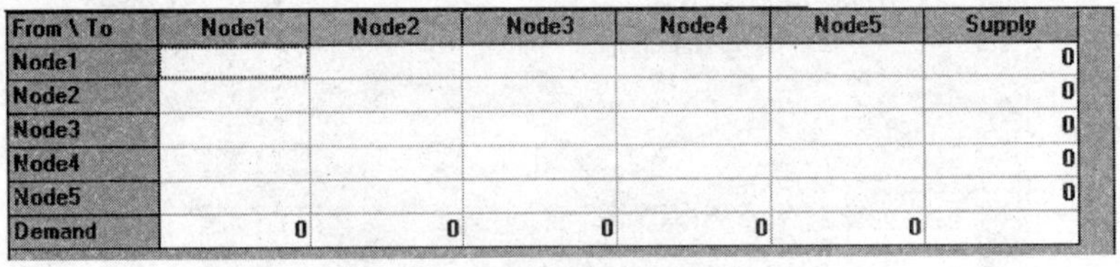

From \ To	Node1	Node2	Node3	Node4	Node5	Supply
Node1						0
Node2						0
Node3						0
Node4						0
Node5						0
Demand	0	0	0	0	0	

图 7-24 最小支撑树数据窗口

（3）Edit/Node Names 修改节点名称（图 7-25）。

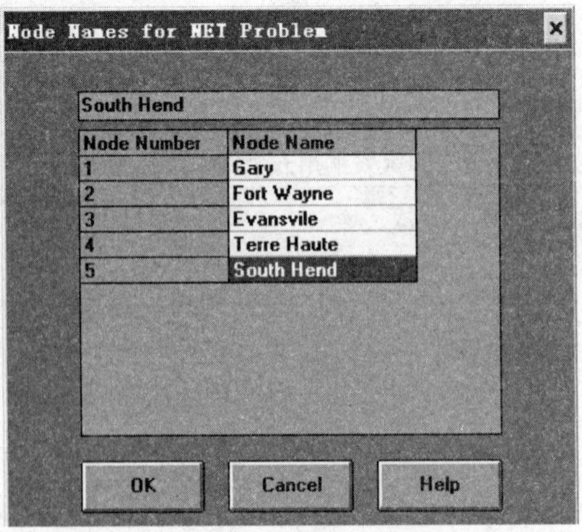

Node Names for NET Problem

South Hend

Node Number	Node Name
1	Gary
2	Fort Wayne
3	Evansvile
4	Terre Haute
5	South Hend

OK   Cancel   Help

图 7-25 修改节点名称

（4）单击 OK，返回数据窗口并输入数据（图 7-26）（输入上三角数据，下三角可自动得到数据）。

From \ To	Gary	Fort Wayne	Evansvile	Terre Haute	South Hend
Gary		132	217	164	
Fort Wayne	132		290	201	
Evansvile	217	290		13	
Terre Haute	164	201	113		
South Hend	58	79	303	16	

图 7-26　数据编辑窗口

（5）执行菜单命令：Solve and Analyze/Solve the Problem 得优化结果（图 7-27）。

03-27-2017	From Node	Connect To	Distance/Cost		From Node	Connect To	Distance/Cost
1		Fort Wayne	79	3	South Hend	Terre Haute	16
2	Evansvile	Terre Haute	13	4	South Hend	Gary	58
	Total	Minimal	Connected	Distance	or Cost	=	166

图 7-27　结果输出窗口

7.5.3　最短路问题（Shortest Path Problem）

例 7-6　设备更新问题。某企业使用一台设备，在每年年初，企业领导部门就要决定是购置新的，还是继续使用旧的。若购置新设备，就要支付一定的购置费用；若继续使用旧设备，则需支付一定的维修费用。若已知该设备在各年年初的价格和使用不同年数的设备所需要的维修费用如表 7-4 所示。要求：制订设备更新计划，使得总的支付费用最少。

表 7-4　设备重置费与维修费用

购置时间	第1年	第2年	第3年	第4年	第5年
购置费用	10	12	13	14	15
使用年数	0~1	1~2	2~3	3~4	4~5
维修费用	4	6	9	12	19

解：将各年购置与使用费绘制网络图如图 7-28 所示。

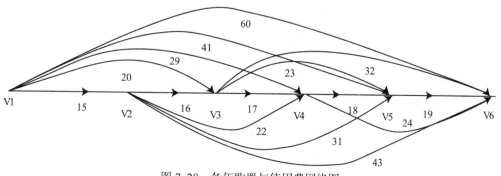

图 7-28　各年购置与使用费网络图

WinQSB 求解操作如下：

（1）启动程序：开始 / 程序 /WinQSB/Network Modeling/File/New Problem/ 设置如图 7-29 所示对话框。

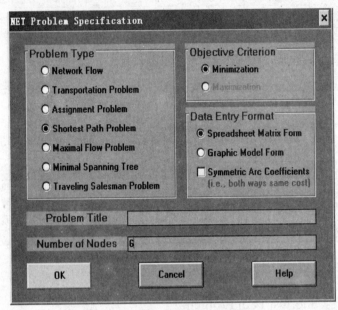

图 7-29　网络模型类型选项设置

（2）单击 OK，弹出数据窗口（图 7-30）。

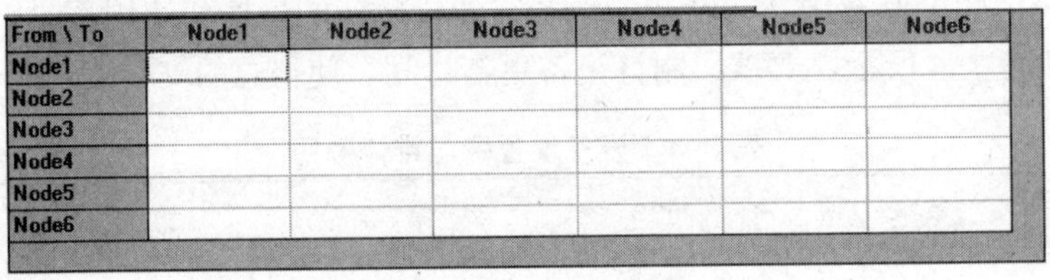

From \ To	Node1	Node2	Node3	Node4	Node5	Node6
Node1						
Node2						
Node3						
Node4						
Node5						
Node6						

图 7-30　最短路问题数据窗口

（3）Edit/Node Names 修改节点名称（图 7-31）。

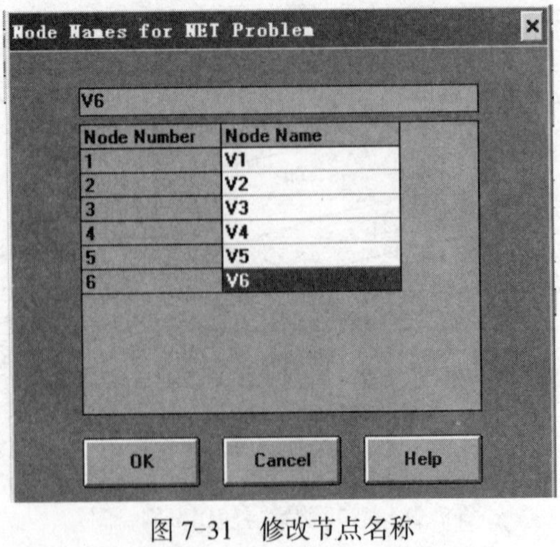

Node Names for NET Problem

V6

Node Number	Node Name
1	V1
2	V2
3	V3
4	V4
5	V5
6	V6

OK　　Cancel　　Help

图 7-31　修改节点名称

（4）单击 OK，返回数据窗口并输入数据（图 7-32）。

From \ To	V1	V2	V3	V4	V5	V6
V1		15	20	29	41	60
V2			16	22	31	43
V3				17	23	32
V4					18	24
V5						19
V6						

图 7-32　数据编辑窗口

执行菜单命令：Solve and Analyze/Solve the Problem，选择发点与收点（图 7-33）。

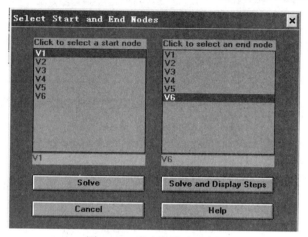

图 7-33　发点与收点选择

（5）单击 Solve，得优化结果（图 7-34）。

03-27-2017	From	To	Distance/Cost	Cumulative Distance/Cost
1	V1	V3	20	20
2	V3	V6	32	52
	From V1	To V6	=	52
	From V1	To V2	=	15
	From V1	To V3	=	20
	From V1	To V4	=	29
	From V1	To V5	=	41

图 7-34　结果输出窗口

即第 1 年初购置，第 3 年初更新，使用至第 5 年末，总费用 52 万元。

7.5.4　最大流问题（Maxmal Flow Problem）

例 7-7　用标号法求图 7-35 所示网络的最大流。

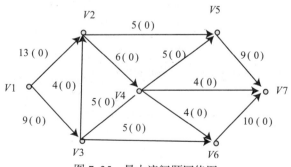

图 7-35　最大流问题网络图

WinQSB 求解操作如下：

（1）启动程序：开始 / 程序 /WinQSB/Network Modeling/File/New Problem/ 设置如图 7-36 所示对话框。

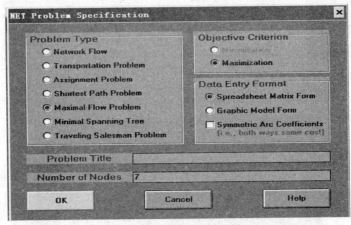

图 7-36　网络模型类型选项设置

（2）单击 OK，弹出数据窗口（图 7-37）。

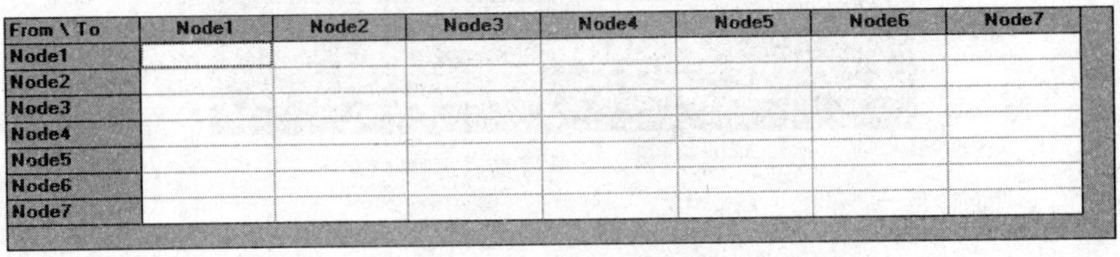

From \ To	Node1	Node2	Node3	Node4	Node5	Node6	Node7
Node1							
Node2							
Node3							
Node4							
Node5							
Node6							
Node7							

图 7-37　最大流问题数据窗口

（3）Edit/Node Names 修改节点名称（图 7-38）。

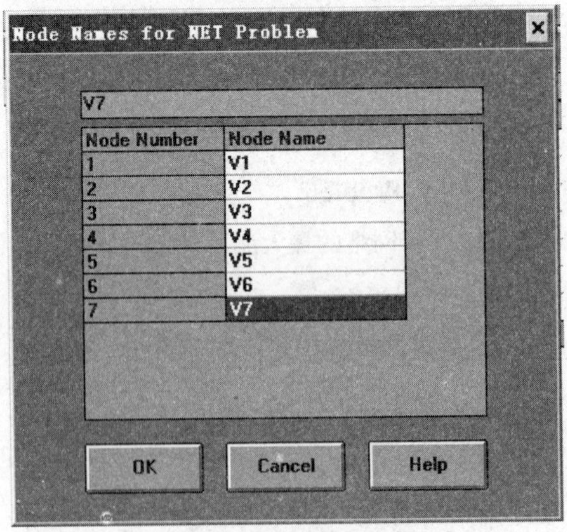

Node Names for NET Problem

V7

Node Number	Node Name
1	V1
2	V2
3	V3
4	V4
5	V5
6	V6
7	V7

OK　Cancel　Help

图 7-38　修改节点名称

（4）单击 OK，返回数据窗口并输入数据（图 7-39）。

From \ To	V1	V2	V3	V4	V5	V6	V7
V1		13	9				
V2				6	5		
V3		4		5		5	
V4					5	4	4
V5							9
V6							10
V7							

图 7-39　数据编辑窗口

（5）执行菜单命令：Solve and Analyze/Solve the Problem，选择发点与收点（图 7-40）。

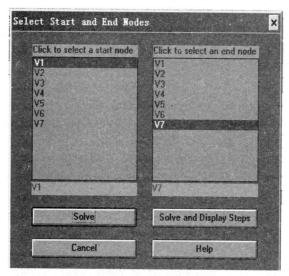

图 7-40　发点与收点

（6）单击 Solve，得优化结果（图 7-41）（若出现运行循环，单击"Q"使其终止）。

03-27-2017	From	To	Net Flow		From	To	Net Flow
1	V1	V2	11	7	V4	V5	4
2	V1	V3	9	8	V4	V6	2
3	V2	V4	6	9	V4	V7	4
4	V2	V5	5	10	V5	V7	9
5	V3	V4	4	11	V6	V7	7
6	V3	V6	5				
Total	Net Flow	From	V1	To	V7	=	20

图 7-41　结果输出窗口

（7）执行菜单命令 Results/Graphic Solution 得网络流量图（图 7-42）。

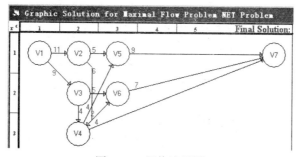

图 7-42　网络流量图

7.5.5 旅行商问题（Traveling Salesman Problem）

例 7-8 某巡视组要到 6 个城市进行调研，从城市 A 出发，到 B、C、D、E、F，最后返回城市 A，各城市间距离如下：

$$D = \begin{vmatrix} 0 \\ 700 \\ 450 \\ 840 \\ 1300 \\ 1200 \end{vmatrix}$$

问应如何安排巡视路线，使总的行程最短？ WinQSB 求解操作如下：

（1）启动程序：开始 / 程序 /WinQSB/Network Modeling/File/New Problem/ 设置如图 7-43 所示对话框。

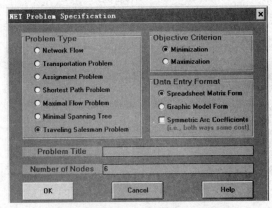

图 7-43 网络模型类型选项设置

（2）单击 OK，弹出数据窗口（图 7-44）。

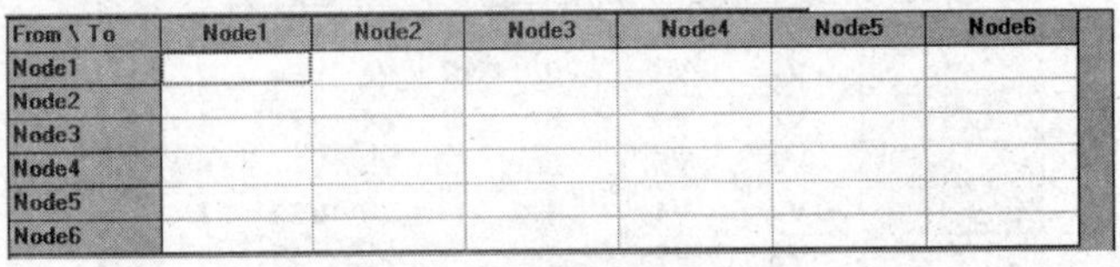

From \ To	Node1	Node2	Node3	Node4	Node5	Node6
Node1						
Node2						
Node3						
Node4						
Node5						
Node6						

图 7-44 旅行商问题数据窗口

（3）Edit/Node Names 修改节点名称（图 7-45）。

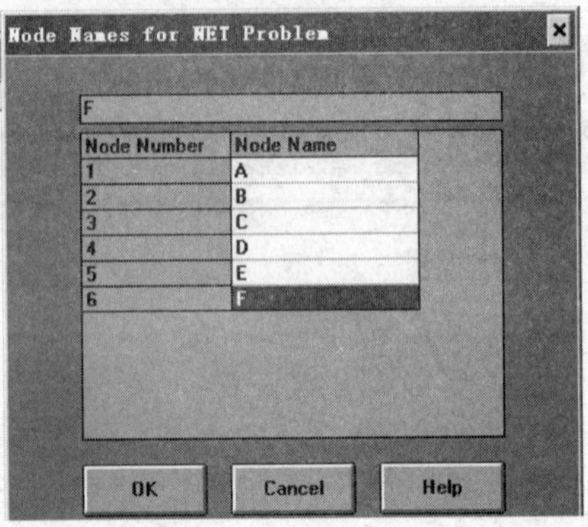

Node Number	Node Name
1	A
2	B
3	C
4	D
5	E
6	F

图 7-45 修改节点名称

（4）单击 OK，返回数据窗口并输入数据（图 7-46）。

From \ To	A	B	C	D	E	F
A		700	450	840	1300	1200
B	700		325	1100	1150	800
C	450	325		1140	1200	850
D	840	1100	1140		1600	1860
E	1300	1150	1200	1600		2000
F	1200	800	850	1860	2000	

图 7-46　数据编辑窗口

（5）执行菜单命令：Solve and Analyze/Solve the Problem，选择求解方法（图 7-47）。

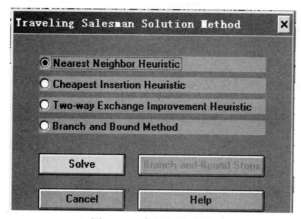

图 7-47　求解方法选择

四种方法分别对应：◎最短距离法 ○凸包随意插入法 ○双向改善法 ○分支定界法
采取默认，单击 Solve，得优化结果（图 7-48）。

03-27-2017	From Node	Connect To	Distance/Cost		From Node	Connect To	Distance/Cost
1	A	C	450	4	F	D	1860
2	C	B	325	5	D	E	1600
3	B	F	800	6	E	A	1300
	Total	Minimal	Traveling	Distance	or Cost	=	6335
	(Result	from	Nearest	Neighbor	Heuristic)		

图 7-48　结果输出窗口

（6）执行菜单命令 Results/Graphic Solution 得行程路线图（图 7-49）。

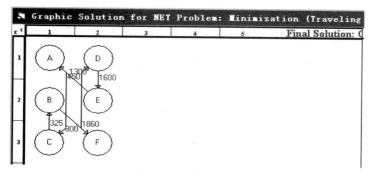

图 7-49　行程路线图

习 题

1. 一无向图如图 7-50 所示。试回答下列问题：

（1）求其点集和边集。

（2）求以 v_1 为公共端点的相邻边。

（3）求以 e_4 为公共边的相邻点。

（4）指出图中哪条边为环。

（5）指出所有偶点和奇点。

（6）指出图中的孤立点、悬挂点和悬挂边。

（7）$\mu=\{v_1, (v_1, v_4), v_4, (v_4, v_3), v_3, (v_3, v_1), v_1, (v_1, v_2), v_2, (v_2, v_5), v_5\}$ 是否是 v_1 到 v_5 的一条链。

（8）求 v_1 到 v_5 的一条简单链。

（9）该图是否连通图？

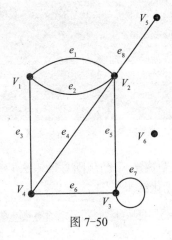

图 7-50

2. 指出图 7-51（b）、7-51（c）中，哪一个是 7-51（a）的部分图，哪一个是 7-51（a）的真子图。

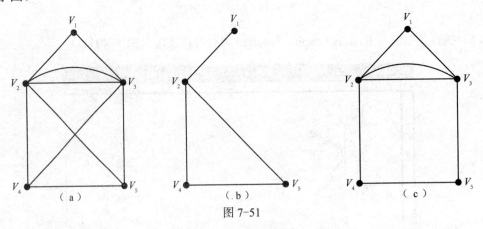

图 7-51

3. 利用 Dijkstra 算法求有向图 7-52 从 v_1 到 v_7 的最短路，弧旁数字为弧的权值。

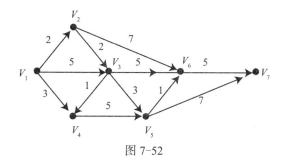

图 7-52

4. 求有向图 7-53 从 v_1 到各点 v_j 的最短路，弧旁数字为弧的权值。

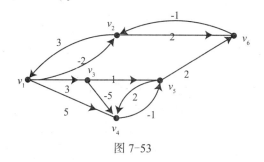

图 7-53

5. 某企业在使用某种设备时，每年年初可购置新设备，也可以使用一年或几年后卖掉再重新购置新设备。已知四年年初购置新设备的价格为 2.5 万元、2.6 万元、2.8 万元、3.1 万元。设备使用了一至四年后的残值分别为 2 万元、1.6 万元、1.3 万元、1.1 万元，使用时间在一至四年内的维修保养费分别为 0.3 万元、0.8 万元、1.5 万元、2 万元。在下列两种情形下，分别确定设备更新方案，使四年的设备购置和维护费用最小。

（1）第四年年末设备一定处理掉。

（2）第四年年末设备不处理。

6.（1）用破圈法求图 7-54（a）的一棵部分树；（2）用避圈法求图 7-54（b）的一棵部分树。

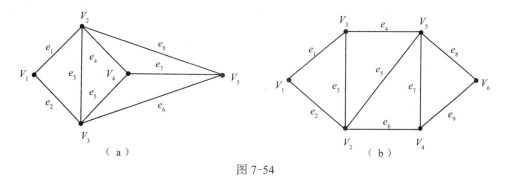

图 7-54

7. 依据图 7-55 求解

（1）用破圈法求图（a）的一棵最小树并给出其总权值。

（2）用避圈法求图（b）的一棵最小树并给出其总权值。

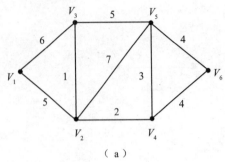 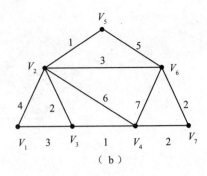

（a）　　　　　　　　　（b）

图 7-55

8.某乡政府计划未来 3 年内，使所管辖的 10 个村之间都实现公路村村通。根据勘测，10 个村之间修建公路的费用如表 7-5 所示，问乡政府如何选择修建公路的路线才能使总的修路成本最低。

表 7-5　在 10 个村之间修建公路的费用表

| | 两村庄之间修建公路的费用（万元） | | | | | | | | |
	1	2	3	4	5	6	7	8	9	10
1		12.8	10.5	8.5	12.7	13.9	14.8	13.2	12.7	8.9
2			9.6	7.7	13.1	11.2	15.7	12.4	13.6	10.5
3				13.8	12.6	8.6	8.5	10.5	15.8	13.4
4					11.4	7.5	9.6	9.3	9.8	14.6
5						8.3	8.9	8.8	8.2	9.1
6							8.0	12.7	11.7	10.5
7								14.8	13.6	12.6
8									9.7	8.9
9										8.8
10										

9.已知网络流图如图 7-56 所示，弧的权为 (c_{ij}, f_{ij})。

（1）该图所示网络流是否为可行流？为什么？

（2）链 $\mu=\{v_s, v_3, v_6, v_4, v_5, v_7, v_t\}$ 是否为增广链？为什么？指出该链上的前向弧和后向弧。

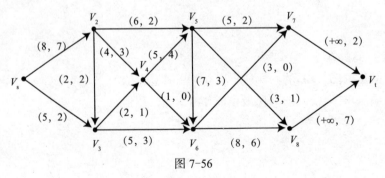

图 7-56

10. 已知网络流图如图 7-57 所示，图中已给出初始可行流，弧的权为（c_{ij}，f_{ij}），求从 v_s 到 v_t 的网络最大流。

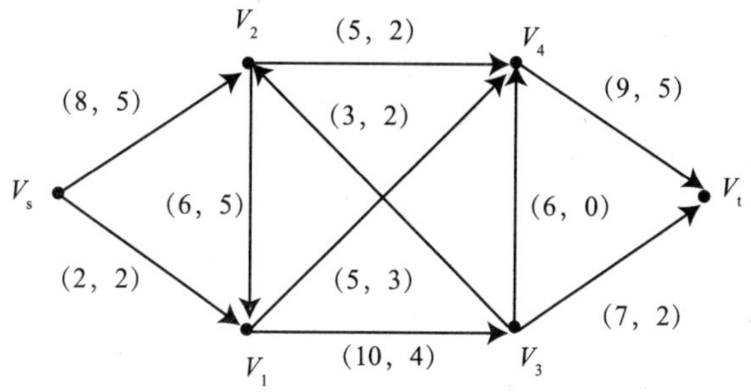

图 7-57

11. 一个化工厂拥有一个可用于从工厂某一地点到厂内其他部分传递液体化学产品的管道网络系统。下面 7-58 是该管道系统的网络图，图中的弧上标的是该段管道的流量（立方米 / 分钟）。求从地点 A 到地点 K 的最大流量。

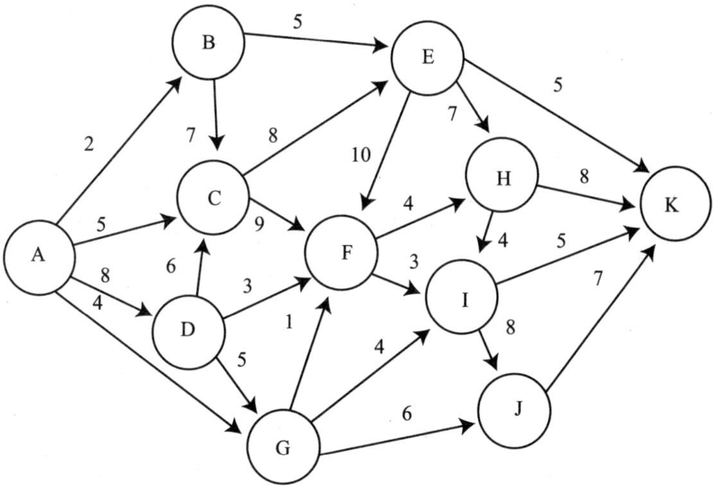

图 7-58

12. 利用奇偶点图上作业法求图 7-59 的最优邮递员路线及其长度，并给出起、终点均为 v_1 的一个欧拉圈。

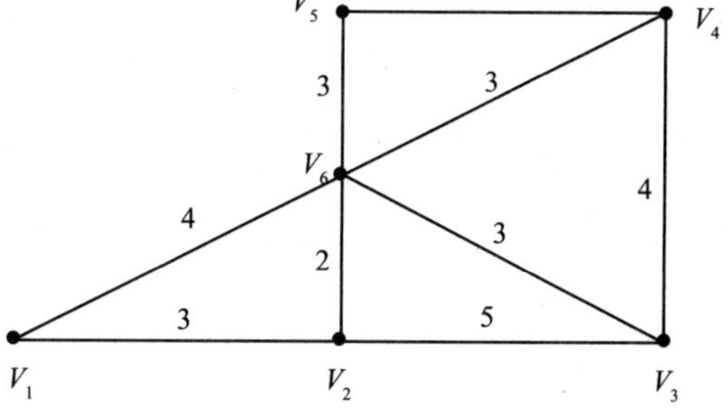

图 7-59

第8章
网络计划

用网络分析的方法编制的计划称为网络计划。它是帮助人们分析工作活动规律，揭示任务内在矛盾的科学有效的方法。它提供了一种描述计划任务中各项活动相互逻辑关系的图解模型，即网络图。利用它和有关的计算方法，可以看清计划的全局，分析其规律，以揭示矛盾，抓住关键，并用科学的方法调整计划安排，找出最好的计划方案。

网络计划技术是经过科学分析，将一个工程项目分解成许多作业（这里所指的作业，可以是一项设计工作，可以是一个零件的制造过程，也可以是某种活动等），将这些作业按其相互联系及先后顺序，绘制出网络图。通过估计完成各项作业所需的作业时间，确定每项作业的进度日程，并在网络图上找出完成工程项目的关键线路，予以重点安排，使工程项目在短时间内合理完成。

通过网络图的调整，可以寻求实现工程项目的最优安排方案。

教学建议

通过本章内容的学习，理解网络计划技术的主要内容。

掌握网络图的绘制，包括建立工序明细表，根据明细表和画法规定作出赋权有向图，对图进行顺序编号；掌握时间参数的计算；重点掌握网络计划的优化，包括工期优化、费用优化和资源优化三种。

网络计划技术（Network Planning Technique，简称 NPT）是现代化科学管理的重要组成部分，它是把一个项目作为一个系统，系统由若干项作业组成，作业和作业之间存在着相互制约、相互依存的关系，通过网络计划图的形式对作业以及作业间的相互关系加以表示；并在此基础上找出项目的关键作业和关键路径，以此为基础对资源进行合理的安排，达到以最短的时间和最少的资源消耗实现整个系统的预期目标，以取得良好的经济效益。

1958 年，NPT 产生于美国，主要有两个起源：

一个是"关键线路法"。杜邦公司于 1952 年注意到数学在网络分析计算上的成就，认为可以在工程规划方面加以应用。1955 年，他们设想将每一工作规定起讫时间并按工作顺序绘制成网状图形以指导生产。1956 年，他们设计了电子计算机程序，用计算机编制出了生产网络计划。1957 年，他们将此法应用于新工厂建设的研究，形成了"关键线路法"。

1958 年年初，他们将关键线路法应用于价值 1000 万美元的建厂工作计划安排。接着又将此法应用于一个 200 万美元的施工计划的编制。由于认识到了关键线路法的潜力，他们把此法应用于设备检修工程，使设备应检修而停产的时间从过去的 125 小时缩短到 74 小时，仅一年时间就用此法节约了 100 万美元。

另一个是"计划评审技术"，简称 PERT 法，是由美国海军部 1958 年发明成功的，当时，由于对象复杂、厂家众多，既要造潜艇，又要造导弹，还要造原子能发动机。海军部深感传统的管理方法无能为力，因而征求方法，产生了计划评审技术。

此法应用后，使北极星导弹的研制时间缩短了 3 年，并节约了大量资金。1962 年，美国国防部规定，凡承包工程的单位都要采用计划评审技术安排计划。

关键线路法和计划评审技术大同小异，都是用网络图表达计划，故统称为 NPT。

NPT 产生后，每两三年就会出现一些新的模式，使 NPT 发展成为一个模式繁多的"大家族"，主要分为三大类。

第一类是非肯定型网络计划，是时间或线路或两者都不肯定的计划，包括：①计划评审技术（PERT）。②图示评审技术（GERT）。③随机网络计划技术（QERT）。④风险型随机网络计划技术（VERT）。

第二类是肯定型网络计划技术，即图形和时间都确定，包括：①关键线路法〔CPM〕。②决策关键线路法 (DCPM)。③决策树型网络……

第三类是搭接网络，包括：①前导网络计划〔MPM〕。②组合网络计划 (HMN)……

在我国还有流水网络计划，是将流水作业技术和网络计划技术结合在一起的一种网络计划模型。它在许多项目应用中取得了良好效果。

美国是 NPT 的发源地、应用网络计划技术取得成功后，美国政府 1962 年规定，凡与政府签订工程合同的企业，都必须采用 NPT，以保证工程的进度和质量。根据美国 400 家大建筑企业调查，1970 年网络计划技术的使用者达到 80%。1974 年麻省理工学院调查指出，绝大部分美国建筑公司采用网络计划技术编制施工计划。美国已经用 NPT 实现了计划工作和项目管理计算机化。

日本 1961 年从美国引进了 NPT，1963 年确认了 NPT 的实用价值。1968 年 10 月日本建筑学会发表了网络施工进度计划和管理指南，在建筑业得到推广应用。日本的许多超高层建筑，都采用 NPT 组织施工。德国从 1960 年开始应用 NPT，并广泛使用单代号搭接网络，主要应用于工程项目管理，进行工期和费用的系统控制。所应用的 NPT 有国家统一的网络规范，并大量使用标准网络。

英国普遍将 NPT 应用于施工、设计、规划等领域。

8.1 绘制网络图

网络计划主要包括绘制网络图、计算时间参数、确定关键路线及网络优化等环节。其中，绘制网络图是编制计划的基础，它是采用特定的符号来表达一项计划中各个工序（作业）先后顺序的逻辑关系的作业流程图。如何根据项目工序（作业）先后关系绘制网络图是初学者常遇到的一个难题。

为了掌握网络计划图的绘制，我们先来介绍一些基本概念。

8.1.1 项目网络图的基本概念

网络计划图是在网络图上标注时标和时间参数的进度计划图，实质上是有时序的有向赋权图。表述关键路线法（CPM）和计划评审技术（PERT）的网络计划图没有本质的区别，它们的结构和术语是一样的。仅前者的时间参数是确定型的，而后者的时间参数是不确定型的。于是统一给出一套专用的术语和符号。

（1）工作（也称工序、活动、作业）：将整个工程项目按需要分解成若干需要耗费时间或需要耗费其他资源的子项目或单元，这些子项目或单元就叫工作。它们是网络计划图的基本组成部分。

（2）箭线和虚箭线：箭线是一线段带箭头的实射线（用"→"表示）。工作一般使用箭线表示，任意一条箭线都需要占用时间、消耗资源，工作名称写在箭线的上方，而消耗的时间则写在箭线的下方。

虚箭线是实际工作中不存在的一项虚设工作，因此一般不占用资源、消耗时间，虚箭线一般用于正确表达工作之间的逻辑关系。

（3）节点：节点是箭线两端的连接点（用"○"或"□"表示）。节点反映的是前后工作的交接点，节点中的编号可以任意编写，但应保证后续工作的结点比前面结点的编号大，且不得有重复，可以分为：① 起始节点，即第一个节点，它只有外向箭线。② 终点节点，即最后一个节点，它只有内向箭线。③ 中间节点，即既有内向箭线又有外向箭线的节点。

（4）双代号网络计划图和单代号网络计划图：这是描述工程项目网络计划图的两种表达方式。

在双代号网络计划图中，用箭线表示工作，箭尾的节点表示工作的开始点，箭头的节点表示工作的完成点。用 $(i-j)$ 两个代号及箭线表示一项工作，在箭线上标记必需的信息。箭线之间的连接顺序表示工作之间的先后逻辑关系。如图 8-1 是双代号网络计划图的表示方法。

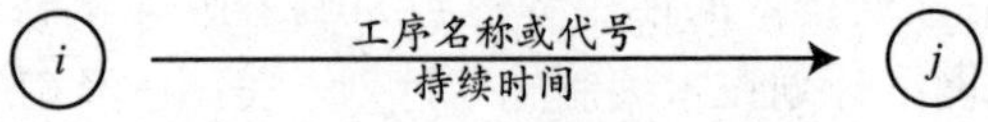

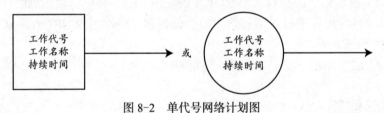

图 8-1　双代号网络计划图

单代号网络计划图用节点表示工作，箭线表示工作之间的先完成与后完成的逻辑关系。在节点中标记必需的信息，如图 8-2 是单代号网络计划图的表示方法。

图 8-2　单代号网络计划图

8.1.2　绘制网络图

下面举例介绍双代号网络计划图的绘制方法。

例 8-1　开发一个新产品，需要完成的工作和先后关系，各项工作需要的时间见表 8-1。要求编制该项目的网络计划图并计算有关参数。根据表 8-1 中数据绘制网络图，见图 8-3。

表 8-1　工序明细表

序号	工作名称	工作代号	工作持续时间	紧后工作
1	产品设计和工艺设计	A	60	B、C、D、E
2	外购配套件	B	45	L

续表

序号	工作名称	工作代号	工作持续时间	紧后工作
3	铸件准备	C	10	F
4	工装制造1	D	20	G、H
5	铸件	E	40	H
6	机械加工1	F	18	L
7	工装制造2	G	30	K
8	机械加工2	H	15	L
9	机械加工3	K	25	L
10	装配与调试	L	35	/

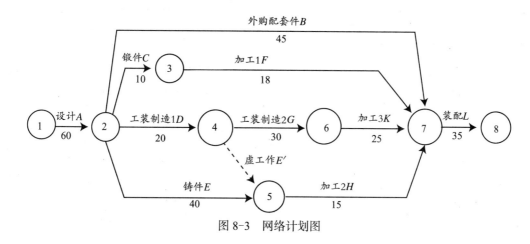

图 8-3　网络计划图

为了正确表述工程项目中各个工作的相互连接关系并正确绘制网络计划图，应遵循以下规则和术语：

（1）网络计划图的方向、时序和节点编号。网络计划图是有向、有序的赋权图，按项目的工作流程自左向右地绘制。在时序上反映完成各项工作的先后顺序。节点编号必须按箭尾节点的编号小于箭头节点的编号来标记。在网络图中只能有一个起始节点，表示工程项目的开始。一个终点节点，表示工程项目的完成。从起始节点开始沿箭线方向顺序自左往右，通过一系列箭线和节点，最后到达终点节点的通路，称为线路。

（2）紧前工作和紧后工作。紧前工作是指紧排在本工作之前的工作。紧后工作是指紧排在本工作之后的工作。如图 8-3 中，只有工作 A 完成后工作 B，C，D，E 才能开始，工作 A 是工作 B，C，D，E 的紧前工作；而工作 B，C，D，E 则是工作 A 的紧后工作。从起始节点至本工作之前在同一线路的所有工作，称为先行工作；自本工作到终点节点在同一线路的所有工作，称为后继工作。工作 G 的先行工作有工作 A，D；工作 K，L 是工作 G 的后继工作。

（3）虚工作。在双代号网络计划图中只表示相邻工作之间的逻辑关系，不占用时间、不消耗人力、资金等虚设的工作。虚工作用虚箭线表示。如图 8-3 中④⑤只表示工作 D 完成后，工作 H 才能开始。

（4）相邻两节点之间只能有一条箭线连接，否则将造成逻辑上的混乱。

图 8-4 是错误的画法，为了使两节点之间只有一条箭线，可增加一个节点②′，并增加一项虚工作 ×。图 8-5 是正确的画法。

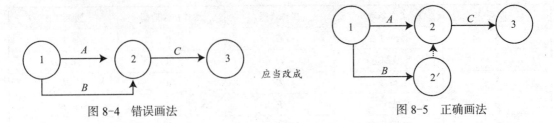

图 8-4 错误画法   图 8-5 正确画法

应当改成

（5）网络计划图中不能有缺口和回路。在网络计划图中严禁出现从一个节点出发，顺箭线方向又回到原出发节点，形成回路。回路将表示这项工作永远不能完成。网络计划图中出现缺口，表示这些工作永远达不到终点，项目无法完成。

（6）平行工作：可与本工作同时进行的工作。

（7）起始节点与终点节点。在网络计划图中只能有一个起始节点和一个终点节点。当工程开始或完成时存在几个平行工作时，可以用虚工作将它们与起始节点或终点节点连接起来。

（8）线路指网络图中从起始节点沿箭线方向顺序通过一系列箭线与节点，最后到达终点节点的通路。本例中有五条线路，并可以计算出各线路的持续时间，见表 8-2。

表 8-2

线路	线路的组成	各工作的持续时间之和
1	①→②→⑦→⑧	60+45+35=140
2	①→②→③→⑦→⑧	60+10+18+35=123
3	①→④→⑥→⑦→⑧	60+20+30+25+35=170
4	①→②→④→⑦→⑧	60+20+15+35=130
5	①→②→⑤→⑦→⑧	60+40+15+35=150

从网络图中可以计算出各线路的持续时间。其中有一条线路的持续时间最长，是关键路线，或称为主要矛盾线。关键路线上的各工作为关键工作。因为它的持续时间就决定了整个项目的工期。关键路线的特征以后再进一步阐述。

（9）网络计划图的布局：尽可能将关键路线布置在网络计划图的中心位置，按工作的先后顺序将联系紧密的工作布置在邻近的位置。为了便于在网络计划图上标注时间等数据，箭线应是水平线或具有一段水平线的折线。在网络计划图上附有时间坐标或日历进程。

（10）网络计划图的类型：

① 总网络计划图：以整个项目为计划对象，编制网络计划图，供决策领导层使用。

② 分级网络计划图：这是按不同管理层次的需要，编制的范围大小不同，详细程度不同的网络计划图，供不同管理部门使用。

③ 局部网络计划图：将整个项目某部分为对象，编制更详细的网络计划图，供专业部门使用。当用计算机网络计划软件编制时，在计算机上可进行网络计划图分解与合并。网络计划图可以根据需要，将工作分解为更细的子工作，也可以将几项工作合并为综合的工作。

8.1.3　工序时间估计

工作持续时间计算是一项基础工作，关系到网络计划是否能得到正确实施。为了有效地使用网络计划技术，需要建立相应的数据库。这是需要专项讨论的问题。这里简述计算工作持续时间的两类数据和两种方法。

（1）单时估计法（定额法）：每项工作只估计或规定一个确定的持续时间值的方法。一般有工作的工作量、劳动定额资料以及投入人力的多少等，据此计算各工作的持续时间；

工作持续时间：

$$D = \frac{Q}{R \times S \times n}$$

Q——工作的工作量。单位可取时间、体积、质量、长度等单位表示；

R——可投入人力和设备的数量；

S——每人或每台设备每工作班能完成的工作量；

n——每天正常工作班数。当具有类似工作的持续时间的历史统计资料时，可以根据这些资料，采用分析对比的方法确定所需工作的持续时间。

（2）三时估计法：在不具备有关工作的持续时间的历史资料时，在较难估计出工作持续时间时，可对工作进行估计三种时间值，然后计算其平均值。这三种时间值是：

乐观时间——在一切都顺利时，完成工作需要的最少时间，记作 a。

最可能时间——在正常条件下，完成工作所需要的时间。记作 m。

悲观时间——在不顺利条件下，完成工作需要最多的时间，记作 b。

显然上述三种时间发生都具有一定的概率，根据经验，这些时间的概率分布认为是正态分布。一般情况下，通过专家估计法，给出三时估计的数据。可以认为工作进行时出现最顺利和最不顺利的情况比较少，较多是出现正常的情况。按平均意义可用以下公式计算工作持续时间值：

$$D = \frac{a + 4m + b}{6}; \quad 方差 \partial^2 = \left(\frac{b-a}{6} \right)^2$$

8.2　网络时间参数

8.2.1　时间参数公式及其含义

计算网络计划的时间参数，是编制网络计划的重要步骤，可以说，网络计划如果不计算时间参数，就不是一个完整的网络计划。

（1）计算时间参数的目的：

① 确定关键线路。网络图从起点节点顺着箭头方向顺序通过一系列箭杆和节点，最后到达终点节点的一条条道路称为线路。关键线路就是网络图中最重要、需时最长的线路。关键线路上的工序叫作关键工序。关键线路的总长度所需时间叫作总工期，一般用方框"□"标在终点节点的右方。

关键线路的工期决定整个工期的长短，它拖后一天，总工期就相应拖后一天；它提前一天，则总工期有可能提前一天。

关键线路最少必有一条，也可能有多条。一般来讲，安排得好的计划，往往出现有关零件同时完成，组成部件；有关部件同时完成，进行总装配的情况。这样，关键线路就不是一条了。愈好的计划，关键线路愈多，做领导的更要全面加强管理，不然一个环节脱节会影响全局。

关键线路在网络图上可以用带箭头的粗线、双线或红线表示。

② 确定非关键线路上的机动时间（或称浮动时间、富裕时间）。在一份网络图中，不是关键线路的线路称非关键线路。非关键线路上的工序，由于前后工序及平行工序的作用，使得它被限制在某一段时间之内必须完成，而当该工序的工作持续时间小于被限制的这段时间时，它就存在富裕时间（机动时间），其大小是一个差值，因此也称为"时差"，时差只能是正值或者为零。

一项工程的网络图画出来之后，如果要想提前完成，则要想方设法压缩关键线路的工期。为达此目的，要调动人力物力等资源，要么从外部调整，要么从内部调整。一般认为，从内部调整是较为经济的。从内部调，就是从非关键线路上调。调多少，则要看非关键线路上富裕时间的"富裕"程度，即时差有多少。

③ 时间参数的计算是网络计划调整和优化的前提。通过时间参数的计算，可据此采用各种办法不断改进网络计划，使其达到在既定条件下可能达到的最好状态，以取得最佳的效果。优化内容有时间优化、资源优化和工期优化等。

（2）符号与计算公式：

① 工作时间 t（或称持续时间 D）。

工作时间是完成某项工作所需时间。前面已经介绍过，工作时间可以用劳动定额或历史经验统计资料确定，在无定额或历史资料时也可用三时估算法确定。

时间单位可根据需要分别定为年、月、旬、周、天、班、小时、分等等。一般，t_{ij} 表示本工序的持续时间，t_{hi} 表示紧前工序的持续时间，t_{jk} 表示紧后工序的持续时间。

② 最早可能开工时间 ES。

定义 紧前工序（$h-i$）全部完成、本工序（$i-j$）可能开始的时间。

公式 $ES_{ij}=\max(ES_{hi}+t_{hi})$

计算最早可能开工时间是由网络图的第一道工序开始，由箭尾顺着箭头方向依次顺序进行的，直至最后一道工序为止。紧前工序的最早完工时间就是本工序最早可能开工的时间，即 $EF_{hi}=ES_{ij}$。当有两个以上紧前工序时，取其最大值。

③ 最早可能完工时间 EF。

定义 本工序最早可能完工的时间，也就是最早开始时间与持续时间之和。

公式 $EF_{ij}=ES_{ij}+t_{ij}$

④ 总工期 Lcp 或 PT。

定义 完成整个项目所需要的时间。在网络计划中，各条线路中所需时间最长的线路时间之和即为总工期。

公式 $Lcp=\max EF_{hi}$

⑤ 最迟必须完工时间 LF。

定义 在不影响全工程如期完成的条件下，本工序最迟必须完工的时间。

公式 $LF_{ij}=\min LS_{jk}$ 或 $LF_{ij}=LS_{ij}+t_{ij}$

计算最迟必须完工时间是由网络图的终点开始，由箭头往箭尾逆向依次顺序进行的，直至头一道工序为止。紧后工序的最迟必须开工时间就是本工序最迟必须完工时间。当有两个以上紧后工序时，取其最小值。

⑥ 最迟必须开工时间 LS。

定义 在不影响全工程如期完成的条件下，本工序最迟必须开工的时间。

公式 $LS_{ij}=LF_{ij}-t_{ij}$

因为本工序的最迟必须完工时间等于紧后工序的最迟必须开工时间，所以 $LS_{ij}=LS_{jk}-t_{ij}$，如有多个紧后工序，取多个紧后工序的最小值 $LS_{ij}=\min(LS_{jk}-t_{ij})$。

计算最早、最迟时间的方法可概述如下：计算最早时间由左往右顺着计算，用加法，取大值；计算最迟时间由右往左逆着计算，用减法，取小值。

⑦ 工序的总时差 TF。

定义 工序的总时差指一道工序所拥有的机动时间的极限值。一道工序的活动范围要受其紧前、紧后工序的约束，它的极限范围是从其最早开始时间到最迟完成时间这段时间中，扣除本身作业必须占有的时间之外，所余下的时间，可以机动使用。它可以推迟开工或提前完工，如可能，它也能继续施工或延长其作业时间，以节约人员或设备。

公式 $TF_{ij}=LS_{ij}-ES_{ij}$ 或 $TF_{ij}=LF_{ij}-EF_{ij}$

所以，只要计算出工序的 ES、LS 或 EF、LF，就可以方便地运用上述公式计算总时差了。

⑧ 工序的自由时差 FF。

定义 自由时差是总时差的一部分，是指一道工序在不影响紧后工序最早开始前提下，可以灵活机动使用的时间。这时，工序活动的时间范围被限制在本身最早开始时间与其紧后工序的最早开始时间之间。从这段时间扣除本身的作业时间之后，剩余的时间就是自由时差。因为自由时差是总时差的构成部分，所以总时差为零的工序，其自由时差也必然为零。一般来说，自由时差只可能存在于有多条内向箭杆的节点之前的工序之中。

公式 $FF_{ij}=ES_{jk}-ES_{ij}-t_{ij}$ 或 $FF_{ij}=ES_{jk}-EF_{ij}$

有自由时差的话，也必定有总时差。

8.2.2 计算实例

计算网络时间参数可以采用手工计算和电脑计算的方法；对于手工计算，最常用的计算方法是图上计算法和表上计算法。

图上计算法的优点是直观，容易掌握。但对于较复杂的网络图，会造成图上参数太多，不易辨认，也容易出错。一般，图上计算法适用于 30 个节点左右的网络图，表上计算法适用于 50 个节点左右的网络图。

在进行图上计算时，可用符号"田"字格表示以上 4 个时间，即左上角为活动最早可能开始时间 ES_{ij}，右上角为活动最早可能完成时间 EF_{ij}，左下角为活动最迟必须开始时间 LS_{ij}，右下角为活动最迟必须完成时间 LF_{ij}。图 8-6 为事件时间参数的一个算法示例。

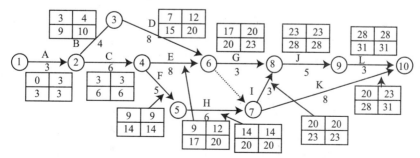

图 8-6　事件时间参数的算法示例图

当网络图作业项目数很多、结构比较复杂时，图上算法使得图上参数太多，容易造成读图困难，也影响图面美观，因此往往采用表上算法。

表上算法就是根据时间参数的计算公式，借助于表格进行计算的一种方法。使用这种方法，可直接求出作业的时间参数，而不需要计算结点时间参数。

表 8-3 为网络图 8-6 中各项活动 $ES_{(i,j)}$、$EF_{(i,j)}$、$LS_{(i,j)}$、$LF_{(i,j)}$ 各项值计算表。

表 8-3　活动时间参数计算表

活动	i-j	t(i, j)	ES(i, j)	EF(i, j)	LS(i, j)	LF(i, j)	ST(i, j)	S(i, j)	关键活动
A	1-2	3	0	3	0	3	0	0	*
B	2-3	4	3	7	8	12	5	0	
C	2-4	6	3	9	3	9	0	0	*
D	3-6	8	7	15	12	20	5	2	
E	4-6	8	9	17	12	20	3	0	
F	4-5	6	9	14	9	14	0	0	*
G	6-8	3	17	20	20	23	3	3	
虚活动	6-7	0	17	17	20	20	3	3	
H	5-7	6	14	20	14	20	0	0	*
I	7-8	3	20	23	20	23	0	0	*
J	8-9	5	23	28	23	28	0	0	*
K	7-10	8	20	28	23	31	3	3	
L	9-10	3	28	31	28	31	0	0	*

8.2.3　项目完工的概率

用上面介绍的估计法给出项目中各个作业时间之后，可以求出项目最早完工期 T_E。项目最早完工期 T_E 实际上是个随机变量，所以一个项目究竟需要多长时间才能完工，具有一定随机性，很难确切地知道。但可以利用概率与数理统计的知识，对项目在一定时间范围内完工的可能性做一些估计。

在一个项目中，项目完工时间等于各个关键作业的平均作业时间之和。若在关键路线上有很多作业，则项目完工期就可以近似认为是：

一个以 $T_k = \sum_{i=1}^{s} \dfrac{a_i + 4m_i + b_i}{6}$（其中 S 为关键路线上作业的个数）为均值 $\partial = \sqrt{\sum_{i=1}^{s} \dfrac{(b_i - a_i)^2}{6}}$ 为均方差的正态分布。

在 T_E 和 ∂ 值已知条件下，可以计算出项目完工期的概率，也可反求出具有一定概率值的项目完工期

$$T_K = T_E + \partial Z \text{ 或 } Z = \frac{T_K - T_E}{\partial}$$

式中：T_K 为规定的项目完工时间或目标时间；

T_E 为项目按计划最早完工时间,即关键路线上各作业平均作业时间之和;

Z 为概率系数。

例 8-2 假设某计划项目的网络图如图 8-7 所示,试计算该项目在 28 天内完成的可能性。如果完成概率要求达到 98.2%,生产周期应规定为多少天?

从图 8-7 中可知,线路 $ABDG$ 为关键线路,项目的计划完工期为 32.3 天,如表 8-4 所示。

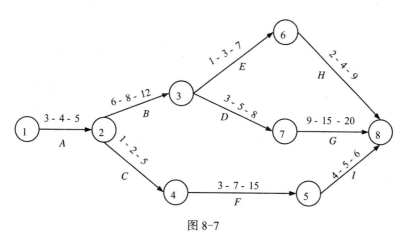

图 8-7

表 8-4

作业名称	$i—j$	三种作业时间			$T_E=\dfrac{a+4m+b}{6}$	$\partial^2=\left(\dfrac{b-a}{6}\right)^2$
		a	m	b		
$A*$	1-2	3	4	5	4	4/36=0.11
$B*$	2-3	6	8	12	8.3	36/36=1
C	2-4	1	2	5	2.3	
$D*$	3-7	3	5	8	5.2	25/36=0.69
E	3-6	1	3	7	3.3	
F	4-5	3	7	15	7.7	
$G*$	7-8	9	15	20	14.8	121/36=3.4
H	6-8	2	4	9	7.5	
I	5-8	4	5	6		

$T_E=t_{1,2}+t_{2,3}+t_{3,7}+t_{7,8}=4+8.3+5.2+14.8=32.3$(天)

由原题知:$T_K=28$(天)

$$\partial=\sqrt{0.11+1+0.69}=\sqrt{5.2}\approx2.3$$

$$Z=\frac{T_K-T_E}{\partial}=\frac{28-32.3}{2.3}=-1.87$$

查标准正态分布表得:$\Phi(-1.87)=0.0307=3.07\%$

其中：$\Phi(X) = \int_{-\infty}^{z} \frac{1}{\sqrt{2\pi}} e^{-u^2/2} du$

8.3 网络计划的优化与调整

绘制网络计划图，计算时间参数和确定关键线路，仅得到一个初始计划方案。然后根据上级要求和实际资源的配置，需要对初始方案进行调整和完善，即进行网络计划优化。目标是综合考虑进度，合理利用资源，降低费用等。

8.3.1 时间成本控制

若网络计划图的计算工期大于上级要求的工期时，必须根据要求计划的进度，缩短工程项目的完工工期。主要采取以下措施增加对关键工作的投入，以便缩短关键工作的持续时间，实现工期缩短：

①采取技术措施，提高工效，缩短关键工作的持续时间，使关键线路的时间缩短。

②采取组织措施，充分利用非关键工作的总时差，合理调配人力、物力和资金等资源。

编制网络计划时，除了要研究如何使完成项目的工期尽可能缩短，还要使成本尽可能少；或者是保证既定项目完成时间条件下，所需要的成本最少；或者在成本限制的条件下，项目完工的时间最短。这就是时间—成本优化要解决的问题。完成一项目的成本可以分为两大类：

①直接成本：直接与项目的规模有关的成本，包括材料成本，工人工资等。为了缩短工作的持续时间和工期，就需要增加投入，即增加直接成本。

②间接成本：间接成本包括管理费等。一般按项目工期长度进行分摊，工期越短，分摊的间接成本就越少。一般，项目的总成本与直接成本、间接成本、项目工期之间存在一定关系，可以用图8-8表示。

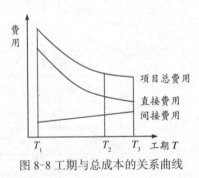

图 8-8 工期与总成本的关系曲线

图中：T_1——最短工期，项目总成本最高；

T_2——最佳工期；

T_3——正常的工期。

当总成本最少，工期短于要求工期时，这就是最佳工期。

进行时间—成本优化时，首先要计算出不同工期下最低直接成本率，然后考虑相应的间接成本。

成本优化的步骤如下：

①计算工作成本增加率（简称成本率）。成本增加率是指缩短工作持续时间每一单位时间（如一天）所需要增加的成本。按工作的正常持续时间计算各关键工作的成本率，通常可表示为：

$$\Delta C_{i-j} = \frac{CC_{i-j} - CN_{i-j}}{DN_{i-j} - DC_{i-j}}$$

式中：ΔC_{i-j}——工作 i—j 的成本率；

CC_{i-j}——将工作 i—j 持续时间缩短为最短持续时间后，完成该工作所需要的直接成本；

CN_{i-j}——在正常条件下完成工作 i—j 所需要的直接成本；

DN_{i-j}——工作 i—j 正常持续时间；

DC_{i-j}——工作 i—j 最短持续时间。

②用网络计划图找出成本率最低的一项关键工作或一组关键工作作为缩短持续时间的对象。其缩短后的值不能小于最短持续时间，不能成为非关键工作。

③同时计算相应的增加的总成本，然后考虑由于工期的缩短间接成本的变化，在这基础上计算项目的总成本。

④重复以上步骤，直到获得满意的方案为止。

例 8-3　已知项目的每天间接成本为 400 元，利用表 8-5 中的已知资料，按图 8-3 安排进度，项目正常工期为 170 天，对应的项目直接成本为 68900 元，间接成本为 170×400=68000 元，项目总成本为 136900 元。这是在正常条件下进行的方案，称为 170 天方案。若要缩短这方案的工期，首先从缩短关键路线上直接成本率最小的工作的持续时间，在 170 天方案中关键工作 K，G 的直接成本率是最低。从表中可见这两项工作的持续时间都只能缩短 10 天。由此总工期可以缩短到 170-10-10=150 天。按 150 天工期计算，这时总直接成本增加到 68900+（290×10+350×10）=75300 元。由于缩短工期，可以减少间接成本 400×20=8000 元，工期为 150 天方案的总成本为 75300+60000=135300 元。与工期 170 天的方案相比，可以节省总成本 1600 元。

但在 150 天方案中已有两条关键路线，即

①→②→④→⑥→⑦→⑧与①→②→⑤→⑦→⑧

如果再缩短工期，工作的直接成本将大幅度增加。例如在 150 天方案的基础上再缩短工期 10 天，成为 140 天方案。这时应选择工作 D，缩短 10 天；工作 H 缩短 5 天（只能缩短 5 天），工作 E 缩短 5 天。这时直接成本成为 75300+400×10+400×5+500×5=83800 元。间接成本为 140×400=56000 元，总成本为 139800 元。显然 140 天方案的总成本比 150 天方案和 170 天方案的总成本都高。综合考虑 150 天方案为最佳方案。计算结果汇总在表 8-6 中。

表 8-5

序号	工作代号	正常持续时间（天）	工作直接费用（元）	最短工作时间（天）	工作直接费用（元）	费用率（元/天）
1	A	60	10000	60	10000	/
2	B	45	4500	30	6300	120
3	C	10	2800	5	4300	300
4	D	20	7000	10	11000	400
5	E	40	10000	35	12500	500
6	F	18	3600	10	5440	230
7	G	30	9000	20	12500	350

续表

序号	工作代号	正常持续时间（天）	工作直接费用（元）	最短工作时间（天）	工作直接费用（元）	费用率（元/天）
8	H	15	3750	10	5750	400
9	K	25	6250	15	9150	290
10	L	35	12000	35	12000	/

表 8-6

工期方案	170天方案	150天方案	140天方案
缩短关键工作		K, G	D, H, E
缩短工作持续时间（天）		10, 10	10, 5, 5
直接费用（天）	68900	75300	83800
间接费用（天）	68000	60000	56000
总费用（天）	136900	135300	139800

8.3.2 资源的合理配置

在编制初始网络计划图后，需要进一步考虑尽量利用现有资源的问题。即在项目工期不变的条件下，均衡地利用资源。实际工程项目工作繁多，需要投入资源的种类很多，均衡地利用资源是很麻烦的事，要用计算机来完成。为了简化计算，具体操作如下：

（1）优先安排关键工作所需要的资源。

（2）利用非关键工作的总时差，错开各工作的开始时间，避开在同一时区内集中使用同一资源，以免出现高峰。

（3）在确实受到资源制约，或在综合考虑经济效益的条件下，在许可时，也可以适当地推迟工程的工期，实现错开高峰的目的。

例 8-4　拟开发一项新产品，需要完成的工作和其先后关系，各项工作需要的时间如表8-7所示。

表 8-7

序号	工作名称	工作代号	工作持续时间（天）	紧后工作
1	产品设计和工艺设计	A	60	B, C, D, E
2	外购配套件	B	45	L
3	铸件准备	C	10	F
4	工装制造1	D	20	G, H
5	铸件	E	40	H
6	机械加工1	F	18	L
7	工装制造2	G	30	K
8	机械加工2	H	15	L
9	机械加工3	K	25	L
10	装配与调试	L	35	/

平衡人力资源的方法。假设在本例中，现有机械加工工人 65 人，要完成工作 D、F、G、H、K 各工作需要的工人人数见表 8-8。

表 8-8

工作	持续时间（天）	需要工人（人数）	总时差（天）
D	20	58	0
F	18	22	47
G	30	42	0
H	15	39	20
K	25	26	0

由于机械加工工人人数的限制，若上述工作都按最早开始时间安排，在完成各关键工作的 75 天工期中，每天需要机械加工工人人数如图 8-9（a）所示。有 10 天需要 80 人，另 10 天需要 81 人。超过了现有机械工人人数的约束，必须进行调整。以虚线表示的非关键路线上非关键工作 F、H 有机动时间，若将工作 F 延迟 10 天开工，就可以解决第 70～80 天的超负荷问题；将工作 H 推迟 10 天开工，可以解决第 100～110 天的超负荷问题。于是新的负荷图 [见图 8-9b] 能满足机械工人的人数 65 人约束条件。以上人力资源平衡是利用非关键工作的总时差，避开资源负荷的高峰。

避开资源负荷高峰时，可以采用将非关键工作分段作业或采用技术措施减少所需要的资源，也可以根据计划规定适当延长项目的工期。

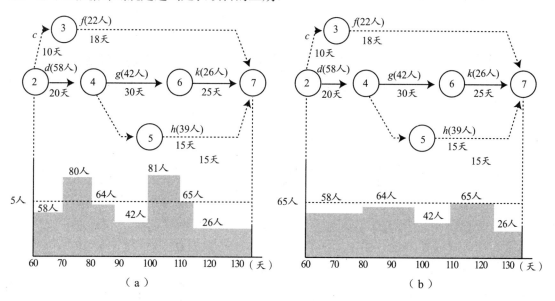

图 8-9

8.4 案例分析及 WinQSB 软件应用

8.4.1 操作步骤

例 8-5 开发一项新产品，需要完成的工作和先后关系，各项工作需要的时间如表 8-9 所示。要求编制该项目的网络计划图并计算有关参数。

表 8-9

序号	工作名称	工作代号	工作持续时间（天）	紧前工作
1	产品设计和工艺设计	A	60	/
2	外购配套件	B	45	A
3	锻件准备	C	10	A
4	工装制造1	D	20	A
5	铸件	E	40	A
6	机械加工1	F	18	C
7	工装制造2	G	30	D
8	机械加工2	H	15	D, E
9	机械加工3	I	25	G
10	装配与调试	J	35	B, F, H, I

（1）启动执行程序 /WinQSB/PERT_CPM，弹出界面如图 8-10 所示。

图 8-10 网络计划模块

（2）点击 File → Load Problem，打开 PERT.CPM 文件，系统显示如图 8-11 所示的界面。

Activity Number	Activity Name	Immediate Predecessor (list number/name, separated by ',')	Optimistic time (a)	Most likely time (m)	Pessimistic time (b)
1	A		3	5	7
2	B		4	4	5
3	C		5	8	10
4	D	A	2	3	4
5	E	A	5	7	9
6	F	C	4	5	6
7	G	C	3	4	8
8	H	B,D	3	3	3
9	I	F,H	9	9	12
10	J	F,H	10	11	12
11	K	E,I	6	8	11
12	L	G,J	8	10	12

图 8-11 加载问题

（3）建立新问题，点击 File → New Problem，显示如图 8-12 所示的界面。

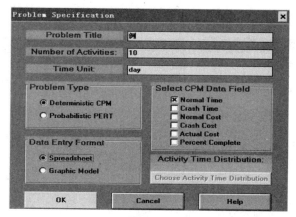

图 8-12

图 8-12 中各项目含义：

Problem Type(问题类型) 如下：

Deterministic CPM：确定型关键路线法

Probabilistic PERT：概率型网络计划技术

Data Entry Format——选择数据输入是以矩阵或图形输入

Select CPM Data Field——Normal Time   正常时间

                      Crash Time   赶工时间

                      Normal Cost   正常费用

                      Crash Cost   赶工费用

（4）点击"OK"，出现输入矩阵如图 8-13 所示，输入标题名、工序数、时间单位，已知持续时间为正常时间 (Normal Time)，要求决定关键路线 (Deterministic CPM)。

图 8-13 中表格各项含义如下：

Activity Number：作业编号，按 1、2、3 等依次对各项作业编号。

Activity Name：作业名称，可自行取名填入。

Immediate Predecessor：紧前工序，填入该项作业的紧前作业，可以填紧前作业的编号或名称，若有多项紧前作业，每项之间用英文状态下的逗号 '，' 隔开。

Normal Time：作业时间。

（5）输入数据。在图 8-13 中输入紧前工序和正常的持续时间，如图 8-14 所示。

Activity Number	Activity Name	Immediate Predecessor (list number/name, separated by ',')	Normal Time
1	A		
2	B		
3	C		
4	D		
5	E		
6	F		
7	G		
8	H		
9	I		
10	J		

图 8-13

Activity Number	Activity Name	Immediate Predecessor (list number/name, separated by ',')	Normal Time
1	A	/	60
2	B	A	45
3	C	A	10
4	D	A	20
5	E	A	40
6	F	C	18
7	G	D	30
8	H	D,E	15
9	I	G	25
10	J	B,F,H,I	35

图 8-14

（6）修改参数。修改标题名对话框如图 8-15 所示。

（7）求解模型。点击菜单栏 Solve and Analyze 中的下拉菜单"求解关键路线 (Solve

Critical Path)"，显示如图 8-16 所示，包括时间参数、关键工序、关键路线和工程完工时间。

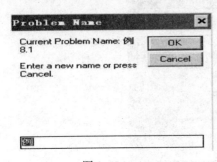

03-31-2017 23:09:06	Activity Name	On Critical Path	Activity Time	Earliest Start	Earliest Finish	Latest Start	Latest Finish	Slack (LS-ES)
1	A	Yes	60	0	60	0	60	0
2	B	no	45	60	105	90	135	30
3	C	no	10	60	70	107	117	47
4	D	Yes	20	60	80	60	80	0
5	E	no	40	60	100	80	120	20
6	F	no	18	70	88	117	135	47
7	G	Yes	30	80	110	80	110	0
8	H	no	15	100	115	120	135	20
9	I	Yes	25	110	135	110	135	0
10	J	Yes	35	135	170	135	170	0
	Project	Completion	Time	=	170	days		
	Number of	Critical	Path(s)	=	1			

图 8-15　　　　　　　　　　　　　　　　图 8-16

图 8-16 中从左到右各列含义依次如下：

①作业编号；②作业名称；③该作业是否是关键路径上的关键作业，若是则为 Yes，若不是则 No；④作业时间；⑤作业最早可能开始时间；⑥作业最早可能完成时间；⑦作业最迟必须开始时间；⑧作业最迟必须完成时间；⑨作业总时差。

（8）数据处理和分析。点击菜单栏 Result 或点击快捷方式图标，存在最优解时，下拉菜单有①～⑥个选项。

① 关键工序分析 (Activity critically analysis)，如图 8-16 所示。

② 网络计划图分析 (Graphic activity analysis)，如图 8-17 所示。

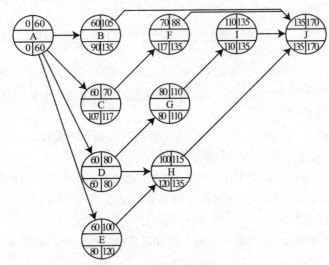

图 8-17

③ 关键路线 (Show critical path)，如图 8-18 所示。

03 -31-2017	Critical Path 1
1	A
2	D
3	G
4	I
5	J
Completion Time	170

图 8-18

④ 甘特图 (Gantt chart)，如图 8-19 所示。

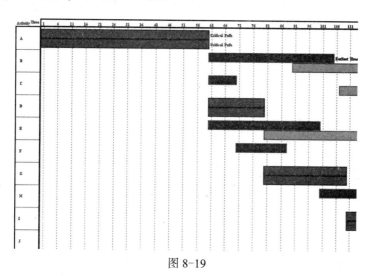

图 8-19

⑤ 进行不确定性分析 (Perform probability analysis)，假定存在若干个相互独立的工序，并且关键路线不止一条，估计关键路线完工的变化时间及其对应的关键路线，属参数规划内容。

⑥ 模拟运算 (Perform simulation)，任意改变关键工序，估计完成该关键路线所需要的时间，属参数规划内容。

8.4.2　网络计划常用术语词其含义（表 8-10）

表 8-10　网络计划常用术语及其含义

常用术语	含义
Activity	工序
Activity name	工序名称
Start node	最初节点
End node	最终节点
CPM analysis	CPM分析
Activity time	工序的工时
Earliest start	最早开工时间
Earliest finish	最早完工时间
Latest start	最迟开工时间
Latest finish	最迟完工时间
Completion time	总工时
Critical path	关键路线
Total cost	总费用
Optimistic time	乐观时间
Most likely time	最可能时间

常用术语	含义
Pessimistic time	悲观时间
Slack LS-ES	总时差
Variations	方差
Desired completion time	总工时期望值
Probability analysis	不确定性分析
3-Time estimate	三时估计法
Immediate predecessor	紧前工序

习 题

1. 根据表 8-11、表 8-12

（1）绘制表 8-11 的项目网络图，并填写表中的紧前工序。

（2）绘制表 8-12 的项目网络图，并填写表中的紧后工序。

表 8-11

工序	A	B	C	D	E	F	G
紧前工序							
紧后工序	D, E	G	E	G	G	G	—

表 8-12

工序	A	B	C	D	E	F	G	H	I	J	K	L	M
紧前工序	—	—	—	B	B	A, B	B	D, G	C, E, F, H	D, G	C, E	I	J, K, L
紧后工序													—

2. 根据项目工序明细表 8-13

（1）画出网络图。

（2）计算工序的最早开始时间、最迟开始时间和总时差。

（3）找出关键路线和关键工序。

表 8-13

工序	A	B	C	D	E	F	G
紧前工序	—	A	A	B, C	C	D, E	D, E
工序时间（周）	9	6	12	19	6	7	8

3. 表 8-14 给出了项目的工序明细表。

表 8-14

工序	A	B	C	D	E	F	G	H	I	J	K	L	M	N
紧前工序	—	—	—	A, B	B	B, C	E	D, G	E	E	H	F, J	I, K, L	F, J, L
工序时间（天）	8	5	7	12	8	17	16	8	14	5	10	23	15	12

（1）绘制项目网络图。

（2）在网络图上求工序的最早开始时间、最迟开始时间。

（3）用表格表示工序的最早、最迟开始和完成时间，总时差及自由时差。

（4）找出所有关键路线及对应的关键工序。

（5）求项目的完工期。

4. 已知项目各工序的三种估计时间如表 8-15 所示。求

（1）绘制网络图并计算各工序的期望时间和方差。

（2）关键工序和关键路线。

（3）项目完工时间的期望值。

（4）假设完工期服从正态分布，项目在 56 小时内完工的概率是多少。

（5）使完工的概率为 98%，最少需要多长时间。

表 8-15

工序	紧前工序	工序的三种时间（小时）		
		a	m	b
A	—	9	10	12
B	A	6	8	10
C	A	13	15	16
D	B	8	9	11
E	B，C	15	17	20
F	D，E	9	12	14

5. 表 8-16 给出了工序的正常、应急两种情况的时间和成本。

表 8-16

工序	紧前工序	时间（天）		成本		时间的最大缩量（天）	应急增加成本（万元/天）
		正常	应急	正常	应急		
A		15	12	50	65	3	5
B	A	12	10	100	120	2	10
C	A	7	4	80	89	3	3
D	B，C	13	11	60	90	2	15
E	D	14	10	40	52	4	3
F	C	16	13	45	60	3	5
G	E，F	10	8	60	84	2	12

（1）绘制项目网络图，按正常时间计算完成项目的总成本和工期。

（2）按应急时间计算完成项目的总成本和工期。

（3）按应急时间的项目完工期，调整计划使总成本最低。

（4）已知项目缩短 1 天额外获得奖金 4 万元，减少间接费用 2.5 万元，求总成本最低的项目完工期。

6. 继续讨论表 8-16，假设各工序在正常时间条件下需要的人员数分别为 9、12、12、6、8、17、14。

（1）画出时间坐标网络图。

（2）按正常时间计算项目完工期，计算按期完工需要多少人。

（3）为保证按期完工，怎样采取应急措施，使总成本最小又使得总人数最少，对计划进行系统优化分析。

7. 用 WinQSB 软件求解习题 5。

8. 用 WinQSB 软件求解习题 6。

第 9 章 动态规划

本章内容简介

动态规划英文名称为"Dynamic Programming"，简称 DP，它是规划论的重要内容，同时也是运筹学的一个重要分支，是解决多阶段决策过程最优化问题的一种重要理论和方法。它是一种解决问题的思路，而不是一种算法。因此，在应用动态规划方法求解多阶段决策问题时，要对具体问题进行其体分析。

动态规划问题的模型分为离散确定型的动态规划模型、连续确定型的动态规划模型、离散随机型的动态规划模型和连续随机型的动态规划模型四大类。

动态规划的基本概念有阶段与阶段变量，状态与状态变量，决策与决策变量，策略与最优策略，状态转移方程以及指标函数与最优指标函数等。它们是分析动态规划问题、建立动态规划模型，求解模型和解决实际问题的基础。

动态规划问题的求解方法主要有逆序解法和顺序解法，两者无本质的区别。一般将问题分成几个阶段，从最后一段开始，用由后向前逐步递推的方法来求解问题，我们称为逆序解法；反之从起点到终点则为顺序解法。当初始状态给定时，用逆序解法；当终止状态给定时，用顺序解法。若既给定了初始状态又给定了终止状态，则两种方法均可使用。

教学建议

通过对本章的学习，使学生对多阶段决策问题的产生发展和研究现状有基本的了解，了解动态规划方法的含义及其基本特征，明确动态规划模型的基本思想，掌握动态规划的基本概念和动态规划模型的建立，掌握求解动态规划问题的逆序递推法，能够将动态规划的方法应用在解决实际问题中。

9.1 动态规划数学模型

在现实生活中，有一类活动的过程，由于它的特殊性，可将过程分成若干个互相联系的阶段，在它的每一阶段都需要作出决策，从而使整个过程达到最好的活动效果。各个阶段决策的选取不能任意确定，它依赖于当前面临的状态，又影响以后的发展。当各个阶段决策确定后，就组成一个决策序列，因而也就确定了整个过程的一条活动路线。这种把一个问题看作是一个前后关联具有链状结构的多阶段过程就称为多阶段决策过程，这种问题称为多阶段决策最优化问题。

例 9-1   如图 9-1 所示，假设一个人要从 A 点走到 E 点，怎样走才是最短路线呢？图中点和点之间的连线为道路系统，线上数字为两点之间的距离，那么这个人到达每个点时都要做出决策，比如在 A 点做出的决策是往 $B1$ 走还是往 $B2$ 走，假设到达 $B1$ 了，他还要做出决策，是走 $B1 \rightarrow C1$、$B1 \rightarrow C2$ 还是 $B1 \rightarrow C3$，该问题他要做出四次决策，那么该问题就是一个四阶段决策问题，每一个阶段的决策定了，就形成了解决该问题的一个方案，如走 $A \rightarrow B1 \rightarrow C1 \rightarrow D1 \rightarrow E$，当然这个方案是不是最优先不作讨论。

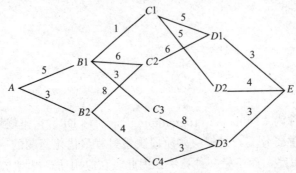

图 9-1 最短路问题

在多阶段决策问题中，各个阶段采取的决策，一般来说是与时间有关的，决策依赖于当前的状态，又随即引起状态的转移，一个决策序列就是在变化的状态中产生出来的，故有"动态"的含义。因此，把处理多阶段决策问题的方法称为动态规划方法。

动态规划（Dynamic programming）是运筹学的一个分支，是求解多阶段决策过程（Decision process）最优化的数学方法。20 世纪 50 年代初美国数学家 R.E.Bellman 等人在研究多阶段决策过程（Multistep decisionprocess）的优化问题时，提出了著名的最优化原理（Principle of optimality），把多阶段过程转化为一系列单阶段问题，逐个求解，创立了解决这类过程优化问题的新方法——动态规划。1957 年出版了他的名著《Dynamic Programming》，这是该领域的第一本著作。

动态规划问世以来，在工程技术、企业管理、工农业生产及军事部门中都有广泛的应用，并且获得了显著的效果。在企业管理方面，动态规划可以用来解决最优路径问题、资源分配问题、生产调度问题、库存问题、装载问题、排序问题、设备更新问题、生产过程最优控制问题等等，所以它是现代企业管理中的一种重要的决策方法。许多问题用动态规划的方法去处理，常比线性规划或非线性规划更有成效。

虽然动态规划主要用于求解以时间划分阶段的动态过程的优化问题，但是一些与时间无关的静态规划（如线性规划、非线性规划），只要人为地引进时间因素，把它视为多阶段决策过程，也可以用动态规划方法方便地求解。

9.1.1 动态规划的原理

1951 年美国数学家 R.Bellman 提出了解决多阶段决策问题的"最优化原理"（Principle of optimality）："一个过程的最优决策具有这样的性质：即无论其初始状态和初始决策如何，其今后诸策略对以第一个决策所形成的状态作为初始状态的过程而言，必须构成最优策略。"简言之，一个最优策略的子策略，对于它的初始状态和最终状态而言也必是最优的。

这个"最优化原理"如果用数学化一点的语言来描述的话，就是：假设为了解决某一优化问题，需要依次作出 n 个决策 d_1, d_2, $\cdots$, d_n，如若这个决策序列是最优的，对于任何一

个整数 k，$1 < k < n$，不论前面 k 个决策是怎样的，以后的最优决策只取决于由前面决策所确定的当前状态，即以后的决策 d_{k+1}，d_{k+2}，…，d_n 也是最优的。

最优化原理是动态规划的基础。任何一个问题，如果失去了这个最优化原理的支持，就不可能用动态规划方法计算。

下面，我们结合例 9-1 最短路线问题来介绍和解释动态规划方法的基本原理。

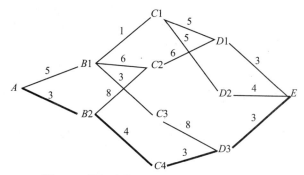

图 9-2　最短路线 $A \to B2 \to C4 \to D3 \to E$

假设 $A \to B2 \to C4 \to D3 \to E$ 是所要求的最短路线（图 9-2），则由点 $C4$ 出发经过 $D3$ 点到达终点 E 的这条子路线，对于从点 $C4$ 出发到达终点的所有可能选择的不同路线来说，必定也是最短路线。

此结论的正确性很容易就可证明。因为如果不是这样，则从点 $C4$ 到 E 点有另一条距离更短的路线存在，把它和原来最短路线由 A 点到达 $C4$ 点的那部分连接起来，就会得到一条由 A 点到 E 点的新路线，它比原来那条最短路线的距离还要短些。这与假设矛盾，是不可能的。

由此我们受到启发，要想寻找 A 点到 E 点的最短路线，我们可以用由后向前逐步递推的方法，求出各点到 E 点的最短路线，最后求得由 A 点到 E 点的最短路线。所以，动态规划的方法是从终点逐段向始点方向寻找最短路线的一种方法。

下面我们按照这一方法，尝试将例 9-1 由后向前即由 E 点逐步推移至 A 点求出最短路线。

前面讲过这是一个四阶段决策问题，我们用 K 来表示决策的阶段变量，用 $f_n(i)$ 来表示在第 n 阶段从 i 点出发到终点的最短距离函数，用 $d_n(i, j)$ 表示在第 n 阶段从 i 点到 j 点的距离变量。

当 $k = 4$ 时，出发点有三个即 $D1$、$D2$、$D3$。

由 $D1$ 到终点 E 只有一条路线，很显然 $f_4(D1) = 3$，即从 $D1$ 出发到终点 E 最短路线为 $D1 \to E$；

同理，$f_4(D2) = 4$，即 $D2 \to E$；$f_4(D3) = 3$，即 $D3 \to E$；

当 $k = 3$ 时，出发点有 $C1$、$C2$、$C3$、$C4$ 四个。

若从 $C1$ 出发到终点 E，有两个选择：即 $C1 \to D1 \to E$ 和 $C1 \to D2 \to E$，则 $f_3(C1) = \min\{d_3(C1, D1) + f_4(D1), d_3(C1, D2) + f_4(D2)\} = \min\{5+3, 5+4\} = 8$，这说明，由 $C1$ 至终点 E 的最短距离为 8，其最短路线是 $C1 \to D1 \to E$；

又由于从 $C2$、$C3$ 和 $C4$ 出发到终点 E 分别只有一条路线，即 $C2 \to D1 \to E$、$C3 \to D3 \to E$、$C4 \to D3 \to E$，用上述方法可以得出：

$f_3 (C2) = d_3 (C2, D1) + f_4 (D1) = 6+3=9$，即 $C2 \rightarrow D1 \rightarrow E$；

$f_3 (C3) = d_3 (C3, D3) + f_4 (D3) = 8+3=11$，即 $C3 \rightarrow D3 \rightarrow E$；

$f_3 (C4) = d_3 (C4, D3) + f_4 (D3) = 3+3=6$，即 $C4 \rightarrow D3 \rightarrow E$；

当 $k=2$ 时，出发点有 $B1$、$B2$ 两个。

若从 $B1$ 出发有：$f_2 (B1) = \min\{d_2 (B1, C1) + f_3 (C1)$，$d_2 (B1, C2) + f_3 (C2)$，$d_2 (B1, C3) + f_3 (C3)\} = \min\{1+8, 6+9, 3+11\} = 9$，即 $B1 \rightarrow C1 \rightarrow D1 \rightarrow E$；

$f_2 (B2) = \min\{d_2 (B2, C2) + f_3 (C2)$，$d_2 (B2, C4) + f_3 (C4)\} = \min\{8+9, 4+6\} = 10$，即 $B2 \rightarrow C4 \rightarrow D3 \rightarrow E$；

当 $k=1$ 时，出发点为起点 A。

$f_1 (A) = \min\{d_1 (A, B1) + f_2 (B1)$，$d_1 (A, B2) + f_2 (B2)\} = \min\{5+9, 3+10\} = 13$，即 $A \rightarrow B2 \rightarrow C4 \rightarrow D3 \rightarrow E$；

于是得到从起点 A 到终点 E 的最短距离为 13，最短路线为 $A \rightarrow B2 \rightarrow C4 \rightarrow D3 \rightarrow E$。

我们也可以用简化的方法计算上例中的最短路线问题，即借助图形直观简明地表示出来，这种在图上直接作业的方法叫作标号法，实施方法如图 9-3 所示。

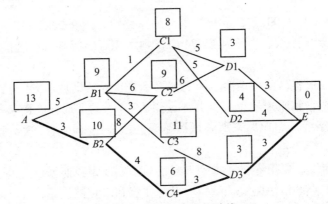

图 9-3　标号法求最短路线

在图 9-3 中，每个节点上方的方格内的数字，表示该点到终点 E 的最短距离。每个数字的计算方法也是基于动态规划的基本原理。图中粗线表示由始点 A 到终点 E 的最短路线。

如果规定从 A 点到 E 点为顺行方向，则由 E 点到 A 点为逆行方向，那么，图 9-3 是由 E 点开始从后向前标的。这种以 A 为始端，E 为终端，从 E 到 A 的解法称为逆序解法。

其实，我们也可以从 A 往 E 标，称做顺序解法，读者可以自己尝试用顺序解法来标一下。

不管是逆序解法还是顺序解法，都体现了动态规划的基本原理，即一个最优策略的子策略，对于它的初始状态和最终状态而言也必是最优的。这个基本原理，对于解决多阶段决策问题，其优势是不言而喻的。

除了动态规划，例 9-1 的最短路线的求解还可以用穷举法，即把从 A 到 E 的所有的路线一一列举出来，然后计算每一条路线的总距离，最后比较找出距离最短的一条。

我们把动态规划求解最短路线和穷举法做一个比较，可以发现动态规划的优点如下：

（1）减少了计算量。穷举法对于简单的交通图来讲还可行，一旦图中节点增加，从起点到终点的可能路线就会呈几何级数增加，这时候穷举法就显得不可行了。而用动态规划方法来计算，由于子过程的最优已经计算出来了，下一步的计算只需阶段距离加上上一步的子过程最优距离就可以了。

（2）丰富了计算结果。在逆序（或顺序）解法中，我们得到的不仅仅是由 A 点出发到 E 点的最短路线及相应的最短距离，而且得到了从所有各中间点出发到 E 点的最短路线及相应的距离。这就是说，求出的不是一个最优策略，而是一族最优策略。这对许多实际问题来讲是很有用的，有利于分析所得结果。

9.1.2 动态规划的基本概念

学习动态规划，掌握动态规划的基本概念非常重要。我们把动态规划的基本概念总结如下。

（1）阶段。把所给问题的过程，恰当地分为若干个相互联系的阶段，以便能按一定的次序去求解。描述阶段的变量称为阶段变量，常用 k 表示。阶段的划分，一般是根据时间和空间的自然特征来划分，但要便于把问题的过程转化为多阶段决策的过程。

如例 9-1 可分为 4 个阶段来求解，k 分别等于 1、2、3、4。

（2）状态。状态表示每个阶段开始所处的自然状况或客观条件，它描述了研究问题过程的状况，又称不可控因素。

在例 9-1 中，状态就是某阶段的出发位置。它既是该阶段某路线的起点，又是前一阶段某路线的终点。

通常一个阶段有若干个状态，第一阶段有一个状态就是点 A，第二阶段有两个状态，即点集合 $\{B1，B2\}$，一般第 k 阶段的状态就是第 k 阶段所有始点的集合。

描述过程状态的变量称为状态变量。它可用一个数、一组数或一向量（多维情形）来描述。常用 s_k 表示第 k 阶段的状态变量。

如在例 9-1 中第三阶段有四个状态，则状态变量 s_k 可取四个值，即 $C1$、$C2$、$C3$、$C4$。点集合 $\{C1，C2，C3，C4\}$ 就称为第三阶段的状态集合。记为 $s_3=\{C1，C2，C3，C4\}$。第 k 阶段的状态集合就记为 s_k。

这里所说的状态应具有下面的性质：如果某阶段状态给定后，则在这阶段以后过程的发展不受这阶段以前各段状态的影响。换句话说，过程的过去历史只能通过当前的状态去影响它未来的发展，当前的状态是以往历史的一个总结。这个性质称为无后效性（即马尔可夫性）。如果状态仅仅描述过程的具体特征，则并不是任何实际过程都能满足无后效性的要求。所以，在构造决策过程的动态规划模型时，不能仅由描述过程的具体特征这点去规定状态变量，而要充分注意是否满足无后效性的要求。如果状态的某种规定方式可能导致不满足无后效性，应适当地改变状态的规定方法，达到能使它满足无后效性的要求。

例如，研究物体（把它看作一个质点）受外力作用后其空间运动的轨迹问题。从描述轨迹这点着眼，可以只选坐标位置 $(x_k，y_k，z_k)$ 作为过程的状态，但这样不能满足无后效性，因为即使知道了外力的大小和方向，仍无法确定物体受力后的运动方向和轨迹，只有把位置 $(x_k，y_k，z_k)$ 和速度 $(m_k，n_k，q_k)$ 都作为过程的状态变量，才能确定物体运动下一步的方向和轨迹，实现无后效性的要求。

（3）决策。决策表示当过程处于某一阶段的某个状态时，可以作出不同的决定（或选择），从而确定下一阶段的状态，这种决定称为决策。

描述决策的变量，称为决策变量。它可用一个数、一组数或一向量来描述。常用 $d_k(s_k)$ 表示第 k 阶段当状态处于 s_k 时的决策变量。它是状态变量的函数。在实际问题中，决策变量的取值往往限制在某一范围之内，此范围称为允许决策集合。常用 $D_k(s_k)$ 表示第 k 阶段从状态 s_k 出发的允许决策集合，显然有 $d_k(s_k) \in D_k(s_k)$。

如在例 9-1 中，当阶段 $k=2$ 时，若从状态 $B1$ 出发，就可作出三种不同的决策，其允许决策集合 $D2(B1) = \{B1—C1, B1—C2, B1—C3\}$，若选取的点为 $C2$，则 $C2$ 是状态 $B1$ 在决策 $d_2(B1)$ 作用下的一个新的状态，记作 $d_2(B1) = B1—C2$。

（4）策略。策略是一个按顺序排列的决策组成的集合。由过程的第 k 阶段开始到终止状态为止的过程，称为问题的后部子过程（或称为 k 子过程）。

由每段的决策按顺序排列组成的决策函数序列 $\{d_k(s_k), d_{k+1}(s_{k+1}), \cdots, d_n(s_n)\}$ 称为 k 子过程策略，简称子策略，记为 $p_{k,n}(s_k)$。即 $p_{k,n}(s_k) = \{d_k(s_k), d_{k+1}(s_{k+1}), \cdots, d_n(s_n)\}$。

当 $k=1$ 时，此决策函数序列称为全过程的一个策略，简称策略，记为 $p_{1,n}(s_1)$。即 $p_{1,n}(s_1) = \{d_1(s_1), d_2(s_2), \cdots, d_n(s_n)\}$。

在实际问题中，可供选择的策略有一定的范围，此范围称为允许策略集合，用 P 表示。从允许策略集合中找出达到最优效果的策略称为最优策略。

（5）状态转移方程。状态转移方程是确定过程由一个状态到另一个状态的演变过程。

若给定第 k 阶段状态变量 s_k 的值，如果该段的决策变量 d_k 一经确定，第 $k+1$ 阶段的状态变量 s_{k+1} 的值也就完全确定。即 s_{k+1} 的值随 s_k 和 d_k 的值变化而变化。这种确定的对应关系，记为 $s_{k+1} = T_k(s_k, d_k)$，上式描述了由 k 阶段到 $k+1$ 阶段的状态转移规律，称为状态转移方程。T_k 称为状态转移函数。如例 8-1 中，状态转移方程为 $s_{k+1} = d_k(s_k)$。

（6）指标函数和最优值函数。用来衡量所实现过程优劣的一种数量指标，称为指标函数。它是定义在全过程和所有后部子过程上确定的数量函数。常用 $V_{k,n}$ 表示。即 $V_{k,n} = V_{k,n}(s_k, d_k, s_{k+1}, \cdots, s_{n+1})$（$k=1, 2, \cdots, n$），对于要构成动态规划模型的指标函数，应具有可分离性，并满足递推关系。

指标函数的最优值，称为最优值函数。根据问题，取 min 或 max 之一。

在动态规划模型中，总会出现一个或一组递推关系，我们把它称为动态规划的基本方程。

需要说明的是，动态规划不同于线性规划，有标准的算法及模型。动态规划是求解某类问题的一种方法，是考查问题的一种途径。所以，根据解决的问题不同，动态规划的指标函数的形式有很大差别，需要具体问题具体分析。

9.1.3 动态规划的一般步骤

利用动态规划解决实际问题的一般步骤为：

①正确划分阶段，确定阶段变量。将多阶段决策问题的实际过程，恰当地划分为若干个相互独立又相互联系的部分，每一个部分为一个阶段，划分出的每一个阶段通常就是需要做出一个决策的子问题。阶段通常是按决策进行的时间或空间上的先后顺序划分的，阶段变量用 k 表示。

②确定状态，正确选择状态变量。在多阶段决策过程中，状态是描述研究问题过程的状况，表示每个阶段开始时所处的自然状况或客观条件。一个阶段有若干个状态，用一个或一组变量来描述，状态变量必须满足两个条件：一是能描述过程的演变；二是满足无后效性。

③正确选择决策变量及允许的决策集合。决策的实质是关于状态的选择，是决策者从给

定阶段状态出发对下一阶段状态作出的选择，而在实际问题中，决策变量的取值往往限制在某一范围内，此范围称之为允许决策集合。

④写出状态转移方程。状态转移方程的一般形式为 $S_{k+1}=T_k(s_k, d_k)$，这里的函数关系 T 因问题的不同而不同，如果给定第 k 个阶段的状态变量 s_k，则该阶段的决策变量 d_k 一经确定，第 $k+1$ 阶段的状态变量 s_{k+1} 的值也就可以确定。

⑤列出指标函数。

9.2 资源分配问题

所谓资源分配问题，就是将数量一定的一种或若干种资源（例如原材料、资金、机器设备、劳动力、食品等等），恰当地分配给若干个使用者，而使目标函数为最优。

设有某种原料，总数量为 a，用于生产 n 种产品。若分配数量 x_i 用于生产第 i 种产品，其收益为 $g_i(x_i)$，问应如何分配，才能使生产 n 产品的总收入最大？

此问题可写成静态规划问题：

$$\max Z = g_1(x_1)+g_2(x_2)+\cdots+g_n(x_n)$$

$$\begin{cases} x_1+x_2+\cdots+x_n=a \\ x_i \geqslant 0, i=1,2,\cdots,n \end{cases} \tag{9-1}$$

当 $g_i(x_i)$ 都是线性函数时，它是一个线性规划问题；当 $g_i(x_i)$ 是非线性函数时，它是一个非线性规划问题。但当 n 比较大时，具体求解是比较麻烦的。

由于这类问题的特殊结构，可以将它看成一个多阶段决策问题，并利用动态规划的递推关系来求解。

在应用动态规划方法处理这类"静态规划"问题时，通常以把资源分配给一个或几个使用者的过程作为一个阶段，把问题中的变量 x_i 作为决策变量，将累计的量或随递推过程变化的量选为状态变量。

设状态变量 S_k 表示分配用于生产第 k 种产品至第 n 种产品的原料数量。

决策变量 d_k 表示分配给生产第 k 种产品的原料数，即 $d_k=S_k$。

状态转移方程：$S_{k+1}=S_k-d_k=S_k-x_k$；

允许决策集合：$D_k(S_k)=\{d_k/0 \leqslant d_k(x_k) \leqslant S_k\}$；

令最优值函数 $f_k(S_k)$ 表示以数量为 S_k 的原料分配给第 k 种产品至第 n 种产品所得到的最大总收入。因而可写出动态规划的逆推关系式为：

$$\begin{cases} f_k(s_k) = \max_{0 \leqslant x_k \leqslant s_k} \{g_k(x_k)+f_{k+1}(s_k-x_k)\}, k=n-1,\cdots,1 \\ f_n(s_n) = \max_{x_n=s_n} g_n(x_n) \end{cases} \tag{9-2}$$

利用这个递推关系式进行逐段计算，最后求得 $f_1(a)$ 即为所求问题的最大总收入。

例 9-2 某公司有资金 4 万元，投资 3 个项目 A、B、C，每个项目的投资效益与投入该项目的资金有关，3 个项目 A、B、C 的投资效益（万吨）和投入资金（万元）关系见表 9-1，问对这三个项目如何进行投资才可以使得效益最高。

表9-1 投入资金和投资效益关系表

项目及投资效益 （万元） 投入资金 （万元）	A	B	C
1	1	1	2
2	4	4	5
3	7	9	8
4	9	10	10

解：根据以上分析，用动态规划求解该问题，设 k 表示阶段，每投资一个项目作为一个阶段；

状态变量 s_k 表示可用于投资第 k 个项目的资金数；

决策变量 d_k 表示第 k 个项目的投资金额；

允许的决策集合为 $D_k(S_k)=\{d_k/0 \leqslant d_k \leqslant s_k\}$；

状态转移方程为 $s_{k+1}=s_k-d_k$；

阶段效益函数用 $v_k(s_k, d_k)$ 表示；

递推方程为；$f_k(s_k)=\max\{v_k(s_k, d_k)+f_{k+1}(s_{k+1})\}$

终端条件为：当 $k=4$ 时，$f_4(s_4)=0$。

用逆推法分析如下。

当 $k=3$ 时，投资于项目 C。对于项目 C 而言，此时无论投资项目 A 和 B 之后剩余多少资金，只有全部用于投资项目 C 才能使效益最大，即 $d_3(s_3)=s_3$。而前阶段留给项目 C 的资金可能为0、1万元、2万元、3万元、4万元，根据表9-1（投入资金和投资效益关系表），可得给 C 项目投资的数值分析表9-2。

表9-2 C项目投入资金和投资效益关系表

s_3	$d_3(s_3)$	x_4	$v_3(s_3, d_3)$	$v_3(s_3, d_3)+f_4(s_4)$	$f_3(s_3)$	d_3^{*}
0	0	0	0	0+0	0	0
1	1	0	2	2+0	2	1
2	2	0	5	5+0	5	2
3	3	0	8	8+0	8	3
4	4	0	10	10+0	10	4

当 $k=2$ 时，投资于项目 B。对于项目 B 而言，是在投资项目 A 之后投资，此时留给项目 B 的资金可能为0、1万元、2万元、3万元、4万元，即 $s_2=0$、1、2、3、4，因为后续还有项目 C，因此此时的投资额 d_2 满足 $0 \leqslant d_2 \leqslant s_2$，投资之后剩余的资金用于项目 C 的投资，$s_3=s_2-d_2$。数值分析如表9-3所示。

表9-3　B项目投入资金和投资效益关系表

s_2	$d_2(s_2)$	s_3	$v_2(s_2,d_2)$	$v_2(s_2,d_2)+f_3(s_3)$	$f_2(s_2)$	d_2^*
0	0	0	0	0+0	0	0
1	0 1	1 0	0 1	0+2 1+0	2	0
2	0 1 2	2 1 0	0 1 4	0+5 1+2 4+0	5	0
3	0 1 2 3	3 2 1 0	0 1 4 9	0+8 1+5 4+2 9+0	9	3
4	0 1 2 3 4	4 3 2 1 0	0 1 4 9 10	0+10 1+8 4+5 9+2 10+0	11	3

当 $k=3$ 时，投资于项目 A。对于项目 A 而言，是第一个投资项目，此时的资金应该是初始资金4万元，即 $s_1=4$，因为后续还有项目 B、C，因此此时的投资额 d_3 满足 $0 \leqslant d_1 \leqslant s_1$，投资之后剩余的资金用于项目 B、C 的投资，$s_2=s_1-d_1$。数值分析如表9-4所示。

表9-4　A项目投入资金和投资效益关系表

s_1	$d_1(s_1)$	s_2	$v_1(s_1,d_1)$	$v_1(s_1,d_1)+f_2(s_2)$	$f_1(s_1)$	d_1^*
4	0	4	0	0+11	11	0
	1	3	1	1+9		
	2	2	4	4+5		
	3	1	7	7+2		
	4	0	9	9+0		

综合三个表的分析可知，给项目 A 投资0万元，项目 B 投资3万元，项目 C 投资1万元可得最大效益，最大效益为11万吨。

这个例子是决策变量取离散值一类分配问题。在实际中，如销售店分配问题，投资分配问题，货物分配问题等，均属于这类分配问题。这种只将资源合理分配不考虑回收的问题，又称为资源平行分配问题。在资源分配问题中，还有一种要考虑资源回收利用的问题，这里决策变量为连续值，故称为资源连续分配问题。这类分配问题一般叙述如下：

设有数量为 s_1 的某种资源，可投入 A 和 B 两种产品的生产。第一年若以数量 d_1 投入生产产品 A，剩下的数量 s_1-d_1 就投入生产产品 B，则可得收入为 $g(d_1)+h(s_1-d_1)$，其中 $g(d_1)$ 和 $h(s_1-d_1)$ 为已知函数，且 $g(0)=h(0)=0$。这种资源在投入 A、B 两种产品生产后，年终还可回收再投入生产。设年回收率分别为 $0<a<1$ 和 $0<b<1$，则在第一年生产后，回收的资源量合计为

$s_2=ad_1+b(s_1-d_1)$。第二年再将资源数量 s_2 中的 d_2 和 s_2-d_2 分别再投入 A、B 两种产品的生产，则第二年又可得到收入为 $g(d_2)+h(s_2-d_2)$。如此继续进行 n 年，试问：应当如何决定每年 A 产品的资源投入量 d_1，d_2，…，d_n 才能使总的收入最大？

此问题写成静态规划问题为：

$$\max z = \left\{ g(d_1)+h(s_1-d_1)+g(d_2)+h(s_2-d_2)+\cdots+g(d_n)+h(s_n-d_n)\right\}$$

$$\begin{cases} s_2=ad_1+b(s_1-d_1)\\ s_3=ad_2+b(s_2-d_2)\\ \quad\vdots\\ s_{n+1}=ad_n+b(s_n-d_n)\\ 0\leqslant d_i\leqslant s_i, i=1,2,\cdots,n \end{cases} \quad (9\text{-}3)$$

下面用动态规划方法来处理。

设 s_k 为状态变量，它表示在第 k 阶段（第 k 年）可投入生产 A、B 两种产品的资源量。

d_k 为决策变量，它表示在第 k 阶段（第 k 年）用于生产 A 产品的资源量，则 s_k-d_k 表示用于生产 B 产品的资源量。

状态转移方程为 $s_{k+1}=ad_k+b(s_k-d_k)$。

最优值函数 $f_k(s_k)$ 表示有资源量 s_k，从第 k 阶段至第 n 阶段采取最优分配方案进行生产后所得到的最大总收入。

因此可写出动态规划的逆推关系式为

$$\begin{cases} f_n(s_n) = \max_{0\leqslant u_n\leqslant s_n} \left\{ g(d_n)+h(s_n-d_n)\right\}\\ f_k(s_k) = \max_{0\leqslant u_k\leqslant s_k} \left\{ g(d_k)+h(s_k-d_k)+f_{k+1}\left[ad_k+b(s_k-d_k)\right]\right\}\\ \quad\quad k=n-1,\cdots,2,1 \end{cases} \quad (9\text{-}4)$$

最后求出 $f_1(s_1)$ 即为所求问题的最大总收入。

例 9-3 某种机器可在高低两种不同的负荷下进行生产，设机器在高负荷下生产的产量函数为 $g=8x$，其中 x 为投入生产的机器数量，年完好率 $a=0.7$；在低负荷下生产的产量函数为 $h=5y$，其中 y 为投入生产的机器数量，年完好率为 $b=0.9$。

假定开始生产时完好的机器数量 $s_1=1000$ 台，试问每年如何安排机器在高、低负荷下的生产，使得五年内生产的产品总产量最高。

构造这个问题的动态规划模型：

设阶段序数 k 表示年度。

状态变量 s_k 为第 k 年度初拥有的完好机器数量，同时也是第 k-1 年度末时的完好机器数量。

决策变量 d_k 为第 k 年度中分配高负荷下生产的机器数量，于是 s_k-d_k 为该年度中分配在低负荷下生产的机器数量。

这里 s_k 和 d_k 均取连续变量，它们的非整数值可以这样理解，如 $s_k=0.6$，就表示一台机器在 k 年度中正常工作时间只占 6/10；$d_k=0.3$，就表示一台机器在该年度只有 3/10 的时间能在高负荷下工作。

状态转移方程为 $s_{k+1}=ad_k+b(s_k-d_k)=0.7d_k+0.9(s_k-d_k)$，$k=1$，2，…，5

第 k 阶段允许的决策集合为 $D_k(s_k)=\{d_k|0\leqslant d_k\leqslant s_k\}$

设 $v_k(s_k, d_k)$ 为第 k 年度的产量，则

$$v_k = 8d_k + 5(s_k - d_k)$$

故指标函数为

$$V_{1,5} = \sum_{k=1}^{5} v_k(s_k, \ d_k)$$

令最优值函数 $f_k(s_k)$ 表示由资源量 s_k 出发，从第 k 年开始到第 5 年结束时所生产的产品的总产量最大值。因而有逆推关系式

$$\begin{cases} f_6(s_6) = 0 \\ f_k(s_k) = \max_{d_k \in D_k(s_k)} \left\{ 8d_k + 5(s_k - d_k) + f_{k+1}\left[0.7d_k + 0.9(s_k - d_k)\right] \right\} \\ \qquad k = 1,2,3,4,5 \end{cases} \tag{9-5}$$

从第 5 年开始，向前逆推计算。

当 $k=5$ 时，有

$$f_5(s_5) = \max_{0 \le d_5 \le s_5} \left\{ 8d_5 + 5(s_5 - d_5) + f_6\left[0.7d_5 + 0.9(s_6 - d_5)\right] \right\}$$

$$= \max_{0 \le d_5 \le s_5} \left\{ 8d_5 + 5(s_5 - d_5) \right\} = \max_{0 \le d_5 \le s_5} \left\{ 3d_5 + 5s_5 \right\}$$

因 f_5 是 d_5 的线性单调增函数，故得最大解 $d_5^* = s_5$，相应的有 $f_5(s_5) = 8s_5$。

当 $k=4$ 时，有

$$f_4(s_4) = \max_{0 \le d_4 \le s_4} \left\{ 8d_4 + 5(s_4 - d_4) + f_5\left[0.7d_4 + 0.9(s_4 - d_4)\right] \right\}$$

$$= \max_{0 \le d_4 \le s_4} \left\{ 8d_4 + 5(s_4 - d_4) \right\} + 8\left[0.7d_4 + 0.9(s_4 - d_4)\right]$$

$$= \max_{0 \le d_4 \le s_4} \left\{ 13.6d_4 + 12.2(s_4 - d_4) \right\} = \max_{0 \le d_4 \le s_4} \left\{ 1.4d_4 + 12.2s_4 \right\}$$

故得最大解 $d_4^* = s_4$，相应的有 $f_4(s_4) = 13.6s_4$。依此类推，可求得

$$\begin{cases} d_3^* = s_3, \ 相应的 f_3(s_3) = 17.5s_3 \\ d_3^* = 0, 相应的 f_2(s_2) = 20.8s_2 \\ d_1^* = 0, 相应的 f_1(s_1) = 23.7s_1 \end{cases}$$

因 $s_1 = 1000$，故 $f_1(s_1) = 23700$（台）。

计算结果表明：最优策略为 $u_1^* = 0$，$u_2^* = 0$，$u_3^* = s_3$，$u_4^* = s_4$，$u_5^* = s_5$，即前两年应把年初全部完好机器投入低负荷生产，后三年应把年初全部完好机器投入高负荷生产。这样所得的产量最高，其最高产量为 23700 台。

在得到整个问题的最优指标函数值和最优策略后，还需反过来确定每年年初的状态，即从始端向终端递推计算出每年年初的完好机器数。已知 $s_1 = 1000$ 台，于是可得

$$s_2 = 0.7u_1^* + 0.9(s_1 - u_1^*) = 0.9s_1 = 900 \text{（台）}$$

$$s_3 = 0.7u_2^* + 0.9(s_2 - u_2^*) = 0.9s_2 = 810 \text{（台）}$$

$$s_3 = 0.7u_3^* + 0.9(s_3 - u_3^*) = 0.7s_3 = 567 \text{（台）}$$

$$s_5 = 0.7u_4^* + 0.9(s_4 - u_4^*) = 0.7s_4 = 397 \text{（台）}$$

$$s_6 = 0.7u_5^* + 0.9(s_5 - u_5^*) = 0.7s_5 = 278 \text{（台）}$$

下面讨论始端固定、终端自由的一般情形。

设有 n 个年度，在高、低负荷下生产的产量函数分别为 $g = cu_1$，$h = du_2$，其中 c、$d > 0$，$c > d$。年回收率分别为 a 和 b，$0 < a < b < 1$。试求出最优策略的一般关系式。显然，这时状态转

移方程为

$$s_{k+1}=au_k+b(s_k-u_k), \quad k=1, 2, \cdots, n$$

k 段的指标函数为

$$v_k=cu_k+b(s_k-u_k), \quad k=1, 2, \cdots, n$$

令 $f_k(s_k)$ 表示由状态 s_k 出发，从第 k 年至第 n 年末时所生产的产品的总产量最大值。

可写出逆推关系式为

$$\begin{cases} f_{n+1}(s_{n+1})=0 \\ f_k(s_k)=\max\limits_{0\le u_k\le s_k}\left\{cu_k+d(s_k-u_k)+f_{k+1}\left[au_k+b(s_k-u_k)\right]\right\} \\ k=1,2,\cdots,n \end{cases} \tag{9-6}$$

我们知道，在低负荷下生产的时间越长，机器完好率越高，但生产产量少。而在高负荷下生产产量会增加，但机器损坏大。这样，即使每台产量高，总起来看产量也不高。

从前面的数字计算可以看出，前几年一般是全部用于低负荷生产，后几年则全部用于高负荷生产，这样产量才最高。如果总共为 n 年，从低负荷转为高负荷生产的是第 t 年，$1\le t\le n$。即，从 1 至 $t-1$ 年在低负荷下生产，t 至 n 年在高负荷下生产。现在要分析 t 与系数 a、b、c、d 是什么关系。

从回收率看，$(b-a)$ 值愈大，表示在高负荷下生产时，机车损坏情况比在低负荷时严重得多，因此 t 值应选大些。从产量看，$(c-d)$ 值愈大，表示在高负荷下生产较有利，故 t 应选小些。下面我们从以上逆推关系式这一基本方程出发来求出 t 与 $(b-a)$、$(c-d)$ 的关系。

令 $l_k=u_k/s_k$。则在低负荷生产时有 $l_k=0$，高负荷生产时有 $l_k=1$。对第 n 段，有

$$f_n(s_n)=\max_{0\le u_n\le s_n}\left\{cu_n+d(s_n-u_n)\right\}=\max_{0\le u_n\le s_n}\left\{(c-d)u_n+ds_n\right\}=\max_{0\le \xi_n\le 1}\left\{(c-d)l_n+d\right\}s_n$$

由于 $c>d$，所以 l_n 应选 1 才能使 $f_n(s_n)$ 最大。也就是说，最后一年应全部投入高负荷生产。故 $f_n(s_n)=cs_n$

对 $n-1$ 段，根据逆推关系式有

$$\begin{aligned} f_{n-1}(s_{n-1}) &=\max_{0\le u_{n-1}\le s_{n-1}}\left\{cu_{n-1}+d(s_{n-1}-u_{n-1})+f_n(s_n)\right\} \\ &=\max_{u_{n-1}}\left\{cu_{n-1}+d(s_{n-1}-u_{n-1})+cs_n\right\} \\ &=\max_{u_{n-1}}\left\{cu_{n-1}+d(s_{n-1}-u_{n-1})+c\left[au_{n-1}+b(s_{n-1}-u_{n-1})\right]\right\} \\ &=\max_{u_{n-1}}\left\{\left[(c-d)-c(b-a)\right]u_{n-1}+(d+cb)s_{n-1}\right\} \\ &=\max_{\xi_{n-1}}\left\{\left[(c-d)-c(b-a)\right]\xi_{n-1}+(d+cb)\right\}s_{n-1} \end{aligned} \tag{9-7}$$

因此，欲要满足上式极值关系的条件是

$$c-d>c(b-a) \tag{9-8}$$

$l_{n-1}^*=1$，即 $n-1$ 年仍应全部在高负荷下生产。否则，当 (9-8) 式不满足时，应取 $l_{n-1}^*=0$，即 $n-1$ 年应全部投入低负荷生产。

由前面知道，只要在第 k 年投入低负荷生产，那么递推计算结果必然是从第 1 年到第 k 年均为低负荷生产，即有 $l_1^*=l_2^*=\cdots=l_k^*=0$。可见，算出 $l_k^*=0$ 后，前几年就没有必要再计算了。故只需研究哪一年由低负荷转入高负荷生产，即从 l 那一年开始变为 1 就行。根据这点，现只分析满足 (9-8) 式的情况。由于 $l_{n-1}^*=1$，故 (9-7) 式变为

$$f_{n-1}(s_{n-1})=(c-ca)s_{n-1}=c(1+a)s_{n-1}$$

又由于 $s_{n-1}=au_{n-2}+b(s_{n-2}-u_{n-2})$，将它代入上式，得

$$f_{n-1}(s_{n-1})=c(1+a)[(a-b)u_{n-2}+bs_{n-2}]$$

对 $n-2$ 段，由逆推关系式有

$$
\begin{aligned}
f_{n-2}(s_{n-2}) &= \max_{0 \le u_{n-2} \le s_{n-2}}\left\{cu_{n-2}+d(s_{n-2}-u_{n-2})+f_{n-1}(s_{n-1})\right\}\\
&= \max_{u_{n-2}}\left\{cu_{n-2}+d(s_{n-2}-u_{n-2})+c(1+a)\left[(a-b)u_{n-2}+bs_{n-2}\right]\right\}\\
&= \max_{u_{n-2}}\left\{\left[(c-d)-c(1+a)(b-a)\right]u_{n-2}+\left[b+c(1+a)b\right]s_{n-2}\right\}\\
&= \max_{l_{n-2}}\left\{\left[(c-d)-c(1+a)(b-a)\right]l_{n-2}+d+cb(1+a)\right\}s_{n-2}
\end{aligned}
$$

由此可知，要满足极值条件式 $c-d>c(1+a)(b-a)$，就应选 $l_{n-2}^*=1$，否则为 0，即应继续在高负荷下生产。

依次类推，如果转入高负荷下生产的是第 t 年，则由

$$f_t(s_t)=\max_{u_t}\left\{cu_t+d(s_t-u_t)+f_{t+1}(s_{t+1})\right\}$$

可以推出，应满足极值关系的条件必然是

$$
\begin{cases}
c-d>c(1+a+a^2+\cdots+a^{n-(t+1)})(b-a)\\
c-d<c(1+a+a^2+\cdots+a^{n-t})(b-a)
\end{cases}
\tag{9-9}
$$

相应的有最优策略

$$
\begin{aligned}
l_n^*=l_{n-1}^*=\cdots=l_t^*=1\\
l_1^*=l_2^*=\cdots=l_{t-1}^*=0
\end{aligned}
$$

它就是例 3 在始端固定终端自由情况下最优策略的一般结果。

从这个例子看到，应用动态规划，可以在不求出数值解的情况下，确定最优策略的结构。

可见，只要知道了 a，b，c，d 四个值，就总可找到一个 t 值，满足 (9-9) 式，且 $1 \le l \le n-1$

例如题中给定 $a=0.7$，$b=0.8$，$c=8$，$d=5$，代入 (9-9) 式，应有

$$\frac{c-d}{c(b-a)}=\frac{1-d/c}{b-a}=\frac{1-5/8}{0.8-0.7}=\frac{3}{0.8}=3.75>(1+a)=1+0.7$$

可见 $n-t-1=5-t-1=1$，所以 $t=3$，即从第 3 年开始将全部机器投入高负荷生产，5 年内总产量最高。

上面的讨论表明：当 x 在 $[0,s_1]$ 上离散变化时，利用递推关系式逐步计算或表格法求出数值解。当 x 在 $[0,s_1]$ 上连续变化时，若 $g(x)$ 和 $h(x)$ 是线性函数或凸函数时，根据递推关系式运用解析法不难求出 $f_k(x)$ 和最优解；若 $g(x)$ 和 $h(x)$ 不是线性函数或凸函数时，一般来说，解析法不能奏效，只好利用递推关系式求其数值解。首先要把问题离散化，即把区间 $[0,s_1]$ 进行分割，令 $x=0$，Δ，2Δ，$\cdots$，$m\Delta=s_1$。其 Δ 的大小，应根据计算精度和计算机容量等来确定。然后规定所有的 $f_k(x)$ 和决策变量只在这些分割点上取值。这样，递推关系式便可写为

$$
\begin{cases}
f_n(i\Delta)=\max_{0\le j\le i}\left\{g(j\Delta)+h(i\Delta-j\Delta)\right\}\\
f_k(i\Delta)=\max_{0\le j\le i}\left\{g(j\Delta)+h(i\Delta-j\Delta)+f_{k+1}\left[a(j\Delta)+b(i\Delta-j\Delta)\right]\right\}\\
\qquad k=n-1,\cdots 2,1
\end{cases}
\tag{9-10}
$$

对 $i=0$，1，$\cdots$，m 依次计算，可逐步求出 $f_n(i\Delta)$，$f_{n-1}(i\Delta)$，$\cdots$，$f_1(i\Delta)$ 及相应的最优决策，最后求得 $f_1(m\Delta)=f_1(s_1)$ 就是所求的最大总收入。

关于资源分配更为复杂的问题是有两种资源分配生产 n 种产品，这称为二维资源分配，本教材鉴于篇幅不做讨论，想要了解的读者可以参看其他教材。

9.3 生产与存储问题

在生产和经营管理中，经常遇到要合理地安排生产（或购买）与库存的问题，达到既要满足社会的需要，又要尽量降低成本费用。因此，正确制定生产（或采购）策略，确定不同时期的生产量（或采购量）和库存量，以使总的生产成本费用和库存费用之和最小，这就是生产与存储问题的最优化目标。

9.3.1 生产计划问题

设某公司对某种产品要制订一项 n 个阶段的生产（或购买）计划。已知它的初始库存量为零，每阶段生产（或购买）该产品的数量有上限的限制，每阶段社会对该产品的需求量是已知的，公司保证供应，在第 n 阶段末的终结库存量为零。问该公司如何制订每个阶段的生产（或采购）计划，从而使总成本最小。

设 d_k 为第 k 阶段对产品的需求量，x_k 为第 k 阶段该产品的生产量（或采购量），v_k 为第 k 阶段结束时的产品库存量，则有 $v_k = v_{k-1} + x_k - d_k$。

$c_k(x_k)$ 表示第 k 阶段生产产品 x_k 时的成本费用

$$c_k(x_k) = \begin{cases} 0, & x_k = 0 \\ K + a x_k, & x_k = 1, 2, \cdots, m \\ \infty, & x_k > m \end{cases} \tag{9-11}$$

它包括生产准备成本 K 和产品成本 $a x_k$（其中 a 是单位产品成本）两项费用。即

$h_k(v_k)$ 表示在第 k 阶段结束时有库存量 v_k 所需的存储费用。

故第 k 阶段的成本费用为 $c_k(x_k) + h_k(v_k)$

m 表示每阶段最多能生产该产品的上限数。

上述问题的数学模型为

$$\min g = \sum_{k=1}^{n} \left[c_k(x_k) + h_k(v_k) \right]$$

$$\begin{cases} v_0 = 0, v_{n=0} \\ v_k = \sum_{j=1}^{k} (x_j - d_j) \geqslant 0, & k = 2, \cdots, n-1 \\ 0 \leqslant x_k \leqslant m, & k = 1, 2, \cdots, n \\ x_k \text{ 为整数}, & k = 1, 2, \cdots, n \end{cases} \tag{9-12}$$

用动态规划方法来求解，可看作一个 n 阶段决策问题。令 v_{k-1} 为状态变量，它表示第 k 阶段开始时的库存量。x_k 为决策变量，它表示第 k 阶段的生产量。

状态转移方程为

$$v_k = v_{k-1} + x_k - d_k, \quad k = 1, 2, \cdots, n$$

最优值函数 $f_k(v_k)$ 表示从第 1 阶段初始库存量为 0 到第 k 阶段末库存量为 v_k 时的最小总费用。

顺序递推关系式为

$$f_k(v_k) = \min_{0 \leqslant x_k \leqslant \sigma_k} \left[c_k(x_k) + h_k(v_k) + f_{k-1}(v_{k-1}) \right], \quad k = 1, \cdots, n$$

其中 $\sigma_k = \min(v_k + d_k, m)$。这是因为一方面每阶段生产的上限为 m；另一方面由于保证供应，故第 $k-1$ 阶段末的库存量 v_{k-1} 必须非负，即 $v_k + d_k - x_k \geq 0$，所以 $x_k \leq v_k + d_k$。

边界条件为

$$f_0(v_0) = 0 \text{ 或 } f_1(v_1) = \min_{x_1 \leq \sigma_1}[c_1(x_1) + h_1(v_1)]$$

从边界条件出发，利用上面的递推关系式，对每个 k，计算出 $f_k(v_k)$ 中的 v_k 在 0 至 $\min\left[\sum_{j=k+1}^{n} d_j \sum_{j=1}^{k}(m-d_j)\right]$ 之间的值，最后求得的 $f_n(0)$ 即为所求的最小总费用。

例 9-4 某工厂要对一种产品制订今后四个时期的生产计划，据估计在今后四个时期内，市场对于该产品的需求量如表 9-5 所示。

表 9-5 产品的需求情况

时期（k）	1	2	3	4
需求量（d_k）	2	3	2	4

假定该厂生产每批产品的固定成本为 3 千元，若不生产就为 0；每单位产品成本为 1 千元；每个时期生产能力所允许的最大生产批量不超过 6 个单位；每个时期末未售出的产品，每单位需付存储费 0.5 千元。还假定在第一个时期的初始库存量为 0，第四个时期之末的库存量也为 0。试问该厂应如何安排各个时期的生产与库存，才能在满足市场需要的条件下，使总成本最小。

解：用动态规划方法来求解，其符号含义与上面相同。

按四个时期将问题分为四个阶段。由题意知，在第 k 时期内的生产成本为

$$c_k(x_k) = \begin{cases} 0, & x_k = 0 \\ 3 + 1 \times x_k, & x_k = 1, 2, \cdots, 6 \\ \infty, & x_k > 6 \end{cases}$$

第 k 时期末库存量为 v_k 时的存储费用为 $h_k(v_k) = 0.5 v_k$

故第 k 时期内的总成本为 $c_k(x_k) + h_k(v_k)$

而动态规划的顺序递推关系式为

$$f_k(v_k) = \min_{0 \leq x_k \leq \sigma_k}[c_k(x_k) + h_k(v_k) + f_{k-1}(v_k + d_k - x_k)], k = 2, 3, 4$$

其中 $\sigma_k = \min(v_k + d_k, 6)$，边界条件 $f_1(v_1) = \min_{x_1 = \min(v_1 + d_1, 6)}[c_1(x_1) + h_1(v_1)]$

当 $k=1$ 时，由 $f_1(v_1) = \min_{x_1 = \min(v_1 + 2, 6)}[c_1(x_1) + h_1(v_1)]$

分别计算 v_1 在 0 至 $\min\left[\sum_{j=2}^{4} d_j, m - d_1\right] = \min[9, 6-2] = 4$ 之间的值。

$v_1 = 0$ 时　$f_1(0) = \min_{x_1=2}[3 + x_1 + 0.5 \times 0] = 5$　所以 $x_1 = 2$

$v_1 = 1$ 时　$f_1(1) = \min_{x_1=3}[3 + x_1 + 0.5 \times 1] = 6.5$　所以 $x_1 = 3$

$v_1 = 2$ 时　$f_1(2) = \min_{x_1=4}[3 + x_1 + 0.5 \times 2] = 8$　所以 $x_1 = 4$

同理得

$$f_1(3) = 9.5，\text{所以} x_1 = 5$$

$$f_1(4)=11，\text{所以}x_1=6$$

当 $k=2$ 时，$f_2(v_2) = \min\limits_{0 \leqslant x_2 \leqslant \sigma_2} \left[c_2(x_2) + h_2(v_2) + f_1(v_2 + 3 - x_2) \right]$

其中 $\sigma_2 = \min(v_2+3,\ 6)$。分别计算 v_2 在 0 至 $\min\left[\sum\limits_{j=3}^{4} d_j, 2m - d_1 - d_2 \right] = \min[6, 7] = 6$ 之间的值。

从而有

$$f_2(0) = \min_{0 \leqslant x_2 \leqslant 3} \left[c_2(x_2) + h_2(0) + f_1(3 - x_2) \right]$$

$$= \min \begin{bmatrix} c_2(0) + h_2(0) + f_1(3) \\ c_2(1) + h_2(0) + f_1(2) \\ c_2(2) + h_2(0) + f_1(1) \\ c_2(3) + h_2(0) + f_1(0) \end{bmatrix} = \min \begin{bmatrix} 0 + 9.5 \\ 4 + 8 \\ 5 + 6.5 \\ 6 + 5 \end{bmatrix} = 9.5，\text{所以}x_2 = 0$$

$$f_2(1) = \min_{0 \leqslant x_2 \leqslant 4} \left[c_2(x_2) + h_2(1) + f_1(4 - x_2) \right] = 11.5，\text{所以}x_2 = 0$$

$$f_2(2) = \min_{0 \leqslant x_2 \leqslant 5} \left[c_2(x_2) + h_2(2) + f_1(5 - x_2) \right] = 14，\text{所以}x_2 = 5$$

$$f_2(3) = \min_{0 \leqslant x_2 \leqslant 6} \left[c_2(x_2) + h_2(3) + f_1(6 - x_2) \right] = 15.5，\text{所以}x_2 = 6$$

$$f_2(4) = \min_{0 \leqslant x_2 \leqslant 6} \left[c_2(x_2) + h_2(4) + f_1(7 - x_2) \right] = 17.5，\text{所以}x_2 = 6$$

$$f_2(5) = \min_{0 \leqslant x_2 \leqslant 6} \left[c_2(x_2) + h_2(5) + f_1(8 - x_2) \right] = 21.5，\text{所以}x_2 = 6$$

当 $k=3$ 时，由 $f_3(v_3) = \min\limits_{0 \leqslant x_3 \leqslant \sigma_3} \left[c_3(x_3) + h_3(v_3) + f_2(v_3 + 2 - x_3) \right]$

其中 $\sigma_3 = \min(v_3+2,\ 6)$。分别计算 v_3 在 0 至 $\min[4, 18-7] = 4$ 之间的值，从而有

$$f_3(0) = 14，\text{所以}x_3 = 0$$
$$f_3(1) = 16，\text{所以}x_3 = 0\text{或}3$$
$$f_3(2) = 17.5，\text{所以}x_3 = 4$$
$$f_3(3) = 19，\text{所以}x_3 = 5$$
$$f_3(4) = 20.5，\text{所以}x_3 = 6$$

当 $k=4$ 时，因要求第 4 时期之末的库存量为 0，即 $v_4 = 0$，故有

$$f_4(0) = \min_{0 \leqslant x_4 \leqslant 4} \left[c_4(x_4) + h_4(0) + f_3(4 - x_4) \right]$$

$$= \min \begin{bmatrix} c_4(0) + f_3(4) \\ c_4(1) + f_3(3) \\ c_4(2) + f_3(2) \\ c_4(3) + f_3(1) \\ c_4(4) + f_3(0) \end{bmatrix} = \min \begin{bmatrix} 0 + 20.5 \\ 4 + 19 \\ 5 + 17.5 \\ 6 + 16 \\ 7 + 14 \end{bmatrix} = 20.5$$

所以，$x_4 = 0$。

再按计算的顺序反推算，可找出每个时期的最优生产决策为

$$x_1 = 5，\ x_2 = 0，\ x_3 = 6，\ x_4 = 0$$

其相应的最小总成本为 20.5 千元。

把上面例题中的有关数据列成表 9-6，可找出一些规律性的东西。

表 9-6　例 9-4 计算数据

阶段 i	0	1	2	3	4
需求量 d_i	—	2	3	2	4
生产量 x_i	—	5	0	6	0
库存量 v_i	0	3	0	4	0

由表中的数字可以看到，这类库存问题有如下特征：

①对每个 i，有 $v_{i-1} \times x_i = 0$（$i=1$，2，3，4），其中 $v_0 = 0$。

②对于最优生产决策来说，可分解为两个子问题，一个是从第 1 阶段到第 2 阶段；另一个是从第 3 阶段到第 4 阶段。每个子问题的最优生产决策特别简单，它们的最小总成本之和就等于原问题的最小总成本。

如果对每个 i，都有 $v_{i-1}*x_i=0$，则称该点的生产决策（或称一个策略 $x=x_1$，…，x_n）具有再生产点性质（又称重生性质）。如果 $v_i=0$，则称阶段 i 为再生产点（又称重生点）。

由假设 $v_0=0$ 和 $v_n=0$，故阶段 0 和 n 是再生产点。可以证明：若库存问题的目标函数 $g(x)$ 在凸集合 S 上是凹函数（或凸函数），则 $g(x)$ 在 S 的顶点上具有再生产点性质的最优策略。下面运用再生产点性质来求库存问题为凹函数的解。

设 $c(j,i)$（$j \leq i$）为阶段 j 到阶段 i 的总成本，给定 $j-1$ 和 i 是再生产点，并且阶段 j 到阶段 i 期间的产品全部由阶段 j 供给。则

$$c(j,i) = c_i \left(\sum_{s=j}^{i} d_s \right) + \sum_{s=j+1}^{i} c_s(0) + \sum_{s=j}^{i-1} h_s \left(\sum_{t=s+1}^{i} d_t \right)$$

根据两个再生点之间的最优策略，可以得到一个更有效的动态规划递推关系式。

设最优值函数 f_i 表示在阶段 i 末库存量 $v_i=0$ 时，从阶段 1 到阶段 i 的最小成本。则对应的递推关系式为 $f_i = \min_{1 \leq j \leq i} \left[f_{j-1} + c(j,i) \right]$（$i=1$，2，…，n），边界条件为 $f_0=0$

为了确定最优生产决策，逐个计算 f_1，f_2，…，f_n。则 $f_n(0)$ 为 n 个阶段的最小总成本。设 $j(n)$ 为计算 f_n 时，使 $f_i = \min_{1 \leq j \leq i} \left[f_{j-1} + c(j,i) \right]$（$i=1,2,\cdots,n$）右边最小的 j 值，即

$$f_n = \min_{1 \leq j \leq n} \left[f_{j-1} + c(j,n) \right] = f_{j(n)-1} + c(j(n),n)$$

则从阶段 $j(n)$ 到阶段 n 的最优生产决策为

$$x_j(n) = \sum_{s=j(n)}^{n} d_s$$

当 $s = j(n)+1, j(n)+2, \cdots, n$ 时，$x_s=0$

故阶段 $j(n)-1$ 为再生产点。为了进一步确定阶段 $j(n)-1$ 到阶段 1 的最优生产决策，记 m=$j(n)-1$，而 $j(m)$ 是在计算 f_m 时，使 $f_i = \min_{1 \leq j \leq i} \left[f_{j-1} + c(j,i) \right]$（$i=1,2,\cdots,n$）右边最小的 j 值，则从阶段 $j(m)$ 到阶段 $j(n)$ 的最优生产决策为

$$x_{j(m)} = \sum_{s=j(m)}^{m} d_s$$

当 $s = j(m)+1, j(m)+2, \cdots, m$ 时，$x_s=0$

故阶段 $j(m)-1$ 为再生产点，其余依此类推。

例 9-5　利用再生产点性质解例 9-4。

解：因 $c_i(x_i)=\begin{cases}0, & x_i=0 \\ 3+x_i, & x_i=1,2,\cdots,6 \\ \infty, & x_i>6\end{cases}$ 和 $h_i(v_i)=0.5v_i$ 都是凹函数，故可利用再生产点性质来计算。

① 按 $c(j,i)=c_j\left(\sum_{s=j}^{i}d_s\right)+\sum_{s=j+1}^{i}c_s(0)+\sum_{s=j}^{i-1}h_s\left(\sum_{t=s+1}^{i}d_t\right)$ 计算，$1\leqslant j\leqslant i,i=1,2,3,4$

$$c(1,1)=c(2)+h(0)=5$$
$$c(1,2)=c(5)+h(3)=3+5+0.5\times3=9.5$$
$$c(1,3)=c(7)+h(5)+h(2)=\infty+0.5\times5+0.5\times2=\infty$$
$$c(1,4)=c(11)+h(9)+h(6)+h(4)=\infty$$
$$c(2,2)=c(3)+h(0)=6$$
$$c(2,3)=c(5)+h(2)=9$$
$$c(2,4)=c(9)+h(6)+h(4)=\infty$$
$$c(3,3)=c(2)+h(0)=5$$
$$c(3,4)=c(6)+h(4)=11$$
$$c(4,4)=c(4)=7$$

② 按 $f_t=\min_{1\leqslant j\leqslant i}\left[f_{j-1}+c(j,i)\right]$ （$i=1,2,\cdots,n$）式计算 f_i 的值。

$$f_0=0$$
$$f_1=f_0+c(1,1)=0+5=5，所以j(1)=1$$
$$f_2=\min[f_0+c(1,2),f_1+c(2,2)]$$
$$=\min[0+9.5,5+6]=9.5，所以j(2)=1$$
$$f_3=\min[f_0+c(1,3),f_1+c(2,3),f_2+c(3,3)]$$
$$=\min[0+\infty,5+9,9.5+5]=14，所以j(3)=2$$
$$f_4=\min[f_0+c(1,4),f_1+c(2,4),f_2+c(3,4),f_3+c(4,4)]$$
$$=\min[0+\infty,5+\infty,9.5+11,14+7]$$
$$=20.5，所以j(4)=3$$

③ 找出最优生产决策。

由 $j(4)=3$，故 $x_3=d_3+d_4=6,x_4=0$。因 $m=j(4)-1=3-1=2$，所以 $j(m)=j(2)=1$。

故 $x_1=d_1+d_2=5,x_2=0$，所以最优生产决策为 $x_1=5$，$x_2=0$，$x_3=6$，$x_4=0$，相应的最小总成本为 20.5 千元。

例 9-6　某车间需要按月在月底供应一定数量的某种部件给总装车间，由于生产条件的变化，该车间在各月份中生产每单位这种部件所需耗费的工时不同，各月份的生产量于当月的月底前，全部要存入仓库以备后用。已知总装车间的各个月份的需求量以及在加工车间生产该部件每单位数量所需工时数如表 9-7 所示。

表 9-7　各个月份需求量及单位部件所需工时数

月份 k	0	1	2	3	4	5	6
需求量 d_k	0	8	5	3	2	7	4
单位工时 a_k	11	18	13	17	20	10	—

设仓库容量限制为 $H=9$，开始库存量为 2，期终库存量为 0，需要制订一个半年的逐月生产计划，既使得满足需要和库容量的限制，又使得生产这种部件的总耗费工时数为最少。

解：按月份划分阶段，用 k 表示月份序号。

设状态变量 s_k 为第 k 段开始时（本段需求量送出之前，上段产品送入之后）部件库存量。

决策变量 u_k 为第 k 段内的部件生产量。

状态转移方程：$s_{k+1}=s_k+u_k-d_k$（$k=0,1,\cdots,6$）且 $d_k \leqslant s_k \leqslant H$，故允许决策集合为
$$D_k(s_k)=\{u_k:u_k \geqslant 0,d_{k+1} \leqslant s_k+u_k-d_k \leqslant H\}$$

最优值函数 $f_k(s_k)$ 表示在第 k 段开始的库存量为 s_k 时，从第 k 段至第 6 段所生产部件的最小累计工时数。因而可写出逆推关系式为
$$\begin{cases} f_k(s_k) = \min_{u_k \in D_k(s_k)} [a_ku_k + f_{k+1}(s_k+u_k-d_k)], & k=0,1,\cdots,6 \\ f_7(s_7)=0 \end{cases}$$

当 $k=6$ 时，因要求期终库存量为 0，即 $s_7=0$。因每月的生产是供应下月的需要，故第 6 个月不用生产，即 $u_6=0$。因此 $f_6(s_6)=0$，而由 $s_{k+1}=s_k+u_k-d_k$（$k=0,1,\cdots,6$）式有 $s_6=d_6=4$

当 $k=5$ 时，有 $s_6=s_5+u_5-d_5$，故 $u_5=11-s_5$
$$f_5(s_5) = \min_{u_5=11-s_5} (a_5u_5) = 10(11-s_5) = 110-10s_5$$

最优解 $u_5^*=11-s_5$。

当 $k=4$ 时，有
$$\begin{aligned} f_4(s_4) &= \min_{u_4 \in D_4(s_4)} [a_4u_4 + f_5(s_4+u_4-d_4)] \\ &= \min_{u_4} [20u_4 + 110 - 10(s_4+u_4-2)] \\ &= \min_{u_4} [10u_4 - 10s_4 + 130] \end{aligned}$$

其中 u_4 的允许决策集合 $D_4(s_4)$ 由 $D_k(s_k)=\{u_k:u_k \geqslant 0,d_{k+1} \leqslant s_k+u_k-d_k \leqslant H\}$ 确定。由 $d_5 \leqslant s_4+u_4-d_4 \leqslant H$，故有 $9-s_4 \leqslant u_4 \leqslant 11-s_4$。又 $u_4 \geqslant 0$，因而 $\max[0,9-s_4] \leqslant u_4 \leqslant 11-s_4$。而由 $d_k \leqslant s_k \leqslant H$ 知：$s_k \leqslant 9$，所以 $D_4(s_4)$ 为 $9-s_4 \leqslant u_4 \leqslant 11-s_4$，故得 $f_4(s_4)=10(9-s_4)-10s_4+130=220-20s_4$ 及最优解 $u_4^* \leqslant 9-s_4$。

当 $k=3$ 时，有
$$\begin{aligned} f_3(s_3) &= \min_{u_3 \in D_3(s_3)} [a_3u_3 + f_4(s_3+u_3-d_3)] \\ &= \min_{u_3} [17u_3 + 220 - 20(s_3+u_3-3)] \\ &= \min_{u_3} [-3u_3 - 20s_3 + 280] \end{aligned}$$

由 $D_k(s_k)=\{u_k:u_k \geqslant 0,d_{k+1} \leqslant s_k+u_k-d_k \leqslant H\}$ 得 $D_3(s_3)$ 为 $\max[0,5-s_3] \leqslant u_3 \leqslant 12-s_3$，故得 $f_3(s_3)=244-17s_3$ 及最优解 $u_3^*=12-s_3$。

当 $k=2$ 时，
$$\begin{aligned} f_2(s_2) &= \min_{u_2 \in D_2(s_2)} [a_2u_2 + f_3(s_2+u_2-d_2)] \\ &= \min_{u_2} [-4u_2 - 17s_2 + 329] \end{aligned}$$

其中 $D_2(s_2)$ 为 $\max[0,8-s_2] \leqslant u_2 \leqslant 14-s_2$，故得 $f_2(s_2)=273-13s_2$ 及最优解 $u_2^*=14-s_2$。

当 $k=1$ 时
$$f_1(s_1) = \min_{u_1 \in D_1(s_1)} [a_1u_1 + f_2(s_1+u_1-d_1)] = \min_{u_1} [5u_1 - 13s_1 + 377]$$

其中，$D_1(s_1)$ 为 $13-s_1 \leq u_1 \leq 17-s_1$，故得 $f_1(s_1)=442-18s_1$ 及最优解 $u_1^*=13-s_1$。

当 $k=0$ 时

$$f_0(s_0) = \min_{u_0 \in D_0(s_0)} [a_0u_0 + f_1(s_0+u_0-d_0)] = \min_{u_0} [-7u_0+442-18s_0]$$

其中，$D_0(s_0)$ 为 $8-s_0 \leq u_0 \leq 9-s_0$，故得 $f_0(s_0)=379-11s_0$ 及最优解 $u_0^*=9-s_0$，因 $s_0=2$，所以 $f_0=357$，$u_0^*=7$

再按计算顺序反推，即得各阶段最优决策为

$$u_0^*=7, \quad u_1^*=4, \quad u_2^*=9, \quad u_3^*=3, \quad u_4^*=0, \quad u_5^*=4$$

所以，0 至 5 月最优生产计划为 7，4，9，3，0，4，最小总工时为 357。

9.3.2 不确定性的采购问题

在实际问题中，还会遇到某些多阶段决策过程，其状态转移不是完全确定的，出现了随机性因素，状态转移是按照某种已知概率分布取值的。

具有这种性质的多阶段决策过程称为随机性决策过程。

用动态规划方法也可处理这类随机性问题，又称为随机性动态规划。

例 9-7 采购问题。某厂生产上需要在近五周内必须采购一批原料，而估计在未来五周内价格有波动，其浮动价格和概率已测得如表 9-8 所示。试求在哪一周以什么价格购入，使其采购价格的数学期望值最小，并求出期望值。

表 9-8 价格及概率

单价	概率
500	0.3
600	0.3
700	0.4

解： 价格是一个随机变量，按某种已知的概率分布取值。用动态规划方法处理，按采购期限 5 周分为 5 个阶段，将每周的价格看作该阶段的状态。

设：

y_k——状态变量，表示第 k 周的实际价格。

x_k——决策变量，$x_k=1$ 时表示第 k 周决定采购；$x_k=0$ 时表示第 k 周决定等待。

y_{kE}——第 k 周决定等待，而在以后采取最优决策时采购价格的期望值。

$f_k(y_k)$——第 k 周实际价格为 y_k 时，从第 k 周至第 5 周采取最优决策所得的最小期望值。

因而可写出逆序递推关系式为

$$f_k(y_k)=\min\{y_k, y_{kE}\}, \quad y_k \in s_k$$
$$f_5(y_5)=y_5, \quad y_5 \in s_5$$

其中 $s_k=\{500, 600, 700\}$，$k=1, 2, 3, 4, 5$

由 y_{kE} 和 $f_k(y_k)$ 的定义可知

$$y_{kE}=Ef_{k+1}(y_{k+1})=0.3f_{k+1}(500)+0.3f_{k+1}(600)+0.4f_{k+1}(700)$$

并且得出最优决策为

$$x_k = \begin{cases} 1(采购), & 当 f_k(y_k)=y_k \\ 0(等待), & 当 f_k(y_k)=y_{kE} \end{cases}$$

从最后一周开始，逐步向前递推计算，具体计算过程如下：

$k=5$ 时，因 $f_5(y_5)=y_5$，$y_5 \in s_5$，故有 $f_5(500)=500$，$f_5(600)=600$，$f_5(700)=700$

即在第五周时，若所需的原料尚未买入，则无论市场价格如何，都必须采购，不能再等。

$k=4$ 时，可知

$$y_{4E}=0.3f_5(500)+0.3f_5(600)+0.4f_5(700)=0.3\times500+0.3\times600+0.4\times700=610$$

于是

$$f_4(y_4)=\min_{y_4\in s_4}\{y_4,y_{4E}\}=\min_{y_4\in s_4}\{y_4,610\}$$
$$=\begin{cases}500 & 若y_4=500\\600 & 若y_4=600\\700 & 若y_4=700\end{cases}$$

第 4 周最优决策为

$$x_4=\begin{cases}1(采购)，& 若\ y_4=500或600\\0(等待)，& 若\ y_4=700\end{cases}$$

同理求得

$$f_3(y_3)=\min_{y_3\in s_3}\{y_3,y_{3E}\}=\min_{y_3\in s_3}\{y_3,574\}$$
$$=\begin{cases}500，& 若\ y_3=500\\574，& 若\ y_3=600或700\end{cases}$$

所以

$$x_3=\begin{cases}1，& 若\ y_3=500\\0，& 若\ y_3=600或700\end{cases}$$
$$f_2(y_2)=\min_{y_2\in s_2}\{y_2,y_{2E}\}=\min_{y_2\in s_2}\{y_2,551.8\}$$
$$=\begin{cases}500，& 若\ y_2=500\\551.8，& 若\ y_2=600或700\end{cases}$$

所以

$$x_2=\begin{cases}1，& 若\ y_2=500\\0，& 若\ y_2=600或700\end{cases}$$
$$f_1(y_1)=\min_{y_1\in s_1}\{y_1,y_{1E}\}=\min_{y_1\in s_1}\{y_1,536.26\}$$
$$=\begin{cases}500，& 若\ y_1=500\\536.26，& 若\ y_1=600或700\end{cases}$$

所以

$$x_1=\begin{cases}1，& 若\ y_1=500\\0，& 若\ y_1=600或700\end{cases}$$

由上可知，最优采购策略为：在第一、二、三周时，若价格为 500 就采购，否则应该等待；在第四周时，价格为 500 或 600 应采购，否则就等待；在第五周时，无论什么价格都要采购。

依照上述最优策略进行采购时，价格（单价）的数学期望值为

$500×0.3[1+0.7+0.7^2+0.7^3+0.7^3×0.4]+600×0.3[0.7^3+0.4×0.7^3]+700×0.42×0.73$

$=500×0.80106+600×0.14406+700×0.05488=525.382 \approx 525$

且 $0.80106+0.14406+0.05488=1$

9.4 背包问题

背包问题 (Knapsack problem) 是一种组合优化的问题。问题可以描述为：给定一组物品，每种物品都有自己的重量和价格，在限定的总重量内，我们如何选择，才能使得物品的总价格最高。问题的名称来源于如何选择最合适的物品放置于给定背包中。也可以将背包问题描述为决定性问题，即在总重量不超过 W 的前提下，总价值是否能达到 V。它是在 1978 年由 Merkel 和 Hellman 提出的。

背包问题已经研究了一个多世纪，早期可追溯到 1897 年数学家托比亚斯·丹捷格（Tobias Dantzig，1884-1956）的作品，指的是包装你最有价值或有用的物品而不会超载你的行李的常见问题。除了典型的背包问题，工厂里的下料问题、运输中的货物装载问题、人造卫星内的物品装载问题等都可以看作是背包问题。

例 9-8 一个人决定去某地旅游，顺便带三种当地比较有名的特产到目的地销售，得到一些利润作为旅游的资金。他的行李箱只能装 10 kg 的重量。三种特产的单位重量及单位获利如表 9-9 所示。另外这些特产单件不能分割。

表 9-9 特产单位重量及利润

特产	单位重量（kg）	单位利润（元）
1	3	4
2	4	5
3	5	6

此问题可以用整数线性规划来描述。设 x_1，x_2，x_3 表示准备带的各种特产的数量，则问题变为求解整数规划模型

$$\max z = 4x_1 + 5x_2 + 6x_3$$

$$s.t.\begin{cases} 3x_1 + 4x_2 + 5x_3 \leqslant 10 \\ x_i \geqslant 0 且为整数 (i=1,2,3) \end{cases}$$

下面我们将用动态规划方法来解决此问题。

设按可装入特产的种类划分为 3 个阶段，即 $k=1$，2，3。

状态变量 w_k 表示用于装第 1 种特产至第 k 种特产的总重量。

决策变量 x_k 表示装入第 k 种物品的件数。则状态转移方程为 $w_{k+1}=w_k-x_k w_i$，w_i 为第 i 种特产的单件重量。

允许决策集合为

$$D_k(w_k) = \left\{ x_k \mid 0 \leqslant x_k \leqslant \left[\frac{w_k}{wi}\right] \right\}$$

最优值函数 $f_k(w_k)$ 是当总重量不超过 w_k 公斤，背包中可以装入第 1 种到第 k 种物品的最

大使用价值。即

$$f_k(w_k) = \max_{\substack{\sum_{i=1}^{k} w_i x_i \leqslant w_k \\ x_i \geqslant 0 且为整数(i=1,2,\cdots,k)}} \sum_{i=1}^{k} c_i(x_i)$$

因而可写出动态规划的顺序递推关系为

$$f_1(w_1) = \max_{x_1=0,1,\cdots,[w/w_1]} c_1 x_1$$

$$f_k(w_k) = \max_{x_1=0,1,\cdots,[w/w_1]} \{c_k x_k + f_{k-1}(w - w_k x_k)\}, \quad 2 \leqslant k \leqslant n$$

然后，逐步计算出 $f_1(w)$，$f_2(w)$，$\cdots$，$f_n(w)$，及相应的决策函数 $x_1(w)$，$x_2(w)$，$\cdots$，$x_n(w)$，最后得出的 $f_n(a)$ 就是所求的最大价值，其相应的最优策略由反推运算即可得出。

用动态规划方法来解，此问题变为求 $f_3(10)$。

$$f_3(10) = \max_{\substack{3x_1+4x_2+5x_3\leqslant10 \\ x_i\geqslant0, 整数, i=1,2,3}} \{4x_1+5x_2+6x_3\} = \max_{\substack{3x_1+4x_2\leqslant10-5x_3 \\ x_i\geqslant0, 整数, i=1,2,3}} \{4x_1+5x_2+(6x_3)\}$$

$$= \max_{\substack{10-5x_3\geqslant0 \\ x_3\geqslant0,整数}} \left\{ 6x_3 + \max_{\substack{3x_1+4x_2\leqslant10-5x_3 \\ x_1\geqslant0, x_2\geqslant0,整数}} [4x_1+5x_2] \right\} = \max_{x_3=0,1,2} \{6x_3 + f_2(10-5x_3)\}$$

$$= \max\{0+f_2(10), 6+f_2(5), 12+f_2(0)\}$$

由此看到，要计算 $f_3(10)$，必须先计算出 $f_2(10)$，$f_2(5)$，$f_2(0)$

$$f_2(10) = \max_{\substack{3x_1+4x_2\leqslant10 \\ x_1\geqslant0, x_2\geqslant0整数}} \{4x_1+5x_2\} = \max_{\substack{3x_1\leqslant10-4x_2 \\ x_1\geqslant0, x_2\geqslant0整数}} \{4x_1+(5x_2)\}$$

$$= \max_{\substack{10-4x_2\geqslant0 \\ x_2\geqslant0,整数}} \left\{ 5x_2 + \max_{\substack{3x_1\leqslant10-4x_2 \\ x_1\geqslant0,整数}} (4x_1) \right\} = \max_{x_2=0,1,2} \{5x_2 + f_1(10-4x_2)\}$$

$$= \max\{f_1(10), 5+f_1(6), 10+f_1(2)\}$$

$$f_2(5) = \max_{\substack{3x_1+4x_2\leqslant5 \\ x_1\geqslant0, x_2\geqslant0整数}} \{4x_1+5x_2\} = \max_{x_2=0,1} \{5x_2+f_1(5-4x_2)\} = \max\{f_1(5), 5+f_1(1)\}$$

$$f_2(0) = \max_{\substack{3x_1+4x_2\leqslant0 \\ x_1\geqslant0, x_2\geqslant0整数}} \{4x_1+5x_2\} = \max_{x_2=0} \{5x_2+f_1(0-4x_2)\} = f_1(0)$$

要计算出 $f_2(10)$，$f_0(5)$，$f_2(0)$，必须先计算出 $f_1(10)$，$f_1(6)$，$f_1(5)$，$f_1(2)$，$f_1(1)$，$f_1(0)$，一般有

$$f_1(w) = \max_{\substack{3x_1\leqslant w \\ x_1\geqslant0,整数}} (4x_1) = 4\times(不超过 w/3 的最大整数) = 4\times[w/3]$$

相应的最优决策为 $x_1=[w/3]$，于是得到

$$f_1(10)=4\times3=12 \quad (x_1=3); \quad f_1(6)=4\times2=8 \quad (x_1=2)$$
$$f_1(5)=4\times1=4 \quad (x_1=1); \quad f_1(2)=4\times0=0 \quad (x_1=0)$$
$$f_1(1)=4\times0=0 \quad (x_1=0); \quad f_1(0)=4\times0=0 \quad (x_1=0)$$

从而

$$f_2(10)=\max\{f_1(10),5+f_1(6),10+f_2(0)\}=\max\{12,5+8,10+0\}=13 \quad (x_1=2, x_2=1)$$
$$f_2(5)=\max\{f_1(5),5+f_1(1)\}=\max\{4,5+0\}=5 \quad (x_1=0, x_2=1)$$
$$f_2(0)=f_1(0)=0 \quad (x_1=0, x_2=0)$$

故最后得到

$f_3(10)=\max\{f_2(10),6+f_2(5),12+f_2(0)\}=\max\{13,6+5,12+0\}=13$　　　（x_1=2，x_2=1，x_3=0）

所以，最优装入方案为 x_1^*=2，x_2^*=1，x_3^*=0，最大使用价值为 13。

上面例子我们只考虑了背包重量的限制，它称为"一维背包问题"。如果再增加对背包体积的限制 b，并假设第 i 种物品每件的体积为 v_i 立方米，问应如何装才使得总价值最大。这就是"二维背包问题"，它的数学模型为

$$\max f = \sum_{i=1}^{n} c_i(x_i)$$

$$\begin{cases} \sum_{i=1}^{n} w_i x_i \leq a \\ \sum_{i=1}^{n} v_i x_i \leq b \\ x_i \geq 0 \text{ 且为整数}(i=1,2,\cdots,n) \end{cases}$$

用动态规划方法来解。这时，状态变量是两个（重量和体积的限制），决策变量仍是一个（物品的件数）。设最优值函数为 $f_k(w,v)$ 表示当总重量不超过 w 公斤，总体积不超过 v 立方米时，背包中装入第 1 种到第 k 种物品的最大使用价值。故

$$f_k(w,v) = \max_{\substack{\sum_{i=1}^{k} w_i x_i \leq w \\ \sum_{i=1}^{k} v_i x_i \leq v \\ x_i \geq 0 \text{ 且为整数}(i=1,2,\cdots,k)}} \sum_{i=1}^{k} c_i(x_i)$$

因而可写出顺序递推关系式为

$$f_k(w,v) = \max_{0 \leq x_k \leq \min\left(\left[\frac{w}{w_k}\right],\left[\frac{v}{v_k}\right]\right)} \{c_k(x_k) + f_{k-1}(w-w_k x_k, v-v_k x_k)\}, \quad 1 \leq k \leq n$$

$$f_0(w,v) = 0$$

最后算出 $f_n(a,b)$ 即为所求的最大价值。

9.5　其他动态规划模型

在许多问题中利用动态规划方法求解，要比使用线性规划或非线性规划更有成效，而且动态规划不像线性规划或非线性规划那样有固定的解法，也就是说动态规划方法没有固定的处理模式，它必须依据问题本身的特性，利用灵活的数学技巧来处理，这种方法吸引了越来越多的学者在更多领域的探索。

本节介绍利用动态规划求解线性规划问题、非线性规划问题及设备更新问题的分析。

9.5.1　求解线性规划模型

例 9-9　某企业生产产品 A 和产品 B，产品 A 卖 2 万元，产品 B 卖 1 万元，每单位 A 产品消耗甲资源 2 单位，乙资源 3 单位。每单位 B 产品消耗甲资源 3 单位，乙资源 2 单位。假设企业拥有甲资源 15 单位，乙资源 24 单位，那么企业生产 A 产品和 B 产品各多少时利润最大？

首先，设 A 产品生产产量为 x_1，B 产品的生产产量为 x_2。有：

$$\max z = 2x_1 + x_2$$

$$\begin{cases} 2x_1 + 3x_2 \leqslant 15 \\ 3x_1 + 2x_2 \leqslant 24 \\ x_1, \ x_2 \geqslant 0 \end{cases}$$

通常我们很容易对这种问题用线性规划的思路来解决，即运用单纯形表逐步替代逐步检验，最终得出最优解。

但是换一种思维——动态规划配置资源的思维，那么如何来解决此问题呢？

首先，建立如下动态规划模型：

阶段：$k=1$、2，表示 A、B 两种产品的生产过程；

状态变量 $S_{ki}(i=1,2)$：表示第 k 阶段所拥有的第 i 种资源总量；

决策变量 u_k：求 x_k 的值，即 $u_k = x_k$；

状态转移：

$$S_{k+1,i} = S_{ki} - a_{ij}x_k;$$

从而有

$$S_{1i} = c, \ S_{2i} = S_{1i} - a_{i1}x_1;$$

阶段效益

$$V_k(S_k, x_k) = \begin{cases} 2x_1, & k=1 \\ x_2, & k=2 \end{cases};$$

基本方程

$$f_k(S_{ki}) = \max\left\{ v_k(S_{ki}, x_k) + f_{k+1}(S_{k+1,i}) \right\};$$

有了以上动态规划模型所必需的一些前提条件，用逆序求解法计算，当 $k=2$ 时，有

$$f_2(S_{2i}) = \max\left\{ v_2(S_{2i}, x_2) + f_3(S_3) \right\}$$

$$\begin{cases} 0 \leqslant x_2 \leqslant S_{21}/3 \\ 0 \leqslant x_2 \leqslant S_{22}/2 \end{cases}$$

$$\max\{x_2 + 0\} = \begin{cases} 0 \leqslant x_2 \leqslant S_{21}/3 \\ 0 \leqslant x_2 \leqslant S_{22}/2 \end{cases}$$

$$= \min(S_{21}/3, S_{22}/2)$$

当 $k=1$ 时，有

$$f_1(S_{1i}) = \max\left\{ v_1(S_{1i}, x_1) + f_1(S_{2i}) \right\}$$

$$\begin{cases} 0 \leqslant x_1 \leqslant S_{11}/2 \\ 0 \leqslant x_1 \leqslant S_{12}/3 \end{cases}$$

$$= \max\left\{ 2x_1 + \min(S_{21}/3, S_{22}/2) \right\}$$

$$\begin{cases} 0 \leqslant x_1 \leqslant 15/2 \\ 0 \leqslant x_1 \leqslant 24/3 \end{cases}$$

$$= \max\left\{ 2x_1 + \min(15-2x_1)/3, (24-3x_1)/2 \right\}$$

$$0 \leqslant x_1 \leqslant 7.5$$

易知当 $x_1 \in (0,7.5)$，则可判断该区间 $(15-2x_1)/3 < (24-3x_1)/2$，大括号内 $(15+4x_1)/3$

为增函数，因此 $x_1=7.5$，有

$$f_1(S_{1i}) = \max\{(15+4x_1)/3\} = 15$$

$$(0 \leqslant x_1 \leqslant 7.5)$$

代回原式中求得 $x_2=0$。

用动态规划求得 A 产品 7.5 单位，B 产品 0 单位，企业最大利润 15 万元。

我们不妨推广至 n 个决策变量 m 个约束问题：

$$\max z = c_1x_1 + c_2x_2 + \cdots + c_nx_n$$

$$\begin{cases} a_{11}x_1 + a_{12}x_2 + \cdots a_{1n}x_n \leqslant b_1 \\ \cdots \qquad \cdots \qquad \cdots \\ \cdots \qquad \cdots \qquad \cdots \\ \cdots \qquad \cdots \qquad \cdots \\ a_{m1}x_1 + a_{m2}x_2 + \cdots a_{mn}x_n \leqslant b_m \end{cases} \qquad (9\text{-}13)$$

$$x_i \geqslant 0 (i = 1,2,3,\cdots,n)$$

在此为方便讨论只针对 $c_i \geqslant 0$ 和 $a_{ij} \geqslant 0$ 的情况进行详细讨论。

如下建立动态规划模型：

阶段：$k=1,2,\cdots,n$，表示 $x_1,x_2,\cdots,x_n$ 的过程；

状态变量 $S_{kj}(i=1,2,\cdots,m)$：表示第 k 阶段到第 m 阶段所拥有的第 i 种资源总量；

决策变量 u_k：求 x_k 的值，即 $u_k=x_k$；

状态转移

$$S_{k+1,j} = S_{kj} - a_{ij}x_k$$

阶段效益

$$v_k(S_k, x_k) = \begin{cases} c_1x_1, & k=0 \\ \cdots & \cdots \\ c_nx_n, & k=n \end{cases}$$

基本方程

$$f_k(S_{ki}) = \max\{v_k(S_{ki}, x_k) + f_{k+1}(S_{m,k+1})\}$$

当 $k=n$ 时

$$f_n(S_{ni}) = \max\{v_n(S_{ni}, x_n) + f_{n+1}(S_{n+1})\}$$

$$\begin{cases} 0 \leqslant x_n \leqslant S_{n1}/a_{1n} \\ \cdots \qquad \cdots \\ 0 \leqslant x_n \leqslant S_{nm}/a_{mn} \end{cases}$$

$$= \max\{c_nx_n\}$$

$$\begin{cases} 0 \leqslant x_n \leqslant S_{n1}/a_{1n} \\ \cdots \qquad \cdots \\ 0 \leqslant x_n \leqslant S_{nm}/a_{mn} \end{cases}$$

$$= c_n \min\left\{\frac{S_{n1}}{a_{1n}}, \cdots, \frac{S_{nm}}{a_{mn}}\right\} \qquad (9\text{-}14)$$

因中间与（9-14）类似，省略中间步骤

当 $k=1$ 时

$$f_1\left(S_{1i}\right)=\max\left\{v_1\left(S_{1i},x_1\right)+f_2\left(S_2\right)\right\}$$

$$\begin{cases}0\leqslant x_1\leqslant S_{11}/a_{11}\\ \cdots\qquad\cdots\\ 0\leqslant x_1\leqslant S_{1m}/a_{m1}\end{cases}$$

$$=\max\left\{c_1x_1+\max\left\{c_2x_2+\max\left\{\cdots+\max\left\{c_{n-1}x_{n-1}+c_n\min\left\{\frac{S_{n1}}{a_{1n}},\cdots,\frac{S_{nm}}{a_{mn}}\right\}\right\}\cdots\right\}\right\}\right\}$$

$$\begin{cases}0\leqslant x_1\leqslant b_1/a_{11}\\ \cdots\qquad\cdots\\ 0\leqslant x_1\leqslant b_m/a_{m1}\end{cases}\cdots\begin{cases}0\leqslant x_{n-1}\leqslant S_{n-1,1}/a_{1,n-1}\\ \cdots\qquad\cdots\\ 0\leqslant x_{n-1}\leqslant S_{n-1,m}/a_{m,n-1}\end{cases}$$

将状态转移方程依次代入

$$S_{n1}/a_{1n}=\left[S_{n-1,1}-a_{1,n-1}x_{n-1}\right]/a_{1n}$$
$$=\cdots=\left[S_{11}-\left(a_{11}x_1+\cdots+a_{1,n-1}x_{n-1}\right)\right]/a_{1n}$$
$$S_{nm}/a_{mn}=\left[S_{1m}-\left(a_{m1}x_1+\cdots+a_{m,n-1}x_{n-1}\right)\right]/a_{mn}$$

则

$$f_1\left(S_{1i}\right)=\max\left\{c_1x_1+\cdots+c_{n-1}x_{n-1}+c_n\min\left(S_{n1}/a_{1n},\cdots,S_{nm}/a_{m}\right)\right\}$$

$$\begin{cases}0\leqslant x_1\leqslant b_1/a_{11}\\ \cdots\qquad\cdots\quad\cdots\\ 0\leqslant x_1\leqslant b_m/a_{m1}\end{cases}\begin{cases}0\leqslant x_{n-1}\leqslant S_{n-1,1}/a_{1,n-1}\\ \cdots\qquad\cdots\\ 0\leqslant x_{n-1}\leqslant S_{n-1,m}/a_{m,n-1}\end{cases}\qquad(9\text{-}15)$$

此时可根据（2）式大括号中的算式判断其增减性，然后判断各资源对于 x_1 的稀缺性并由此可求出 x_1，把 x_1 带入前一阶段的方程式，可求出 x_2，依次代入可求出所有决策变量。

以上只是对 c_j，$a_{ij}\geqslant0$ 的情况进行了讨论；由以上分析过程易知，当 $c_j\leqslant0$，$a_{ij}\geqslant0$ 时，$\max z=0$；当 $c_j\geqslant0$，$a_{ij}\leqslant0$ 时，$\max$ 解无界。此类问题解决的关键是确定第 i 阶段决策变量的取值范围，然后确定 $f_k(S_{ki})$ 中式子的单调增减性从而确定该阶段的最优值。

将线性规划问题用动态规划方法求解，看似过程简单，实际上蕴含着一个深刻的道理。线性规划是静态的配置资源，而动态规划则是动态的全局统筹资源，需要对资源的稀缺性有正确的认识，这就是前面所说的确定第 i 阶段决策变量取值范围的原因。同时对各个动态的配置资源环节也要全面考虑，考虑该环节是能增加收益还是减少收益，也就是判断增减性。

在此基础上可以对此略微改进，改进步骤如下。首先找出目标函数中最大的价值系数 c_i，然后用尽可能满足约束的资源来满足该决策变量 x_i；确定刚好满足 x_i 的约束行的其他决策变量为 0；再找不包括 c_i 的价值系数中最大的 c_j，用尽可能满足约束的资源满足该决策变量 x_j；代入约束条件中求得其他决策变量。如此往复，求得所有决策变量，得出最大值。

通过用动态规划模型对一个简单的线性规划问题进行求解，并将其推广，可以得出结论，动态规划求解线性规划问题体现了资源的稀缺性和资源配置的动态性，考虑到各环节资源的收益，具有一定的优越性。

需要说明的是，用动态规划求解线性规划问题，当 n 值较大时，状态转移方程依次代入所得到的算式很复杂，而根据大括号决策变量的范围判断其增减性也不易。所以，用动态规划方法求解线性规划问题只有在决策变量和约束问题都较少时才是可取的。

9.5.2 求解非线性规划模型

非线性规划问题的求解是非常困难的，然而，对于有些非线性规划问题，如果转化为用动态规划来求解将是十分方便的。

例 9-10 用动态规划求解

$$\max z = x_1 \times x_2^2 \times x_3$$
$$\begin{cases} x_1 + x_2 + x_3 = 36 \\ x_1, x_2, x_3 \geqslant 0 \end{cases}$$

解：阶段：将问题的变量数作为阶段，即 $k=1,2,3$；

决策变量：x_k；

状态变量：状态变量 S_k 代表第 k 阶段的约束右端项，即从 x_k 到 x_3 占有的份额；

状态转移方程：$S_{k+1} = S_k - x_k$；

边界条件：$S_1 = 36$，$f_4(S_4) = 1$；

允许决策集合：$0 \leqslant x_k \leqslant S_k$。

当 $k=3$ 时

$$f_3(S_3) = \max_{0 \leqslant x_3 \leqslant S_3} \{ {}_3 \times f_4(S_4) \} = \max_{0 \leqslant x_3 \leqslant S_3} \{x_3\} = S_3 \mid_{x_3^* = S_3}$$

当 $k=2$ 时

$$f_2(S_2) = \max_{0 \leqslant x_2 \leqslant S_2} \{x_2^2 \times f_3(S_3)\} = \max_{0 \leqslant x_2 \leqslant S_2} \{x_2^2 (S_2 - x_2)\}$$

设 $h = x_2^2(S_2 - x_2)$，于是 $\dfrac{dh}{dx_2} = 2x_2(S_2 - x_2) - x_2^2$

令 $\dfrac{dh}{dx_2} = 2x_2(S_2 - x_2) - x_2^2 = 0$，可得 $x_2 = 0$ 或 $\dfrac{2}{3}S_2$

又因 $\dfrac{d^2h}{dx_2^2} = 2(S_2 - x_2) - 2x_2 - 2x_2 = 2S_2 - 6x_2$，所以：

$\dfrac{d^2h}{dx_2^2}\mid_{x_2=0} = 2S_2 > 0$，$x_2 = 0$ 是 $f_2(S_2)$ 的极小值点

$\dfrac{d^2h}{dx_2^2}\mid_{x_2=\frac{2}{3}S_2} = 2S_2 - 4S_2 = -2S_2 < 0$，$x_2 = \dfrac{2}{3}S_2$ 是 $f_2(S_2)$ 的极大值点

于是

$$f_2(S_2) = \frac{4}{27}S_2^3 \mid_{x_2^* = \frac{2}{3}S_2}$$

当 $k=1$ 时

$$f_1(S_1) = \max_{0 \leqslant x_1 \leqslant s_1} \{x_1 \times f_2(S_2)\} = \max_{0 \leqslant x_1 \leqslant s_1} \left\{x_1 \times \frac{4}{27}(S_1 - x_1)^3\right\}$$

同上可得

$$f_1(S_1 = 36) = \frac{1}{46}S_1^4 = \frac{1}{46} \times 36^4 = 26244 \mid_{x_1^* = \frac{1}{4}S_1 = 9}$$

由 $S_2 = S_1 - x_1^* = 36 - 9 = 27$，有 $x_2^* = \dfrac{2}{3}S_2 = \dfrac{2}{3} \times 27 = 18$

由 $S_3 = S_2 - x_2^* = 27 - 18 = 9$，有 $x_3^* = S_2 = 9$

于是得到最优解 $x^* = (9, 18, 9)$，最优值 $z^* = 26244$。

9.5.3 设备更新问题

在工业和交通运输企业中，经常碰到设备陈旧或部分损坏需要更新的问题。从经济上来分析，一种设备应该用多少年后进行更新为最恰当，即更新的最佳策略应该如何，从而使在某一时间内的总收入达到最大（或总费用达到最小）。

现以一台机器为例，随着使用年限的增加，机器的使用效率降低，所能给企业带来的收入减少，维修费用增加。而且机器使用年限越长，它本身的价值就越小，因而更新时所需的净支出费用就愈多。设：

$I_j(t)$ —— 在第 j 年机器役龄为 t 年的一台机器运行所得的收入。

$O_j(t)$ —— 在第 j 年机器役龄为 t 年的一台机器运行时所需的运行费用。

$C_j(t)$ —— 在第 j 年机器役龄为 t 年的一台机器更新时所需更新净费用。

α —— 折扣因子（$0 \leqslant \alpha \leqslant 1$），表示 1 年以后的单位收入的价值视为现年的 α 单位。

T —— 在第 1 年开始时，正在使用的机器的役龄。

$g_j(t)$ —— 在第 j 年开始使用一个役龄为 t 年的机器时，从第 j 年至第 n 年内的最佳收入。

$x_j(t)$ —— 给出 $g_j(t)$ 时，在第 j 年开始时的决策（保留或更新）。

n —— 计划的年限总数。

为了写出递推关系式，先从两方面分析问题。若在第 j 年开始时购买了新机器，则从第 j 年至第 n 年得到的总收入应等于在第 j 年中由新机器获得的收入，减去在第 j 年中的运行费用，减去在第 j 年开始时役龄为 t 年的机器的更新净费用，加上在第 $j+1$ 年开始使用役龄为 1 年的机器从第 $j+1$ 年至第 n 年的最佳收入；若在第 j 年开始时继续使用役龄为 t 年的机器，则从第 j 年至第 n 年的总收入应等于在第 j 年由役龄为 t 年的机器得到的收入，减去在第 j 年中役龄为 t 年的机器的运行费用，加上在第 $j+1$ 年开始使用役龄为 $t+1$ 年的机器从第 $j+1$ 年至第 n 年的最佳收入。然后，比较它们的大小，选取大的，并相应得出是更新还是保留的决策。

将上面的分析写成数学形式，即得递推关系式为：

$$g_j(t) = \max \begin{bmatrix} R: I_j(0) - O_j(0) - C_j(t) + \alpha g_{j+1}(1) \\ K: I_j(t) - O_j(t) + \alpha g_{j+1}(t+1) \end{bmatrix}$$

（$j = 1, 2, \cdots, n$；$t = 1, 2, \cdots, j-1, j+T-1$）

其中"K"是 Keep 的缩写，表示保留使用；"R"是 Replacement 的缩写，表示更新机器。

由于研究的是今后 n 年的计划，故还要求 $g_{n+1}(t) = 0$。

例 9-11 假设 $n=5, \alpha=1, T=1$，其有关数据如表 9-10 所示。试制定 5 年中的设备更新策略，使在 5 年内的总收入达到最大。

表 9-10

产品年序 机龄 项目	第一年					第二年				第三年			第四年		第五年	期前				
	0	1	2	3	4	0	1	2	3	0	1	2	0	1	0	1	2	3	4	5
收入	22	21	20	18	16	27	25	24	22	29	26	24	30	28	32	18	16	16	14	14
运行费用	6	6	8	8	10	5	6	8	9	5	5	6	4	5	4	8	8	9	9	10
更新费用	27	29	32	34	37	29	31	34	36	31	32	33	32	33	34	32	34	36	36	38

解：因第 j 年开始机龄为 t 年的机器，其制造年序应为 $j-t$ 年，因此，$I_5(0)$ 为第 5 年新产品的收入，故 $I_5(0)=32$。$I_3(2)$ 为第 1 年的产品其机龄为 2 年的收入，故 $I_3(2)=20$。同理 $O_5(0)=4$，$O_3(2)=8$。而 $C_5(1)$ 是第 5 年机龄为 1 年的机器（应为第 4 年的产品）的更新费用，故 $C_5(1)=33$。同理 $C_5(2)=33$，$C_3(1)=31$，其余类推。

当 $j=5$ 时，由于设 T=1，故从第 5 年开始计算时，机器使用了 1、2、3、4、5 年，则递推关系式为

$$g_5(t) = \max \begin{bmatrix} R: I_5(0) - O_5(0) - C_5(t) + 1 \times g_6(1) \\ K: I_5(t) - O_5(t) + 1 \times g_6(t+1) \end{bmatrix}$$

因此

$$g_5(1) = \max \begin{bmatrix} R: 32 - 4 - 33 + 0 = -5 \\ K: 28 - 5 + 0 = 23 \end{bmatrix} = 23, \quad \text{所以} x_5(1)=K$$

$$g_5(2) = \max \begin{bmatrix} R: 32 - 4 - 33 + 0 = -5 \\ K: 24 - 6 + 0 = 18 \end{bmatrix} = 18, \quad \text{所以} x_5(2)=K$$

同理

$$g_5(3)=13, \ x_5(3)=K; \ g_5(4)=6, \ x_5(4)=K; \ g_5(5)=4, \ x_5(4)=K$$

当 $j=4$ 时，递推关系为

$$g_4(t) = \max \begin{bmatrix} R: I_4(0) - O_4(0) - C_4(t) + g_5(1) \\ K: I_4(t) - O_4(t) + g_5(t+1) \end{bmatrix}$$

故

$$g_4(1) = \max \begin{bmatrix} R: 30 - 4 - 32 + 23 = 17 \\ K: 26 - 5 + 18 = 39 \end{bmatrix} = 39, \quad \text{所以} x_4(1)=K$$

同理

$$g_4(2)=29, \ x_4(2)=K; \ g_4(3)=16, \ x_4(3)=K; \ g_4(4)=13, \ x_4(4)=R$$

当 $j=3$ 时，有

$$g_3(t) = \max \begin{bmatrix} R: I_3(0) - O_3(0) - C_3(t) + g_4(1) \\ K: I_3(t) - O_3(t) + g_4(t+1) \end{bmatrix}$$

故

$$g_3(1) = \max \begin{bmatrix} R: 29 - 5 - 31 + 39 = 32 \\ K: 25 - 6 + 29 = 48 \end{bmatrix} = 48, \quad \text{所以} x_2(1)=K$$

同理

$$g_3(2)=31, \ x_3(2)=R; \ g_3(3)=27, \ x_3(3)=R$$

当 $j=2$ 时，有

$$g_2(t) = \max \begin{bmatrix} R: I_2(0) - O_2(0) - C_2(t) + g_3(1) \\ K: I_2(t) - O_2(t) + g_3(t+1) \end{bmatrix}$$

故

$$g_2(1) = \max \begin{bmatrix} R: 27 - 5 - 29 + 48 = 41 \\ K: 21 - 6 + 31 = 46 \end{bmatrix} = 46, \quad \text{所以} x_2(1)=K$$

$$g_2(2) = \max \begin{bmatrix} R:27-5-34+48=36 \\ K:16-8+27=35 \end{bmatrix} = 36, \text{ 所以} x_2(2)=R$$

当 $j=1$ 时，有

$$g_1(t) = \max \begin{bmatrix} R:I_1(0)-O_1(0)-C_1(t)+g_2(1) \\ K:I_1(t)-O_1(t)+g_2(t+1) \end{bmatrix}$$

故

$$g_1(1) = \max \begin{bmatrix} R:22-6-32+46=30 \\ K:18-8+36=46 \end{bmatrix} = 46, \text{ 所以} x_1(1)=K$$

根据上面计算过程反推之，可求得最优策略如表 9-11 所示，相应最佳收益为 46 单位。

表 9-11

年	机龄	最佳策略
1	1	K
2	2	R
3	1	K
4	2	K
5	3	K

9.6　案例分析及 WinQSB 软件应用

9.6.1　最短路问题

例 9-12　求图 9-4 中 A-E 的最短路。

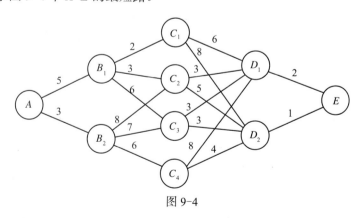

图 9-4

操作步骤如下：

（1）执行"程序 /WinQSB/Dynamic Programming/New/New Problem"弹出并设置图 9-5 所示对话框。节点数（Number of Nodes）输入 10，单击 OK，弹出数据输入窗口（图 9-6）。

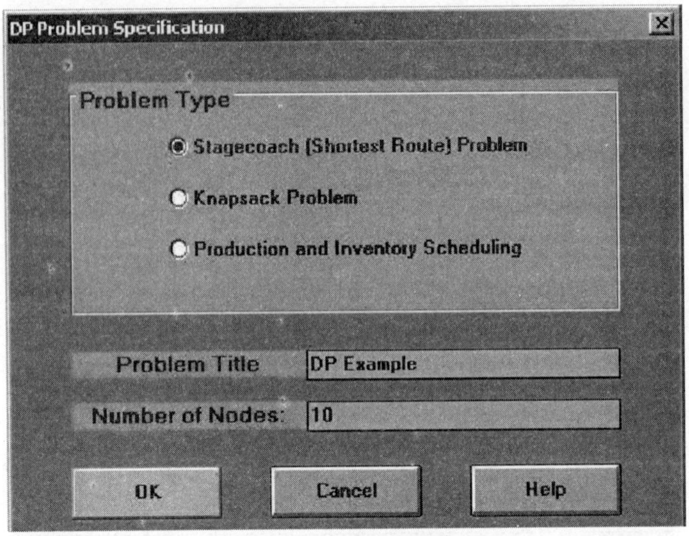

图 9-5　动态规划类型选项

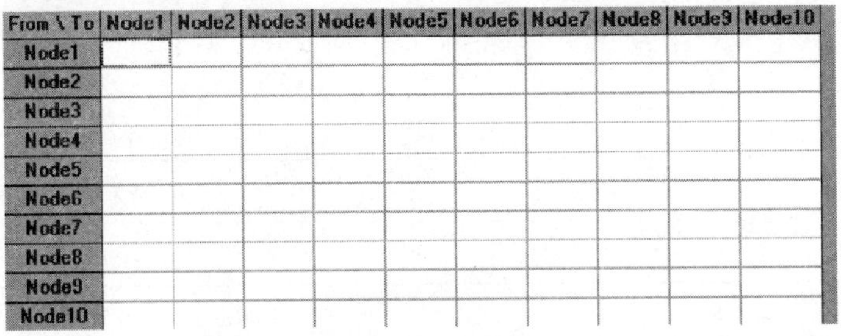

From \ To	Node1	Node2	Node3	Node4	Node5	Node6	Node7	Node8	Node9	Node10
Node1										
Node2										
Node3										
Node4										
Node5										
Node6										
Node7										
Node8										
Node9										
Node10										

图 9-6　数据编辑窗口

（2）执行菜单命令：Edit/Node Names，修改节点名称（图 9-7）。

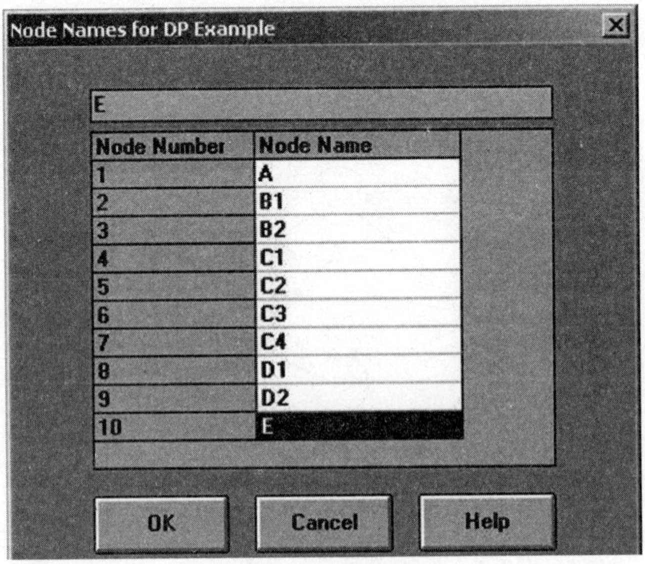

图 9-7　更改节点名称

（3）单击 OK，跳回数据窗口，输入数据（邻接矩阵）（图 9-8）

From \ To	A	B1	B2	C1	C2	C3	C4	D1	D2	E
A		5	3							
B1				2	3	6				
B2					8	7	6			
C1								6	8	
C2								3	5	
C3								3	3	
C4								8	4	
D1										2
D2										1
E										

图 9-8　输入数据

（4）执行菜单命令：Solve and Analyze/Solve the Problem 得运行结果（图 9-9）。

03-19-2017 Stage	From Input State	To Output State	Distance	Cumulative Distance	Distance to E
1	A	B1	5	5	13
2	B1	C2	3	8	8
3	C2	D1	3	11	5
4	D1	E	2	13	2
	From A	To E	Min. Distance	= 13	CPU = 0

图 9-9　运行结果

即最短路径：$A \to B1 \to C2 \to D1 \to E$，最短路长 13。

9.6.2　背包问题（Knapsack Problem）

例 9-13　有一辆最大运货量为 10 吨的货车，用以装载三种货物，每种货物的单位重量和相应单位价值如表 9-12 所示。问如何装载才使总价值最大？

表 9-12　货物重量价值表

货物编号	1	2	3
单位重量/吨	3	4	5
单位价值	4	5	6

操作步骤如下：

（1）执行"程序 /WinQSB/Dynamic Programming/New/New Problem"弹出并设置如图 9-10 所示对话框。

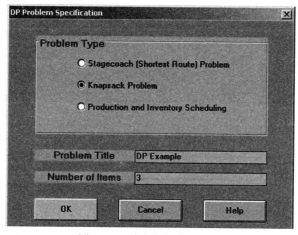

图 9-10　动态规划类型选项

（2）选择第 2 项，输入物品种类数（Number of Items）3，单击 OK，弹出数据输入窗口（图 9-11）。

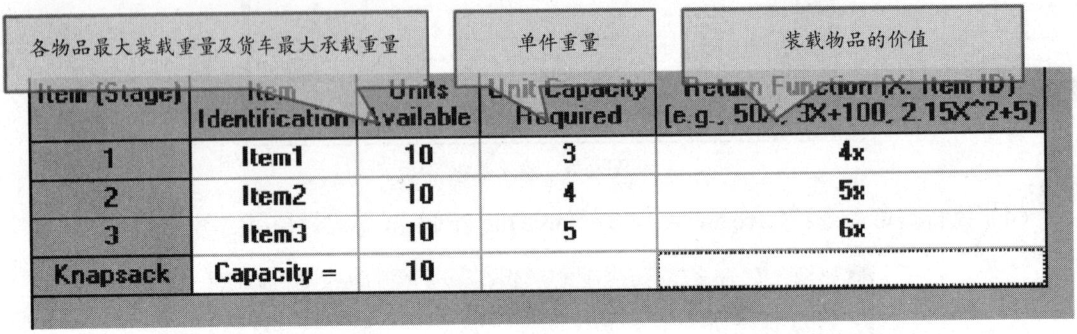

各物品最大装载重量及货车最大承载重量		单件重量	装载物品的价值	
Item (Stage)	Item Identification	Units Available	Unit Capacity Required	Return Function (X, Item ID) [e.g., 50X, 3X+100, 2.15X^2+5]
1	Item1	10	3	4x
2	Item2	10	4	5x
3	Item3	10	5	6x
Knapsack	Capacity =	10		

图 9-11　数据编辑窗口

注：装载物品的价值必须是公式，该值 = 物品的价值系数乘以 x，x 表示装载数量。

（3）执行菜单命令：Solve and Analyze/Solve the Problem 得运行结果（图 9-12）。

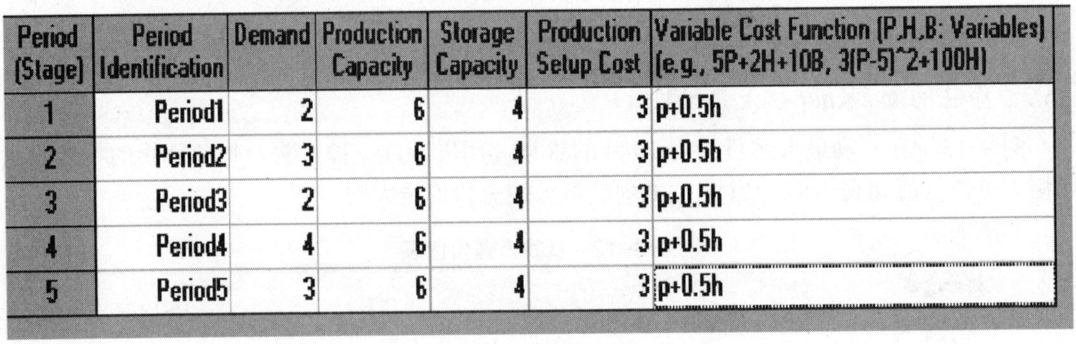

Period (Stage)	Period Identification	Demand	Production Capacity	Storage Capacity	Production Setup Cost	Variable Cost Function (P,H,B: Variables) [e.g., 5P+2H+10B, 3(P-5)^2+100H]
1	Period1	2	6	4	3	p+0.5h
2	Period2	3	6	4	3	p+0.5h
3	Period3	2	6	4	3	p+0.5h
4	Period4	4	6	4	3	p+0.5h
5	Period5	3	6	4	3	p+0.5h

图 9-12　运行结果

即物品 1 装载 2 吨，物品 2 装载 1 吨，总价值 13 货币单位。

9.6.3　生产存储问题（Production and Inventory Scheduling）

例 9-14　某工厂要对一种产品制订今后 5 个时期的生产计划，根据经验已知今后 5 个时期的产品需求量如表 9-13 所示，假定该工厂生产每批产品的固定成本为 3 千元，不生产就为 0；产品的单位成本为 1 千元；每时期生产能力不超过 6 个单位；每个时期末未销售的产品需存储，最大存储能力 4 个单位，单位存储费为 0.5 千元。还假设在第一时期的初始库存和第五时期末的库存量都为 0。试问该工厂如何安排各时期的生产，才能在满足市场需求的条件下，使总成本最小。

表 9-13　五个时期的需求表

时期/k	1	2	3	4	5
需求量/dk	2	3	2	4	3

（1）执行"程序 /WinQSB/Dynamic Programming/New/New Problem"弹出如图 9-13 所示对话框。

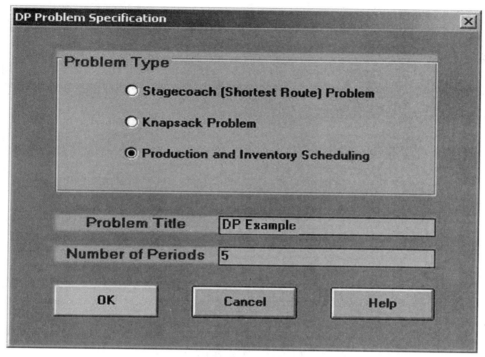

图 9-13　生产存储问题 WinQSB 参数对话框

（2）选择存储问题（Production and Inventory Scheduling），时期数（Number of Periods）输入 5，单击 OK，弹出数据输入窗口（图 9-14）。

Period (Stage)	Period Identification	Demand	Production Capacity	Storage Capacity	Production Setup Cost	Variable Cost Function (P,H,B: Variables) (e.g., 5P+2H+10B, 3(P-5)^2+100H)
1	Period1	2	6	4	3	p+0.5h
2	Period2	3	6	4	3	p+0.5h
3	Period3	2	6	4	3	p+0.5h
4	Period4	4	6	4	3	p+0.5h
5	Period5	3	6	4	3	p+0.5h

图 9-14　生产存储问题 WinQSB 数据输入窗口

（3）输入各期需求量（Demand）、生产能力（Production Capacity）、存储能力（Storage Capacity）、调整费用（Production Setup Cost）、变动成本计算公式（Variable Cost Function）（$p+0.5h$）。在输入计算公式中 p 为产量，h 为存储量。单击"Solve"得运行结果（图 9-15），即 5 个时期依次生产 2、6、0、6、0，总成本 26.5 千元。

03-19-2017 Stage	Period Description	Demand	Starting Inventory	Production Quantity	Ending Inventory	Setup Cost	Variable Cost Function (P,H,B)	Variable Cost	Total Cost
1	Period1	2	0	2	0	¥ 3.00	p+0.5h	¥ 2.00	¥ 5.00
2	Period2	3	0	6	3	¥ 3.00	p+0.5h	¥ 7.50	¥ 10.50
3	Period3	2	3	0	1	0	p+0.5h	¥ 0.50	¥ 0.50
4	Period4	4	1	6	3	¥ 3.00	p+0.5h	¥ 7.50	¥ 10.50
5	Period5	3	3	0	0	0	p+0.5h	0	0
Total		14	7	14	7	¥ 9.00		¥ 17.50	¥ 26.50

图 9-15　生产存储问题 WinQSB 求解结果

习 题

1. 设某工厂自国外进口一部精密仪器,由机器制造厂至出口港有三个港口可供选择,而进口港又有三个可供选择,进口后可经由两个城市到达目的地,期间的运输成本如图9-16所标数字所示,试求运费最低的路线。

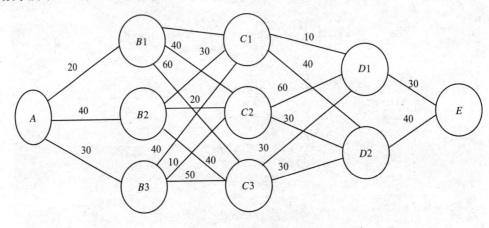

图 9-16   机器运输成本

2. 某公司打算向它的三个营业区增设 6 个销售店,每个营业区至少增设 1 个。各营业区每年增加的利润与增设的销售店个数有关,具体关系如表 9-14 所示。试规划各营业区应增设销售店的个数,以使公司总利润增加额最大。

表 9-14   各营业区每年增加的利润与增设的销售店个数关系　　(单位:万元)

增设销售店个数	营业区A	营业区B	营业区C
1	100	120	150
2	160	150	165
3	190	170	175
4	200	180	190

3. 某工厂有 100 台机器,拟分 4 个周期使用,在每一周期有两种生产任务,据经验把机器投入第一种生产任务,则在一个周期中将有 1/6 的机器报废,投入第二种生产任务,则有 1/10 的机器报废。如果投入第一种生产任务每台机器可收益 1 万元,投入第二种生产任务每台机器可收益 0.5 万元。问在 4 个周期内怎样分配使用才能使总收益最大?

4. 某公司生产一种产品,估计该产品在未来四个月的销售量分别为 300 件、400 件、350 件和 250 件。生产该产品每批的固定费用为 600 元,每件的变动费用为 5 元,存储费用为每件每月 2 元。假定第一个月月初的库存为 100 件,第四个月月底的存货为 50 件。试求该公司在这四个月内的最优生产计划。

5. 某企业通过市场调查,估计今后四个时期市场对某种产品的需要量如表 9-15 所示。

表 9-15　四个时期市场对产品的需要量

时期(k)	1	2	3	4
需要量(dk)	2	3	2	4

假定不论在任何时期，生产每批产品的固定成本费为 3 千元，若不生产，则为 0；生产单位产品成本费为 1 千元；每个时期生产能力所允许的最大生产批量不超过 6 个单位，则任何时期生产 X 个单位产品的成本费用为：

若 $0 < X \leqslant 6$，则生产总成本 $= 3 + 1 \times X$

若 $X = 0$，则生产总成本 $= 0$

又设每个时期末未销售出去的产品，在一个时期内单位产品的库存费用为 0.5 千元，同时还假定第 1 时期开始之初和第 4 时期之末，均无产品库存。现在我们的问题是：在满足上述给定的条件下，该厂如何安排各个时期的生产与库存，使所花的总成本费用最低？

6. 设有一辆载重为 10 吨的卡车，用以装载三种货物，每种货物的单位重量及单件价值如表 9-16 所示，问各种货物应装多少件，才能既不超过总重量又使总价值最大？

表 9-16　每种货物的单位重量及单件价值

货物	1	2	3
单位重量（吨）	3	4	5
单件价值	4	5	6

7. 用动态规划方法求解下列模型。

$\max z = 10x_1 + 4x_2 + 5x_3$

$$\begin{cases} 3x_1 + 5x_2 + 4x_3 \leqslant 15 \\ 0 \leqslant x_1 \leqslant 2, 0 \leqslant x_2 \leqslant 2, x_3 \geqslant 0, x_j 为整数, j = 1, 2, 3 \end{cases}$$

8. 用动态规划方法求解下列模型。

$\max z = 4x_1^2 - x_2^2 + 2x_3^2 + 12$

$$\begin{cases} 3x_1 + 2x_2 + x_3 \leqslant 9 \\ x_1, x_2, x_3 \geqslant 0 \end{cases}$$

第 10 章
决策论

本章内容简介

决策是人们为了达到某一目标而从多个实现目标的可行方案中选出最优方案作出的抉择。正确的决策是人们采取有效行动，达到预期目标的前提。决策分析是帮助人们进行科学决策的理论和方法，是一个面对不确定情况的重要的决策工具。它以列举所有可能的行动方案、识别所有可能结果的收益、量化所有可能随机事件的主观概率为特征。决策论是根据信息状态信号和评价准则，用数量方法寻找或选取最优决策方案的科学，是运筹学的一个分支和决策分析的理论基础。本章主要介绍决策分析的基本概念和基本类型以及进行决策分析的基本原则和主要方法。通过本章的学习，主要让学生了解决策分析的基本概念和基本组成；掌握不确定型决策的几种准则：悲观准则、乐观准则、最小后悔值准则、等可能性与乐观系数法；熟练掌握风险型决策的最大期望收益值法（EMV）、贝叶斯决策准则及信息价值（EVPI）、决策树法。决策论（Decision theory）是根据信息状态信号和评价准则选取最优策略的数学理论。决策论的产生与博彩有关，决策问题普遍存在于政治、经济、管理、科学技术和日常生活领域。随着全球信息化的到来以及现代科学技术、社会经济的高速发展，人们越来越多地面对必须解决的决策问题，而且面临的决策问题规模庞大，决策环境复杂，决策风险加大，因此不能仅仅依靠人的经验和智慧进行决策而需要运用定量的方法，依据指标体系从多个备选方案中选出最优方案。决策论要研究的是如何明确决策问题、确定决策目标、搜集信息预测趋势、拟定多个备选方案、建立评价方案的指标体系、评价方案并对方案选优、实施方案并收集反馈信息修正方案。

决策分析要介绍的是，在不同决策环境下行动方案优选的方法，修正先验概率为后验概率的决策方法，将决策人对待风险的态度加以量化的效用理论及其参与决策的方法。最后简单介绍马尔可夫决策方法。

教学建议

通过本章的学习，主要让学生了解决策分析的基本概念和基本组成；掌握不确定型决策的几种准则：悲观准则、乐观准则、最小后悔值准则、等可能性与乐观系数法；熟练掌握风险型决策的最大期望收益值法（EMV）、决策树法、贝叶斯决策准则及信息价值（EVPI）。

本章重点

风险型决策。

本章难点

决策树、贝叶斯决策。

10.1 决策分析的基本问题

"决策"一词来源于英语 Decision Making，直译为"做出决定"。所谓决策就是为确定未来某个行动的目标，根据自己的经验，在占有一定信息的基础上，借助于科学的方法和工具，对需要决定的问题的诸因素进行分析、计算和评价，并从两个以上的可行方案中，选择一个最优方案的分析判断过程。

西方现代管理学派中有一个决策学派，以郝伯特 A.西蒙（Herbt A · Simon）和詹姆斯·G.马奇（James G · March）为代表，他们认为：决策贯穿管理的全过程，管理就是决策，管理决策简单来说就是一种选择行为，无论是在企业的经营活动中，还是在国家和政府的政策活动中、都需要做出决策。决策的正确与否，对经济和社会效益影响极大，对一个企业而言关乎其企业经营的成败，对一个国家和民族而言，可能关乎国家兴衰和民族存亡。

正确的决策建立在认识和了解问题内部关系以及环境状况的基础上，首先必须掌握决策对象的运动规律，占有必要的资料和信息。其次，还要掌握辅助决策的技术和方法，遵循一定的决策程序和步骤。研究决策的方法，并将现代科学技术成果应用于决策，称之为决策科学。决策科学包括决策心理学、决策行为学、决策的数量化方法、决策评价以及决策支持系统、决策自动化等。

随着计算机和信息通信技术的发展，决策分析的研究也得到极大的促进，随之产生了计算机辅助决策支持系统（Decision Support System），许多问题在计算机的帮助下得以解决，在一定程度上代替了人们对一些常见问题的决策分析过程。

10.1.1 决策分析的基本概念和原理

（1）决策。狭义决策认为决策就是作决定，单纯强调最终结果；广义决策认为将管理过程的行为都纳入决策范畴，决策贯穿于整个管理过程中。

（2）决策目标。决策者希望达到的状态，工作努力的目的。一般而言，在管理决策中决策者追求的当然是利益最大化。

（3）决策准则。决策判断的标准，备选方案的有效性度量。

（4）决策属性。决策方案的性能、质量参数、特征和约束，如技术指标、重量、年龄、声誉等，用于评价它达到目标的程度和水平。

（5）科学决策过程。任何科学决策的形成都必须执行科学的决策程序，决策最忌讳的就是决策者拍脑袋决策，只有经历过"预决策→决策→决策后"三个阶段（图 10-1），才有可能产生科学的决策。

（6）决策问题的构成要素：

① 决策：两个以上可供选择的行动方案，记为 A_j，$j=1,2,\cdots,n$。

② 状态（事件）：决策实施后可能遇到的自然状况，记为 S_i，$i=1,2,\cdots,m$。

③ 状态概率：对各状态发生可能性大小的主观估计，记为 $P(S_i)$。

④ 结局（损益）：当决策方案 A_j 实施后遇到状态 S_i 时所产生的效益（利润）或损失（成本），记为 u_{ij}。

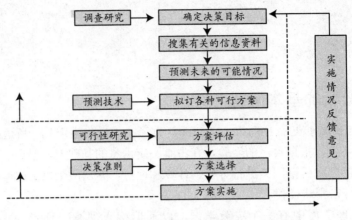

图 10-1 科学决策过程

（7）决策系统：决策系统可以表示为三个主要素的函数：$D=D(S,A,U)$，其中 S：状态空间，A：策略空间，U：损益函数。

① 状态空间：是指不以人的意志为转移的客观因素，设一个状态为 S_i，有 m 种不同状态，其集合记为：

$$S=\{S_1,S_2,S_3\cdots,S_m\}=\{S_i\}, \quad i=1,2,\cdots,m$$

S 称状态空间；S 的元素 S_i 称为状态变量。

② 策略空间：是指人们根据不同的客观情况，可能做出的主观选择，记一种策略方案为 A_j，有 n 种不同的策略，其集合为：

$$A=\{A_1,A_2,A_3\cdots,A_n\}=\{A_j\}, \quad j=1,2,\cdots,n$$

A 称为策略空间；A 的元素 A_j 称为决策变量。

③ 损益函数：是指当状态处在 S_i 情况下，人们做出 A_j 决策，从而产生的损益值 u_{ij}，显然 U_{ij} 是 S_i、A_j 的函数，即

$$U_{ij}=u(S_i, A_j), \quad i=1,2,\cdots,m; \quad j=1,2,\cdots,n$$

当状态变量是离散型变量时，损益值构成的矩阵叫损益矩阵。

$$U=\left(u_{ij}\right)_{m\times n}=\begin{bmatrix} u_{11} & u_{12} & \cdots & u_{1n} \\ u_{21} & u_{22} & \cdots & u_{2n} \\ \vdots & \vdots & \vdots & \vdots \\ u_{m1} & u_{m2} & \cdots & u_{mn} \end{bmatrix}$$

10.1.2 决策分析的基本原则

无论我们如何表述决策的定义，在进行决策的过程中都必须遵循四项基本原则，即最优化原则、系统原则、信息准全原则和可行性原则。

（1）最优化原则：决策作为管理过程的重要意义在于，在资源稀缺的约束条件下，任何做出的决策都应该有利于企业实现最大化的效益，有利于最大化地实现企业的价值。也就是说，决策的制定应该以追求和实现企业价值最大化为目标。

（2）系统原则：任何决策的制定和实施、实现都存在于某一个决策环境中。对于国民经济中的各种组织、实体来讲，他们的决策环境就是整个国民经济和整个世界经济；对于一个个体来讲，他的决策环境就是他所处的组织或实体。不论是什么样的决策环境，都有作为一

个系统的特性，也就是系统中的各种因素相互影响和相互作用的特性，同时系统中的各种因素都应协调地、平衡地变化发展。因此，决策的制定必然要遵循系统的原则。换一种说法，将决策者、决策系统、决策环境、状态看作一个系统，因此在决策分析时，应以系统的总体目标为核心，满足系统优化，从整体出发。

（3）信息准全原则：各种先进、完备的决策技术的作用对象都是信息。决策信息的准确和全面是取得高质量决策的前提条件。在决策理论的发展过程中，有些决策理论所需要的决策信息由于很难搜集到，使得这些决策理论的发展和实践都受到了很大的限制。然而，信息技术的蓬勃发展给决策理论的发展注入了活力。通过信息技术我们可以获得大量以前没有办法获得的决策信息。这一变化的出现，使得一些原来受制于决策信息搜集困难的决策理论获得了新的发展机会。由此可见信息准全的重要意义。当然，决策问题所需要的信息实际上很难被完全搜集，但毫无疑问，信息的准全对决策质量的提高起着非常重要的作用。

（4）可行性原则：由于决策者和决策实施者受到了他们所掌握的资源的影响，使得他们必须考虑决策在技术上、经济上和社会效益上的可行性。进一步讲，只有在准确地把握好以上三个方面的可行性之后，决策者和决策的实施者才能运用最优化原则进行决策，只有通过可行性研究才能保证决策目标的实现。

10.1.3 决策分析的基本分类

决策分析的分类按照标准不同，分类的方式也不同。

（1）按影响范围分为战略决策、策略决策、执行决策，或者叫战略计划、管理控制和运行控制。

战略决策是涉及某组织发展和生存有关的全局性、长远问题的决策，如厂址的选择、新产品开发方向、新市场的开发、原料供应地的选择等。

策略决策是为完成战略决策所规定的目的而进行的决策，如对一个企业产品规格的选择、工艺方案和设备的选择、厂区和车间内工艺路线的布置等。

执行决策是根据策略决策的要求对执行行为方案的选择，如生产中产品合格标准的选择、日常生产调度的决策等。

（2）按决策的结构分类，分为程序决策和非程序决策。

程序决策是一种有章可循的决策，一般是可重复的。

非程序决策一般是无章可循的决策，只能凭经验直觉作出应变的决策，一般是一次性的。

由于决策的结构不同，决策问题的方式也不同，可归纳为：程序决策的传统方式是根据习惯和标准程序进行决策，现代方式是利用运筹学和信息系统进行决策；非程序决策的传统方式是根据直观判断、创造性推测进行决策，现代方式是培养决策者通过人工管理和专家系统进行决策。

（3）按决策环境分为确定型决策、不确定型决策和风险型决策。

确定型决策是指决策问题不包含有随机因素，每个决策都会得到唯一的事先可知的结果，即决策环境是完全确定的，做出的选择的结果也是确定的。

不确定型决策是指决策者对将发生结果的概率一无所知，只能凭决策者的主观倾向进行决策。

风险型决策是指决策者对客观情况不甚了解，但对将发生各事件的概率是已知的。决策者往往通过调查，根据过去的经验或主观估计等途径获得这些概率，即决策的环境不是完全确定的，而其发生的概率是已知的，在风险决策中一般采用期望值作为决策准则。从决策论的观点来看，前面章节讨论的线性规划、非线性规划、动态规划、图论等都属于确定型的决策问题。

（4）按描述方法分为定性化决策和定量化决策。描述决策对象的指标都可以量化时可用定量决策，否则只能用定性决策。总的发展趋势是尽可能地把决策问题量化。

（5）按决策过程的连续性分类，分为单项决策和序列决策。单项决策是指整个决策过程只作一次决策就得到结果。序列决策是指整个决策过程由一系列决策组成。一般讲管理活动是由一系列决策组成的，但在这一系列决策中往往有几个关键环节要作决策，可以把这些关键的决策分别看作单项决策。

10.2 确定型和非确定型决策

10.2.1 确定型决策

所谓确定型决策是指决策的未来状态是已知的，只需从备选的决策方案中，挑选出最优方案。

例 10-1 某企业根据市场需要，需添置一台数控机床，可采用的方式有三种：

甲方案：引进外国进口设备，固定成本 1000 万元，产品每件可变成本为 12 元；

乙方案：用较高级的国产设备，固定成本 800 万元，产品每件可变成本为 15 元；

丙方案：用一般国产设备，固定成本 600 万元，产品每件可变成本为 20 元。

试确定在不同生产规模情况下购置机床的最优方案。

解：此题为确定型决策。利用经济学知识，选取最优决策。最优决策也就是在不同生产规模条件下，选择总成本较低的方案。各方案的总成本线如图 10-2 所示。

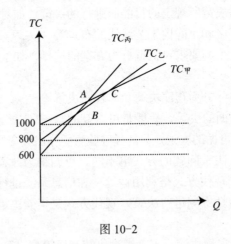

图 10-2

$$TC_{甲}=TFC_{甲}+TVC_{甲}=1000+12Q$$
$$TC_{乙}=TFC_{乙}+TVC_{乙}=800+15Q$$
$$TC_{丙}=TFC_{丙}+TVC_{丙}=600+20Q$$

图 10-2 中出现了 A、B、C 三个交点，其中 A 点的经济意义：在 A 点采用甲方案与丙方案成本相同。即：$TC_{甲}=TC_{丙}$，$TC_{甲}=TFC_{甲}+TVC_{甲}=1000+12Q$ $TC_{丙}=TFC_{丙}+TVC_{丙}=600+20Q$

因此，$Q_A=\dfrac{1000-600}{20-12}=50$ 万件。A 点的经济意义为：当生产 50 万件时，采用甲方案和采用丙方案成本相同均为 1600 万元。

同理：$Q_B = \dfrac{800-600}{20-15} = 40$万件。$B$ 点的经济意义为：当生产 40 万件时，采用乙方案和采用

丙方案成本相同均为 1400 万元。

$Q_C = \dfrac{1000-800}{15-12} = \dfrac{200}{3}$万件。$C$ 点的经济意义为：当生产 $\dfrac{200}{3}$ 万件时，采用甲方案和采用乙

方案成本相同均为 1800 万元。

因此，当生产规模 $\leqslant Q_B = 40$ 万件时，采用丙方案；当 40 万件 $= Q_B <$ 生产规模 $\leqslant Q_C = \dfrac{200}{3}$ 时，采用乙方案；当生产规模 $> \dfrac{200}{3}$ 万件时，采用甲方案。

10.2.2 非确定型决策

非确定型决策是研究环境条件不确定，可能出现不同的情况（事件），而情况出现的概率也无法估计的决策。这类决策问题应满足以下四个条件：①存在着明确的决策目标；②存在着两个或两个以上随机的自然状态，但各种自然状态的概率无法确定；③存在着可供决策者选择的两个或两个以上的可行方案；④可以计算出各方案在各自然状态下的益损值。

由于在非确定决策中，各种决策环境是不确定的，决策者对各自然状态发生的概率一无所知，只能靠决策者的主观倾向决策。在现实生活中，同一个决策问题，决策者的偏好不同，会使得处理相同问题的原则方法不同。非确定型决策根据决策者的主观态度不同，可分为以下常用的 5 种：悲观主义准则、乐观主义准则、最小机会损失准则、等可能性准则和乐观系数法（折中法、实用主义准则）。

（1）悲观主义准则（max-min 准则）：

悲观主义准则，是先求出每个方案在各自然状态下的最小收益值，再从各最小收益值中找出最大值，从而确定最优的行动方案，故此准则又可理解为最大最小准则（max-min 准则），即小中取大准则。

悲观主义准则决策过程的基本步骤：

① 计算每个方案的评价值，即为每个方案在各自然状态下的最小收益值，即 $f(A_i) = \min\limits_{j} u_{ij}$；

②根据方案评价值选择最优方案，即从各最小收益值中求最大值，即 $f(A_i) = \max\limits_{i} \min\limits_{j} u_{ij}$；

③ 选择评价值最大的方案为最优方案。

例 10-2 某公司为经营业务的需要，决定在现有生产条件不变的情况下，生产一种新产品，现可供开发生产的产品有 Ⅰ、Ⅱ、Ⅲ、Ⅳ四种不同产品，对应的方案为 A_1，A_2，A_3，A_4。由于缺乏相关资料背景，对产品的市场需求只能估计为大、中、小三种状态，而且对于每种状态出现的概率无法预测，每种方案在各种自然状态下的效益值，如表 10-1 所示，也称此效益值收益表为收益矩阵，请用悲观主义准则作出决策。

表 10-1　效益值表　　　　　　　　　　　　　　　　（单位：万元）

自然状态 效益u_{ij} 供选方案A_i	需求量大S_1	需求量中S_2	需求量小S_3
A_1生产产品 I	800	320	−250
A_2生产产品 II	600	300	−200
A_3生产产品 III	300	150	50
A_4生产产品 IV	400	250	100

解：悲观主义准则（max-min 准则，小中取大法）

由题意知：

$$\min_{j}\left\{u_{ij}\right\}=\left\{\begin{array}{c}-250\\-200\\50\\100\end{array}\right\}$$

得表 10-2。

表 10-2

自然状态 效益u_{ij} 供选方案A_i	需求量大S_1	需求量中S_2	需求量小S_3	min	max
A_1生产产品 I	800	320	−250	−250	
A_2生产产品 II	600	300	−200	−200	
A_3生产产品 III	300	150	50	50	
A_4生产产品 IV	400	250	100	100	100

因此，策略值为

$$\max_{i}\left\{\min_{j}u_{ij}\right\}=\max_{i}\left\{\min_{j}u_{1j},\min_{j}u_{2j},\min_{j}u_{3j},\min_{j}u_{4j}\right\}=100$$

则对应的 A_4 方案为决策方案，即生产产品 IV。

（2）乐观主义准则（max-max 准则）：

乐观主义准则，是先求出每个方案在各自然状态下的最大收益值，再从各最大收益值中求出最大值（大中取大），由此确定决策方案。故此准则又可理解为最大最大准则（max-max 准则），即大中取大准则。

乐观主义准则决策过程的基本步骤：

① 计算每个方案的评价值，即为每个方案在各自然状态下的最大收益值，即 $f(A_i)=\min_{j}u_{ij}$；

② 根据方案评价值选择最优方案，即选择评价值最大值 $\max f(A_i)=\max_{i}\min_{j}u_{ij}$；

③ 选择评价值最大的方案为最优方案。

例 10-3　仍以 10-2 为例，请用乐观主义准则作出决策。

解：大中取大法（乐观主义准则 max max）

由题意知

$$\min_{j}\{a_{ij}\} = \begin{Bmatrix} 800 \\ 600 \\ 300 \\ 400 \end{Bmatrix}$$

得表 10-3。

表 10-3

自然状态 供选方案A_i	需求量大S_1	需求量中S_2	需求量小S_3	max	max
A_1生产产品 Ⅰ	800	320	-250	800	800
A_2生产产品 Ⅱ	600	300	-200	600	
A_3生产产品 Ⅲ	300	150	50	300	
A_4生产产品Ⅳ	400	250	100	400	

策略值为

$$\max_{i}\left\{\min_{j} u_{ij}\right\} = \max_{i}\left\{\min_{j} u_{1j}, \min_{j} u_{2j}, \min_{j} u_{3j}, \min_{j} u_{4j}\right\} = 800$$

则对应的 A_1 方案为决策方案，即生产产品 Ⅰ。

（3）最小机会损失准则（Minmax regret criterion）：

最小机会损失准则又称最小后悔值准则，是由经济学家沙万奇（Savage）提出的，故又称沙万奇准则（Savage 准则）。决策者制定决策之后，若情况未能符合理想，必将后悔。这个方法是将各自然状态下的最大收益值定为理想目标，并将该状态中的其他值与最高值之差称为未达到理想目标的后悔值，然后从个方案中的最大后悔值中取一个最小的，相应的方案为最优方案。即：先计算出每个方案的后悔值，构成后悔值矩阵，然后选出每个方案的最大后悔值，再从这些后悔值中选取最小的作为最优方案，可理解为大中取小法。

最小机会损失准则决策过程的基本步骤：

① 首先找到 u_{ij} 在自然状态 S_j 下的最大收益值$\max_{i} u_{ij}$；

② 分别计算出后悔值矩阵。在状态 S_j 下，各方案的机会损失 r_{ij} 等于最大收益值减去本方案收益值，即选择方案 A_i 的机会损失值为 $r_{ij} = \max_{i} u_{ij} - u_{ij}$，所有机会损失值构成后悔值矩阵；

③ 计算每一个方案的机会损失值 $f(A_i)$，$f(A_i) = \max_{j} r_{ij}$；

④ 选择最小机会损失值 $\min f(A_i)$，$\min f(A_i) = \min_{i} \max_{j} r_{ij}$，确定最优方案。

例 10-4　仍以例 10-2 为例，用最小机会损失准则（最小后悔值准则）作出决策。

解：首先找出 u_{ij} 在自然状态 S_j 下的最大收益值$\max_{i} u_{ij}$，如表 10-4 所示。

表 10-4 机会损失值表

生产方案	自然状态		
	需求量大S_1	需求量中S_2	需求量小S_3
A_1生产产品 I	800	320	−250
A_2生产产品 II	600	300	−200
A_3生产产品 III	300	150	50
A_4生产产品 IV	400	250	100
$\max\limits_{i} u_{ij}$	800	320	100

根据最小机会损失准则编制机会损失表：$r_{ij}=\max\limits_{i}u_{ij}-u_{ij}$；找出每个方案的最大机会损失 $f(A_i)=\max\limits_{j}r_{ij}$；选择最小的机会损失值 $\min f(A_i)$, $\min f(A_i)=\min\limits_{i}\max\limits_{j}r_{ij}$；对应的方案 i 即为所决策方案，如表 10-5 所示。

$\min f(A_i)=\min\limits_{i}\max\limits_{j}r_{ij}=300$，则应选对应的 A_2 为决策方案，即生产产品 II 。

表 10-5

生产方案	机会损失值r_{ij}			最大机会损失 Maximum	决策结果
	需求量大S_1	需求量中S_2	需求量小S_3		
A_1生产产品 I	0	0	350	350	
A_2生产产品 II	200	20	300	300	生产产品 II
A_3生产产品 III	500	170	50	500	
A_4生产产品 IV	400	70	0	400	

（4）等可能性准则（Equal likelihood criterion）：

等可能性准则是 19 世纪数学家 Laplace 提出的。他认为：当一个人面临着某事件集合，在没有确切理由来说明这一事件比那一事件有更多发生机会时，只能认为各事件发生的机会是均等的。即每一种自然状态发生的概率为 $1/m$，决策者计算各策略的收益期望值，再从这些收益期望值中选取最大者，以它对应的策略为决策策略。

等可能性准则决策过程的基本步骤：

① 计算每一个方案的期望值 $E(A_i)=\sum\limits_{i=1}^{m}\dfrac{1}{m}a_{ij}=\dfrac{1}{m}\sum\limits_{i=1}^{m}a_{ij}$；

② 选择最大期望值 $E(A_i^*)=\max E(A_i)=\max\{E(A_i)\}=\max\dfrac{1}{m}\sum\limits_{i=1}^{m}a_{ij}$；

③ 确定最优方案 A_i^*：期望值最大者为最优方案。

例 10-5 仍以例 10-2 为例，用等可能性决策准则作出决策。

解：由题意，用等可能性决策准则求解各方案的期望值，如表 10-6 所示。

$$E\left(A_{1}\right)=800\times\frac{1}{3}+320\times\frac{1}{3}+(-250)\times\frac{1}{3}=290$$

$$E\left(A_{2}\right)=600\times\frac{1}{3}+300\times\frac{1}{3}+(-200)\times\frac{1}{3}=\frac{700}{3}$$

$$E\left(A_{3}\right)=300\times\frac{1}{3}+150\times\frac{1}{3}+50\times\frac{1}{3}=\frac{500}{3}$$

$$E\left(A_{4}\right)=400\times\frac{1}{3}+250\times\frac{1}{3}+100\times\frac{1}{3}=250$$

表 10-6

自然状态 供选方案A_i	需求量大S_1	需求量中S_2	需求量小S_3	$E(A_i)$	max
A_1生产产品 Ⅰ	800	320	-250	290	290
A_2生产产品 Ⅱ	600	300	-200	700/3	
A_3生产产品 Ⅲ	300	150	50	500/3	
A_4生产产品 Ⅳ	400	250	100	250	

则应选择对应的 A_1 方案为决策方案，即生产产品 Ⅰ。

（5）乐观系数法（Hurwicz criterion）——折中原则：

乐观系数法又称折中法、现实主义准则，由赫威斯（Hurwicz）提出，是指给定一个数字表示乐观程度，称为乐观系数，通常用 α 表示，规定 $0\leqslant\alpha\leqslant1$，然后用系数 a 乘各策略的最大效益值，用 $(1-a)$ 乘各策略的最小效益值，然后把每个策略的这两个值加起来，即根据 $\alpha\max u_{ij}+(1+\alpha)\max u_{ij}$ 计算期望值，再从这些期望值中选取最大值。

乐观系数法的原则：决策者给出乐观系数 α，$\alpha\in[0,1]$，$\alpha\to0$ 则说明决策者越接近悲观；否则说明决策者越接近乐观。max min 准则是当 $\alpha=0$ 时状态，即悲观主义准则，max max 准则是 $\alpha=1$ 时状态，即乐观主义准则。

乐观系数法决策过程的基本步骤：

① 选择乐观系数为 α，计算各方案评价值$f(A_i),f(A_i)=\alpha\max_j u_{ij}+(1-\alpha)\max_j u_{ij}$；

② 比较各方案的评价值$\max_i f(A_i),\max_i f(A_i)=\max_i\left\{\alpha\max_j u_{ij}+(1-\alpha)\max_j u_{ij}\right\}$；

③ 选择最优方案 A_i。

例 10-6　仍以例 10-2 为例，假设 $a=0.3$，用乐观系数法作出决策。

解：$\max_i f(A_i),\max_i f(A_i)=\max_i\left\{\alpha\max_j u_{ij}+(1-\alpha)\max_j u_{ij}\right\}$

$$f(A_i)=\alpha\max_j u_{ij}+(1-\alpha)\max_j u_{ij}$$

$a=0.3$，可得表 10-7，其中：

$$f(A_1)=0.3\times800+(1-0.3)\times(-250)=65$$
$$f(A_2)=0.3\times600+(1-0.3)\times(-200)=40$$
$$f(A_3)=0.3\times300+(1-0.3)\times50=125$$
$$f(A_4)=0.3\times400+(1-0.3)\times100=190$$

表 10-7

生产方案	自然状态			0.3　0.7			决策结果
	需求量大S_1	需求量中S_2	需求量小S_3	max　min		加权平均	
A_1生产产品Ⅰ	800	320	−250	800　−250		65	
A_2生产产品Ⅱ	600	300	−200	600　−200		40	
A_3生产产品Ⅲ	300	150	50	300　50		125	
A_4生产产品Ⅳ	400	250	100	400　100		190	生产产品Ⅳ

则应选择对应的 A_4 方案为决策方案，即生产产品Ⅳ。

例 10-7　某公司设想增加一条新的生产线，这一设想的成功依赖于经济条件的好坏，表 10-8 中给出各种情况下的收益值（单位：万元）。

表 10-8

A/S	好	一般	坏
新的生产线	48	30	12.5
现有生产线	35.7	22	18

设决策者的乐观系数为 α，试讨论 α 在何范围时，用折中准则选取的最优决策方案为增加新的生产线。

解：$\max_i\left\{f(A_i)\right\},\max_i\left\{f(A_i)\right\}=\max_i\left\{\alpha\max_j u_{ij}+(1-\alpha)\max_j u_{ij}\right\}$

$$f(A_i)=\alpha\max_j u_{ij}+(1-\alpha)\min_j u_{ij}$$

由题意得表 10-9。

表 10-9

A/S	自然状态			α	$1-\alpha$	加权平均	决策结果
	好	一般	坏	max	min		
新的生产线	48	30	12.5	48	12.5	$48\alpha+(1-\alpha)\times12.5$	新的生产线
现有生产线	35.7	22	18	35.7	18	$35.7\alpha+(1-\alpha)\times18$	

因为要选择的决策方案为增加新的生产线，则有

$48\alpha+（1-\alpha）\times12.5 > 35.7\alpha+(1-\alpha)\times18$

所以，$0.31 < \alpha \leqslant 1$。

10.3 风险型决策

风险型决策是指决策者对客观情况不甚了解，但对将发生各事件的概率是已知的，决策者往往通过调查，根据过去的经验或主观估计等途径获得这些概率，并算出在不同状态下的效益值。在风险决策中一般采用期望值作为决策准则，风险型决策的决策准则常用的有最大期望效益值准则、最小期望后悔值准则和完全信息期望值准则。

10.3.1 期望值准则（Expected value criterion）

（1）最大期望效益值准则（Expected monetary value，EMV）：最大期望值准则是通过比较和评价效益期望值，选择决策方案，而效益期望值因为各种自然状态不同而有所不同。具体方法如下：

① 根据不同自然状态下的效益值 a_{ij} 和各种自然状态 S_j 出现的概率 p_j，求出策略的期望效益值 EMV。期望效益值 = $\sum$ 条件效益值 × 概率，即

$$EMV_i = \sum_{j=1}^{n} p_j a_{ij};$$

② 比较期望效益值的大小，然后从这些期望效益值中选择最大者所对应的方案为决策方案，即 $EMV^* = \max\{EMV_i\}$。

例 10-8 某电讯公司决定开发新产品，需要对产品品种作出决策，有三种产品 A_1，A_2，A_3 可供生产开发。未来市场对产品需求情况有三种，即较大、中等、较小，经估计各种方案在各种自然状态下的效益值，见表 10-10。各种自然状态发生的概率分别为 0.3、0.4 和 0.3。那么工厂应生产哪种产品，才能使其收益最大。

表 10-10 效益表　　　　　　　（单位：万元）

方案＼自然状态	需求量较大 p_1=0.3	需求量中等 p_2=0.4	需求量较小 p_3=0.3
A_1	50	20	-20
A_2	30	25	-10
A_3	10	10	10

解：效益的期望值如表 10-11 所示。

表 10-11

生产方案	自然状态			期望收益	决策
	需求量大 S_1	需求量中 S_2	需求量小 S_3		
A_1生产产品 I	50	20	-20	17	生产产品 I
A_2生产产品 II	30	25	-10	16	
A_3生产产品 III	10	10	10	10	
状态概率	0.3	0.4	0.3		

生产 A_1 的 EMV_1=0.3×50+0.4×20-0.3×20=17

生产 A_2 的 EMV_2=0.3×30+0.4×25-0.3×10=16

生产 A_3 的 EMV_3=0.3×10+0.4×10+0.3×10=10

$\max EMV_i$=17（万元）

因此选择相应方案 A_1，即开发产品 I。

例 10-9 某公司为经营业务的需要，决定要在现有生产条件不变的情况下，生产一种新产品，现可供开发生产的产品有 I、II、III、IV 四种不同产品，对应的方案为 A_1，A_2，A_3，A_4，

由于缺乏相关资料背景，对产品的市场需求只能估计为大、中、小三种状态，而且对于每种状态出现的概率无法预测，每种方案在各种自然状态下的效益值如表 10-12 所示，也称此效益值收益表为收益矩阵。假设市场需求大、中、小的概率如表 10-12 所示，那么工厂应生产哪种产品才能使其收益最大？

表 10-12

自然状态 效益u_{ij} 供选方案A_i	需求量大S_1 p_1=0.35	需求量中S_2 p_2=0.4	需求量小S_3 p_3=0.25
A_1生产产品 I	800	320	-250
A_2生产产品 II	600	300	-200
A_3生产产品 III	300	150	50
A_4生产产品 IV	400	250	100

解：求出策略的期望效益值，得表 10-13。

EMV_1=800×0.35+320×0.4+（-250）×0.25=345.5

EMV_2=600×0.35+300×0.4+（-200）×0.25=280

EMV_3=300×0.35+150×0.4+50×0.25=177.5

EMV_4=400×0.35+250×0.4+100×0.25=265

表 10-13

自然状态 效益u_{ij} 供选方案A_i	需求量大S_1 p_1=0.35	需求量中S_2 p_2=0.4	需求量小S_3 p_3=0.25	EMV_i
A_1生产产品 I	800	320	-250	345.5
A_2生产产品 II	600	300	-200	280
A_3生产产品 III	300	150	50	177.5
A_4生产产品 IV	400	250	100	265

EMV^*=max$\{EMV_i\}$=max$\{EMV_1, EMV_2, EMV_3, EMV_4\}$=$EMV_1$=345.5。

即生产产品 I。

（2）最小期望后悔值准则（Expected regret value）：最小期望后悔值准则也称最小机会损失决策准则（Expected opportunity loss，EOL），是通过比较和评价效益期望值，选择决策方

案，而效益期望值因为各种自然状态不同而有所不同。具体方法如下：

① 根据不同自然状态下的效益值 a_{ij} 和各种自然状态 S_j 出现的概率 p_j，先求每个方案的期望后悔值（期望机会损失值）EMV。期望后小值 = $\sum$ 条件效益值 × 概率，即

$$EMV_i = \sum_{j=1}^{n} p_j a_{ij}$$

② 比较期望后悔值（期望机会损失值）的大小，然后从这些期望后悔值（期望机会损失值）中选择最小者所对应的方案为决策方案，即 $EMV^* = \min\{EMV_i\}$。

从本质上讲最大期望效益值准则 EMV 和最小期望后悔值准则 EOL 是一样的，当 EMV 为最大时，EOL 便是最小，所以决策时用这两个决策准则所得结果是相同的。

（3）完全信息期望值准则（EVPI：Expected value of perfect information）：完全信息是指能够准确无误地预报将发生状态的信息。全情报的期望收益 $EPPL$，当状态 S_i 必然发生时的最优决策期望值

$$EPPL = \sum_{i=1}^{n} P(S_i)\max_j u_{ij},$$

全情报价值的收益应大于最大期望收益，即 $EPPL \geq EMV^*$，则 $EVPI = EPPL - EMV^*$ 称为对全情报的价值。这就说明获取情报的费用不能超过 $EVPI$ 值，否则就没有增加收入。

例 10-10　某工厂面对激烈的市场竞争，拟制订利用先进技术对产品改型的计划。现有三个改型方案可供选择：A_1，A_2，A_3。根据市场需求调查，该厂产品面临高需求 S_1、一般需求 S_2 与低需求 S_3 三种自然状态，这三种自然状态的概率分别为 0.5，0.3，0.2。在三种自然状态下不同的改型方案所获得的收益不一样，表 10-14 给出了预期收益的情况（单位：万元）。

表 10-14

状态\方案	S_1	S_2	S_3
A_1	40	20	10
A_2	70	30	0
A_3	110	10	-50

①用期望值准则进行决策。
②求完全信息价值 $EVPI$，并说明其意义。

解：①用期望值准则进行决策得出：

$EMV_1 = 40×0.5+20×0.3+10×0.2=28$

$EMV_2 = 70×0.5+30×0.3+0×0.2=44$

$EMV_3 = 110×0.5+10×0.3-50×0.2=48$

将相关数据代入表 10-14 中，得表 10-15。

表 10-15

状态\方案	S_1	S_2	S_3	EMV
A_1	40	20	10	28
A_2	70	30	0	44
A_3	110	10	-50	48
状态概率	0.5	0.3	0.2	

$EMV^*=\max\{EMV_i\}=\max\{EMV_1,EMV_2,EMV_3\}=EMV_3=48$，所以应该选择 A_3 方案。

②求完全信息价值 $EVPI$，并说明其意义。

$$EPPL = \sum_{i=1}^{3} P(S_i)\max_j u_{ij} = 0.5\times110 + 0.3\times30 + 0.2\times10 = 66$$

$$EVPI = EPPL - EMV^* = 66 - 48 = 18\text{（万元）}$$

完全信息价值为 18 万元，即该工厂若经过市场调查获得完全信息，可使收益比无附加信息时的最大期望收益增加，故可付费收集完全信息，但不能超过 18 万元。

10.3.2 决策树法

有些决策问题，决策后又会出现一些新情况，并需要进行新的决策，当决策后又出现新情况，又需要进行新的决策，这样决策、情况、决策……构成一个序列，这就是序列决策。决策树一般应用于序列决策中，是描述序列决策的有力工具之一。决策树是由决策点、事件点及结果构成的树形图，一般应用于序列决策中，以最大收益期望值或最低期望成本作为决策准则。决策树通过图解方式求解在不同条件下各方案的效益值，然后通过比较作出决策。

决策树基本模型如图 10-3 所示。

□：表示决策点，也称为树根，由它引发的分枝称之为方案分枝，方案节点被称为树枝。n 条分枝表示有 n 种供选方案。

○：表示策略点，其上方数字表示该方案的最优收益期望值，由其引出的 m 条线称为概率枝，表示有 m 种自然状态，其发生的概率标明在分枝上。

△：表示每个方案在相应自然状态的效益值。

╫：表示经过比较选择此方案被删除掉了，称之为剪枝。

具体用决策树法进行决策的方法步骤为：

（1）根据题意作出决策树图；

（2）从右向左计算各方案期望值 E（H_i），$E(H_i) = \sum_{j=1}^{n} p_j V_{ij}$（$i=1,2,\cdots,n$），并进行标注；

（3）对期望值进行比较，选出最大效益期望值，写在"□"上方，表明其所对应方案为决策方案，同时在其他方案上打上"╫"删除。

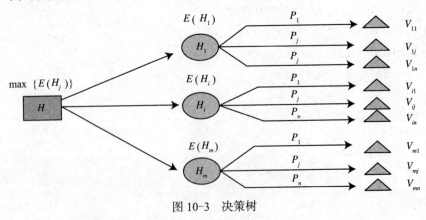

图 10-3 决策树

决策树法是通过把决策过程用图解方式显示出来，从而使决策问题显得更为形象、直观，便于管理人员审度决策局面，分析决策过程。决策树法不仅适用于单阶段决策问题，而且可以处理多阶段决策中用图表法无法表达的问题。

例 10-11　某厂决定生产某产品，要对机器进行改造，投入不同数额的资金进行改造有三种方法，分别为购新机器、大修和维护，根据经验，销路好发生的概率为 0.6，相关投入额及不同销路情况下的效益值如表 10-16 所示，请选择最佳方案。

表 10-16　效益值表　　　　　　　　　　　　（单位：万元）

供选方案	投资额T_i	销路好P_1=0.6	销路不好P_2=0.4
A_1：购新	12	25	−20
A_2：大修	8	20	−12
A_3：维护	5	15	−8

解：①根据题意，做出决策树如图 10-4 所示。

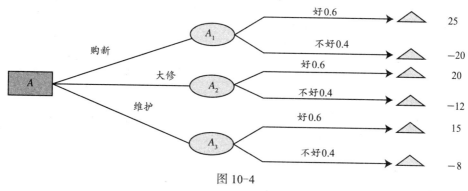

图 10-4

②计算各方案的效益期望值：

$$E(A_1) = \sum_j p_j V_{ij} - T_i$$

$$E(A_1) = 0.6 \times 25 + 0.4 \times (-20) - 12 = -5$$

$$E(A_2) = 0.6 \times 20 + 0.4 \times (-12) - 8 = -0.8$$

$$E(A_3) = 0.6 \times 15 + 0.4 \times (-8) - 5 = 0.8$$

将各期望值进行标注，得图 10-5。

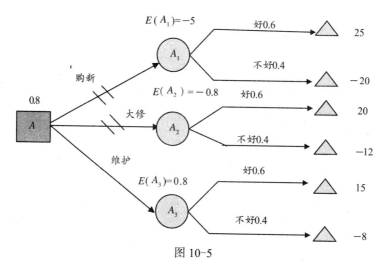

图 10-5

由图 10-5 得最大值为 $E(A_3)$，选对应方案 A_3，即维护机器，并将 A_1，A_2 剪枝。

例 10-12 某工厂面对激烈的市场竞争，拟制订利用先进技术对产品改型的计划。现有三个改型方案可供选择：A_1，A_2，A_3。根据市场需求调查，该厂产品面临高需求 S_1、一般需求 S_2 与低需求 S_3 三种自然状态，这三种自然状态的概率分别为 0.5，0.3，0.2。在三种自然状态下不同的改型方案所获得的收益不一样，表 10-17 给出了预期收益的情况（单位：万元）。用决策树法进行决策，求完全信息价值 EVPI，并说明其意义。

表 10-17

状态 方案	S_1	S_2	S_3
A_1	40	20	10
A_2	70	30	0
A_3	110	10	−50

解：①根据题意，做出决策树如图 10-6 所示。

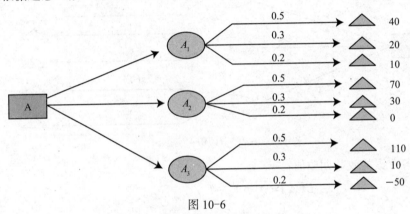

图 10-6

$E(A_1)=0.5×40+0.3×20+0.2×10=28$

$E(A_2)=0.5×70+0.3×20+0.2×0=44$

$E(A_3)=0.5×110+0.3×10-0.2×50=48$

$\max\{E(A_i)\}=\max\{28,44,48\}=48$

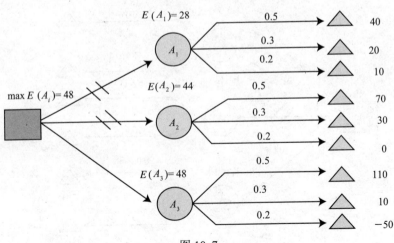

图 10-7

②由（1）得各方案的 EMV 值，如表 10-18 所示。

表 10-18

状态\方案	S_1	S_2	S_3	EMV
A_1	40	20	10	28
A_2	70	30	0	44
A_3	110	10	−50	48
状态概率	0.5	0.3	0.2	

又 $EPPL = \sum_{i=1}^{3} P(S_i)\max_j u_{ij} = 0.5 \times 110 + 0.3 \times 30 + 0.2 \times 10 = 66$

则　　　　$EVPI = EPPL - GMV^* = 66 - 48 = 18$（万元）

完全信息价值为 18 万元，即该工厂若经过市场调查获得完全信息，可使收益比无附加信息时的最大期望收益增加，故可付费收集完全信息，但不能超过 18 万元。

10.3.3　贝叶斯决策（Bayesian Decision Theory）

贝叶斯决策就是在不完全情报下，对部分未知的状态用主观概率估计，然后用贝叶斯公式修正发生概率，最后再利用期望值和修正概率作出最优决策。

贝叶斯决策属于风险型决策，决策者虽不能控制客观因素的变化，但却掌握其变化的可能状况及各状况的分布概率，并利用期望值即未来可能出现的平均状况作为决策准则。

贝叶斯决策理论方法是统计模型决策中的一个基本方法，其基本思想是：已知类条件概率密度参数表达式和先验概率；利用贝叶斯公式转换成后验概率；根据后验概率大小进行决策分类。

贝叶斯决策准则（修正概率），在处理风险型决策问题的期望值方法中，需要知道各种状态出现的概率 $P(S_1)$, …, $P(S_n)$，称为先验概率，它们通常由专家估计法获得。

因为不确定性经常是由于信息的不完备造成的，决策过程实际上是一个不断收集信息的过程，当信息足够完备时，决策者便不难作出最后的决策。

当收集到一些有关决策的进一步信息 B 后，对原有各种状态出现的概率的估计可能会发生变化。变化后的概率记为 $P(S_m|B)$，是一个条件概率，表示在得到追加信息 B 后对原概率 $P(S_i)$ 的修正，故称为后验概率。其中

$$P(S_m \mid B) = \frac{P(S_m)P(B \mid S_m)}{\sum_{i=1}^{n} P(S_i)P(B \mid S_i)}，i=1,2,\cdots,n \qquad （10-1）$$

由先验概率得到后验概率的过程称为概率修正。决策者事实上经常是根据后验概率进行决策的。

追加信息的获取一般有助于改进对不确定性决策问题的分析。为此，需要解决两方面的问题：

（1）如何根据追加信息对先验概率进行修正，并根据后验概率进行决策。

（2）由于获取信息通常要支付一定的费用，这就需要将有追加信息情况下可能的收益增加值同未获取信息所支付的费用进行比较，当追加信息可能带来的新的收益大于信息本身的

费用 $EPPI \geq EMV^*$，才有必要去获取新的信息。

例 10-13 某石油公司拥有一块可能有油的土地，根据可能出油的多少，该块土地属于四种类型：可产油 50 万桶、20 万桶、5 万桶、无油。公司目前有三个方案可以选择：自行钻井；无条件地将该块土地出租给其他生产者；有条件租给其他生产者。若自行钻井，打出一口有油井的费用是 10 万元，打出一口无油井的费用是 7.5 万元，每一桶油的利润是 1.5 元。若无条件出租，不管出油多少，公司收取固定租金 4.5 万元；若有条件出租，公司不收取租金，但当产量为 20 万桶至 50 万桶时，公司每桶收取 0.5 元。由上计算得到该公司可能的利润收入见下表。按过去的经验，该块土地属于上面 4 种类型的可能性分别为 10%，15%，25% 和 50%。问题是该公司应选择哪种方案可获得最大利润？

解：由题意知若公司自行钻井，在各自然状态下其利润为：

1.5×500000-100000=650000

1.5×200000-100000=200000

1.5×50000-100000=-25000

各方案下的期望值分别为：

EMV_1=650000×0.1+200000×0.15-25000×0.25-75000×0.5=51250

EMV_2=45000×0.1+45000×0.15+45000×0.25+45000×0.5=45000

EMV_3=250000×0.1+100000×0.15+0×0.25+0×0.5=40000

综上，各方案的利润情况及其期望值如表 10-19 所示。

表 10-19 决策表 （单位：元）

项目方案	自然状态				收益 EMV_i
	50万桶S_1	20万桶S_2	5万桶S_3	无油S_4	
A_1自行钻井	650000	200000	-25000	-75000	51250
A_2无条件出租	45000	45000	45000	45000	45000
A_3有条件出租	250000	100000	0	0	40000
状态概率	0.1	0.15	0.25	0.5	

由表 10-20 知 $\max EMV_i$=51250（元），因此选择自行钻井。

例 10-14 假设例 10-13 中的石油公司在决策前希望进行一次地震试验，以进一步弄清该地区的地质构造。已知地震试验的费用是 12000 元，地震试验可能的结果是：构造很好、构造较好、构造一般和构造较差。根据过去的经验，可知地质构造与油井出油量的关系如表 10-20 所示。问题是：

（1）是否需要进行地震试验？

（2）如何根据地震试验的结果进行决策？

表 10-20 地质构造与油井出油量关系表

$P(I_i|S_j)$	构造很好I_1	构造较好I_2	构造一般I_3	构造较差I_4
50万桶S_1	0.58	0.33	0.09	0.000
20万桶S_2	0.56	0.19	0.125	0.125
5万桶S_3	0.46	0.25	0.125	0.165
无油S_4	0.19	0.27	0.31	0.23

解：结合例 10-13 和表 10-21 先计算各种地震试验结果出现的概率：

$P(I_1)=P(S_1)P(I_1|S_1)+P(S_2)P(I_1|S_2)+P(S_3)P(I_1|S_3)+P(S_4)P(I_1|S_4)$

$\quad=0.10\times0.58+0.15\times0.56+0.25\times0.46+0.50\times0.19=0.352$

$P(I_2)=P(S_1)P(I_2|S_1)+P(S_2)P(I_2|S_2)+P(S_3)P(I_2|S_3)+P(S_4)P(I_2|S_4)=0.259$

$P(I_3)=P(S_1)P(I_3|S_1)+P(S_2)P(I_3|S_2)+P(S_3)P(I_3|S_3)+P(S_4)P(I_3|S_4)=0.214$

$P(I_4)=P(S_1)P(I_4|S_1)+P(S_2)P(I_4|S_2)+P(S_3)P(I_4|S_3)+P(S_4)P(I_4|S_4)=0.175$

由贝叶斯公式 $P\left(S_j\mid I_i\right)=\dfrac{P\left(S_j\right)P\left(I_i\mid S_j\right)}{P\left(I_i\right)}$ 计算后验概率，得表 10-21。

表 10-21　地震试验后的后验概率表

$P(I_i|S_j)$	构造很好I_1	构造较好I_2	构造一般I_3	构造较差I_4
50万桶S_1	0.165	0.127	0.042	0.000
20万桶S_2	0.239	0.110	0.088	0.107
5万桶S_3	0.327	0.241	0.147	0.236
无油S_4	0.270	0.522	0.723	0.657

如果地震试验得到的结果为"构造很好"，则各方案期望收益值如表 10-22 所示。

表 10-22

项目方案	自然状态				期望收益 EMV_i
	50万桶S_1	20万桶S_2	5万桶S_3	无油S_4	
A_1自行钻井	650000	200000	−25000	−75000	126875
A_2无条件出租	45000	45000	45000	45000	45000
A_3有条件出租	250000	100000	0	0	65250
后验概率	0.165	0.240	0.325	0.270	

$\max EMV_i=126875$（元），因此选择自行钻井。

如果地震试验得到的结果为"构造较好"，则各方案期望收益值如表 10-23 所示。

表 10-23

项目方案	自然状态				期望收益 EMV_i
	50万桶S_1	20万桶S_2	5万桶S_3	无油S_4	
A_1自行钻井	650000	200000	−25000	−75000	59375
A_2无条件出租	45000	45000	45000	45000	45000
A_3有条件出租	250000	100000	0	0	42750
后验概率	0.127	0.110	0.241	0.522	

maxEMV$_i$=59450（元），因此选择自行钻井。

如果地震试验得到的结果为"构造一般"，则各方案期望收益值如表 10-24 所示。

表 10-24

项目方案	自然状态				期望收益 EMV$_i$
	50万桶S_1	20万桶S_2	5万桶S_3	无油S_4	
A_1自行钻井	650000	200000	−25000	−75000	−13000
A_2无条件出租	45000	45000	45000	45000	45000
A_3有条件出租	250000	100000	0	0	19300
后验概率	0.042	0.088	0.147	0.723	

maxEMV$_i$=45000（元），因此选择无条件出租。

如果地震试验得到的结果为"构造较差"，则各方案期望收益值如表 10-25 所示。

表 10-25

项目方案	自然状态				期望收益 EMV$_i$
	50万桶S_1	20万桶S_2	5万桶S_3	无油S_4	
A_1自行钻井	650000	200000	−25000	−75000	−33775
A_2无条件出租	45000	45000	45000	45000	45000
A_3有条件出租	250000	100000	0	0	10700
后验概率	0.000	0.107	0.236	0.657	

maxEMV$_i$=45000（元），因此选择无条件出租。

根据后验概率进行决策的期望收益为：

$E^*=P(I_1)E(A_1)+P(I_2)E(A_1)+P(I_3)E(A_2)+P(I_4)E(A_2)$

$=0.352×126875+0.259×59375+0.214×45000+0.175×45000≈77543$

由前述已知，不做地震试验时的期望收益为 51250 元，试验后可增加收益，也就是地震试验信息的价值为 77543−51250=26293 元，大于地震试验的费用 12000 元，因而进行地震试验是合算的。

10.4 效用理论

10.4.1 效用的概念

效用（Utility）概念首先是由丹尼尔·贝努利（D.Bernoulli）首创。他用图 10-8 所示曲线来表示人们对钱财的真实价值的考虑与其钱财拥有量之间有对数关系。经济学家将效用作为指标去衡量人们对某些事物的主观价值、态度、偏爱和倾向等。效用值实际体现后果对实际价值的重要性，是决策人对后果偏好的量化，是一个相对的指标值，一般来说效用值介于区间 [0，1]。例如，对决策者最爱好、最倾向和最愿意的事物的效用值可以赋予 1，对于最不爱好的事物的效用值可以赋予 0。决策人如果运用效用理论进行决策，在面临多种方案选择时要考虑到选择效用值最大的方案。

效用是衡量一个决策方案的总体指标，反映了决策者对诸如利润、损失、风险等各种因素的总体看法。使用效用值进行决策，首先要把考虑的因素折合成效用值，然后用决策准则，选出效用值最大的方案为最优方案，例如在风险决策问题中，我们把效用值作为指标，用期望值准则进行决策，把效用期望值最大的方案选为最优方案。

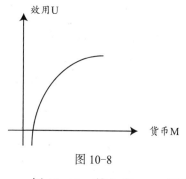

图 10-8

效用指标可以量化决策人对风险的态度，可以为每个决策人测定他对待风险态度的效用。在风险决策中，以期望收益大小作为选择最优方案的标准，似乎与实际并不完全一致。因为在同等风险条件下，由于价值观即对待风险的态度以及经验、才智和判断力等主观因素不同，最终就会做出不同的决策。

例 10-15 某人有 1000 万元的不动产，据分析，发生火灾等自然灾害造成财产损失的概率为 0.1%，如果参加财产保险，万一发生灾害，全部损失由保险公司承担，但每年需交保费 1500 元。不同的人对是否参加保险具有不同的决策：

稳重型：根据计算，财产的期望效益为 -10000000×0.1%=-10000 元，但与保险费 1500 元相比，决策者仍然愿意每年交 1500 元，而不愿冒 0.1% 的风险。

冒险型：决策者根据期望收益和保险费的对比关系，愿冒 0.1% 的风险，而不愿缴纳 1500 元的保费。

但是如果条件发生变化，如灾害发生的概率增加到 2%，风险程度显著提高，冒险型决策者可能又会改变决策，参加保险。

又如我们日常生活中经常遇到的买彩票现象，假设每一张彩票的损益值及其中奖概率如表 10-26 所示。

表 10-26

方案 \ 状态及概率 \ 损益值	中奖	不中奖
	0.0001	0.9999
买彩票	500	-2
不买彩票	0	0

则：买彩票的期望效益 =0.0001×500+0.9999×(-2)=-1.9498，不买彩票的期望效益 =0，根据期望效益最大准则，最优方案是不买彩票，但是，很多的彩民愿意冒着 99.99% 不中奖的风险而购买彩票，希望有机会获得一大笔奖金。

从以上两个例子可以看出，对于相同的期望效益值，不同的决策者反应不同，作出的选择不同。我们把决策者主观上对待利益得失的价值取向及取舍叫作效用。把衡量一个结果在人们主观上所具有的价值的量称为效用值，它反映了决策者对待风险的态度，并引入效用值来衡量决策者对同一货币值在主观上的价值。一般情况下，用 1 表示最大的效用值，用 0 表示最小的效用值。效用值是相对的数值关系，它的大小用来表示决策者对风险的态度或对某种事物的倾向、偏好程度。

10.4.2 效用曲线的绘制

上述决策行为的理论称为效用理论。在效用理论中，通常用效用函数来描述不同决策人的决策行为。效用曲线是根据决策者本人对风险态度等主观因素所确定的效用值绘制而成的曲线。一般来讲，它因决策者而异，决策者不同，效用曲线也不同。

效用曲线的绘制：在直角坐标系中，效用曲线的横坐标表示收益值（负的为损失值），纵坐标表示效用值。效用曲线运用心理试验法，通过第三者向决策者提出不同的问题，根据决策者本人对问题的反应测定出不同的效用值绘制而成。

例 10-16　有两个方案供决策者选择：方案 I：有 50% 的机会得 50 元，50% 的机会损失 10 元；

方案 II：肯定得 5 元。

本例题中决策者希望得到的最大收益为 50 元，则确定 50 元的效用值为 1，图 10-9 中所示的 A（50，1）；决策者不希望支付的损失值为 10 元，确定其效用值为 0，如 O（-10，0），图中 A，O 两点为效用曲线的端点。

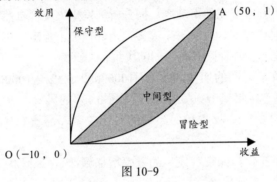

图 10-9

10.4.3 效用曲线的类型

根据决策者的素质和对风险的态度不同，效用曲线有以下三种类型（图 10-9）：

（1）保守型，决策者随着收益的增加而效用递增，但其递增速度却越来越慢，即不愿冒过大的风险。如图 10-9 中向上凸的曲线所示。

（2）中间型：对该类决策者来说，收益和效用按相同比率增加或减少。图 10-9 中居于两条曲线中间的直线所示。

（3）冒险型：对这类决策者来说，随着收益增加，效用也增加，但效用增加的速度越来越快，表明决策者愿冒较大的风险，如图 10-9 中向下凸的曲线所示。

即效用曲线上凸越厉害，表明决策者越讨厌风险；效用曲线下凸越厉害，则表明越敢于冒险。效用曲线除了上述三种外还有一种 S 型效用曲线，它反映了决策者对某些利益敢于冒风险，而对另一些利益则避开风险，如图 10-10 所示。

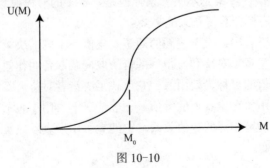

图 10-10

它表示在投资风险中当投资额较小时决策者敢于冒险进行投资但当投资数额较大时决策者偏于保守。

10.4.4　效用曲线的应用

例 10-17　从事石油钻探工作的 A 企业与石油公司签订合同，在一片估计含油的地区进行钻探。A 企业可以先做地震试验，然后决定钻井还是不钻井；也可以不做地震试验，根据经验直接钻井或者不钻井。做地震试验每次 0.3 万元，钻井费为 1 万元。若钻井后出油可收入 4 万元；钻井后不出油将无任何收入。相关概率如图 10-11 所示，问 A 企业如何决策可使其期望收入最大。

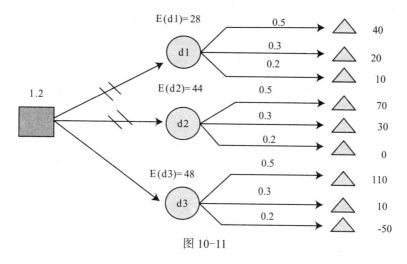

图 10-11

用逆推的方法，先计算机会点 7、8、9 处的期望收益值，并将这些数值写的各结点的上方（图 10-12）。

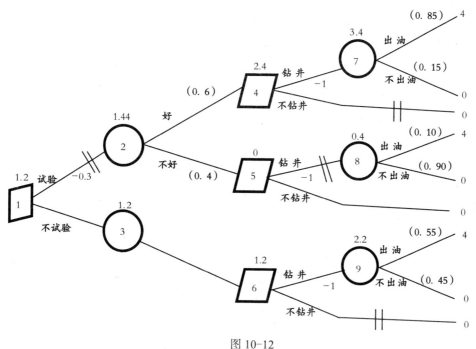

图 10-12

在机会点 7 处：0.85×4+0.15×0=3.4。

在机会点 8 处：0.10×4+0.90×0=0.4。

在机会点 9 处：0.55×4+0.45×0=2.2。

在决策点 4、5、6 处用期望报酬最大准则选择方案，并将期望报酬最大值写在各决策点的上方，同时对不选的方案进行剪枝。

在机会点 2、3 处再计算期望报酬值，并写在机会点的上方，具体计算如下。

在机会点 2 处：0.6×2.4+0.4×0=1.44，在机会点 3 上方直接写上 1.2。

最后，在决策点 1 处如果进行地震试验，期望收益为 1.44-0.3=1.14 万元，若不做地震试验，期望收益为 1.2 万元。根据期望报酬最大准则，对做地震试验的方案剪枝，选择不做地震试验直接钻井的方案。对于保守型的决策者来说，都会认为这个方案具有很大的风险，决策者不会接受这个方案。但是，对于冒险型的决策者，或许以为这是可接受的文案，如何才能做出符合决策者偏好的决策方案呢？在决策分析中，以效用值代替效益值，并以期望效用值最大的准则代替期望效益值最大准则，简称为效用值准则，运用效用值准则进行决策分析，又被称为效用分析决策法。

运用效用值准则进行决策分析的步骤为：

（1）将决策树树梢上的效益值改为纯收益值。

（2）以纯收益值为货币区间，测试决策者对每一个货币值的效用值，并画出该决策者的效用曲线。

（3）将决策树树梢上的纯收益值改为该货币值的效用值，计算各方案的期望效用值。

（4）用期望效用最大准则选择决策过程。

下面仍以例 10-17 为例说明这一决策过程。

解：先将决策树树梢上的数据改为各方案的纯收益值（图 10-13）。

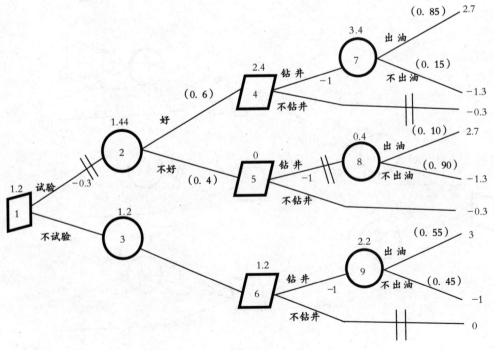

图 10-13

货币区间为 [-1.3，3]，按照效用曲线确定的方法测试决策者，并得到反映他的价值观的效用曲线（图 10-14）。将这些货币值的效用值写在决策树树梢的相应位置上（图 10-15），计算各机会点处的期望效用值，把这些期望效用值写在相应结点上方。利用期望效用最大准则，在决策点处选择方案，并将期望效用最大值写在决策点的上方，同时对不选的方案进行剪枝。最后，在决策点 1 处就可得到符合决策者偏好的决策方案。计算过程如下：

机会点 7：0.85×0.95+0.15×0=0.807。

机会点 8：0.10×0.95+0.90×0=0.095。

机会点 9：0.55×1+0.45×0.17=0.626。

机会点 4：0.807>0.41，选择钻井方案，对不钻井方案剪枝。

机会点 5：0.095<0.41，选择不钻井方案，对钻井方案剪枝。

机会点 6：0.626>0.48，选择钻井方案，对不钻井方案剪枝。

机会点 2：0.6×0.807+0.4×0.41=0.648。

机会点 3：直接写上 0.626。

机会点 1：0.648>0.626，选择做试验的方案，对不做试验的方案剪枝。

决策结果是：先做地震试验，若显示油气不好时，不钻井；若显示油气好时，钻井。

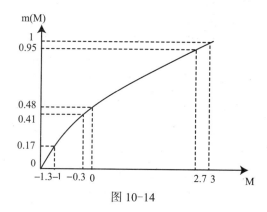

图 10-14

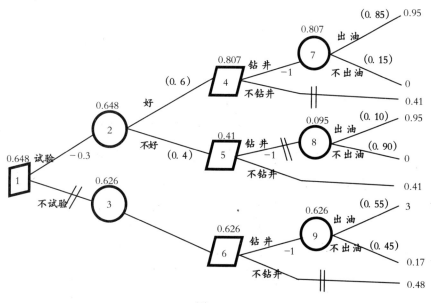

图 10-15

10.5 马尔可夫决策(Markov Decision)

10.5.1 马尔可夫决策模型

在非确定型决策问题中，其不确定因素有时会服从某种统计特性，利用这种统计特性来进行决策，称其为随机性决策问题。在此类问题中，系统的状态概率是不断变化的。

马尔可夫过程的基本思想是根据当前状态的概率分布来推断未来状态的分布，并以此作出判断和决策。

用 $X(t)$ 表示系统的状态，状态序列 $\{X(t)，t \in T\}$ 为一随机过程。$U_{(i)}^n$ 为第 n 期状态 i 的决策集合。如果系统当前的转移概率只与当前的运行状态有关，而与以前的状态无关，即对随机过程 $\{X(t)，t \in T\}$，若对任意的 $0 < t_1 < t_2 < \cdots < t_n < t_{n+1}$ 及 $t_i \in T$，$X(t)$ 关于 $X(t_1)$，$X(t_2)$，$\cdots$，$X(t_n)$ 的条件概率恰好等于 $X(t_{n+1})$ 关于 $X(t_n)$ 的条件概率，用数学符号表示为 $P\{X(t_{n+1})=j|X(t_n)=i,U_{(i)}^n\}$，则称 $\{X(t)，t \in T\}$ 具有马尔可夫性。

具有马尔可夫性的随机过程称为马尔可夫过程，$\{X(t)，t \in T\}$ 所有可能全体取值称为过程的状态空间，最简单的马尔可夫过程是马尔可夫链。其时间为离散的，如果状态空间也是有限的，则此链为优先的马尔可夫链。对于有限的马尔可夫链，如果过程还是平稳的即状态概率与时间 t 无关，则此马尔可夫链是齐次的。求解具有离散的马尔可夫过程的决策问题，就是求出每一时间的最优策略，使马尔可夫方程的值达到最大（或最小）。

具有离散的马尔可夫过程的决策问题称为马尔可夫决策问题，求解这类决策问题必须找出一段时间的值函数，而最优解就是给出每个时期策略，使此值函数达到最大（或最小）。

首先要确定状态转移概率和转移概率矩阵，记 P_{ij} 为状态的一步转移概率，即：

$$P\{X(t+1) = j | X(t) = i,U_{(i)}^t\} \cdots P\{X1) = j | X(0) = i,U_{(i)}^0\} \tag{10-2}$$

例 10-18　有 3 家电器公司分别生产三种不同的牌子的空调。各自展开广告攻势促销本公司产品。各公司所占的市场比例是随时间变化的。随机过程 $\{X(t)，t \in T\}$ 构成以 $X(t)=\{1,2,3\}$ 为状态空间的马尔可夫链。假设在任一时刻，公司 1 能留住它的 1/2 的老顾客，其余的则对半购买另两家公司的产品；公司 2 的一半顾客能留下，30% 转向公司 1，20% 转向公司 3；公司 3 有 3/4 顾客能留下，其余流向公司 2。其状态转移图如图 10-16 所示。马尔可夫链一步状态转移矩阵为

$$P = \begin{pmatrix} p_{11} & p_{12} & p_{13} \\ p_{21} & p_{22} & p_{23} \\ p_{31} & p_{32} & p_{33} \end{pmatrix} = \begin{pmatrix} \dfrac{1}{2} & \dfrac{1}{4} & \dfrac{1}{4} \\ \dfrac{3}{10} & \dfrac{1}{2} & \dfrac{1}{5} \\ 0 & \dfrac{1}{4} & \dfrac{3}{4} \end{pmatrix}$$

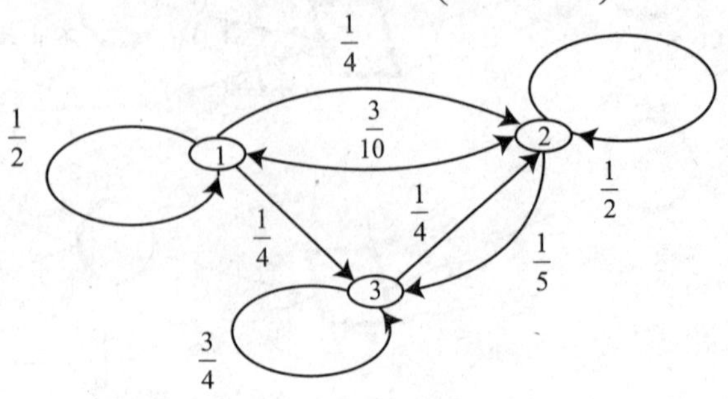

图 10-16　转移图

设 $f_n(i, \pi_n)$ 表示系统在第 n 个时期处于状态 $X_{(n)}=i$ 转移到过程终结时的总期望报酬；r_{ij} 表示从状态 $X(n)=i$ 转移到下一个状态 $X(n+1)=j$ 相应的报酬，则有

$$f_n(i,\pi_n) = \sum_{j=1}^{m} P_{ij}\left[r_{ij} + f_{n+1}(j,\pi_{n+1})\right], \quad i=1,2,\cdots,m; \quad n=1,2,\cdots \tag{10-3}$$

π_n 表示从第 n 个时期到过程终结的决策规则 δ 的序列 $\{\delta_n,\delta_{n+1},\cdots\}$，$\pi_n=(\delta_n,\pi_{n+1})$，其中 δ_n 为第 n 个时期的决策规则。

若令 $q(i)=\sum_{j=1}^{m} p_{ij}r_{ij}(i=1,2,\cdots,m)$，$q(i)$ 表示由状态 i 作一次转移的期望报酬，即状态的即时期望报酬，则（10-3）可改写成

$$f_n(i,\pi_n) = q(i) + \sum_{j=1}^{m} P_{ij} f_{n+1}(j,\pi_{n+1}) \tag{10-4}$$

此式为马尔可夫决策问题的基本方程。

若 π_{n+1} 和 δ_n 已给定，记 $f_n(i)$ 为 $f_i(n)$，$q_{(i)}$ 为 q_i，则（10-4）可写为

$$f_i(n) = q_i + \sum_{j=1}^{m} P_{ij} f_j(n+1) \tag{10-5}$$

若记数从末端开始，上式的逆序写法为

$$f_i(n) = q_i + \sum_{j=1}^{m} P_{ij} f_j(n-1), \quad i=1,2,\cdots,m; \quad n=1,2,\cdots \tag{10-6}$$

令

$$F(n) = \begin{pmatrix} f_1(n) \\ f_2(n) \\ \vdots \\ f_m(n) \end{pmatrix}, Q = \begin{pmatrix} q_1 \\ q_2 \\ \vdots \\ q_m \end{pmatrix}, P = \begin{pmatrix} p_{11} & p_{12} & \cdots & p_{1m} \\ p_{21} & p_{22} & \cdots & p_{2m} \\ \vdots & \vdots & & \vdots \\ p_{m1} & p_{m2} & \cdots & p_{mn} \end{pmatrix}$$

则（10-6）的矩阵形式为

$$F(n)=Q+PF(n-1), \quad n=1,2,\cdots$$

现在推导多步转移概率公式。记 $P_{ij}(k)$ 表示从初始状态 i，经过 k 步后转移到状态 j 的转移概率，即 $P_{ij}(k)=\{X_{(k)}=j|X_{(0)}=i\}$。当一个状态转移过程经过 $k+1$ 步从状态 i 转移到 j，假设此过程经过 k 步达到某一状态 s，最后一步从 s 转移到 j，这一步的转移概率为 P_{sj}，则此过程的转移概率为

$$P_{ij}(k+1) = \sum_{s=1}^{m} P_{is}(k)P_{sj} \tag{10-7}$$

显然 $0 \leqslant P_{ij}(k) \leqslant 1$，且 $\sum_{j=1}^{m} P_{ij}(k)=1$。令 $P(k)=[P_{ij}(k)]$ 为 k 步转移矩阵，$P=[P_{ij}]$ 为一步转移概率矩阵，则有 $P(k+1)=P(k)P$，$P(0)=I$，$k=0,1,2,\cdots$

因此可得

$$P(0)=I, P(1)=P, P(2)=P^2, \cdots$$
$$P(k+1)=P^{k+1}=P^r P^{k+1-r}=P(r)P(k+1-r) \tag{10-8}$$

其中，r 为正整数，且满足 $0 \leqslant r \leqslant k+1$。

记随机过程的状态概率为 $g_i(n)(i=1,2,\cdots,m; n=0,1,2,\cdots)$，它表示当系统在 $n=0$ 时的状态为

已知时，经过 n 次转移之后，系统处于状态 i 的概率。即

$$g_j(n+1) = \sum_{i=1}^{m} g_i(n) P_{ij} , \quad j=1,2,\cdots,m \quad (10\text{-}9)$$

若定义一个状态概率行向量 $G(n)$，其分量为 $g_j(n)$，$G(n)=[g_1(n),g_2(n),\cdots,g_m(n)]$，由（10-9）可得

$$\begin{cases} G(n+1) = G(n)P \\ G(n) = G(n-1)P = G(0)P^n \end{cases} \quad (10\text{-}10)$$

因此，只要知道初始状态和转移概率矩阵，就可以求出 n 步以后系统所处的状态 $G(n)$。

遍历性　如果一个齐次的马尔可夫链 $\{X(n),n=0,1,2,\cdots\}$ 的 n 步转移概率为 $P_{ij}(n)$，对于一切状态 i,j，存在着不依赖于初始状态 i 的常数 P_j，使得 $\lim_{n\to\infty} P_{ij}(n) = P_j$ 成立，则称此马尔可夫链具有遍历性。也就是说，一个具有遍历性的马尔可夫链，当转移的次数 n 极大时，此系统转移到状态 j 的概率为一个常数 P_j，而与初始状态无关。

定理　对于状态空间有限的马尔可夫链 $\{X(n),n=0,1,2,\cdots\}$，若存在正整数 n。使得对于一切的 i,j，有 $P_{ij}(n_0) > 0$，则此马尔可夫链是遍历的，且此常数概率值 P_j 是方程组 $P_j = \sum_{i=1}^{m} P_i P_{ij}$ 在满足条件 $P > 0$ 和 $\sum_{j=1}^{m} P_j = 1$ 时的唯一解。

对于具有遍历性的马尔可夫链，经若干步转移后到达稳定状态，对

$$\begin{cases} G(n+1) = G(n)P \\ G(n) = G(n-1)P = G(0)P^n \end{cases} \quad \text{取极限}$$

$$\begin{cases} G = \lim_{n\to\infty} G(n+1) = \lim_{n\to\infty} G(n)P = GP \\ G = \lim_{n\to\infty} G(n) = G(0) \lim_{n\to\infty} P^n \end{cases} \quad (10\text{-}11)$$

由上式可以看出，系统稳态概率向量 G 有两种计算公式，一种是利用方程组 $G=GP$ 及 $\sum_{i=1}^{m} g_i = 1$ 求解 G；另一是利用公式 $G = G(0) \lim_{n\to\infty} P^n$，由于满足遍历性，$P^n$ 的极限存在。下面的引理给出了求 P^n 的一种方法。

引理　设 m 阶矩阵 P 具有 m 个线性无关的特征向量 $B=(b_1, b_2, \cdots, b_m)$，对应的特征值为 $\lambda_1, \lambda_2, \cdots, \lambda_m$，则 B 可逆且有 $P=B \Lambda B^{-1}$ 其中 $\Lambda = diag(\lambda_1, \lambda_2, \cdots, \lambda_m)$。

例 10-19　在上一例题中，假设 3 个公司开始的市场占有率为 0.3，0.35，0.35，求：5 个月后的市场占有率（状态）；②长期（稳态）的市场占有率。

解：① $G(0) = (0.3, 0.35, 0.35)$，由 $G(5)=G(0)P^5$ 得：

$$G(5) = G(0)P^5 = (0.3,0.35,0.35)\begin{pmatrix} \dfrac{1}{2} & \dfrac{1}{4} & \dfrac{1}{4} \\[2mm] \dfrac{3}{10} & \dfrac{1}{2} & \dfrac{1}{5} \\[2mm] 0 & \dfrac{1}{4} & \dfrac{3}{4} \end{pmatrix}^5$$

$$= (0.3,0.35,0.35)\begin{pmatrix} 0.213 & 0.333 & 0.454 \\ 0.218 & 0.334 & 0.448 \\ 0.182 & 0.333 & 0.485 \end{pmatrix} = (0.204,0.333,0.463)$$

②长期（稳态）的市场占有率 G 有两种方法。

第一种方法：设 $G=(g_1,\ g_2,\ g_3)$，利用 $G=\lim\limits_{n\to\infty}G(n+1)=\lim\limits_{n\to\infty}G(n)P=GP$ 解方程组。

及 $g_1+g_2+g_3=1$

$$(g_1,g_2,g_3)=(g_1,g_2,g_3)\begin{pmatrix}\dfrac{1}{2}&\dfrac{1}{4}&\dfrac{1}{4}\\[2mm]\dfrac{3}{10}&\dfrac{1}{2}&\dfrac{1}{5}\\[2mm]0&\dfrac{1}{4}&\dfrac{3}{4}\end{pmatrix}$$ 及 $g_1+g_2+g_3=1$

$$\begin{cases}0.5g_1+0.3g_2=g_1\\0.25g_1+0.5g_2+0.25g_3=g_2\\0.25g_1+0.2g_2+0.75g_3=g_3\\g_1+g_2+g_3=1\end{cases}\Rightarrow\begin{cases}0.5g_1-0.3g_2=0\\-0.25g_1+0.5g_2-0.25g_3=0\\-0.25g_1-0.2g_2+0.25g_3=0\\g_1+g_2+g_3=1\end{cases}$$

容易证明前 3 个方程不是独立的，取第 1、2、4 个方程求解即可，解得

$$G=\left(\frac{1}{5},\frac{1}{3},\frac{7}{15}\right)$$

即长期（稳态）三个公司的市场占有率分别为 $\frac{1}{5},\frac{1}{3},\frac{7}{15}$。

第二种方法：求转移矩阵 P 的特征值及特征向量。由 $|\lambda I-P|=0$ 得

$$\begin{vmatrix}\lambda-\dfrac{1}{2}&-\dfrac{1}{4}&-\dfrac{1}{4}\\[2mm]-\dfrac{3}{10}&\lambda-\dfrac{1}{2}&-\dfrac{1}{5}\\[2mm]0&-\dfrac{1}{4}&\lambda-\dfrac{3}{4}\end{vmatrix}=(\lambda-0.25)(\lambda-1)=0$$

特征值及特征向量矩阵为

$$\Lambda=\begin{pmatrix}\dfrac{1}{4}&&\\&\dfrac{1}{2}&\\&&1\end{pmatrix}\quad B=\begin{pmatrix}0.40825&0.53773&0.60736\\-0.8165&0.8066&0.60736\\0.40825&-0.8066&0.60736\end{pmatrix}$$

$$B^{-1}=\begin{pmatrix}0.9798&-0.8165&-0.1633\\0.74386&0&-0.71386\\0.32929&0.54882&0.76835\end{pmatrix}$$

$$\lim_{n\to\infty}P^n=\lim_{n\to\infty}B\Lambda^nB^{-1}=\lim_{n\to\infty}B\begin{pmatrix}\left(\dfrac{1}{4}\right)^n&&\\&\left(\dfrac{1}{2}\right)^n&\\&&1\end{pmatrix}B^{-1}$$

$$= \begin{pmatrix} 0.199998 & 0.333331 & 0.466665 \\ 0.199998 & 0.333331 & 0.466665 \\ 0.199998 & 0.333331 & 0.466665 \end{pmatrix}$$

$$G = G(0)\lim_{n \to \infty} P^n = (0.3, 0.35, 0.35)\lim_{n \to \infty} P^n = (0.19999, 0.33333, 0.46666)$$

与第一种计算方法结果相同。

状态相同性 如果对状态 i 和状态 j 在某个正整数 n_0 使得 $P_{ij}(n_0) > 0$，即从状态 i 出发，经过 n_0 步能以正的概率到达 j，则称状态 i 可达状态 j，记为 $i \to j$，当 $i \to j$，$j \to i$ 同时成立时，称状态 i 与 j 互通。注意，两状态相通，但两方向的转移步数并不一定相同。

定理 若 $i \to k$，$k \to j$ 则 $i \to j$。

推论 1：若 $i \to k_1$，$k_1 \to k_2$，…，$k_n \to j$，则 $i \to j$。

推论 2：若 $i \leftrightarrow k_1$，$k_1 \leftrightarrow k_2$，…，$k_{n-1} \leftrightarrow k_n$，$k_n \leftrightarrow j$，则 $i \leftrightarrow j$。

在任意马尔可夫链中总可以找到若干状态集合的子集，在这些子集内所有状态相通，这些子集构成一个遍历集，而不属于遍历集的状态称为瞬时状态。

例 10-20 设有一个状态集合 $S = \{1，2，3，4，5\}$，其一步转移概率矩阵为

$$P = \begin{pmatrix} \dfrac{1}{5} & \dfrac{2}{5} & 0 & 0 & \dfrac{2}{5} \\ \dfrac{1}{3} & \dfrac{2}{3} & 0 & 0 & 0 \\ 0 & 0 & \dfrac{5}{8} & \dfrac{3}{8} & 0 \\ 0 & 0 & \dfrac{3}{4} & \dfrac{1}{4} & 0 \\ \dfrac{1}{2} & 0 & 0 & 0 & \dfrac{1}{2} \end{pmatrix}$$

则此状态集中 $S_1 = \{1，2\}$，$S_2 = \{3，4\}$ 构成遍历集，而 $S_3 = \{5\}$ 为瞬时状态，如果一个马尔可夫链所有的状态构成一个遍历集，则此链为遍历链。若系统中的某些状态一旦进入后不能离开，则称此状态为吸收状态；若马尔可夫链的所有遍历状态都是吸收状态，则称为吸收链。

若系统进入某一状态集合后，只能在此集合中不断转移，但不超出这个集合，则称此集合为马尔可夫链的一个循环链。每个马尔可夫过程至少有一个循环链，且只有一个循环链的马尔可夫过程必是遍历的。

10.5.2 马尔可夫决策的基本方程组

研究遍历马尔可夫链的瞬态行为，需要求出其基本方程组，为此必须用到 z 变换分析方法。

z 变换可将差分方程转化为对应的普遍方程，一个非负离散的时间函数 $f(n)$ 的 z 变换为 $f(z) = \sum\limits_{n=0}^{\infty} f(n)z^n$。

函数 $f(n)$ 与其 z 变换是一一对应的，同时，原函数与其 z 变换间可以相互转化，表 10-27 是一些常用的 z 变换表。

表 10-27

离散时间函数	z 变换	离散时间函数	z 变换
$f(n)$	$f(z)$	1	$\dfrac{1}{1-z}$
$f_1(n)f_2(n)$	$f_1(z)f_2(z)$	n	$\dfrac{z}{(1-z)^2}$
$kf(n)$	$kf(z)$	a^n	$\dfrac{1}{1-az}$
$f(n-1)$	$zf(z)$	na^n	$\dfrac{az}{(1-az)^2}$
$f(n+1)$	$z^{-1}[f(z)-f(0)]$	$a^n f(n)$	$f(az)$

利用上表，对 $\begin{cases} G(n+1)=G(n)P \\ G(n)=G(n-1)P=G(0)P^n \end{cases}$ 进行 z 变换

$$G(n+1)=G(n)P \xrightarrow{z变换} G(z)=G(0)(I-zP)^{-1}$$

可以证明，矩阵 $(I-zP)$ 的逆是存在的，对其进行逆 z 变换，可将 $(I-zP)^{-1}$ 还原为离散时间函数，用 $H(n)$ 表示。$H(n)$ 由两部分组成，前半部分为常数，称为常态分量，另一部分与系统的转移次数 n 有关，称为瞬态分量，当 n 充分大时瞬态分量趋于 0，即

$$H(n)=S+T(n)$$

其中，$T(n)$ 随 $n \to \infty$ 而趋于 0，代入 $G(z)=G(0)(I-zP)^{-1}$，可得

$$G(n)=G(0)H(n)=G(0)S+G(0)T(n) \tag{10-12}$$

在有报酬的马尔可夫过程中，由 $F(n)=Q+PF(n-1)$，$n=1$，2，…可得

$$F(n+1)=Q+PF(n) \tag{10-13}$$

进行 z 变换，有

$$z^{-1}\left[F(z)-F(0)\right]=\frac{Q}{1-z}+PF(z) \tag{10-14}$$

从而可得

$$F(z)=\frac{z}{1-z}\left(I-zP\right)^{-1}Q+\left(I-zP\right)^{-1}F(0) \tag{10-15}$$

进行逆 z 变换后可得

$$F(n)=SQ_n+T(1)Q+SF(0) \tag{10-16}$$

设 $V=SQ$，则 $v_i=\sum_{j=1}^{M}s_{ij}q_j$。如记 $T(1)Q+SF(0)$ 为向量 F，其分量为 f_i，则对一个充分大的 n，式子（10-16）可改写为

$$f_i(n)=nv+f_i(i=1,\ 2,\ \cdots,\ m) \tag{10-17}$$

又由式（10-6）得

$$f(n)_i=q_i+\sum_{j=1}^{m}p_{ij}f_j\left(n-1\right)=q_i+\sum_{j=1}^{m}p_{ij}\left[(n-1)v+f_j\right],\ i=1,2,\cdots,m$$

$$nv+f_i=q_i+\sum_{j=1}^{m}p_{ij}\left[(n-1)v+f_j\right],\ i=1,2,\cdots,m$$

$$v+f_i=q_i+\sum_{j=1}^{m}p_{ij}f_j,\ i=1,2,\cdots,m \tag{10-18}$$

式（10-18）存在（$m+1$）个未知量（f_i 与 v），m 个方程，这即是马尔可夫决策问题的基本方程组。

10.5.3 马尔可夫决策问题的改进算法

式（10-18）中有 $m+1$ 未知量，m 个方程，令 $f_m=0$，可以证明，减少一个未知数的方程组所求的 f_i 是满足需求的，称为策略的相对值。策略改进算法的计算步骤如下：

（1）选择一个初始策略 π_n，每一个状态 $i(i=1,2,\cdots,m)$ 选择一个决策规则 δ_n 使其决策 $u_{(i)}^k=\delta_n(i)$，令 $n=0$；

（2）对已知策略 π_n，令 $f_m^{(n)}=0$，求解式（10-18）得到相应的策略获利 $v^{(n)}$ 和相对值 $f_m^{(n)}$ （$i=1,2,\cdots,m$；$n=0,1,2,\cdots$）；

（3）应用上一策略已求得的 $f_m^{(n)}$，寻求一个新的策略规则 δ_{n+1}，对每一个状态 i，使

$$q_i^{\delta_{n+1}(i)}+\sum_{j=1}^m p_{ij}^{\delta_{n+1}(i)}f_j^{(n)}-f_i \text{ 极大}$$

由此得策略 π_{n+1} 与策略 π_n 完全相等，即 $\pi_{n+1}=\pi_n$，则停止迭代，得到最优策略；否则回到步骤2。

例 10-21 某水泥厂有一台窑炉处于两种运行状态，即运转和故障，窑炉工人每年定期检查设备一次。若窑炉正常则选择维护或不维护；若窑炉故障则选择大修或常规维修，其转移概率与相应的报酬如表 10-28 所示，试求该厂应该如何选择才能在无限期的未来每年所获平均收入最大。

表 10-28 转移概率和报酬

状态 i	决策 $u_{(i)}^k=\delta_n(i)$	转移概率		报酬		期望即时报酬
		$p_{i1}^{\delta(i)}$	$p_{i2}^{\delta(i)}$	$r_{i1}^{\delta(i)}$	$r_{i2}^{\delta(i)}$	$q_i^{\delta(i)}$
1（运转）	1（不维护）	0.5	0.5	50	0	25
	2（维护）	0.9	0.1	48	0	43.2
2（故障）	1（大修）	0.8	0.2	−5	0	−4
	2（常规维修）	0.6	0.4	−3	0	−1.8

解：此问题共有两种状态，每个状态有两种决策，因此共有四种可行决策，记 $u_{(1)}^1$ 为运转时不维护，$u_{(1)}^2$ 为运转时维护，$u_{(2)}^1$ 为故障时大修，$u_{(2)}^2$ 为故障时进行常规维修。

期望即时报酬 $q_1^1=\sum_{j=1}^m p_{ij}r_{ij}=0.5\times50+0.5\times0=25$，同理，$q_1^2=43.2$，$q_2^1=-4$，$q_2^2=-1.8$。

第一步，选取初始策略 π_0；令 $\delta_0(1)=u_{(1)}^1$，$\delta_0(2)=u_{(2)}^1$，即当转运时不维护而故障时大修，则有

$$P=\begin{pmatrix}0.5 & 0.5\\0.8 & 0.2\end{pmatrix},Q=\begin{pmatrix}25\\-4\end{pmatrix}$$

第二步，开始定值运算，并估计初始策略 $\begin{cases}v+f_1=25+0.5f_1+0.5f_2\\v+f_2=-4+0.8f_1+0.2f_2\end{cases}$，令 $f_2=0$，解方程组，

得 $v^{(0)}=13.85$，$f_1^{(0)}=22.3$，$f_2^{(0)}=0$。

第三步，进入策略 $u_1^{(k)}$，使 $q_1^k+p_{11}^kf_1^{(0)}+p_{12}^kf_2^{(0)}-f_1^{(0)}$ 最大，即

$$\begin{cases} 25 + 0.5 \times 22.3 + 0.5 \times 0 - 22.3 = 13.85 \\ 43.2 + 0.9 \times 22.3 + 0.1 \times 0 - 22.3 = 40.97 \end{cases}$$

选取决策 $u_{(1)}^2$，当窑炉运转时，采取维护策略。

对状态 2 寻求新策略 $u_2^{(k)}$，使 $q_2^k + p_{21}^k f_1^{(0)} + p_{22}^k f_2^{(0)} - f_2^{(0)}$ 最大，即

$$\begin{cases} -4 + 0.8 \times 22.3 + 0.2 \times 0 - 0 = 13.84 \\ -1.8 + 0.6 \times 22.3 + 0.4 \times 0 - 0 = 11.58 \end{cases}$$

选取决策 $u_{(2)}^1$，当窑炉故障时，采取大修策略。

由以上计算结果，求得改进策略为：$\delta_1(1) = u_1^{(2)}$，$\delta_1(2) = u_2^{(1)}$。策略 π_1 与策略 π_0 不同，所以还没有得到最优策略，需继续迭代。

第四步，再进行定值运算求 $v^{(1)}$，$f_1^{(1)}$，$f_2^{(1)}$

$$\begin{cases} v^{(1)} + f_1^{(1)} = 43.2 + 0.9 \times f_1^{(1)} + 0.1 \times f_2^{(1)} \\ v^{(1)} + f_2^{(1)} = -4 + 0.8 \times f_1^{(1)} + 0.2 \times f_2^{(1)} \end{cases}$$

令 $f_2^{(1)} = 0$，可解得方程：$v^{(1)} = 37.96$，$f_1^{(1)} = 52.4$，$f_2^{(1)} = 0$。

第五步，寻求改进策略 π_2。

对状态 1，有

$$\begin{cases} 25 + 0.5 \times 52.4 + 0.5 \times 0 - 52.4 = -1.2 \\ 43.2 + 0.9 \times 52.4 + 0.1 \times 0 - 52.4 = 37.96 \end{cases}$$

所以仍取策略 $u_1^{(2)}$。

对于状态 2，有

$$\begin{cases} -4 + 0.8 \times 52.4 + 0.2 \times 0 - 0 = 37.92 \\ -1.8 + 0.6 \times 52.4 + 0.4 \times 0 - 0 = 29.64 \end{cases}$$

所以仍取策略 $u_2^{(1)}$。

因此得到 $\delta_2(1) = u_1^{(2)}$，$\delta_2(2) = u_2^{(1)}$。这与前一次迭代结果完全一样，因而得到最优策略即为 π_1，工厂未来每年期望报酬为 37.96 万元。

在实际问题中，决策者经常需要考虑在一个比较长的时期如何进行决策的问题，这时就需要考虑长期收益的折扣问题，即贴现率。设贴现率为 α，则未来 n 时期后一个单位货币相等于当前的 α^n 倍（$0 < \alpha < 1$）。$\alpha = \dfrac{1}{1+i}$（i 为当前利率）。

对有折扣的马尔可夫决策问题，式子 $F(n) = Q + PF(n-1)$，$n = 1,2,\cdots$ 应改为

$$F(n+1) = Q + \alpha PF(n)$$

仍用 z 变换进行分析，可以证明 $\lim\limits_{n \to \infty} f_i(n) = f_i$。则

$$f_i(n) = q_i + \sum_{j=1}^m P_{ij} f_j(n-1)，i = 1,2,\cdots,m;\ n = 1,2,\cdots$$

可改为

$$f_i = q_i + \alpha \sum_{j=1}^m P_{ij} f_j \quad i = 1,2,\cdots,m \tag{10-19}$$

这就是具有折扣的马尔可夫策略问题的基本方程组。容易发现，求解有折扣的马尔可夫

决策的基本步骤与无折扣的情形基本相同。

例 10-22 已知某地区市场上销售 A、B、C 三个厂家的洗衣粉，依次为 A 牌，B 牌和 C 牌。对该市场的调查表明：购买 A 牌产品的顾客下月仍有 60% 买 A 牌洗衣粉（状态 1），但有 20% 的顾客转买 B 牌洗衣粉（状态 2），20% 的顾客转买 C 牌洗衣粉（状态 3）；购买 B 牌产品的顾客下月仍有 70% 买 B 牌洗衣粉，但有 10% 的顾客转买 A 牌洗衣粉，20% 的顾客转买 C 牌洗衣粉；购买 C 牌产品的顾客下月仍有 80% 买 C 牌洗衣粉，但有 10% 的顾客转买 A 牌洗衣粉，10% 的顾客转买 B 牌洗衣粉。已知上月共销售 100 万包洗衣粉：其中 A 牌洗衣液 30 万包，B 牌洗衣粉 40 万包，C 牌洗衣粉 30 万包。

①试求该问题的马尔可夫随机过程的一步转移概率矩阵和初始概率向量。

②若本月与下月市场顾客量不变，试预测本月和下月三种牌号洗衣粉的市场占有率各为多少？

③若本月与下月市场顾客量不变，试求本月起第六个月的三种牌号洗衣粉的最终市场占有率各为多少？

解：①该问题的马尔可夫随机的一步转移概率矩阵和上月市场占有率的向量形式即初始概率向量可分别表示为

$$P = \begin{pmatrix} 0.6 & 0.2 & 0.2 \\ 0.1 & 0.7 & 0.2 \\ 0.1 & 0.1 & 0.8 \end{pmatrix} \quad u^{(0)} = (0.3, 0.4, 0.3)$$

②本月市场占有率应为

$$u^{(1)} = u^{(0)}P = (0.3, 0.4, 0.3)\begin{pmatrix} 0.6 & 0.2 & 0.2 \\ 0.1 & 0.7 & 0.2 \\ 0.1 & 0.1 & 0.8 \end{pmatrix} = (0.25, 0.37, 0.38)$$

下月的市场占有率为

$$u^{(2)} = u^{(0)}P^2 = u^{(0)}PP = u^{(1)}P = (0.25, 0.37, 0.38)\begin{pmatrix} 0.6 & 0.2 & 0.2 \\ 0.1 & 0.7 & 0.2 \\ 0.1 & 0.1 & 0.8 \end{pmatrix} = (0.225, 0.347, 0.428)$$

由此可知：显示的结果表明：$u^{(2)}$=(0.225，0.347，0.428)，即经过两个月后，三种牌号洗衣粉的市场占有率分别为 22.5%，34.7% 和 42.8%。本月 A、B、C 三种牌号的洗衣粉预测销售量依次为 25 万包、37 万包和 38 万包；下月则依次为 22.5 万包、34.7 万包和 42.8 万包。

③从本月算起第六个月的市场占有率为

$$u^{(6)} = u^{(0)}P^6 = u^{(2)}P^4$$

$$= (0.225, 0.347, 0.428)\begin{pmatrix} 0.2500 & 0.2956 & 0.4544 \\ 0.1875 & 0.3773 & 0.4352 \\ 0.1875 & 0.2477 & 0.5648 \end{pmatrix} = (0.202, 0.303, 0.495)$$

显示结果表明：稳态概率向量为 u=(0.202，0.303，0.495)，即三种牌号洗衣粉的最终市场占有率分别为 20.2%，30.3% 和 49.5%。

10.6 案例分析及 WinQSB 软件应用

WinQSB 软件用于决策分析的子程序是 "Decision Analysis"。

图 10-17

（1）启动子程序 "Decision Analysis"。点击 "开始" → "程序" → "WinQSB" → "Decision Analysis"，如图 10-17 所示：

（2）点击 "File"，选择 "New Problem"，得到如图 10-18 所示界面。

主菜单的内容是：Bayesian Analysis（贝叶斯分析）、Payoff Table Analysis（支付表分析）、Two-player, Zero-sum Game（二人零和博弈）和 Decision Tree Analysis（决策树分析）。读者可根据需要按标题前的按钮。计算机默认贝叶斯分析。

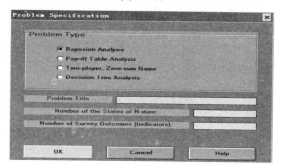

图 10-18

10.6.1 效益表分析

例 10-23 对下列收益矩阵（表 10-29）进行决策。

	状态1（P_1=0.3）	状态2（P_2=0.5）	状态3（P_3=0.2）
方案1	60	10	-6
方案2	30	25	0
方案3	10	10	10

解：第一步：生成表格。选择 "开始" → "程序" → "WinQSB" → "Decision Analysis"，点击 "File"，选择 "New Problem"，结果如图 10-19 所示。

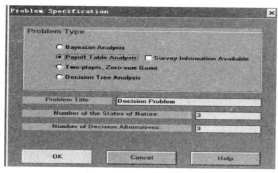

图 10-19

问题类型（Problem Type）：收益表分析（Payoff Table Analysis）；

自然状态数（Number of the States of Nature）：3；

决策方案数（Number of Decision Alternatives）：3。

第二步：点击 "OK"，并输入数据，如图 10-20 所示。

Decision \ State	State1	State2	State3
Prior Probability	0.3	0.5	0.2
Alternative1	60	10	-6
Alternative2	30	25	0
Alternative3	10	10	10

图 10-20

第三步：求解。从系统菜单选择"Solve and Analyze → Solve Critical Path"，生成如图 10-21 所示的运行结果。

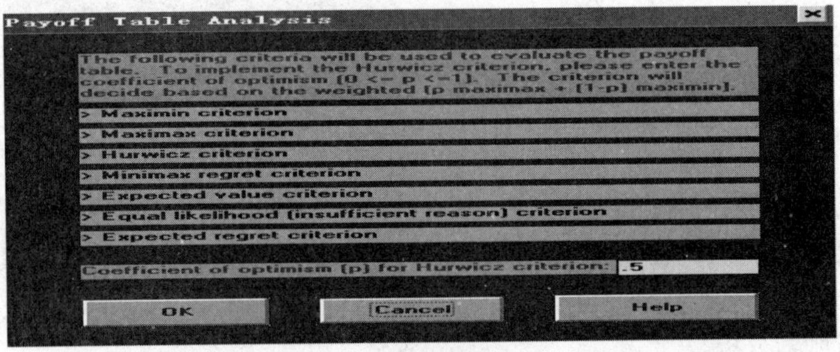

图 10-21

第四步：点"OK"，生成如图 10-22 所示的结果。

03-12-2017 Criterion	Best Decision	Decision Value
Maximin	Alternative3	$10
Maximax	Alternative1	$60
Hurwicz (p=0.5)	Alternative1	$27
Minimax Regret	Alternative1	$16
Expected Value	Alternative1	¥ 22
Equal Likelihood	Alternative1	¥ 21
Expected Regret	Alternative1	¥ 11
Expected Value	without any	Information = ¥ 22
Expected Value	with Perfect	Information = ¥ 33
Expected Value	of Perfect	Information = ¥ 11

图 10-22

即：悲观主义准则（Maximin）：最优方案：3，决策值：10；

乐观主义准则（Maximax）：最优方案：1，决策值：60；

乐观系数准则（Hurwicz）：最优方案：1，决策值：27；

最小后悔值准则（Minimax Regret）：最优方案：1，决策值：16；

等概率准则（Equal Likelihood）：最优方案：1，决策值：21；

期望后悔值（Expected Regret）：最优方案：1，决策值：11；

无信息期望值（Expected Value without any Information）：22；

完全信息期望值（Expected Value with Perfect Information）：33；

信息的价值（Expected Value of Perfect Information）：11。

10.6.2 决策树

例 10-24 某公司需要决定建大厂还是建小厂来生产一种新产品，该产品的市场寿命为 10 年。建大厂的投资额为 280 万元，建小厂投资额为 140 万元。估计 10 年内销售状况的概率分布是：需求高的概率为 0.5，需求一般的概率为 0.3，需求低的概率为 0.2，不同工厂规模和市场需求量的组合对应的年收益如表 10-29 所示。试用决策树进行决策。

表 10-29　　　　　　　　　（单位：万元）

方案＼收益＼状态	需求高	需求一般	需求低
建大厂	100	60	-20
建小厂	25	45	55

解：第一步：生成表格。在问题类型（Problem Type）中选择决策树分析（Decision Tree Analysis），出现如图 10-23 所示的表格。

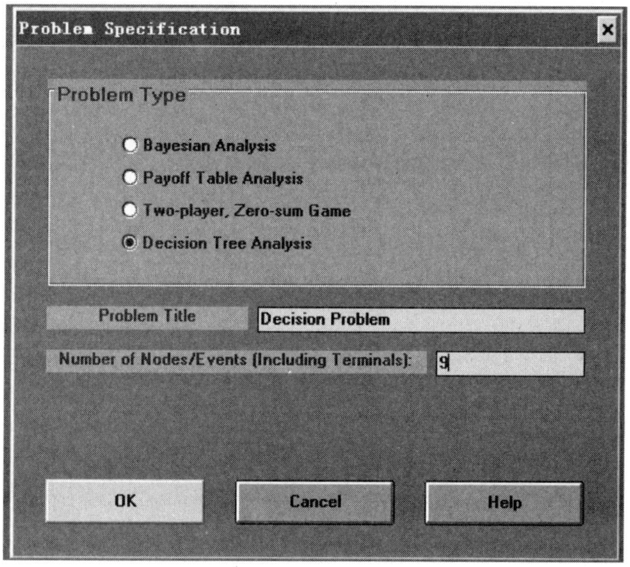

图 10-23

在表格中填写问题的题目（Problem Title）以及决策树中的点（或事件）的个数，其中包括终点的个数。本例中有一个决策点，两个机会点以及六个端点，总共有 9 个点。

第二步：点击 "OK"，并输入数据，生成如图 10-24、图 10-25 所示结果。

Node/Event Number	Node Name or Description	Node Type (enter D or C)	Immediate Following Node (numbers separated by ',')	Node Payoff (+ profit, - cost)	Probability (if available)
1	Event1				
2	Event2				
3	Event3				
4	Event4				
5	Event5				
6	Event6				
7	Event7				
8	Event8				
9	Event9				

图 10-24

Node/Event Number	Node Name or Description	Node Type (enter D or C)	Immediate Following Node (numbers separated by ',')	Node Payoff (+ profit, - cost)	Probability (if available)
1	Event1	D	2,3		
2	Event2	C	4,5,6	-280	
3	Event3	C	7,8,9	-140	
4	Event4	C		1000	0.5
5	Event5	C		600	0.3
6	Event6	C		-200	0.2
7	Event7	C		250	0.5
8	Event8	C		450	0.3
9	Event9	C		550	0.2

图 10-25

在第一列中将 9 个决策点进行编号，在第二列中决策点标 D，机会点及各分枝的端点标 C，在第三列中，写出每一个点后面紧跟着的点的编号，第四列填写收益值，负值表示损失值，第五列填写机会分枝发生的概率。

第三步：求解。点击工具栏中的"Solve and Analyze"→"Solve the problem"，得到如图 10-26 所示的计算结果。其结论是：选择建大厂，期望收益 360 万元。

03-12-2017	Node/Event	Type	Expected value	Decision
1	Event1	Decision node	$360	Event2
2	Event2	Chance node	$640	
3	Event3	Chance node	$370	
4	Event4	Chance node	0	
5	Event5	Chance node	0	
6	Event6	Chance node	0	
7	Event7	Chance node	0	
8	Event8	Chance node	0	
9	Event9	Chance node	0	
Overall	Expected	Value =	$360	

图 10-26

如果想画出本问题的决策树，可点击工具栏中的"Solve and Analyze"→"Draw Decision Tree"或点击符号 ▤，如图 10-27 所示。

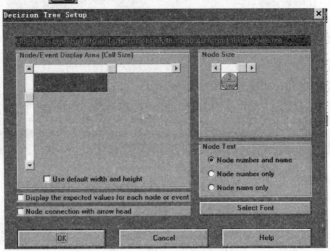

图 10-27

第四步：点击"OK"，生成如图 10-28 所示的决策树。

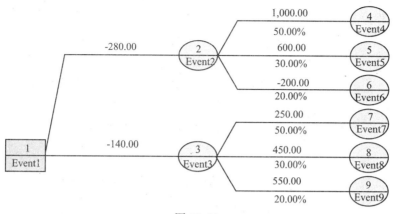

图 10-28

10.6.3 贝叶斯分析

WinQSB 软件作贝叶斯分析只能计算后验概率，收益期望值需手工计算。

例 10-25　用 WinQSB 软件求解本题的后验概率。

某企业有三种方案对一台机器的换代问题进行决策：A_1 为买一台新的机器；A_2 为对老机器进行改建；A_3 是维护老机器。输入不同质量的原料，三种方案的收益如表 10-30 所示。约有 30% 的原料是质量好的，还可以花 600 元对原料的质量进行测试，这种测试可靠性如表 10-31 所示。求最优方案。

表 10-30

原料质量N_i	购买新机器A_1	改建老机器A_2	维护老机器A_3
N_1好（0.3）	3	1.0	0.8
N_2差（0.7）	-1.5	0.5	0.6

表 10-31

$P(Z_k|N_i)$		原料的实际质量	
		N_1好	N_2差
测试结果	N_1好	0.8	0.3
	N_2差	0.2	0.7

第一步：启动子程序"Decision Analysis"，点击"开始"→"程序"→"WinQSB"→"Decision Analysis"，如图 10-29 所示。

图 10-29

点击"File"，选择"New Problem"（建立新问题）。选择 Bayesian Analysis，输入标题、状态数 2 及试验指标数 2。

第二步：输入数据。第一行输入先验概率，第二、三行输入条件概率，对状态和试验指标重命名，如图 10-30 所示。

Outcome \ State	State1	State2
Prior Probability	0.3	0.7
Indicator1	0.8	0.3
Indicator2	0.2	0.7

图 10-30

第三步：计算后验概率。点击 Solve the Problem 得到图 10-31 所示的后验概率表。

Indicator\State	State1	State2
Indicator1	0.5333	0.4667
Indicator2	0.1091	0.8909

图 10-31

在 Results 下，点击 Show Marginal Probability 显示边际概率，如图 10-32 所示。

04-16-2017	Outcome or Indicator	Marginal Probability
1	Indicator1	0.45
2	Indicator2	0.55

图 10-32

第四步：点击 Show Joint Probability，显示联合概率，如图 10-33 所示。

State\Indicator	Indicator1	Indicator2
State1	0.24	0.06
State2	0.21	0.49

图 10-33

第五步：点击 Show Decision Tree Gragh 显示决策树图，如图 10-34 所示。

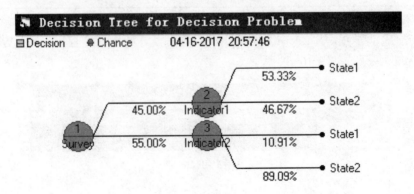

图 10-34

10.6.4　马尔可夫过程

针对例 10-22，利用 WinQSB 软件计算其结果。

解：①该问题的马尔可夫随机的一步转移概率矩阵和初始概率分别为：

$$P=\begin{pmatrix}0.6 & 0.2 & 0.2\\ 0.1 & 0.7 & 0.2\\ 0.1 & 0.1 & 0.8\end{pmatrix}\qquad u^{(0)}=(0.3,0.4,0.3)$$

第一步：点击“WinQSB → Markov Process”，如图 10-35 所示。

Markov Process
File
Help
New Problem
Load Problem
Exit

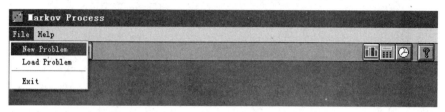

图 10-35

点击“File”，选择“New Problem”，按提示依次输入标题和状态数，如图 10-36 所示。

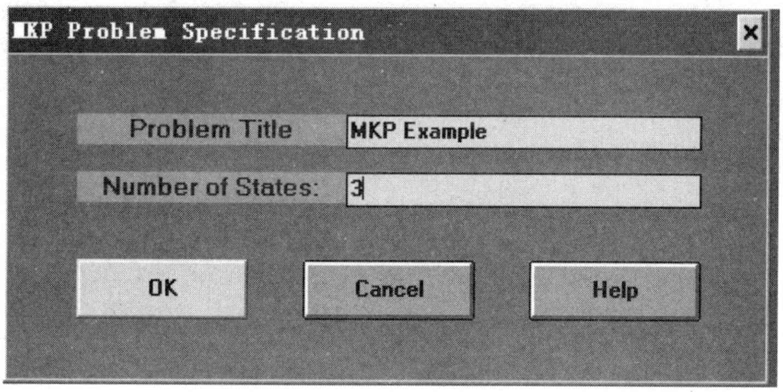

MKP Problem Specification
Problem Title
MKP Example
Number of States:
3
OK
Cancel
Help

图 10-36

第二步：点击“OK”，生成如图 10-37 所示结果输入一步转移概率矩阵 P 和初始概率向量 $u^{(0)}$，如图 10-38 所示。

From \ To	State1	State2	State3
State1			
State2			
State3			
Initial Prob.			
State Cost			

图 10-37

From \ To	State1	State2	State3
State1	0.6	0.2	0.2
State2	0.1	0.7	0.2
State3	0.1	0.1	0.8
Initial Prob.	0.3	0.4	0.3
State Cost			

图 10-38

②求解经过两个月后，三种牌号洗衣粉的市场占有率。

此时在子程序中点击"Solve and Analyze"后，下拉菜单有三个选项：

"Solve Steady State"：求固有概率向量即稳态概率向量；

"MarKov Process Step"：指定转移步数求概率向量；

"Time Parametric Analyse"：参数分析。

点击"MarKov Process Step"选项，生成如图 10-39 所示结果。

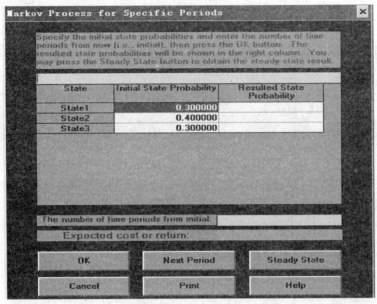

图 10-39

在上表中的期数"the number of time periods from initial"中输入 2，点击"OK"，结果如图 10-40、图 10-41 所示。

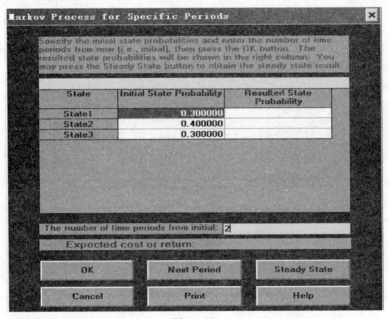

图 10-40

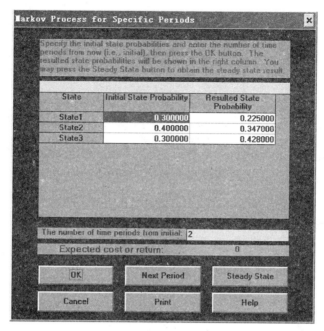

图 10-41

显示的结果：$u^{(2)}$=(0.225　0.347　0.428) 表明经过两个月后，三种牌号洗衣粉的市场占有率分别为 22.5%，34.7% 和 42.8%。

③求解三种牌号洗衣粉的最终市场占有率。

点击"Solve and Analyze"→"Solve Steady State"选项后，结果如图 10-42 所示。

03-12-2017	State Name	State Probability	Recurrence Time
1	State1	0.2000	5
2	State2	0.3000	3.3333
3	State3	0.5000	2.0000
	Expected	Cost/Return =	0

图 10-42

显示结果表明：稳态概率向量为 u=(0.2　0.3　0.5)，即三种牌号洗衣粉的最终市场占有率分别为 20%、30% 和 50%。

 习　题

1. 某一决策问题的损益矩阵如表 10-32 所示，其中矩阵元素值为年利润。

表 10-32　　　　　　　　　　　　　　　　（单位：元）

| 事件\概率\方案 | E_1 | E_2 | E_3 |
	P_1	P_2	P_3
S_1	40	200	2400
S_2	360	360	360
S_3	1000	240	200

（1）若各事件发生的概率 P_j 是未知的，分别用 maxmin 决策准则、maxmax 决策准则、拉普拉斯准则和最小机会损失准则选出决策方案。

（2）若 P_j 值仍是未知的，并且 a 是乐观系数，问 a 取何值时，方案 S_1 和 S_3 是不偏不倚的？

（3）若 P_1=0.2，P_2=0.7，P_3=0.1，那么用 *EMV* 准则会选择哪个方案？

2. 某地方书店希望订购最新出版的好的图书。根据以往经验，新书的销售量可能为 50、100、150 和 200。假定每本新书的订购价为 4 元，销售价为 6 元，剩书的处理价为每本 2 元。要求：

（1）建立损益矩阵。

（2）分别用悲观法、乐观法及等可能法决定该书店应订购的新书数量。

（3）建立后悔矩阵，并用后悔值法决定书店应订购的新书数。

3. 上题中如书店据以往统计资料预计新书销售量的规律如表 10-33 所示。

表 10-33

需求数	50	100	150	200
占的比率/%	20	40	30	10

（1）分别用期望值法和后悔值法决定订购数量。

（2）如某市场调查部门能帮助书店调查销售量的确切数字，该书店愿意付出多大的调查费用？

4. 某非确定型决策问题的决策矩阵如表 10-34 所示。

表 10-34 （单位：元）

事件 方案	E_1	E_2	E_3	E_4
S1	4	16	8	1
S2	4	5	12	14
S3	15	19	14	13
S4	2	17	8	17

（1）若乐观系数 a=0.4，矩阵中的数字是利润，请用非确定型决策的各种决策准则分别确定出相应的最优方案。

（2）若表 10-35 中的数字为成本，问对应于上述各决策准则所选择的方案有何变化？

5. 某一季节性商品必须在销售之前就把产品生产出来。当需求量是 D 时，生产 x 件商品获得的利润（元）为

$$f(x)=\begin{cases}2x,0\leqslant x\leqslant D\\3D-x,x>D\end{cases}$$

设 D 只有 5 个可能的值：1000 件，2000 件，3000 件，4000 件和 5000 件，并且它们的概率都是 0.2。生产者也希望商品的生产量也是上述 5 个值中的某一个。问：

（1）若生产者追求最大的期望利润，他应该选择多大的生产量？

（2）若生产者选择遭受损失的概率最小，他应生产多少商品？

（3）生产者若想利润大于或等于 3000 元的概率最大，他应该选取多大的生产量？

6. 有一块海上油田进行勘探和开采的招标。根据地震试验资料分析，找到大油田的概率为 0.3，开采期内可赚取 20 亿元；找到中油田的概率为 0.4，开采期内可赚取 10 亿元；找到小油田的概率为 0.2，开采期内可赚取 3 亿元；油田无工业开采价值的概率为 0.1。按招标规定，开采前的勘探等费用均由中标者负担，预期需 1.2 亿元，以后不论油田规模多大，开采期内赚取的利润中标者分成 30%。有 A，B，C 三家公司。其效用函数分别为：

$$A 公司：U（M）=（M+1.2）^{0.9}-2$$

$$B 公司：U（M）=（M+1.2）^{0.8}-2$$

$$C 公司：U（M）=（M+1.2）^{0.6}-2$$

试根据效用值用期望值法确定每家公司对投标的态度。

7. 某公司有 50000 元多余资金，如用于某项开发估计成功率为 96%，成功时一年可获利 12%，但一旦失败，有丧失全部资金的危险。如把资金存放到银行中，则可稳得年利 6%。为获取更多情报，该公司拟求助于咨询服务，咨询费用为 500 元，但咨询意见只是提供参考，帮助下决心。根据咨询公司过去 200 例咨询意见实施结果，情况见表 10-35。试用决策树法分析：

（1）该公司是否值得求助于咨询服务。

（2）该公司多余资金应如何合理使用？

表 10-35

实施结果 咨询意见	投资成功	投资失败	合计
可以投资 不宜投资	154次 38次	2次 6次	156次 44次
合　计	192次	8次	200次

8. 一个超市准备进 24000 个灯泡。如从 A 供应商处进货，每个 4.00 元，当发现有损坏时，供应商不承担责任，只同意仍按批发价以一换一。如从 B 供应商处进货，每个 4.15 元，但当发现有损坏时，供应商同意更换一个只付 1.00 元。灯泡在超市售价 4.40 元，损坏的灯泡超市免费为顾客更换。依据历史资料，这批灯泡损坏率及其概率值见表 10-36 所示。试依据 EMV 原则帮助该超市决策从哪一个供应商处进货。

表 10-36

损坏率 概率 供应商	3%	4%	5%	6%
供应商A	0.10	0.20	0.40	0.30
供应商B	0.05	0.10	0.60	0.25

第 11 章
多属性决策

本章内容简介

多属性决策问题有些研究又称为有限方案多目标决策问题，该类问题属于多目标决策的一种，它的决策变量是离散型的，其中的备选方案个数是有限的，求解时，对各备选方案进行评价后排列各个方案的优劣顺序，从中选择最优的。

本章专门讨论多属性决策问题。介绍多属性决策的相关概念、形成决策矩阵、预处理、属性权重的确定以及常见的多属性决策方法对有限方案进行筛选。

教学建议

了解多属性决策的相关概念、形成决策矩阵、预处理方法；重点掌握属性权重的确定，主观赋权、客观赋权以及综合集成赋权法；理解常见的多属性决策方法对有限方案进行筛选，如层次分析法；了解模糊决策、动态决策这类问题的难点。

11.1 多属性决策的基本概念

在实际的决策问题中，往往要考虑多个目标，这些目标相互影响相互制约，并且有的还相互冲突，所以决策问题变得非常复杂。19 世纪 60 年代，A.Charnes 和 W.W.Cooper 提出了目标规划方法解决多目标决策问题。19 世纪 70 年代中期，R.L.Keeney 和 H.Raiffa 比较完整地用多属性效用理论来求解多目标决策问题。19 世纪 70 年代末，T.L.Saaty 提出的层次分析法具有广泛影响，随之研究该领域的方法也越来越多。

多属性决策是现代决策领域的重要组成部分，它在工程设计、经济管理还有军事领域研究比较丰富，比如，项目评估中，投资工厂的选址问题、投资决策、经济效益的综合评价等，有关多属性决策的研究越来越广泛，但是还不够成熟，仍面临新的挑战，尤其是决策方法的研究。

多属性决策问题（multi-attribute decision making，英文缩写 MADM）有些研究又称为有限方案多目标决策问题（multi-objective decision making problems with finite alternative），该类问题属于多目标决策的一种，它的决策变量是离散型的，其中备选方案个数是有限的。求解时，对各备选方案进行评价后排列各个方案的优劣顺序，从中选择最优的。我们通常说的多目标决策（multi-objective decision making，英文缩写 MODM），这类问题的决策变量是连续型的，所以它的备选方案有无限多个，求此类问题的核心是向量优化。前者是研究方案的评价／选择问题，后者是研究未知方案的规划设计问题，两者的区别如表 11-1 所示。

表 11-1

	多目标决策问题	多属性决策问题
准则形式	目标	属性
准则特征	明确的目标，与决策变量直接联系	隐含的目标，与方案不直接联系
决策变量	无限数目、连续型、产生方案	有限数目、离散型、预定方案
约束条件	变动，以显式给出	不变动，合并到属性中
方案集	$X=\{x\mid g_i(x)\leqslant 0, i=1,2,\cdots,m; x\in R^N\}$	$X=\{x_1,x_2,\cdots,x_m\}$
决策形势	包括系统建模、生成方案集；分析评价主要是求解多目标规划问题，要从非劣解集中获取满意解	只包括评价分析，根据属性矩阵进行分析评价，最终目的是对方案排序、择优
适用范围	设计问题	选择/评价问题

多属性决策的实质是利用已有的决策信息，通过一定方式对给定一组（有限个）可行的备选方案进行评估排序，并从中找到使得决策者感到最满意的方案。多属性决策理论在诸多领域有应用，比如投资决策、维修服务、工厂选址、对项目进行评估、购买设备、人员考评、经济效益综合排序等。

11.1.1 多属性决策的基本要素

任何一个多属性决策问题都包含的基本要素：决策单元、目标体系、备选方案、决策准则、决策环境。

（1）决策单元：这里我们提到的决策单元是指包含决策者、分析者以及信息处理器的人机系统。通过分析，提供价值判断，对各备选方案优劣排序，并从中选定一方案为实施方案的人。这里的决策单元可以是一个人，也可以是一群人。

（2）目标体系：目标体系是决策者选择方案所考虑的目标集及其层次结构。目标是决策者努力达到的状态，最高目标是研究该问题的动力，不便运算，需分解为更具体的下层目标。

（3）备选方案：备选方案是决策者根据实际问题设计的解决问题的方案。在此，多属性决策又称有限方案多目标决策，问题的备选是明确的，有限的。

（4）决策准则：决策准则是选择方案的标准。决策准则一般分为两类，一类是最优准则，是决策者力图选择最优的方案，这需要方案根据某准则进行优劣排序，而根据决策准则所包含的某规则，在优劣排序中总有一个最好的方案。另一类是满意准则。它可能为了简化分析、省时、较少费用等牺牲了最优性，把所有方案分为几个有序的子集。比如"好""可接受""不可接受""坏"；"可接受""不可接受"。

（5）决策情况：决策情况指决策问题的结构和决策环境。它需要表明决策问题输入的数量和类型，决策变量及其属性，测量决策变量和属性的标度，决策变量和属性之间的因果关系，决策环境及状态等。

11.1.2 多属性决策的基本步骤

（1）提出问题。这时面临的问题是主观并且模糊的，所提的目标也是高度概括的。
（2）明确问题。这时要使目标具体化，要确定衡量各个目标达到的标准程度即属性及属性值。

（3）要选择决策模型的形式，确定关键变量以及这些变量之间的逻辑关系，估计各种参数，并在以上基础上产生各备选方案。

（4）评价选优。利用模型并根据主观判断，采集或标定各备选方案的属性值，并根据决策规则进行排序或优化。

（5）根据上述评价结果，择优付诸行动。

当然，这是一个开放的多属性决策流程，从第（3）步开始就有可能需要返回前面一步进行调整，甚至从头开始，面临的决策问题越复杂，反复的可能性越大。具体步骤见图 11-1。

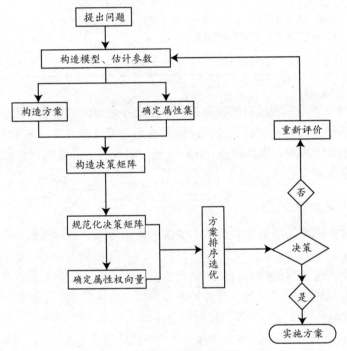

图 11-1　多属性决策过程

11.1.3　属性的类型及预处理

（1）属性的类型。

① 按是否为数值型，属性分为定量属性和定性属性。有些属性值可以用精确实数、区间数、模糊数定量表示，比如投资额、建设周期、产量等属于定量属性；同时有些属性不容易得到定量值，决策者往往只能对这些属性给出定性的估计、判断或描述，比如质量、安全性、可靠性、灵活性等，这种不能定量表述的属性称为定性属性。

② 按人们对属性值的期望特征，将属性分为效益型、成本型、固定型、区间型、偏离型和偏离区间型六种。

效益型属性，该类指标的属性值越大越好，比如，科研成果的数量，科研的经费等。

成本型属性，该类指标的属性值越小越好，比如，购买设备的费用、投资建厂的费用、扩建学校的费用等。

固定型属性是指属性值既不能太大也不能太小，而以稳定在某个值为最佳，即越接近某一固定值越好的属性。比如，在某学校指导学生毕业论文的学生教师比中，数据表明，一个老师指导 4 ～ 5 名学生既可保证教师的工作量，又能使老师有充分时间搞科研和指导学生论文。此时，老师指导学生数量太多，论文的质量难以保证，但是如果老师指导的数量太少，该老师的工作量不够；再比如财务评价中的资产负债率指标也属于这类属性。

区间型属性是指属性值落在某一固定区间内为最佳的属性。国家标准中规定的等级划分，财务评价中的流动比率指标也通常属于这类属性。

偏离型属性是指属性值越偏离某个固定值越好的属性。

偏离区间型属性是指属性值越偏离某个区间越好的属性。

以上几类属性值用得最多的是成本型和效益型，偏离型和偏离区间型用得最少。各属性之间的关系如图 11-2 所示。

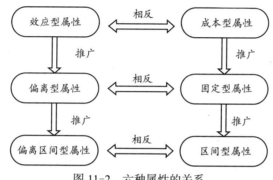

图 11-2　六种属性的关系

（2）预处理。数据的预处理又称为属性值的规范化。数据的预处理有以下作用：首先，数值的类型有多重，有的指标属性越大越好，有的越小越好，还有的属性指标等于某值最好，所以，当这类指标放在一起的时候，不便于直接从数值大小来判断方案的优劣，因此需要对决策矩阵的数据进行预处理，使得预处理后表中任一属性值越大，方案越好。其次，属性值表中每一列的单位不同，评价多属性决策方法时，需排除量纲的选用对决策或评价结果的影响，仅仅用数值大小来反映属性值的好坏。最后，属性值表中不同指标的数据水平差别很大，比如房地产开发商的销售额以万元为单位，而教师的科研项目个数通常为个位数。为了便于评价，需要把属性值表中的数值归一化，也就是把数均变换到 [0，1] 这个区间上。此外，数据预处理时还可用其他办法，数据预处理的本质是给出某指标的属性值在决策者评价方案中的实际价值，从而根据实际价值对方案排序、择优。

常见的数据预处理方法如下：

①线性变换：

当该属性是效益型（该属性的目标值越大越好），则令 $b_{ij} = \dfrac{a_j}{\max\limits_i \{a_j\}}$，此时 $0 \leqslant b_{ij} \leqslant 1$。

当该属性是成本型（该属性的目标值越小越好），则令 $b_{ij} = \dfrac{\min\limits_i \{a_j\}}{a_j}$，此时 $0 \leqslant b_{ij} \leqslant 1$。

例 11-1　学校扩建问题。假设某乡镇有四所学校，由于无法完全容纳该地区的适龄儿童，需要再扩建一所，扩建时需要考虑，要求既满足就近入学，又满足扩建费用尽可能小，经调查研究，获得表 11-2 所示学校扩建问题的决策矩阵。

表 11-2　学校扩建问题的决策矩阵

i \ j	1	2	3	4
费用$a1$/万元	60	50	44	36
平均就读距离$a2$/千米	1.0	0.8	1.2	1.5

在该例题中，要求既满足就近入学，又满足费用尽可能小，费用是成本型，就读距离也是成本型的都是越小越好。根据上述规则进行线性变换，保留 2 位小数，如表 11-3 所示。

表 11-3　由表 11-2 经线性变换后的属性值表

i \ j	1	2	3	4
费用$a1$/万元	0.6	0.72	0.82	1
平均就读距离$a2$/千米	0.8	1	0.67	0.53

② 标准 0-1 变换：

经过以上线性变换后，效益型属性的最优值为 1 时，最差值不为 0；成本型属性的最差值为 0 时，最优值又不一定是 1，这是因为它们的基点不一样，这就是说变换后最后的效益目标和最好的成本目标有不同的值，不便于比较，所以以下方法把变换后的最值统一为 0 和 1，但是这种变换不是成比例的。其处理方法如下：

当该属性是效益型（该属性的目标值越大越好），则令 $b_{ij} = \dfrac{a_{ij} - \min\limits_i\{a_{ij}\}}{\max\limits_i\{a_{ij}\} - \min\limits_i\{a_{ij}\}}$，此时 $0 \leqslant b_{ij} \leqslant 1$。

当该属性是成本型（该属性的目标值越小越好），则令 $b_{ij} = \dfrac{\max\limits_i\{a_{ij}\} - a_{ij}}{\max\limits_i\{a_{ij}\} - \min\limits_i\{a_{ij}\}}$，此时 $0 \leqslant b_{ij} \leqslant 1$。

例 11-2　上面例 11-1 经标准 0—1 变换后的属性值如表 11-4 所示，保留 2 位小数。

表 11-4　经标准 0—1 变换后的属性值表

i \ j	1	2	3	4
费用$a1$/万元	0	0.42	0.67	1
平均就读距离$a2$/千米	0.71	1	0.43	0

③ 专家打分数据的预处理：为了使数据其更加客观、公平通常要请很多专家对研究的对象进行打分，再对打的分数取其平均数作为确定被评价对象的优劣。但是用平均值这个指标来衡量数据的优劣也会出现一些问题。假如每位专家的意见重要性相同，那么每位专家在评价中所起的作用是相同的，但是，不同的专家对同一指标的打分习惯不同，所以分数水平也

会有较大区别，比如有的专家惯于打高分，有的专家惯于打低分，如果不对专家的打分区间进行处理，计算平均值时，打分高的专家评价中所起的作用将比打分低的专家要高，如果我们要改变这种无形中造成的专家重要程度不一样的情况，我们可以采取下列方法将各位专家的打分值规范化在同一个区间，区间的上下限取多少无影响，只要所有专家的打分都规范在该区间就可以了。其处理方法为：

$$b_{ij} = L + (H - L)\frac{a_{ij} - \min_i\{a_{ij}\}}{\max_i\{a_{ij}\} - \min_i\{a_{ij}\}}，此时 H、L 分别为分值区间的上下限。$$

当 $L=0$，$H=1$ 时，上式就是标准 0—1 变换中的效益型属性的变换式了。

11.2　属性权重

在多目标决策问题中，求解的难点是各目标间的矛盾性和各目标的属性值不可公度。其中解决目标的矛盾性，决策者所考虑的所有决策目标并不是同等重要的，它们有一定的优先级顺序。从目前的情况来看，对于多属性决策问题，无论采取什么分析方法，大部分都是通过给各指标赋予一定权重，合理确定和适当调整指标权重，体现决策指标体系中，各评价因素轻重有度，主次有别，同时增强了决策指标的可比性，权重越大，说明越重要。

目前，主要分为主观赋权法和客观赋权法，最近有越来越多的人研究综合集成赋权法。其中，决策矩阵是计算各要素权重的重要依据，是决策的基础。我们先来看下决策矩阵的结构。

11.2.1　建立判断矩阵

A_1，A_2，$\cdots$，A_n 是方案，从中选择最优的，属性有 n 个，a_{ij} 表示第 i 个方案的第 j 个结果值，如表 11-5 所示。

表 11-5　多属性决策问题的基本结构

方案	属性			
	B_1	B_2	$\cdots$	B_n
A_1	a_{11}	a_{12}	$\cdots$	a_{1n}
A_2	a_{21}	a_{22}	$\cdots$	a_{2n}
$\vdots$	$\vdots$	$\vdots$		$\vdots$
A_n	a_{n1}	a_{n2}	$\cdots$	a_{nn}

$$\begin{pmatrix} a_{11} & a_{12} & \cdots & a_{1n} \\ a_{21} & a_{22} & \cdots & a_{2n} \\ \vdots & \vdots & & \vdots \\ a_{n1} & a_{n2} & \cdots & a_{nn} \end{pmatrix}$$ 该矩阵为多属性决策矩阵，它是计算各要素权重的重要依据，是求解多属

性决策问题的基础。决策准则为 $E(B_i) = \sum_{j=1}^{n} w_i a_{ij}$，其中 w_i 为第 i 个元素的权重。

11.2.2 主观赋权方法

主观赋权法主要是依赖决策者的经验或者判断,用某种特定方法确定指标权重的方法,所以难以避免的会带有一定的主观性。如 AHP 法、Delphi 法等,这种方法人们研究较早,也较为成熟,但该类方法有很大的主观随意性,客观性较差。

(1)层次分析法。在应用层次分析法进行决策时,需要知道 B_i 关于 A 的相对重要程度,即关于 A 的权重。

① 求和法:

首先,将判断矩阵 A 按列归一化:$b_{ij} = a_{ij} / \sum a_{ij}$。

其次,将归一化的矩阵按行求和:$c_i = \sum b_{ij} (i = 1,2,3\cdots,n)$。

最后,将 c_i 归一化:得到特征向量 $W = (w_1, w_2, \cdots, w_n)^T$,$w_i = c_i / \sum c_i$,$W$ 即为 A 的特征向量的近似值,W 的分量即为相应因素排序的权值。

② 方根法:

先计算判断矩阵 A 每行元素乘积的 n 次方根;$\overline{w_i} = \sqrt[n]{\prod_{j=1}^{n} a_{ij}}$ $(i = 1, 2, \cdots, n)$。

然后将 $\overline{w_i}$ 归一化,得到 $w_i = \dfrac{\overline{w_i}}{\sum_{i=1}^{n} \overline{w_i}}$;$W = (w_1, w_2, \cdots, w_n)^T$ 即为 A 的特征向量的近似值,W 的量即为相应因素排序的权值。

(2)Delphi 法。组织若干对决策系统比较熟悉的专家,通过一定的方式对指标权重独立地发表意见,并用统计方法做适当处理。

基本步骤如下:

第一步,选择专家,这是很关键的一部,选得不好直接影响结果的准确性。一般来说,选本专业领域有工作经验又有较深理论修养的专家 $10 \sim 30$ 人,并征得专家个人的同意。

第二步,将待定权数的指标和有关资料及统一确定权数的规则发给各位专家,请他们给出各指标的权数值。

第三步,回收结果并计算各指标权数的均值和标准差。

第四步,将计算的结果及补充资料重新发给各个专家,要求所有专家在此基础上再重新确定权数。

第五步,重复以上第三步和第四步,直到各指标权数与其均值的离差不超过预先设定的标准为止,即各个专家的意见基本趋于一致时,各指标权数的均值作为指标的权数。

11.2.3 客观赋权方法

客观赋权法的原始数据是由各指标在评价中的实际数据组成,它不依赖于人的主观判断,因而此类方法客观性较强,具有较强的数学理论依据,但此类方法没有考虑决策者的意向,常见方法如熵值法、主成分分析法、变异系数法、目标规划法。

(1)熵值法。熵值法是客观赋权法的一种,它是根据各项指标观测值提供的信息大小来确定相应指标的权重。信息论中,熵是对信息不确定性的一种度量。包含的信息量越大,不确定性越小,反之包含的信息量越小,其不确定性越大。我们可以用熵值来判断某个指标的离散程度，指标越离散，对综合评价的影响越大；同时我们还可以利用熵值来判断方案的随机性。

①数据标准化处理：熵值法是采用每个方案的某一指标占同一指标总和的比重，所以不存在量纲化的影响，但若数据中有负数，则需要对原始数据进行处理，同时为了避免计算熵值时取对数没有意义，将数据做如下标准化处理。

正向指标（越大越好的指标）：$X_{ij}^{'} = \dfrac{X_{ij} - \min\{X_j\}}{\max\{X_j\} - \min\{X_j\}} + 1$

负向指标（越小越好的指标）：$X_{ij}^{'} = \dfrac{\max\{X_j\} - X_{ij}}{\max\{X_j\} - \min\{X_j\}} + 1$

②计算第 i 个方案第 j 项指标值的比重：

$$Y_{ij} = \dfrac{X_{ij}^{'}}{\sum\limits_{i=1}^{m} X_{ij}^{'}} \quad (1 \leqslant i \leqslant m, 1 \leqslant j \leqslant n)$$

③计算第 j 项指标的信息熵：$e_j = -k \sum\limits_{i=1}^{m} (Y_{ij} \times \ln Y_{ij})$　　$(1 \leqslant j \leqslant n)$

④计算信息熵冗余度：对于第 j 个指标，指标值的差异越大，对方案评价的作用越大即越重要，熵值越小；反之，指标值的差异越小，对方案评价的作用越小，熵值越大。

差异系数 $d_j = 1 - e_j (1 \leqslant j \leqslant n)$

⑤计算指标权重：$W_i = d_j / \sum\limits_{j=1}^{n} d_j$　　$(1 \leqslant j \leqslant n)$

⑥计算单指标评价得分：$S_{ij} = W_i \times X_{ij}^{'}$　　　$(1 \leqslant j \leqslant m; 1 \leqslant j \leqslant n)$

式中：X_{ij} 表示第 i 个方案第 j 项评价指标的数值，$\min\{X_j\}$ 和 $\max\{X_j\}$ 分别为所有方案中第 j 项评价指标的最小值和最大值，$k = 1/\ln m$，其中 m 为方案数，n 为指标数。

熵值法根据各个指标值的变异程度来确定指标权数，这种方法相对客观，避免了人为因素带来的偏差，但是忽略了指标本身的重要程度，有时确定的指标权数会与预期结果相差较大，并且熵值法不能减少评价指标的维数。

（2）主成分分析法。统计分析中的变量往往具有某种程度的相关性，因而会有一定程度的重叠，增加了决策的工作量，而主成分分析法就是消除因素（指标）之间的相关关系，在保持样本主要信息量的前提下，提取少量重要指标。该方法在主分量分析法有具体介绍。

（3）变异系数法。变异系数法直接根据指标实测值经过一定数学处理后获得权重。当由于评价指标对于评价目标而言比较模糊时，采用变异系数法评价进行评定是比较合适的，适用各个构成要素内部指标权数的确定。缺点在于对指标的具体经济意义重视不够，另外在指标信息采集时会受到随机干扰，其结果当然也会存在一定的误差。

11.2.4　综合集成赋权法

主观赋权法有很大的主观随意性，客观赋权法虽具有较强的数学理论依据但是忽略了决策者的意向，主、客观赋权法均有一定的局限性，所以如何使多属性决策问题的决策分析既包含主观信息，又包含客观信息，即一种综合集成赋权法，它的产生无论在理论上及应用上都是有价值的。

多属性决策问题的方案集 $A=\{a_1, a_2, \cdots, a_m\}$，有 n 个属性 $B_1, B_2, \cdots, B_n$，方案 x_i 对要素 b_j 的属性值记作 a_{ij} 其中（$i=1, 2, \cdots, m; j=1, 2, \cdots, n$），这时矩阵 $A = \begin{pmatrix} a_{11} & a_{12} & \cdots & a_{1n} \\ a_{21} & a_{22} & \cdots & a_{2n} \\ \vdots & \vdots & & \vdots \\ a_{n1} & a_{n2} & \cdots & a_{nn} \end{pmatrix}$ 为决策矩阵，

一般来说，属性有效益型、成本型、固定型及区间型，为了便于分析，需将决策矩阵进行量纲化为 $b = \begin{pmatrix} b_{11} & b_{12} & \cdots & b_{1n} \\ b_{21} & b_{22} & \cdots & b_{2n} \\ b_{n1} & b_{n2} & \cdots & b_{nn} \end{pmatrix}$，由前面的主观赋权法得出的属性权重向量 $W = (w_1, w_2, \cdots, w_n)^T$ 且满足

$0 \leqslant w_j \leqslant 1, \sum_{j=1}^{n} w_j = 1$；由客观赋权法得出的属性权重向量 $W' = (w_1', w_2', \cdots, w_n')^T$ 且满足

$0 \leqslant w_j' \leqslant 1, \sum_{j=1}^{n} w_j' = 1$。这里主客观向量进行综合，令 $W_\text{总} = Tw + Uw'$，T 和 U 分别表示 w 和 w' 的重要性，$T^2 + U^2 = 1$。所以，各决策方案的评价目标值为 $c_i = \sum_{j=1}^{n} b_{ij} W_j$，这里 c_i 越大表明该方案越好。显然，该问题可以用以下模型来说明：

$$\max Z = \sum_{i=1}^{m} c_i = \sum_{i=1}^{m} \sum_{j=1}^{n} b_{ij}(Tw + Uw')$$

$$s.t. \begin{cases} T^2 + U^2 = 1 \\ T, U \geqslant 0 \end{cases}$$

通过该模型可以得出最优解 T 和 U 的值，$T = \sum_{i=1}^{m} \sum_{j=1}^{n} b_{ij} W_j / \sum_{i=1}^{m} \sum_{j=1}^{n} b_{ij}(W_j + W_j')$；$T = \sum_{i=1}^{m} \sum_{j=1}^{n} b_{ij} W_j' /$

$\sum_{i=1}^{m} \sum_{j=1}^{n} b_{ij}(W_j + W_j')$。

例 11-3 该问题是关于购买住房的多属性决策问题。现共有 4 处房源可供选择 $A=\{a_1, a_2, a_3, a_4\}$；有 5 个属性 $B_1, B_2, \cdots, B_5$（购房价格、使用面积、距工作地距离、设施分数、周围环境分数），该问题的决策矩阵如表 11-6 所示。

表 11-6 购买住房相关信息

方案	属性				
	B_1	B_2	B_3	B_4	B_5
A_1	30	100	10	7	7
A_2	25	80	8	3	5
A_3	18	50	20	5	10
A_4	22	70	12	5	9

该决策问题的属性中 B_1，B_3 是成本型属性；B_2，B_4，B_5 是效益型属性。所以需对该判断矩阵进行规范化，规范化为

$$B = \begin{pmatrix} 0 & 1 & 0.8333 & 1 & 0.4 \\ 0.4167 & 0.6 & 1 & 0 & 0 \\ 1 & 0 & 0 & 0.5 & 1 \\ 0.6667 & 0.4 & 0.6667 & 0.5 & 0.8 \end{pmatrix}$$

假定由主观赋权法给出的权重向量为 $W=(0.3,0.2,0.15,0.15,0.2)^T$；

客观赋权法求出的权重向量为

$W'=(0.1911,0.1824,0.2435,0.1849,0.1981)^T$（过程省略）；

根据 T 和 U 的公式求出 $T=0.4975$，$U=0.5043$（过程省略），则反映主客观信息的属性权重向量为 $W_{总}=TW+UW'=(0.2451,0.1911,0.1971,0.1676,0.1990)^T$。

结论：如果用主观赋权法确定权重，方案顺序为 A_4，A_3，A_1，A_2；

如果用客观赋权法确定权重，方案顺序为 A_1，A_4，A_3，A_2；

如果用主客观综合赋权法确定权重，方案顺序为 A_4，A_1，A_3，A_2。

由此也可以看出，确定权重的方法不同，决策方案的顺序也有所不同。

11.3 决策方法

11.3.1 五种准则法

对于属性权重完全未知并且属性值是以实数的形式给出的多属性决策问题，常见的研究方法有：乐观决策准则（Maxmax）、悲观决策准则（Maxmin）、折中型准则（乐观系数准则）、等概率准则、后悔值准则，当随机多属性决策问题转换为单属性的随机决策问题后，可采用上述五种决策准则。在进行决策时同样要用到决策矩阵进行讨论，当决策矩阵是损失型的记为 L，当决策矩阵是效用型的记为 U，下面详细介绍这五种决策准则。

（1）乐观决策准则（Maxmax）：乐观决策准则假设采用该原则的决策者是乐观主义者，总是认为事情会朝着最好的结果发展。乐观决策准则分为效益极大化极大准则和损失极小化极小准则，分别为：

$$O = \max_i \{O_i\} = \max_i \max_j \{u_{ij}\}$$

$$O = \min_i \{O_i\} = \min_i \min_j \{l_{ij}\}$$

（2）悲观决策准则（Maxmin）：悲观准则与上述的乐观准则对立，认为结果总假设发生最糟的情况，分为极大极小化效用和极小极大化损失，分别为

$$S = \max_i \{S_i\} = \max_i \min_j \{u_{ij}\}$$

$$S = \min_i \{s_i\} = \min_i \max_j \{l_{ij}\}$$

（3）折中型准则：生活中有类人既没有乐观决策那么乐观也没有悲观决策那么悲观，据此学者 Hurwicz 在 1951 年提出了乐观系数这一折中的决策方法。

Hurwicz 准则下当决策表中的元素是效用值时：

$$(1-\lambda)S + O = \max_i \left\{ (1-\lambda)\min_j u_{ij} + \lambda \max_j u_{ij} \right\}，\text{其中} \lambda \text{为乐观系数。}$$

Hurwicz 准则下当决策表中的元素是损失值时：

$$(1-\lambda)S+O = \min_{i}\left\{(1-\lambda)\max_{j}l_{ji}+\lambda\min_{j}l_{ji}\right\},\text{ 其中}\lambda\text{为乐观系数。}$$

（4）等概率准则：在该准则下，决策者把自然状态发生的可能性看成是相同的，这样决策者可计算各方案收益值或者损失值。

等概率准则下当决策表中的元素是效用值时：

$$\sum_{j=1}^{n}\frac{1}{n}u_{ji} = \max_{i}\left\{\sum_{j=1}^{n}\frac{1}{n}u_{ji}\right\}$$

等概率准则下当决策表中的元素是损失值时：

$$\sum_{j=1}^{n}\frac{1}{n}l_{ji} = \min_{i}\left\{\sum_{j=1}^{n}\frac{1}{n}l_{ji}\right\}$$

（5）后悔值准则：后悔值准则由经济学家 Savage（沙万奇）提出，该准则下决策者制定决策后，如果情况不符合理想肯定会后悔，当用损失矩阵来做决策时称该状态的其他值与最小值之差为未达理想目标的后悔值 r_{ji}，当用效用矩阵来做决策时称该状态的最大值与其他值之差为后悔值 r_{ji}，然后从各方案中的最大后悔值中取个最小的，公式可表达为

$$F = \min_{i}f_{i} = \min_{i}\left\{\max_{j}\left\{r_{ji}\right\}\right\}$$

以上五种决策准则解决问题的思路不同，但每种都有一定的道理，下面通过一道例题来说明不同决策准则下的决策方案。

例 11-4　决策问题的损失矩阵如表 11-7 所示，分别用五种准则作出决策。

表 11-7　损失矩阵

	A_1	A_2	A_3	A_4
θ_1	2	3	4	3
θ_2	2	3	0	1
θ_3	4	3	4	4
θ_4	3	3	4	4

解：①用乐观决策准则时，按损失极小极小准则 $O = \min_{i}\{o_{i}\} = \min_{i}\min_{j}\{l_{ij}\}$，得表 11-8。

表 11-8　乐观决策

	A_1	A_2	A_3	A_4
θ_1	2	3	4	3
θ_2	2	3	0	1
θ_3	4	3	4	4
θ_4	3	3	4	4
$\min l_{ji}$	2	3	0	1
$O = \min_{i}\left\{\min_{j}\{l_{ij}\}\right\}$				0

决策者应选择 $\min\min l_{ji} = \min(2,3,0,1)=0$，即选择方案 A_3

②用悲观决策准则时，按极大极小化损失 $S = \min_i \{s_i\} = \min_i \max_j \{l_{ji}\}$，得表 11-9。

表 11-9 悲观决策

	A_1	A_2	A_3	A_4
θ_1	2	3	4	3
θ_2	2	3	0	1
θ_3	4	3	4	4
θ_4	3	3	4	4
$\max_j \{l_{ij}\}$	4	3	4	4
$S = \min_i \left\{ \max_j \{l_{ij}\} \right\}$		3		

所以，决策者用悲观决策求解时，决策者先求出各方案的最大损失，然后再从最大损失中找到最小值对应的方案，即方案 A_2。

③折中型决策，折中型决策也就是乐观系数法求解，需要计算

$(1+\lambda)S + O = \min_i \left\{ (1-\lambda) \max_j l_{ji} + \lambda \min_j l_{ji} \right\}$，其中 λ 为乐观系数，得表 11-10。

表 11-10 折中型决策

	A_1	A_2	A_3	A_4
θ_1	2	3	4	3
θ_2	2	3	0	1
θ_3	4	3	4	4
θ_4	3	3	4	4
$\min l_{ji}$	2	3	0	1
$\min_j \{l_{ij}\}$	4	3	4	4
$(1+\lambda) \max_j l_{ji} + \lambda \min_j l_{ji}$	$4-2\lambda$	3	$4-4\lambda$	$4-3\lambda$

所以，当 $\lambda \leq 0.25$ 时选方案 A_2；当 $\lambda \geq 0.25$ 时选方案 A_3。

④等概率准则：等概率住准则，先计算 $\sum_j \frac{1}{n}\{l_{ij}\}$，然后再找到 $\min \sum_j \frac{1}{n}\{l_{ij}\}$ 对应的方案，见表 11-11 即方案 A_1。

表 11-11　等概率决策

	A_1	A_2	A_3	A_4	min/$_{ji}$
θ_1	2	3	4	3	2
θ_2	2	3	0	1	0
θ_3	4	3	4	4	3
θ_4	3	3	4	4	3
$\sum_j \frac{1}{n}\{l_{ij}\}$	2.75	3	3	3	
$\min\sum_j \frac{1}{n}\{l_{ij}\}$	2.75				

⑤后悔值准则：首先求出原始损失矩阵的理想值，见表 11-12。

表 11-12　后悔值准则

	A_1	A_2	A_3	A_4	min/$_{ji}$
θ_1	2	3	4	3	2
θ_2	2	3	0	1	0
θ_3	4	3	4	4	3
θ_4	3	3	4	4	3

然后，构造后悔值矩阵如表 11-13 所示，并找到每个方案的最大后悔值$\max_j\{r_{ji}\}$，接下来找最大后悔值中的最小值对应的方案，即方案 A_4。

表 11-13　后悔值表

	A_1	A_2	A_3	A_4
θ_1	0	1	2	1
θ_2	2	3	0	1
θ_3	1	0	1	1
θ_4	0	0	1	1
$\max_j\{r_{ji}\}$	2	3	2	1
$\min_i\{\max_j\{r_{ji}\}\}$				1

以上我们可以看出，运用不同的决策准则有可能选择不同的方案。

11.3.2　加权和法

加权和法是一种常见的多属性决策方法，加权和模型是多属性决策问题中最简单、应用最广泛的决策模型。该方法需根据实际情况，先确定决策指标的权重，再对属性表做规范化处理，接下来求出各种方案的线性加权指标平均值。并以此作为各可行方案进行选优的依据。

基本步骤如下：

（1）选择恰当的方法确定决策指标的权重，得到特征向量为

$W = \left(W_1, W_2, \cdots, W_n\right)^T, W_i = c_i / \sum c_i$，其中 $\sum_{j=1}^{n} W_j = 1$。W 即为目标特征向量的近似值，W 的分量即为相应因素排序的权值。

（2）对决策矩阵进行标准化处理 b_{ij}，经过该处理后的指标均是正向指标。

（3）求出各方案的线性加权指标值：$E\left(B_i\right) = \sum_{j=1}^{n} W_i b_{ij}$。

（4）以线性加权和指标值 $E(B_i)$ 作为判断依据，从中选择线性加权指标值最大的作为最满意的方案。$E\left(B_i\right)^* = \max\limits_{1 \le i \le m} E = \max\limits_{1 \le i \le m} \sum_{j=1}^{n} W_i b_{ij}$。

例 11-5　针对某产品，公司选择的 5 家供应商 A_1，A_2，A_3，A_4 和 A_5 的十个属性评价值如表 11-14 所示，前 5 项属性为效益型属性，后 5 项属性为成本型属性。用加权和法对该例题的 5 家供应商进行评估决策。

表 11-14　属性评价值

供应商	属性									
	B_1	B_2	B_3	B_4	B_5	B_6	B_7	B_8	B_9	B_{10}
A_1	0.6	8000	0.89	0.86	0.95	219	0.035	10	2.5	156
A_2	0.8	4000	0.91	0.92	0.95	47	0.035	7	2.5	104
A_3	0.9	8000	1	0.87	0.92	10	0.037	7	1.6	104
A_4	0.5	3000	0.86	0.83	0.96	143	0.042	12	1.5	160
A_5	0.9	4500	0.96	0.96	0.98	111	0.037	8	1.1	116

解：①用适当的方法确定该问题的 10 个决策指标的权重向量：W=（0.151，0.115，0.072，0.007，0.003，0.291，0.173，0.065，0.101，0.022）^{T}。

②用标准 0-1 变换法求出规范化决策矩阵：

$$Y = \begin{bmatrix} 0.25 & 1 & 0.2143 & 0.2308 & 0.5 & 0 & 1 & 0.4 & 0 & 0.0714 \\ 0.75 & 0.2 & 0.3571 & 0.6923 & 0.5 & 0.823 & 1 & 1 & 0 & 1 \\ 1 & 1 & 1 & 0.3077 & 0 & 1 & 0.7143 & 1 & 0.6429 & 1 \\ 0 & 0 & 0 & 0 & 0.6667 & 0.3636 & 0 & 0 & 0.7143 & 0 \\ 1 & 0.3 & 0.7143 & 1 & 1 & 0.5167 & 0.7143 & 0.8 & 1 & 0.7857 \end{bmatrix}$$

③计算加权规范化矩阵：

$$Z = \begin{bmatrix} 0.0378 & 0.1150 & 0.0154 & 0.0016 & 0.0015 & 0.0000 & 0.1730 & 0.0260 & 0.0000 & 0.0016 \\ 0.1133 & 0.0230 & 0.0257 & 0.0048 & 0.0015 & 0.2395 & 0.1730 & 0.0650 & 0.0000 & 0.0220 \\ 0.1510 & 0.1150 & 0.0720 & 0.0022 & 0.0000 & 0.2910 & 0.1236 & 0.0650 & 0.0649 & 0.0220 \\ 0.0000 & 0.0000 & 0.0000 & 0.0000 & 0.0030 & 0.1058 & 0.0000 & 0.0000 & 0.0721 & 0.0000 \\ 0.1510 & 0.0345 & 0.0514 & 0.0070 & 0.0030 & 0.1504 & 0.1236 & 0.0520 & 0.1010 & 0.0173 \end{bmatrix}$$

④计算各方案的线性加权指标值：

A_1=0.3719，A_2=0.6678，A_3=0.9067，A_4=0.1800，A_5=0.6911，因此对该问题的五家供应商的排序结果为 $A_3 > A_5 > A_2 > A_1 > A_4$。

⑤以线性加权指标值 $E(A_i)$ 作为判断依据，从中选择线性加权指标值最大的作为最满意的方案，$E(A_i)^* = \max\limits_{1 \le i \le m} E$，因此选择供应商 A_3。

加权和模型是典型的补偿模型，这是由于当某属性评价很差时（即使趋近于 0），而且该属性权重不大时，并不对最后的评价结果产生重大影响，即该属性被其他属性所补偿，这必然影响评价的准确性。

11.3.3 加权积法 *

前面介绍的线性加权法求解多属性决策问题时，都隐含了各目标的属性值之间的可补偿性，而且这种补偿是线性的。而事实上，很多决策问题中的属性值是不可补偿的，即使在一定范围内可以补偿，这种补偿也是非线性的，在多属性决策中，采用加权积的模型相对于加权和的方式更加合理。

（1）选择恰当的方法确定决策指标的权重，得到特征向量为

$$W = (W_1, W_2, \cdots, W_n)^T, W_i = c_i / \sum c_i，其中 \sum_{j=1}^{n} W_j = 1。W 即为目标的特征向量的近似值，W$$

的分量即为相应因素排序的权值。

（2）对决策矩阵进行标准化处理 b_{ij}，经过该处理后的指标均是正向指标。

（3）求出各方案的加权积法模型的表达式：$E(B_i) = \prod\limits_{i=1}^{n} b_{ij}^{w_i}$。

例 11-6　用加权积法对例 11-5 中 5 家供应商进行评估决策。

解：①用适当的方法确定该问题的 10 个决策指标的权重向量：W=（0.151，0.115，0.072，0.007，0.003，0.291，0.173，0.065，0.101，0.022）^{T}。

②用标准 0-1 变换法求出规范化决策矩阵：

$$Y = \begin{bmatrix} 0.25 & 1 & 0.2143 & 0.2308 & 0.5 & 0 & 1 & 0.4 & 0 & 0.0714 \\ 0.75 & 0.2 & 0.3571 & 0.6923 & 0.5 & 0.823 & 1 & 1 & 0 & 1 \\ 1 & 1 & 1 & 0.3077 & 0 & 1 & 0.7143 & 1 & 0.6429 & 1 \\ 0 & 0 & 0 & 0 & 0.6667 & 0.3636 & 0 & 0 & 0.7143 & 0 \\ 1 & 0.3 & 0.7143 & 1 & 1 & 0.5167 & 0.7143 & 0.8 & 1 & 0.7857 \end{bmatrix}$$

③综合决策评价值：

$A_1 = 0.25^{0.151}1^{0.1150}0.2143^{0.072}0.2308^{0.007}0.5^{0.003}0^{0.291}1^{0.173}0.4^{0.065}0^{0.101}0.0714^{0.022} = 7.579626$

$A_2 = 0.75^{0.151}0.2^{0.115}0.3571^{0.072}0.6923^{0.007}0.5^{0.003}0.823^{0.291}1^{0.173}1^{0.065}0^{0.101}1^{0.022} = 8.657306$

$A_3 = 1^{0.151}1^{0.115}1^{0.072}0.3077^{0.007}0^{0.003}1^{0.291}0.7143^{0.173}1^{0.065}0.6429^{0.101}1^{0.022} = 8.891601$

$A_4 = 0^{0.151}0^{0.115}0^{0.072}0^{0.007}0.6667^{0.003}0.3636^{0.291}0^{0.173}0^{0.065}0.7143^{0.101}0^{0.022} = 2.710348$

$A_5 = 1^{0.151}0.3^{0.115}0.7143^{0.072}1^{0.007}1^{0.003}0.5167^{0.291}0.7143^{0.173}0.8^{0.065}1^{0.101}0.7857^{0.022} = 9.595718$ 综上，对该问题的五家供应商的排序结果为 $A_5 > A_3 > A_2 > A_1 > A_4$。

11.3.4 理想解法

TOPSIS(Technique for Order Preference by Similarity to Ideal Solution) 法是一种逼近理想解的排序方法，是由 C.L.Hwang 和 Yoon 在 1981 年首先提出来的。其基本的处理过程首先建立初始化决策矩阵；而后基于规范化后的初始矩阵，找出有限方案中的最优方案和最劣方案也就是正、负理想解；然后分别计算各个评价对象与最优方案和最劣方案的距离，获得各评价

方案与最优方案的相对接近程度，最后进行排序，并以此作为评价方案优劣的依据。

传统的理想解法处理多属性决策问题的步骤：

（1）假设决策矩阵为构造决策矩阵 $X=(X_{ij})_{m \times n}$，构造规范化决策矩阵 $Y=(y_{ij})_{m \times n}$。用向量规范化法，其中：

$$y_{ij} = \frac{X_{ij}}{\sqrt{\sum_{i=1}^{m} X_{ij}^2}} (i=1,2\cdots,m ; j=1,2\cdots,n)$$

（2）计算加权规范化矩阵：

$$Z=(z_{ij})_{m \times n} = (W_i Y_{ij})_{m \times n} \quad (i=1,2\cdots m, j=1,2\cdots n)$$

（3）确定正理想解 A^+ 和负理想解 A^-：

$$z_j^+ = \max_{1 \leqslant i \leqslant m} z_{ij} \mid j \in T_1 ; z_j^+ = \min_{1 \leqslant i \leqslant m} z_{ij} \mid j \in T_2$$

$$z_j^- = \min_{1 \leqslant i \leqslant m} z_{ij} \mid j \in T_1 ; z_j^- = \max_{1 \leqslant i \leqslant m} z_{ij} \mid j \in T_2$$

其中，T_1 和 T_2 分别为效益型和成本型属性集。

（4）计算各个方案与正理想解和负理想解的距离分别为：

$$d_i^+ = \sqrt{\sum_{j=1}^{n} \left(z_{ij} - z_j^+ \right)^2} ; d_i^- = \sqrt{\sum_{j=1}^{n} \left(z_{ij} - z_j^- \right)^2} (i=1,2\cdots,m)$$

（5）计算每个方案与理想解的相对贴近度：

$$C_i^+ = \frac{d_i^-}{d_i^+ + d_i^-} (i=1,2\cdots,m)$$

（6）按上步计算出来的相对贴近度大小，排列各方案的优先序，按照 C_i^+ 的降序排序排列，相对贴近度大的更优，即排在靠前的优于后者。

例 11-7　针对某产品，公司选择的 5 家供应商 A_1，A_2，A_3，A_4 和 A_5 的十个属性评价值如表 11-15 所示，前 5 项为效益型属性，后 5 项为成本型属性。用理想解法对该例题的 5 家供应商进行评估决策。

表 11-15　属性评价值

供应商	属性									
	B_1	B_2	B_3	B_4	B_5	B_6	B_7	B_8	B_9	B_{10}
A_1	0.6	8000	0.89	0.86	0.95	219	0.035	10	2.5	156
A_2	0.8	4000	0.91	0.92	0.95	47	0.035	7	2.5	104
A_3	0.9	8000	1	0.87	0.92	10	0.037	7	1.6	104
A_4	0.5	3000	0.86	0.83	0.96	143	0.042	12	1.5	160
A_5	0.9	4500	0.96	0.96	0.98	111	0.037	8	1.1	116

解：①用适当的方法确定该问题的 10 个决策指标的权重向量：$W=(0.151, 0.115, 0.072, 0.007, 0.003, 0.291, 0.173, 0.065, 0.101, 0.022)^T$。

②用标准 0-1 变换法求出规范化决策矩阵：

$$Y = \begin{bmatrix} 0.25 & 1 & 0.2143 & 0.2308 & 0.5 & 0 & 1 & 0.4 & 0 & 0.0714 \\ 0.75 & 0.2 & 0.3571 & 0.6923 & 0.5 & 0.823 & 1 & 1 & 0 & 1 \\ 1 & 1 & 1 & 0.3077 & 0 & 1 & 0.7143 & 1 & 0.6429 & 1 \\ 0 & 0 & 0 & 0 & 0.6667 & 0.3636 & 0 & 0 & 0.7143 & 0 \\ 1 & 0.3 & 0.7143 & 1 & 1 & 0.5167 & 0.7143 & 0.8 & 1 & 0.7857 \end{bmatrix}$$

③计算加权规范化矩阵：

$$Z = \begin{bmatrix} 0.0378 & 0.1150 & 0.0154 & 0.0016 & 0.0015 & 0.0000 & 0.1730 & 0.0260 & 0.0000 & 0.0016 \\ 0.1133 & 0.0230 & 0.0257 & 0.0048 & 0.0015 & 0.2395 & 0.1730 & 0.0650 & 0.0000 & 0.0220 \\ 0.1510 & 0.1150 & 0.0720 & 0.0022 & 0.0000 & 0.2910 & 0.1236 & 0.0650 & 0.0649 & 0.0220 \\ 0.0000 & 0.0000 & 0.0000 & 0.0000 & 0.0020 & 0.1058 & 0.0000 & 0.0000 & 0.0721 & 0.0000 \\ 0.1510 & 0.0345 & 0.0514 & 0.0070 & 0.0030 & 0.1504 & 0.1236 & 0.0520 & 0.1010 & 0.0173 \end{bmatrix}$$

④确定理想解和负理想解，根据：

$$z_j^+ = \max_{1 \leq i \leq m} z_{ij} \mid j \in T_1; \ z_j^+ = \min_{1 \leq i \leq m} z_{ij} \mid j \in T_2$$

$$z_j^- = \min_{1 \leq i \leq m} z_{ij} \mid j \in T_1; \ z_j^- = \max_{1 \leq i \leq m} z_{ij} \mid j \in T_2$$

其中，T_1 和 T_2 分别为效益型和成本型属性集，得出：

$z^+ = \{0.1510 \ 0.1150 \ 0.0720 \ 0.0070 \ 0.0030 \ 0.0000 \ 0.0000 \ 0.0000 \ 0.0000 \ 0.0000\}$

$z^- = \{0.0000 \ 0.0000 \ 0.0000 \ 0.0000 \ 0.0000 \ 0.2910 \ 0.1730 \ 0.0650 \ 0.1010 \ 0.0220\}$

⑤计算各方案到理想解和负理想解的距离：

$$d_i^+ = (0.2160 \ 0.3225 \ 0.3300 \ 0.2401 \ 0.2408)$$

$$d_i^- = (0.3342 \ 0.1640 \ 0.2120 \ 0.2641 \ 0.2216)$$

⑥计算各个方案的相对贴近度：

$$c_1^+ = 0.6074, \ c_2^+ = 0.3371, \ c_3^+ = 0.3912, \ c_4^+ = 0.5238, \ c_5^+ = 0.4792$$

综上，用 TOPSIS 法对各个方案的排序结果为 $A_1 > A_4 > A_5 > A_3 > A_2$。

11.3.5 主分量分析法

主分量分析法（Principal Component Analysis, PCA）也称为主成分分析法，它的本质是利用降维的思想把多数指标化为较少几个综合指标，同时这几个综合指标相互独立。统计分析中的变量往往具有一定的相关性，因而会有一定程度的重叠，增加了决策的工作量，同时也影响了决策的有效性，所以人们在进行定量分析的时候，更希望利用较少的变量获得更大的信息量。而主成分分析法就是消除因素（指标）之间的相关关系，在保持样本主要信息量的前提下，提取少量重要指标。

主成分分析的主要作用：第一，主成分分析能通过降维，提取少量重要指标。第二，可用于多数数据的一种图形展现方式。第三，可由主成分分析构造回归模型，也就是把各个主成分作为新的自变量新型回归。第四，用主成分分析筛选回归变量。

① 数据标准化：假设 X 的分布未知，其协方差和相关矩阵也是未知的，需要通过样本求 X 的主成分。样本的随机矩阵为 $\begin{pmatrix} x_{11} & x_{12} & \cdots & x_{1n} \\ x_{21} & x_{22} & \cdots & x_{2n} \\ \vdots & \vdots & & \vdots \\ x_{m1} & x_{m2} & \cdots & x_{mn} \end{pmatrix}$，该矩阵为 n 个指标 m 个样本。

对数据进行标准化，标准化变换公式

$$y_{ij} = \frac{x_{ij} - \overline{x_j}}{s_j}$$

其中：

$$\overline{x_j} = \frac{1}{m}\sum_{i=1}^{m} x_{ij};$$

$$s_j = \sqrt{\frac{1}{m-1}\sum_{i=1}^{m}\left(x_{ij} - \overline{x_j}\right)^2}$$

经标准化变换后，各个样本服从标准正态分布，均值为 0，方差为 1。

标准化后的数据矩阵变换为

$$\begin{pmatrix} y_{11} & y_{12} & \cdots & y_{1n} \\ y_{21} & y_{22} & \cdots & y_{2n} \\ \vdots & \vdots & & \vdots \\ y_{m1} & y_{m2} & \cdots & y_{mn} \end{pmatrix}$$

②计算相关系数矩阵：

$$R = \begin{bmatrix} r_{11} & r_{12} & \cdots & r_{1j} \\ r_{21} & r_{22} & \cdots & r_{2j} \\ \vdots & \vdots & \vdots & \vdots \\ r_{m1} & r_{m2} & \cdots & r_{mn} \end{bmatrix}$$

其中：

$$r_{ij} = \frac{1}{m-1}\sum_{t=1}^{m} y_{ti}y_{tj};$$

$$r_{ij} = r_{ji}, r_{ii} = 1$$

③计算相关系数矩阵 R 的特征值和特征向量：

特征值。解特征方程 $|\lambda I - R| = 0$，求出特征值并使其按大小顺序排列：$\lambda_1 \geq \lambda_2 \geq \cdots \geq \lambda_m \geq 0$。

特征向量。由齐次线性方程 $(\lambda I - R)L = 0$ 求出特征值 λ_i 的特征向量 $l_i(i=1, 2, \cdots, m)$，要求 $\sum_{j=1}^{m} l_{ij}^2 = 1$，其中 l_{ij} 表示向量 l_i 的第 j 个分量。

④计算主成分贡献率：贡献率 $b_i = \frac{\lambda_i}{\sum_{k=1}^{m}\lambda_k}(i=1,2,\cdots,m)$；累计贡献率为 $\frac{\sum_{k=1}^{i}\lambda_k}{\sum_{k=1}^{m}\lambda_k}(i=1,2,\cdots,m)$，

一般来说，以当累计贡献率 $\frac{\sum_{k=1}^{i}\lambda_k}{\sum_{k=1}^{m}\lambda_k} \geq 85\%$ 为准则来提取 k 个主成分。

则各主成分的得分：

$$Z_{ij} = \begin{bmatrix} l_{11} & l_{12} & \cdots & l_{1k} \\ l_{21} & l_{22} & \cdots & l_{2k} \\ \vdots & \vdots & \vdots & \vdots \\ l_{m1} & l_{m2} & \cdots & l_{mk} \end{bmatrix}\begin{bmatrix} y_{1j} \\ y_{2j} \\ \vdots \\ y_{mk} \end{bmatrix}(i=1,2\cdots m; j=1,2\cdots,k)$$

⑤用主成分进行综合评价：综合评价值用 k 个主成分的加权平均值，权数取各主成分的

贡献率 b_j，即综合评价值为 $Z = \sum_{j=1}^{k} b_j z_j$。

主成分分析的特点及缺陷：

①能消除评价指标间相关关系的影响，减少了指标选择的工作量。因此，指标的选择原则是尽可能全面，而不必顾虑评价指标之间的相关性。

②综合评价所得的权数是伴随数学变换自动生成的，具有客观性。但这种权数具有不稳定性，且各评价对象之间数值差异大的指标不一定有更重要的经济意义。

③综合评价结果不稳定。减少或增加被评价对象都有可能改变原来的排序。适合一次性、大样本容量的综合评价。一般要求样本容量大于指标个数的两倍。

11.3.6 模糊决策法

1965 年 Zadeh 提出了模糊集合的概念，模糊集合的提出方便了人们对模糊问题进行定量描述和分析运算。1978 年 Zadeh 又进一步提出可能性理论来区别随机和模糊现象的本质不同，从而确立模糊集理论，并应用到很多领域。在现实生活中，很多概念都是模糊的。如个子高，身高达到多少即算个子高，"个子高"本身就是一个模糊的概念，不同的人会有不同的理解。另外如应聘的能力、工作态度、性格等概念也是模糊的。在企业招聘的现实中，很多指标概念是模糊的，因此模糊决策法正在成为企业招聘决策中一种很有实用价值的工具。

模糊多属性决策（Fuzzy Multiple Attribute Decision Making，简称 FMADM）是指合理地处理含有模糊性的决策问题时，用选择和确定备选方案的一套理论、方法和程序等。模糊决策是在决策要素(如准则及备选方案等)具有模糊环境下进行决策的数学理论与方法。而模糊决策法是指运用模糊数学方法来处理一些复杂的决策问题。这类问题一般具有大系统特征，系统之间的关系十分复杂，存在不能准确赋值的变量，这些变量属于模糊因素，涉及一定的主观因素，模糊事实和模糊规则使得子系统之间、变量之间的关系不清晰，决策过程中存在不确定性和不准确性，从而必须借助排序、模糊评判等方法来处理。

模糊多属性决策通常按先后次序将决策过程归结为两个阶段：第一个阶段是对每个方案集结它在所有属性下的特性分值，集结值称为最终评定值；第二个阶段是根据最终评定值对所有方案进行排序。

11.3.7 动态决策法

在实际的工作生活中，有时候决策并非全部出现，而是随着时间推移依次出现。比如，股票投资决策，股价是随着时间的推移而按序出现的，每一次股价变动就面临着买入还是卖出的决策。类似该类情景称为动态决策。动态决策常用的方法包括动态规划与决策树，其中动态规划的内容可参考第 9 章，决策树可参考第 10 章。

11.4 层次分析法

层次分析法（Anlytic Hierarchy Process，简称 AHP）是由美国的运筹学家匹茨堡大学教授萨蒂（T.L.Saaty）于 20 世纪 70 年代初在为美国国防部研究"根据各个工业部门对国家福利的贡献大小而进行电力分配"课题时，应用网络系统理论和多目标综合评价方法，提出的一种层次权重决策分析方法，层次分析法是一种定量定性分析相结合的、系统化的、层次化的分析方法。

AHP 为多目标决策问题提供一种新的、简洁并且很实用的一种建模方法，层次分析法的特点是在对复杂的决策问题的本质、影响因素及其内在关系等进行深入分析的基础上，利用较少的定量信息使决策的思维过程数学化，从而为多目标、多准则或无结构特性的复杂决策问题提供简便的决策方法。尤其适合于对决策结果难于直接准确计量的场合。

目前，层次分析法正越来越受到国内外学术界重视，我国已经应用于地区经济规划，畜牧业发展战略，工业部门设置的系统分析等方面，是一种新的、简洁的、实用而富有成效的决策方法之一。

它的基本思想是把复杂的问题分成若干层次和若干要素，接下来在各个要素之间进行简单的比较、判断和计算，进而获得不同要素和不同备选方案的权重。

层次分析法是充分研究问题后，首先，分析问题内在因素间的联系，并把复杂的问题分成若干层次和若干的要素，如将决策问题按总目标、各层子目标、评价准则直至具体的备选方案的顺序分解为不同的层次结构，其中，目标层指决策问题所追求的总目标，准则层是指评价方案优劣的准则，方案层指决策问题的可行方案。其次，用求解判断矩阵特征向量的办法，求得每一层次的各元素对上一层次某元素的优先权重，（这里"优先权重"是一种相对的量度，它表明各备选方案在某一特点的评价准则或子目标）标下优越程度的相对量度以及各子目标对上一层目标而言重要程度的相对量度。最后，再用加权和的方法递阶归并各备选方案对总目标的最终权重，此最终权重最大者即为最优方案。这种方法把定性方法和定量方法有机结合，使复杂的系统被分解，把多目标、多准则并且又难以全部量化的决策问题化为多层次单目标问题。

层次分析法的步骤：

步骤一：对决策问题的各个要素建立多级递阶结构模型。

步骤二：分析系统中各因素间的关系，对同一层次各元素关于上一层次中某一准则的重要性进行两两比较，根据评价尺度确定其相对重要度，构造两两比较的判断矩阵。

步骤三：由判断矩阵计算被比较元素对于该准则的相对权重，并进行判断矩阵的一致性检验；

步骤四：计算各层次对于系统的总排序权重并排序。

最后，得到各方案对于总目标的总排序。

在日常生活中有很多这样的决策问题，即在众多的方案中依据某些标准选择一种方案。比如：买钢笔的时候，一般要参考质量、颜色、实用性、价格、外形等因素。面临毕业的时候，可能有高校、科研单位、企业事业等单位去选择，一般得考虑工作环境、工资待遇、发展前途、住房条件等因素。选择出游地点的时候考虑景色的等级、费用、交通是否便利、住宿等因素。

例：现有 4 种铅笔选择方案，以下为选择钢笔时层次分析法的基本思路：

①针对指标：质量、颜色、价格、外形、实用建立判断矩阵。

②对各个要素进行排序。

③将各个钢笔的各个要素即质量、颜色、外形、实用进行总排序。

④综合分析决定买哪支钢笔。

11.4.1 建立递阶层次结构

对决策问题的各个要素建立多级递阶结构模型。通常包含决策问题总目标、评价准则直至具体的备选方案层，其中，目标层指决策问题所追求的总目标，准则层是指评价方案优劣的准则，可逐层细分，方案层指决策问题的可行备选方案，如图 11-3 所示。

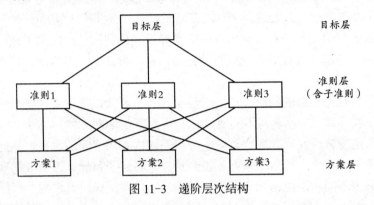

图 11-3　递阶层次结构

问题能否妥善解决，递阶层次结构建立得合适不合适，对问题能否求解起着非常重要的作用。但是这种方法在很大程度上取决于决策者的主观判断，因此，这需要决策者对要解决的问题充分了解，对问题包含的要素及它们之间的逻辑关系比较清楚。

11.4.2 判断矩阵与权系数

（1）判断矩阵。对于准则层 B，其下层有 n 个要素 B_1, $B_2 \cdots$, B_n。以上一层的要素 H 作为判断准则，对下一层的 n 个要素进行两两比较确定的矩阵形式如表 11-16 所示：

表 11-16　判断矩阵

A	B_1	B_2	$\cdots$	B_i	$\cdots$	B_n
B_1	a_{11}	a_{12}	$\cdots$	a_{1j}	$\cdots$	a_{1n}
B_2	a_{21}	a_{22}	$\cdots$	a_{2j}	$\cdots$	a_{2n}
$\vdots$	$\vdots$	$\vdots$		$\vdots$		$\vdots$
B_i	a_{i1}	a_{i2}	$\cdots$	a_{ij}	$\cdots$	a_{in}
$\vdots$	$\vdots$	$\vdots$		$\vdots$		$\vdots$
B_n	a_{n1}	a_{n2}	$\cdots$	a_{nj}	$\cdots$	a_{nn}

a_{ij} 表示以判断准则考虑要素 B_i 与要素 B_j 相对重要度，$b_{ij}=W_i/W_j$（W_i, W_j 是要素 B_i, B_j 的权重）。

（2）权系数。权系数是各要素权重的重要参考依据，是层次分析法的计算基础，权系数的值反映了人们对各因素相对重要性的认识，也直接影响决策的效果。权系数的值一般采用 1~9 及其倒数的标度方法，如表 11-17 所示。

表 11-17

标度	含义
1	表示两个因素相比，具有同样重要性
3	表示两个因素相比，一个比另一个稍微重要
5	表示两个因素相比，一个比另一个明显重要
7	表示两个因素相比，一个比另一个强烈重要
9	表示两个因素相比，一个比另一个极端重要
2，4，6，8	表示上述两相邻判断的中值
倒数	若因素i与j比较得判断a_{ij}，则因素j与i比较的判断为$a_{ji}=1/a_{ij}$

注：b_{ij}表示要素i与要素j相对重要度之比，且有下述关系：$b_{ij}=1/b_{ji}$，$b_{ii}=1$（i，$j=1$，2，$\cdots$，n）。显然，比值越大，说明要素i越重要。

如：若B_i比B_j稍微重要，则$b_{ij}=W_i/W_j=3$；反之，B_j比B_i稍微重要，则$b_{ij}=1/b_{ij}=1/3$。

在应用层次分析法进行决策时，需要知道B_i关于A的相对重要程度，即关于A的权重，方法有：

①求和法：

A. 将判断矩阵A按列归一化为：$b_{ij}=a_{ij}/\sum a_{ij}$。

B. 将归一化的矩阵按行求和：$c_i=\sum b_{ij}(i=1,2,3\cdots,n)$。

C. 将c_i归一化，得到特征向量$W=(W_1,W_2,\cdots,W_n)^T$，$W_i=c_i/\sum c_i$，W即为A的特征向量的近似值，W的分量即为相应因素排序的权值。

D. 求特征向量W对应的最大特征值：$\lambda_{\max}=\frac{1}{n}\sum_i\frac{(AW)_i}{W_i}$。

②方根法：

A. 计算判断矩阵A每行元素乘积的n次方根：

$$\overline{W_i}=\sqrt[n]{\prod_{j=1}^n a_{ij}}\ (i=1,2,\cdots,n)$$

B. 将$\overline{W_i}$归一化，得到$W_i=\dfrac{\overline{W_i}}{\sum_{i=1}^n W_i}$；$W=(W_1,W_2,\cdots,W_n)^T$即为$A$的特征向量的近似值，$W$的量即为相应因素排序的权值。

C. 求特征向量W对应的最大特征值：$\lambda_{\max}=\frac{1}{n}\sum_i\frac{(AW)_i}{W_i}$。

11.4.3 一致性检验

在计算出的层次单排序结果之后，对于计算所依据的判断矩阵还要进行一致性检验，评价中，评价者只能对判断矩阵A进行粗略评价，但是由于客观事物的复杂性，人们在分析问题时认识具有片面性，要达到一致是非常困难的。

一致性检验是根据矩阵理论来进行的。根据理论有公式$AW=\lambda_{\max}W$，当判断矩阵具有完全一致性时，$\lambda_{\max}=n$，n 为判断矩阵阶数，当 $\lambda_{\max}$ 稍大于 n 时，$\lambda_{\max}=\sum_{i=1}^{n}\dfrac{(AW)_i}{nW_i}$，判断矩阵一致

性，需要计算一致性指标 CI：$CI=\dfrac{\lambda_{\max}-n}{n-1}$。

当 $CI=0$ 时，具有完全一致性；当 CI 的值越大，一致性越差。对于比较复杂的问题进行一致性检验时比较困难，此时考虑满意一致性检验。将 CI 与 RI 平均随机一致性指标进行比较，表 11-18 是由萨蒂 1980 年根据取得样本容量在 $100\sim150$ 之间时，多个随机发生的判断矩阵样本的一致性指标 CI 的平均值。

表 11-18　$1\sim9$ 阶平均随机一致性指标

阶数	1	2	3	4	5	6	7	8	9
RI	0.00	0.00	0.58	0.89	1.12	1.24	1.32	1.41	1.45

1 阶知 2 阶判断矩阵总具有完全一致性。当阶数大于 2 时，求随机一致性比率即 $CR=CI/RI$。$CR<0.10$ 时，说明判断矩阵具有满意一致性，否则需要对判断矩阵进行调整。

接下来介绍层次总排序及其一致性检验。层次总排序为确定同一层次上不同因素对总目标的优先次序。确定同一层次各要素的相对重要程度之后，自上而下地计算各级要素对总体的综合重要程度。层次 B 包含 m 个因素 B_1，$B_2\cdots$，B_m，其层次单排序权值分别为 W_1，W_2，$\cdots$，W_m；其下层次有 C_1，C_2，$\cdots$，C_n 共 n 个要素，要素 C_i 对 B_j 的单排序权值为 c_{ij}，则总排序权值由表 11-19 给出。

表 11-19

层次B及权值　　层次C	B_1 W_1	B_2 W_2	$\cdots$	B_m W_n	层次总排序权值
C_1	c_{11}	c_{12}	$\cdots$	c_{1m}	$\sum_{j=1}^{m}W_j c_{1j}$
C_2	c_{21}	c_{22}	$\cdots$	c_{2m}	$\sum_{j=1}^{m}W_j c_{2j}$
$\vdots$	$\vdots$	$\vdots$	$\vdots$	$\vdots$	$\vdots$
C_n	C_{n1}	C_{n2}	$\cdots$	c_{nm}	$\sum_{j=1}^{m}W_j c_{nj}$

总排序一致性检验与单排序的一致性检验类似，这个过程是从高到低逐层进行的。层次总排序随机一致比率为

$$CR=\frac{CI}{RI}=\frac{\sum_{j=1}^{m}W_j CI_j}{\sum_{j=1}^{m}W_j RI_j}$$

同理，$CR<0.1$ 时，层次总排序具有满意一致性，否则需重新调整判断矩阵。

例 11-8　某物流企业需要采购一台设备，在采购设备之前需要对设备的功能、价格及可维护性进行评价，考虑应用层次分析法对 3 个不同品牌的设备进行综合分析评价和排序，从

中选出能实现物流规划总目标的最优设备。

以 A 表示系统的总目标。在采购设备这个总目标下，根据设备的功能、价格及可维护性，制订以下对备选方案的评价和选择标准（准则层）。

$B1$——设备的功能；

$B2$——设备的价格；

$B3$——设备的可维护性。

三个可选方案：

$C1$，$C2$，$C3$ 表示备选的 3 个设备品牌，即备选方案。

①其层次结构如图 11-4 所示：

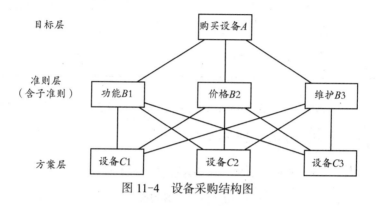

图 11-4　设备采购结构图

②根据结构模型，将图中的各因素进行判断和比较，构造判断矩阵：根据优先顺序，相对于总目标 A，准则层各准则构造判断矩阵如表 11-20 所示。

表 11-20

A	$B1$	$B2$	$B3$
$B1$	1	1/3	2
$B2$	3	1	5
$B3$	1/2	1/5	1

各方案层，根据已知情况得到各判断矩阵如下：

对于准则 $B1$（设备功能）来说，判断矩阵如表 11-21 所示。

表 11-21

$B1$	$C1$	$C2$	$C3$
$C1$	1	1/3	1/5
$C2$	3	1	1/3
$C3$	5	3	1

对于准则 $B2$（设备价格）来说，判断矩阵如表 11-22 所示。

表 11-22

B2	C1	C2	C3
C1	1	2	7
C2	1/2	1	5
C3	1/7	1/5	1

对于准则 B3(设备可维护性) 来说，判断矩阵如表 11-23 所示。

表 11-23

B3	C1	C2	C3
C1	1	3	1/7
C2	1/3	1	1/9
C3	7	9	1

利用方根法计算判断矩阵 A-B 各行元素的乘积 $M_i(i=1,2,3)$，并求其 n 次方根，

如 $M_1 = 1 \times \frac{1}{3} \times 2 = \frac{2}{3}, \overline{W_1} = \sqrt[3]{M_1} = 0.874$。

同理：$\overline{W_2} = \sqrt[3]{M_2} = 2.466, \overline{W_3} = \sqrt[3]{M_3} = 0.464$ 如表 11-24 所示。

表 11-24 方根表

A	B1	B2	B3	N次方根
B1	1	1/3	2	0.874
B2	3	1	5	2.466
B3	1/2	1/5	1	0.464

层次单排序权值

对向量 $\overline{W} = \left[\overline{W_1}, \overline{W_2}, \overline{W_3}\right]^T$ 归一化，即

$$W_1 = \frac{\overline{W_1}}{\sum_{i=1}^{n} \overline{W_i}} = \frac{0.874}{0.874 + 2.466 + 0.464} = 0.230$$

同理，$W_2=0.648$，$W_3=0.122$，所求的特征向量即为
$$W=[0.230,0.648,0.122]^T$$

计算判断矩阵的特征根

$$AW = \begin{bmatrix} 1 & \frac{1}{3} & 2 \\ 3 & 1 & 5 \\ \frac{1}{2} & \frac{1}{5} & 1 \end{bmatrix} [0.230,0.648,0.122]^T$$

$$AW_1 = 1 \times 0.230 + \frac{1}{3} \times 0.648 + 2 \times 0.122 = 0.69$$

同理，$AW_2 = 1.948, AW_3 = 0.3666$

按照公式计算判断矩阵最大特征根

$$\lambda_{\max} = \sum_i \frac{(AW)_i}{nW_i} = \frac{0.69}{3 \times 0.230} + \frac{1.948}{3 \times 0.648} + \frac{0.3666}{3 \times 0.122} = 3.004$$

计算其一致性指标

$$CI = \frac{\lambda_{\max} - n}{n-1} = \frac{3.004 - 3}{3-1} = 0.002 < 0.1$$

查前面的同阶随机一致性指标表知道 $RI = 0.58$，则

$$CR = \frac{CI}{RI} = \frac{0.002}{0.58} = 0.003 < 0.1$$

（通常以 $CI < 0.1$，$CR < 0.1$ 时认为判断矩阵具有满意一致性，该判断矩阵通过一致性检验，否则重新两两进行比较）。

同理，可计算得到判断矩阵 $B1\text{-}C$ 的单排序权值及一致性检验结果（表 11-25）：

表 11-25

$B1$	$C1$	$C2$	$C3$	计算结果
$C1$	1	1/3	1/5	$W = [0.105, 0.258, 0.637]^T$,
$C2$	3	1	1/3	$\lambda_{\max} = 3.039, CI = 0.0195$
$C3$	5	3	1	$CR = 0.033 < 0.1$

判断矩阵 $B2\text{-}C$ 的单排序权值及一致性检验结果（表 11-26）：

表 11-26

$B2$	$C1$	$C2$	$C3$	计算结果
$C1$	1	2	7	$W = [0.592, 0.333, 0.075]^T$,
$C2$	1/2	1	5	$\lambda_{\max} = 3.014, CI = 0.0070$
$C3$	1/7	1/5	1	$CR = 0.012 < 0.1$

判断矩阵 $B3\text{-}C$ 的单排序权值及一致性检验结果（表 11-27）：

表 11-27

$B3$	$C1$	$C2$	$C3$	计算结果
$C1$	1	3	1/7	$W = [0.149, 0.066, 0.785]^T$,
$C2$	1/3	1	1/9	$\lambda_{\max} = 3.08, CI = 0.0400$
$C3$	7	9	1	$CR = 0.069 < 0.1$

③层次总排序。由以上可知方案层可行方案对准则层各准则的优先权重向量

$$V = \begin{bmatrix} 0.105 & 0.592 & 0.149 \\ 0.258 & 0.333 & 0.066 \\ 0.637 & 0.075 & 0.785 \end{bmatrix}$$

三个可行方案对总目标的组合优先权重向量为

$$R = VW = \begin{bmatrix} 0.105 & 0.592 & 0.149 \\ 0.258 & 0.333 & 0.066 \\ 0.637 & 0.075 & 0.785 \end{bmatrix} \begin{bmatrix} 0.230 \\ 0.648 \\ 0.122 \end{bmatrix} = [0.426, 0.283, 0.291]^T$$

④总排序的一致性检验：

$$CI = \sum_{j=1}^{3} W_j CI_j = 0.230 \times 0.0195 + 0.648 \times 0.007 + 0.291 \times 0.0400 = 0.0207$$

$$RI = \sum_{j=1}^{3} W_j RI_j = 0.230 \times 0.58 + 0.648 \times 0.58 + 0.122 \times 0.58 = 0.58$$

$$CR = \frac{CI}{RI} = \frac{0.0207}{0.58} = 0.0357 < 0.1$$

从以上来看，$R = [0.426, 0.283, 0.291]^T$，逐层的一致性检验也具有满意的一致性。

因此，3 种设备的优劣顺序是 C_1，C_3，C_2，并且品牌的设备优势明显。

习 题

1. 什么是多属性决策，什么是多目标决策，它们的目标是什么？

2. 加权和法与加权积法的本质区别是什么，什么情况下应该用加权和法，什么情况下用加权积法？

3. 求解多属性决策问题时决策矩阵的规范化有何作用？有哪些规范化方法？这些方法分别适用于哪些场合？

4. 在求解多属性决策问题时，权起什么作用？如何设定？

5. 如何评价多属性决策方法的优劣？

6. 加权和法与层次分析法的异同？

7. 某人拟在 6 种洗衣机中选购一种。各种洗衣机的性能指标如表 11-28 所示（表中所列为洗 5kg 衣物时的消耗）。设各目标的重要性相同，试用适当的方法求解。

表 11-28　6 种洗衣机的性能指标

序号	价格/元	耗时/分	耗电/度	用水/升
1	1018	74	0.8	342
2	850	80	0.75	330
3	892	72	0.8	405
4	1128	63	0.8	354
5	1094	53	0.9	420
6	1190	50	0.9	405

8. 公司想要采购一批轻便耐用的疝灯，供应商有如表 11-29 所示 3 种品牌的商品可供选择，如果你是采购部门经理，你会选择哪一种品牌的疝灯？权系数：0.3，0.4，0.3

表 11-29 三种品牌疝灯的性能指标

备选品牌	重量/千克	寿命/时	可靠性
A1	4.4	1000	很高
A2	3.6	950	高
A3	4.6	1200	中

9. 用主成分分析法对 14 家企业的经济效益进行综合评价。经过专家咨询，选取 8 个经济效益评价指标，分别是：

（1）净产值利润率（%）；

（2）固定资产利润率（%）；

（3）总产值利润率（%）；

（4）销售收入利润率（%）；

（5）产品成本利润率（%）；

（6）物耗利润率（%）；

（7）人均利润率（千元／人）；

（8）流动资金利润率（%）。

14 家企业各经济效益指标如表 11-30 所示。

表 11-30 14 家企业各经济效益指标值

指标 企业	X_{i1}	X_{i2}	X_{i3}	X_{i4}	X_{i5}	X_{i6}	X_{i7}	X_{i8}
1	40.4	24.7	7.2	6.1	8.3	8.7	2.442	20.0
2	25.0	12.7	11.2	11.0	12.9	20.2	3.542	9.1
3	13.2	3.3	3.9	4.3	4.4	5.5	0.578	3.6
4	22.3	6.7	5.6	3.7	6.0	7.4	0.716	7.3
5	34.3	11.8	7.1	7.1	8.0	8.9	1.726	27.5
6	35.6	12.5	16.4	16.7	22.8	29.3	3.017	26.6
7	22.0	7.8	9.9	10.2	12.6	17.6	0.847	10.6
8	48.4	13.4	10.9	9.9	10.9	13.9	1.772	17.8
9	40.6	17.1	19.8	19.0	29.7	39.6	2.449	35.8
10	24.8	8.0	9.8	8.9	11.9	16.2	0.789	13.7
11	12.5	9.7	4.2	4.2	4.6	6.5	0.874	3.9
12	1.8	0.6	0.7	0.7	0.8	1.1	0.056	1.0
13	32.6	13.9	9.4	8.3	9.8	13.3	2.126	17.1
14	38.5	9.1	11.3	9.5	12.23	16.4	1.327	11.6

参考文献

［1］Dubois D，Prade H. Operations on fuzzy numbers[J]. International Jowrnal of systems Science，1978（9）：613-626.

［2］岳超源．决策理论与方法［M］.北京：科学出版社，2004.

［3］徐玖平，吴巍．多属性决策的理论与方法［M］.北京：清华大学出版社，2007.

［4］李华，胡奇英．预测与决策教程［M］.北京：机械工业出版社，2014.

［5］宁宣熙，刘思峰．管理预测与决策［M］.北京：科学出版社，2015.

［6］罗党，王淑英．决策理论与方法［M］.北京：机械工业出版社，2011.

［7］常大勇．运筹学［M］.北京：中国物资出版社，2010.

［8］韩伯棠．管理运筹学［M］.4 版．北京：高等教育出版社，2015.

［9］胡运权．运筹学教程［M］.4 版．北京：清华大学出版社，2014.

扫码获取本书习题参考答案